21世纪高职高专规划教材系列

数控机床故障诊断与维修技术

（FANUC系统）

第2版

刘永久　主编

机　械　工　业　出　版　社

本书以目前应用较广的FANUC数控系统为例,从数控系统、主轴驱动装置、进给驱动装置及系统可编程控制器(PMC)的组成、功能连接和控制原理分析入手,深入浅出地阐述了数控机床故障诊断的理论依据,故障诊断与维修的基本方法和步骤。书中实例都是从生产一线的数控机床的PMC控制及各类典型故障实例中精选出来的。书中详细介绍了故障产生的原因、诊断方法及处理过程,突出了内容的先进性、实用性与技术的综合性。

全书共分6章,内容包括典型数控系统及系统报警维修技术、数控机床通信和网络控制技术、数控机床主轴驱动系统及维修技术、数控机床进给伺服系统及维修技术、数控机床PMC控制及应用举例以及数控机床故障诊断与维修实例。

本书可作为高职高专机电一体化专业、数控编程与操作专业、数控机床维修专业的教材;也可作为各类数控培训班的培训资料;还可作为从事相关工作的技术人员、数控机床的维修与调整人员的自学用书。

图书在版编目(CIP)数据

数控机床故障诊断与维修技术:FANUC系统/刘永久主编.—2版.—北京:机械工业出版社,2009.6(2023.6重印)
(21世纪高职高专规划教材系列)
ISBN 978-7-111-27264-9

Ⅰ.数… Ⅱ.刘… Ⅲ.①数控机床-故障诊断-高等学校:技术学校-教材②数控机床-维修-高等学校:技术学校-教材 Ⅳ.TG659

中国版本图书馆CIP数据核字(2009)第081874号

机械工业出版社(北京市百万庄大街22号 邮政编码 100037)
责任编辑:曹帅鹏
责任印制:单爱军

北京虎彩文化传播有限公司印刷

2023年6月第2版·第17次印刷
184mm×260mm·20印张·496千字
标准书号:ISBN 978-7-111-27264-9
定价:59.00元

电话服务 网络服务
客服电话:010-88361066 机 工 官 网:www.cmpbook.com
010-88379833 机 工 官 博:weibo.com/cmp1952
010-68326294 金 书 网:www.golden-book.com
封底无防伪标均为盗版 机工教育服务网:www.cmpedu.com

前　言

数控机床的推广应用，促进了我国机械制造业的发展。但由于数控机床具有先进性、复杂性和智能化高的特点，特别是近几年数控系统不断更新换代，维修理论、技术和手段都发生了巨大变化，使机械制造行业对数控机床维修及应用人才的需求越来越突出，特别是急需具备数控机床编程、操作及维修一体化的高技能人才。

为适应近几年高职高专教育课程教学改革的发展及教学理念的改变，突出应用型人才的培养以及数控机床用户对维修人员的需求，我们在本书第1版的基础上进行了补充、更新及修改，增加了机械部分的维修与调整，反映了机与电的有机结合，使本书的内容更实用、先进。本书的维修内容来源于企业的实际维修例子，是数控技术应用和维修的经验总结，为企业维修人员提供了卓有成效的数控机床故障诊断和维修方法。

本书以FANUC公司的FANUC-OC/OD、FANUC-OiA/OiB/OiC、FANUC-16/16i/18/18i/21/21i、FANUC-30i/31i/32i/OiD系统为例，介绍了数控系统的组成、功能连接、系统报警及维修技术等内容。

在数控系统故障维修方面，本书按系统的检测机理分析了故障产生的原因、故障的诊断方法及维修技巧，可提高读者对系统故障的综合分析能力和故障排除能力。

在可编程控制器（PMC）应用方面，本书不仅详细介绍了PMC功能指令（以PMC-SA1/SA3/SB7为例），而且较全面地介绍了数控机床PMC控制的具体应用实例，便于读者理解数控机床的控制及机床故障产生的原因。

在数控机床故障维修实例分析中，本书结合实际数控机床控制，全面介绍了机床的控制原理、机械部件的功能和特点、PMC程序控制过程、故障产生的原因分析及维修方法。在控制原理分析和实际故障维修时，把机械和电气控制有机地融合在一起，可提高读者排除数控机床实际故障的能力。本书还增加了数控机床验收和精度检测的内容，便于数控机床用户在购买机床时参考。

在数控机床通信和网络技术的使用方面，本书全面地介绍了数控机床RS-232异步串行数据传输的参数设定、机床的具体操作及传输过程中报警的诊断与维修；存储卡数据的备份、回装及在线加工的操作；数控机床以太网功能的配置、远程在线加工的设定与具体操作，且以图解的方式介绍，便于读者理解和掌握。

本书由长春汽车工业高等专科学校刘永久主编。一汽解放汽车有限公司变速箱分公司的关辉、杨志辉工程师参与编写了数控机床电气部分的维修，一汽解放汽车有限公司车桥分公司的于秋波高级技师参与编写了数控机床机械调整、机床精度检测与维修。

由于作者水平有限，加之数控技术发展迅速，本书难免有不足之处，诚请广大读者批评、指正。

为配合本书的教学，机械工业出版社免费提供电子教案，读者可到 http://www.cmpedu.com 网站下载。

作　者

目　　录

绪　论

数控机床控制技术是集机械制造技术、自动化技术、计算机技术、传感检测技术、信息处理技术以及光电液一体化技术于一体的现代制造技术，但由于数控设备的先进性、复杂性和智能化的特点，其故障检测、诊断与维修工作必须由掌握先进数控技术的复合型技术人员来担任，因此，企业需要大批掌握先进数控技术的复合型数控机床维修人员。下面从现代数控机床的分类入手，介绍现代数控机床的维修方法。

1. 数控机床分类及功能特点

目前，数控机床的品种很多，可以从不同的角度按照多种原则进行分类。如按工艺用途不同，可将数控机床分为金属切削类数控机床、金属成形类数控机床、特种加工类数控机床及测量和绘图类数控机床等。金属切削类数控机床有数控车床、数控铣床、数控钻床、数控磨床、数控镗铣床、数控冲床及加工中心等；金属成形类数控机床有数控弯管机、数控压力机、数控旋压机等；特种加工类数控机床有数控线切割、电火花、激光切割、火焰切割机床等；测量和绘图类数控机床有三坐标测量仪和数控绘图仪等。

下面以常用的金属切削类数控机床为例，介绍数控机床的具体分类、用途及特点。

（1）数控车床

数控车床主要用于加工各种轴类、套筒类和盘类零件的回转表面，例如内外圆柱面、圆锥面、成型回转表面及螺纹面等。按主轴的配置形式不同，可将数控车床分为卧式数控车床（主轴轴线处于水平位置）和立式数控车床（主轴轴线处于垂直位置）两类；按加工范围和功能不同，可将数控车床分为普通型数控车床、普及型数控车床、多功能型数控车床及车削中心四类。

1）普通型数控车床

普通型数控车床是在普通车床基础上进行改进设计的，采用性能价格比卓越的数控系统（交流伺服电动机驱动的闭环伺服系统），可以完成普通车床的所有功能，如图 1 所示。

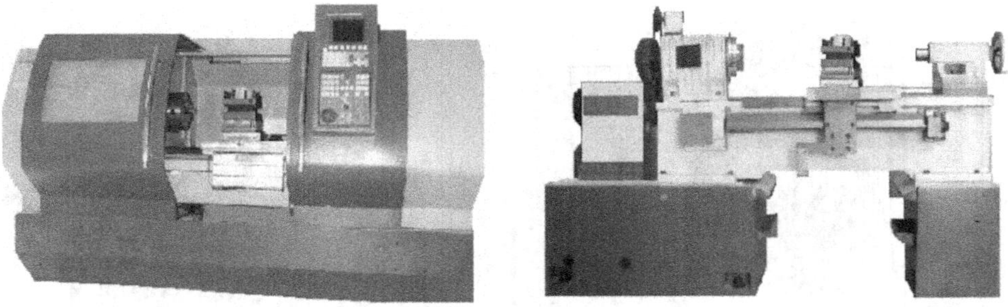

a)　　　　b)

图 1　普通型数控车床

a）机床外观　b）机床光机

普通型数控车床的床身结构采用水平床身，主轴调速采用手动机械换挡配合双速电动机的有级调速或自动换挡配合电气无级调速（通常采用变频器驱动主轴电动机），自动换刀装置采用四工位电动刀架（标准配置）和六工位电动刀架（选择配置），主轴卡盘控制采用手动控制（标准配置）或液压控制（选择配置），数控系统采用性能价格比卓越的国产数控系统（如广数系统、华中系统等）或进口数控系统（如 FANUC-Oi Mate TC/TD 系列）。

2）普及型数控车床

普及型数控车床是普通型数控机床的升级产品，如图 2 所示。

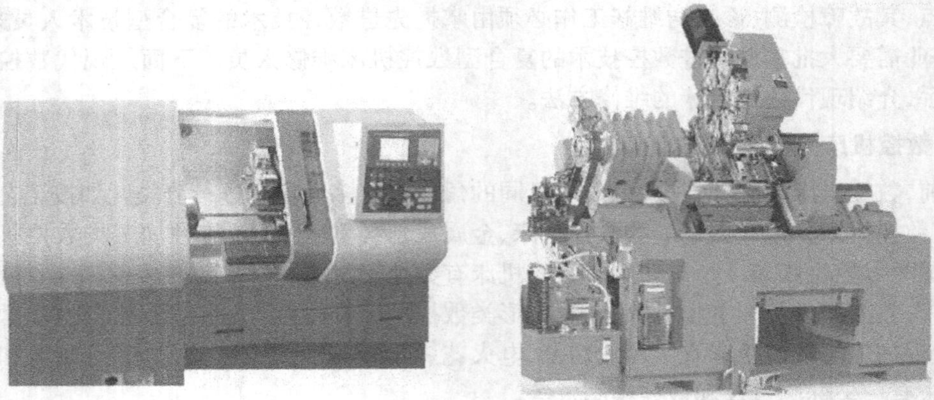

a)　　b)

图 2　普及型数控车床

a）机床外观　b）机床光机

普及型数控车床的床身采用斜床身结构，主轴调速装置采用机械自动换挡配合电气无级调速或串行数字主轴伺服电动机无级调速控制，自动换刀装置采用 6、8、12 工位的电动转塔换刀装置，主轴卡盘采用液压卡盘，数控系统一般采用进口的数控系统如 FANUC-Oi TC/OiTD 系统或西门子 802D 系统。

3）多功能型数控车床

多功能数控车床是普及型数控车床的升级产品，除了进行车削加工外还能完成圆柱面或端面的铣槽、圆柱面铣螺旋槽、端面钻孔和攻螺纹等特殊功能的加工，如图 3 所示。

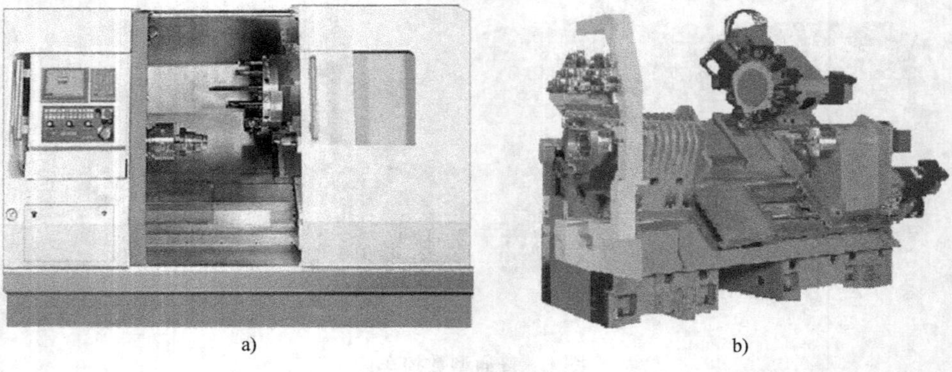

a)　　b)

图 3　多功能型数控车床

a）机床外观　b）机床光机

多功能数控车床的主轴具有 C 轴控制功能。C 轴可以是驱动主轴的串行数字伺服主轴电动机（即 Cs 轴），也可以是单独的伺服电动机（即 Cf 轴），可以完成主轴的定向控制及进给的插补控制。自动换刀装置在电动转塔基础上配备了刀具的动力头功能，完成车削、铣削、钻削功能的加工。有的多功能数控车床还配备了双主轴和双刀架，从而进一步提高了多功能数控车床的加工效率。多功能数控车床的系统，如采用 FANUC-18i/31i 系统、FANUC-Oi TTC 系统（双主轴双刀架数控车床）和西门子的 840D 系统等，除了具有直线插补功能、圆弧插补功能、极坐标插补功能外，还具有圆柱插补功能、多边形插补功能及渐开线插补功能，可完成对工件的特殊形状的加工。

4）车削中心

车削中心是一种具有复合加工能力的数控车床，它兼有数控车床和加工中心的性能，是目前工业发达国家竞相发展的数控机床品种。其优点是一机多用，占地面积小，节约投资，保证加工精度，减少工件在制品，提高加工效率等。

车削中心是以多功能型数控车床为主体，并配置刀库、分度装置、铣削动力头和机械手自动换刀装置等，实现多工艺复合加工的机床，如图 4 所示。

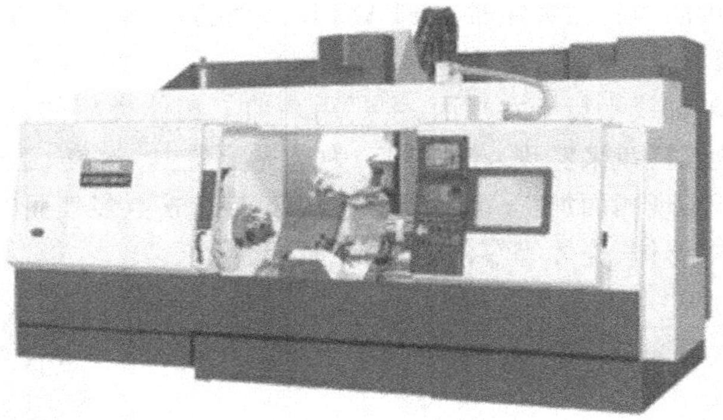

图 4　车削中心

车削中心的进给伺服轴为 3 或 4 轴（一般为 3 个直线轴和一个旋转轴），图 4 所示的车削中心除了 X 轴、Z 轴外，还有直线轴 Y 轴及围绕 Y 轴旋转的 B 轴。系统具有多轴联动控制及特殊加工的功能，数控系统一般为日本的 FANUC-16i/18i/31i 系统和德国西门子 840D 系统等。

（2）数控铣床

三坐标数控铣床的特点是除具有普通铣床的工艺性能外，还具有加工形状复杂的二、三维轮廓的能力。数控铣床通常分为立式数控铣床、卧式数控铣床、龙门数控铣床及五面体数控铣床四类。

1）立式数控铣床

立式数控铣床的主轴轴线垂直于水平面，是数控铣床中常见的一种布局形式，应用范围广泛。它可使用立铣刀、机夹刀盘、钻头等，进行铣键槽、铣平面、镗孔及攻螺纹等加工，如图 5 所示。

立式数控铣床的标准配置为 3 个直线进给轴，分别是 X 轴（工作台的左右运动）、Y 轴（工作台的前后运动）及 Z 轴（主轴的垂直运动），选配为 4 轴控制，即 A 轴（回绕 X 轴方向旋转运动）。进给轴不仅要求 CNC 控制，而且为联动轴，即同时完成插补运动控制，所以要求系统必须

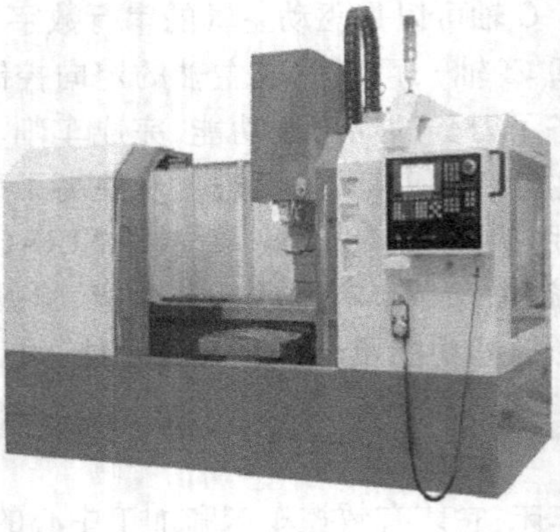

a)

b)

图5　立式数控铣床

a）机床外观　b）机床光机

具备3轴或4轴联动功能,如FANUC-Oi MC/OiMD系统和德国西门子802D系统等。机床的主轴一般采用系统专用的串行数字主轴,如FANUC系统的α和αi系列主轴驱动系统。

2）卧式数控铣床

卧式数控铣床主轴轴线平行于水平面,主要用来加工箱体类零件。为了扩大功能和加工范围,通常采用增加数控转盘来实现4轴加工(为选择配置)。这样,工件在一次加工中可以通过转盘改变工位,可实现四面加工,因而能够一次装夹完成更多表面的加工,特别适合于加工复杂的箱体类、泵体、阀体、壳体等零件,如图6所示。

a)

b)

图6　卧式数控铣床

a）机床外观　b）机床光机

转盘的旋转运动为机床的第4轴(B轴)运动,是属于系统的CNC轴控制,且一般为联动轴。

3）龙门式数控铣床

按运动形式不同,龙门数控铣床分为动台式(即工作台运动)和动梁式(框架运动而工作台不动)两种,图7为动台式龙门数控铣床。

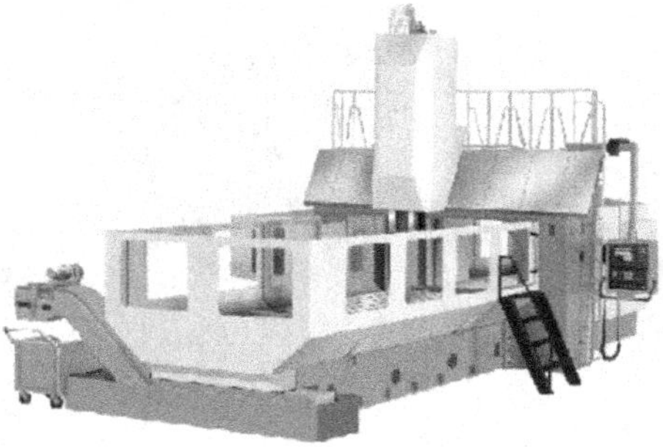

a)

b)

图 7　龙门数控铣床(动台式)

a) 机床外观　b) 机床光机

龙门式数控铣床具有可移动的龙门框架、主轴头装在龙门框架上、主轴轴心线设置在垂直状态等特性。这种铣床的主要特点是工作台落地,三个方向的运动均由横梁、滑座和滑枕铣头的运动来完成。机床具有优良的动态响应,承载能力是同类机床的 2 ~3 倍,能完成复杂工件的加工。

4) 五面体数控铣床

同时具有立式和卧式数控铣床的功能,即同时完成立式铣床对工件顶面的加工及卧式铣床对工件侧面的四面加工。由于只需一次装夹工件就完成对工件的五面加工,大大提高了加工的精度和效率。图 8 所示为五面体龙门式数控铣床。

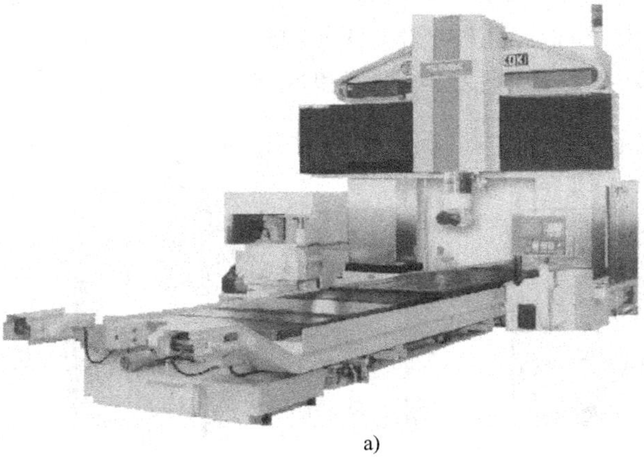

a)

b)

图 8　五面体龙门式数控铣床

a) 机床外观　b) 侧铣头

五面体数控铣床可以用手动交换或自动交换两种方式控制。新型五面体数控铣床采用万能头控制,即由 CNC 发出指令,实现任意角度旋转控制(0° ~360°)。该轴属于 CNC 轴,但不一定是系统的联动轴,如图 9 所示。

(3) 加工中心

加工中心是一种功能较全的数控加工机床。它把铣削、镗削、钻削、攻螺纹和切削螺纹等功能集中在一台设备上,使其具有多种工艺手段。加工中心设置有刀库,刀库中存放着不同数量的各种刀具或检具,在加工过程中由程序自动选用和更换。这是它与数控铣床、数控镗床的

a)　　　　　　　　　　b)

图 9　新型五面体数控铣床的万能头

a）立式主轴功能　b）卧式主轴功能

主要区别。加工中心是一种综合加工能力较强的设备，工件一次装夹后能完成较多的加工步骤，加工精度较高，用它加工中等加工难度的批量工件，其效率是普通设备的 5～10 倍，特别是它能完成许多普通设备不能完成的加工。加工中心适用于形状较复杂，精度要求高的单件加工，更适用于加工中小批量多品种工件。特别是对于必需采用工装和专机设备来保证产品质量和效率的工件，采用加工中心加工，可以省去工装和专机。这为新产品的研制和改型换代，节省大量的时间和费用。

加工中心按其功能和形式不同可以分为立式加工中心、卧式加工中心、龙门加工中心等。

1）立式加工中心

立式加工中心的自动换刀形式主要有两种，一种是不带机械手的斗笠式换刀装置，一般刀库的容量为 16 把刀、20 把刀、24 把刀和 30 把刀几种规格，如图 10a 所示。另一种是带机械手的圆盘式刀库，刀库的容量为 20 把刀、24 把刀、30 把刀、60 把刀和 80 把刀几种规格，如图 10b 所示。

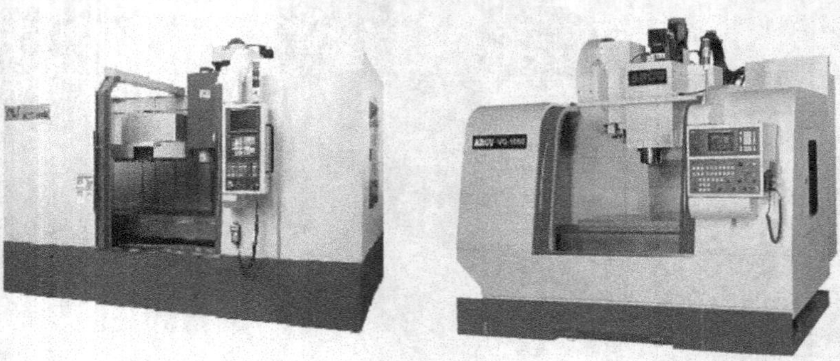

a)　　　　　　　　　　b)

图 10　立式加工中心

a）斗笠式自动换刀装置的加工中心　b）带机械手圆盘式换刀装置的加工中心

带机械手的圆盘式刀库的自动换刀系统采用随机换刀控制，换刀的辅助时间远低于不带机械手的斗笠式换刀控制，而且可以实现预选刀的控制功能，大大提高了加工的效率。

2）卧式加工中心

卧式加工中心的刀库形式多为带机械手的链式刀库，刀库的容量为 30 把刀、60 把刀、80 把刀、120 把刀和 160 把刀几种规格。

卧式加工中心一般为四轴（回转工作台）联动控制，而且还增加了交换工作台辅助装置，这样扩大了加工范围，提高了工作效率。卧式加工中心如图 11 所示。

图 11　卧式加工中心

3）龙门式加工中心

龙门式加工中心（如图 12 所示）的刀库可以有链式刀库和圆盘式刀库两种，而且还可以配置万能头实现多功能加工控制。

图 12　龙门式加工中心

（4）五轴联动数控机床

所谓五轴联动是指在一台机床上至少有五个坐标轴（三个直线坐标轴和两个旋转坐标轴），而且可在数控系统的控制下同时协调运动（联动控制）进行加工。五轴联动数控加工与一般的三轴联动数控加工相比，主要有以下优点：

五轴联动加工中心可以在一次装夹中完成工件的全部机械加工工艺，还可以对复杂的空间曲面进行高精度加工。采用五轴联动对三维曲面零件的加工，可用刀具最佳几何形状进行切削，不仅光洁度高，效率也大幅度提高。当然这需要高档的数控系统、伺服单元以及软件的支持，如 FANUC-16/16i、FANUC-18/18i MB5 及西门子 840D 系统等。

1）立式五轴加工中心

这类加工中心的回转轴有三种，一种是工作台回转的立式五轴加工中心，如图 13 所示。

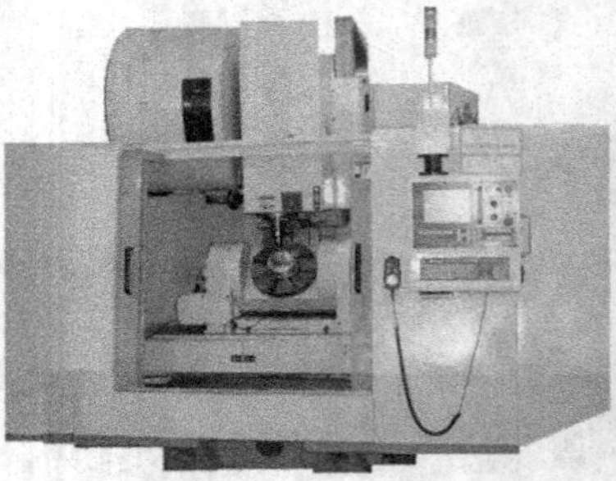
a)

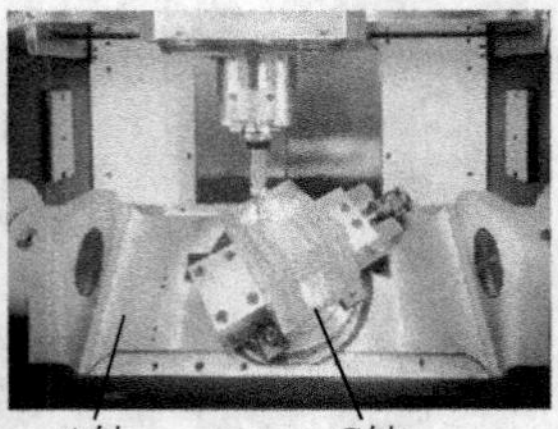

b)

图 13　工作台回转的立式五轴加工中心

a）立式五轴联动加工中心　b）回转工作台

这类加工中心设置在床身上的工作台可以环绕 X 轴回转，定义为 A 轴，一般工作范围为 +30°至 -120°。工作台的中间还设有一个回转台，在图示的位置上环绕 Z 轴回转，定义为 C 轴，C 轴都是 360°回转。这样通过 A 轴与 C 轴的组合，固定在工作台上的工件除了底面之外，其余的五个面都可以由立式主轴进行加工。A 轴和 C 轴的最小分度值一般为 0.001°，这样又可以把工件细分成任意角度，加工出倾斜面、倾斜孔等。A 轴和 C 轴如与 X、Y、Z 三直线轴实现联动，就可加工出复杂的空间曲面。这种设置方式的优点是主轴的结构比较简单，主轴刚性非常好，制造成本比较低。但一般工作台不能设计太大，承重也较小，特别是当 A 轴回转大于等于 90°时，工件切削时会对工作台带来很大的承载力矩。

另一种是依靠立式主轴头的回转，如图 14 所示。主轴前端是一个回转头，能自行环绕 Z 轴 360°，成为 C 轴。回转头上还有带可环绕 Y 轴旋转的 B 轴，一般回转范围是 ±90°。这种设置方式的优点是主轴加工非常灵活，工作台也可以设计得非常大，客机庞大的机身、巨大的发动机壳都可以在这类加工中心上加工。这种设计还有一大优点，即在使用球面铣刀加工曲面时，当刀具中心线垂直于加工面时，由于球面铣刀的顶点线速度为零，顶点切出的工件表面质量会很差，采用主轴回转的设计，令主轴相对工件转过一个角度，使球面铣刀避开顶点切削，保证有一定的线速度，可提高表面加工质量。这种结构非常受模具高精度曲面加工的欢迎，这是工作台回转式加工中心难以做到的。为了达到回转的高精度，高档的回转轴还配置了圆光栅尺反馈，分度精度都在几秒以内。当然这类主轴的回转结构比较复杂，制造成本也较高。

图 14　主轴回转的立式五轴加工中心

第三种形式是主轴回转和工作台回转五轴加工中心，如图 15 所示。

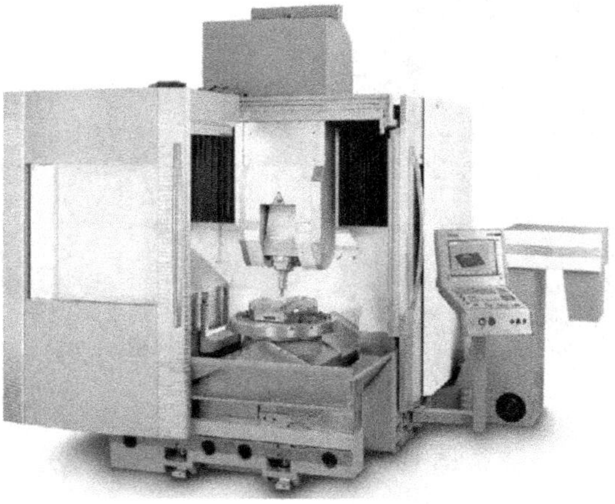

图 15　主轴回转和工作台回转的立式五轴加工中心

此类加工中心的回转轴有两种方式，一种是主轴摆动作为一个回转轴，即 B 轴（一般为 0°～90°回转）；另一种是工作台为一个回转轴，即 C 轴（0°～360°回转），实现五轴联动加工。通过 B 轴和 C 轴配合实现对工件的五面加工。

2）卧式五轴联动加工中心

此类加工中心的回转轴也有两种方式，一种是主轴摆动作为一个回转轴，即 A 轴（一般为 ±90°回转）；另一种是工作台为一个回转轴，即 B 轴（0°～360°回转），实现五轴联动加工。这种设置方式简便灵活，如主轴立、卧转换配合工作台回转，对工件实现五面体加工，降低了制造成本，又非常实用。如图 16 中还配置两个自动交换台，进一步缩短了工件装夹时间，从而提高了数控机床加工的效率。

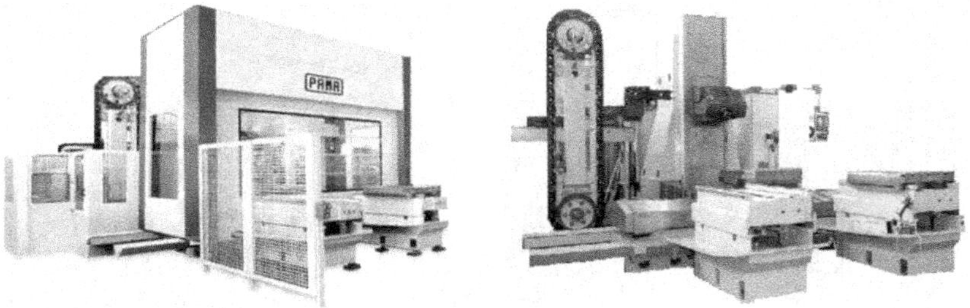

a)　　b)

图 16　卧式五轴加工中心
a）机床外观　b）机床光机

3）龙门式五轴加工中心

该系列机床的结构特点是固定式床身；工作台沿床身导轨水平纵向移动（X 轴）；溜板沿横梁导轨水平横向移动（Y 轴）；滑枕式主轴沿溜板导轨垂直升降（Z 轴）；五轴联动附件铣头即可在水平面内转动（绕 Z 轴旋转的 C 轴），也可在垂直面内摆动（当 C 轴处于零点时，绕 Y 轴旋转的 B 轴）。

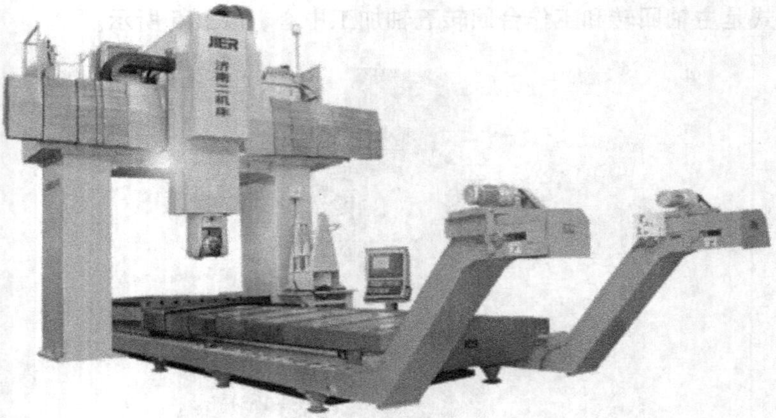

图 17　龙门五轴加工中心

该系列五轴联动龙门镗铣床将双回转摆动铣头作为一个附件，可实现工件一次装夹，同时完成粗精加工（利用主铣头完成三轴强力粗加工，利用双回转摆动头完成工件的高速精加工）。主铣头作为机械式滑枕铣头，具有铣削、镗削、钻削、攻螺纹、锪孔等功能。主铣头换上双回转摆动铣头后，能使刀具的轴线始终垂直于工件的被加工面，实现“法向”加工，特别适合于发动机叶片、螺旋浆曲面，模具型腔等复杂三维曲面工件的高速精密加工。该系列机床广泛应用于汽车模具、航空航天、发动机、汽轮机、造船、水泵、机床等的生产制造行业。

（5）并联数控机床

并联数控机床将机器人的灵活性好、工作区域大与数控机床精度、刚性高的优点结合在一起，是一种在结构上完全不同于传统机床的新型数控机床。并联数控机床是以机床框架为固定平台的若干个伸缩杆组成空间并联机构，主轴部件安装在并联机构的动平台上，工作台与机床框架连接在一起。改变杆件的长度或移动杆件的支点，可带动活动平台产生多个自由度（一般为 3 ~6 个）的空间运动，使刀具在工件上加工出复杂的三维曲面，如图 18 所示。

a)

b)

图 18　并联数控机床

a）并联数控机床外观　b）并联机构

新型并联机床通过 3 个伸缩机构连接定平台和动平台,实现动平台的运动。必要时,在动平台的末端再串联两个旋转轴,即可实现大的运动空间及运动姿态范围。这种结构的刚性、精度十分优越,而且还能保证结构的灵活性和工作区域。伸缩杆的结构如图 19 所示。

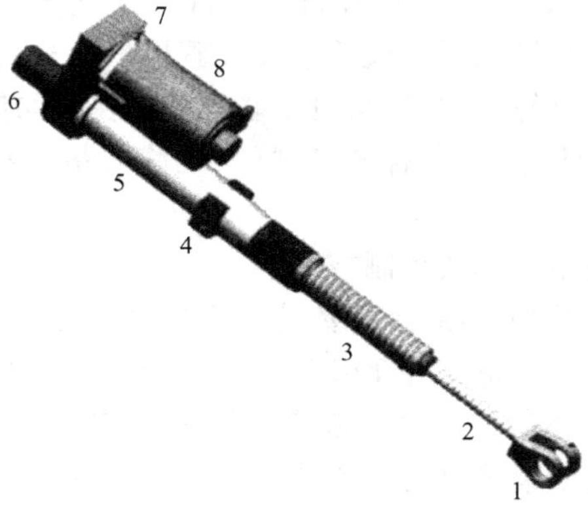

图 19　并联数控机床的伸缩杆组件

1—主轴部件连接环　2、3—滚珠丝杠　4—铰链支架　5—外壳　6—编码器　7—减速器　8—伺服电动机

2. 对数控机床维修人员的要求

数控机床是一种综合应用了计算机技术、自动控制技术、精密检测技术和机械制造技术等先进技术的典型机电一体化产品,其机床故障诊断技术也发生了根本性的变化,因此现代数控机床对维修人员的要求很高。

(1) 具备机床故障综合诊断的能力

由于数控机床是集机械、电气、液压、气动等于一体的加工设备,组成机床的各部分之间具有密切的联系,其中任何一部分发生故障均会影响机床的正常工作。比如数控机床加工过程中出现的随机偏差就是最难诊断的故障之一。首先要分析产生故障的原因。产生随机偏差的原因可能来自机械方面(机床的精度下降、连接不良及传动链故障等)、电气方面(检测装置不良、伺服驱动装置不良及电动机未优化等原因)、系统参数方面(伺服参数设定错误、各种补偿值参数设定与实际不符等)及机床辅助装置出现故障(转台或换刀装置定位精度下降、机床润滑不良等);然后要对实际机床进行测量及检测,诊断出产生故障发生在哪一方面;最后再判定具体的故障部位及修复。

(2) 通过系统文件的装载或调试来诊断系统故障的能力

现代数控系统都采用大规模集成电路、智能模块及功能板硬件结构的形式,通过计算机配置各种功能软件实施 CNC 控制。系统出现故障时很难用传统的的仪器仪表检测到故障发生的具体部位,而且故障不仅仅是硬件本身,还包括系统的各种控制软件,可以通过重新安装系统软件、系统软件的初始化及控制软件的优化等现场调试手段进行故障的诊断。比如当今的 FANUC 数控系统的系统文件和用户数据文件都装载在闪存(FLASH ROM)/静态存储器(SRAM)中,当系统开机出现死机故障时,首先要对闪存(FLASH ROM)/静态存储器(SRAM)进行格式化(系统上电的同时按下 RESET + DELET),然后重新装载系统文件和用户文件,如果系统恢复正常状态,则故障为系统软件不良。装载系统软件后系统故障依旧,则故障为系统闪存(FLASH ROM)/静态存储器(SRAM)模块或系统主板故障,可通过更换法具体判别并进行更换。

(3) 具备计算机应用软件的操作能力

数控机床安装调试后,首先要进行机床数据的的备份,以便于今后维修时使用。目前机床数据的备份一般采用计算机通信软件进行操作;在机床出现故障时通过系统 PLC 编程软件进行脱机或在线故障的诊断,也要求进行 PLC 编程软件的正确操作和使用;机床精度的检测及机床精度的补偿目前采用的是激光干涉仪器通过计算机软件进行操作实施;机床的综合调整是通过伺服调整软件进行的,通过计算机与机床联机进行在线的优化,把机床调整到最佳工作状态。所以在数控机床的调整和维修的时候,要求维修人员掌握和正确使用各种工业控制软件。

(4) 掌握自动控制领域里的总线控制技术

随着总线技术的全面普及和应用,现代数控机床的伺服控制和 PLC 控制形式都采用总线控制,比如 FANUC 数控系统的伺服采用 FANUC 伺服系列 BUS 总线(简称 FSSB),I/O 装置采用 I/O Link 总线控制。新技术的应用就伴随着新的故障出现,为了现场进行故障诊断,要求维修人员具备根据实际硬件的情况进行系统的设定、初始化操作及通过总线控制技术进行故障的诊断与修复的能力。

(5) 掌握计算机网络控制技术

现代高档数控机床系统都具有网络控制功能,实现数控机床的远程在线加工和远程在线诊断。FANUC 系统以太网主要有两种配置形式,一种是内置以太网板(即以太网板与系统主板一体),使用 FTP 文件通信协议传输,实现远程计算机在线加工。另一种是数据服务器(是在快速以太网板基础上,使用 CF 卡存储在线加工),机床通过 FTP 文件协议传输功能把远端计算机硬盘的程序存储到 CF 存储卡中。在新的 DNC 加工方式下,要求维修人员要具备网络通信协议的功能设定、检查、操作及故障的处理能力。

3. 现代数控机床的故障诊断方法

随着数控技术的不断完善和发展,数控机床故障诊断技术也由传统的诊断技术朝着多功能的高级诊断和智能化方向发展。下面以目前常见的数控机床维修实例来阐述现代数控机床故障诊断的方法。

(1) 系统开机自诊断功能的故障的诊断方法

现在数控系统都有强大的开机自诊断功能,如 FANUC-OiC 系统开机时在系统引导文件下,把系统文件从 FROM(闪存)装载到系统工作区 DRAM(动态存储器),并完成各项初始化处理。在执行过程中系统检测系统硬件、系统软件及硬件和软件是否匹配,如果出现故障,系统起动停止,并发出相应的报警指示和相关报警信息。图 20 为 FANUC-Oi C 系统的主板和状态指示。

LEDG0、LEDG1、LEDG2、LEDG3(绿色):表示系统文件装载的动态状态

SRAMP(红色):系统起动时静态存储器 ECC 错误报警(系统报警 935)

SEMG(红色):系统起动时出现硬件故障

SVALM(红色):系统起动时伺服出现报警

SFAIL(红色):系统起动时系统控制软件报警

DRAMP(红色):系统起动时动态存储器 DRAM 报警

CPBER(红色):系统起动时扩展功能板报警

例如系统不能正常起动(起动时出现死机)故障,首先查看系统装载状态指示,指示状态为

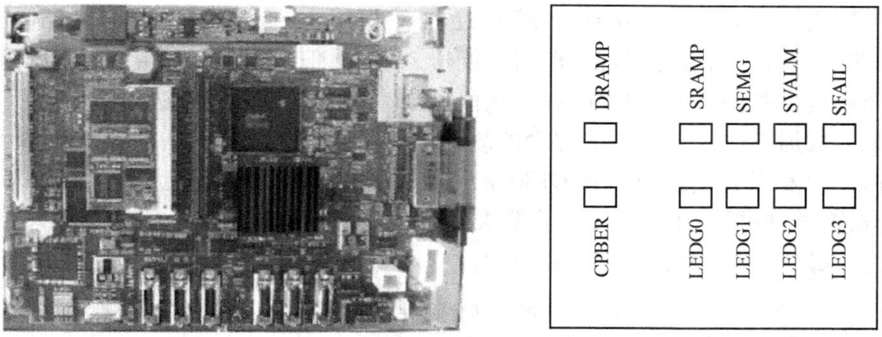

a)　　　　b)

图 20　FANUC-Oi C 系统主板和状态指示

a）系统主板　b）状态指示

正在从闪存 FRAM 装载 PMC 程序，然后查看系统报警指示灯状态，报警指示 SFAIL（系统软件故障）亮，说明系统 PMC 文件不良。处理办法是把系统 PMC 文件格式化，并重新安装系统 PMC 文件，系统就可以正常起动。

（2）系统报警诊断号的故障诊断方法

通过 CNC 系统的内装诊断程序，在系统处于正常运行状态时对 CNC 系统及与 CNC 装置相连的各个伺服装置、伺服电动机、主轴伺服装置和主轴电动机以及外部设备等进行自动诊断、检查。只要系统本身及伺服系统出现故障，系统诊断画面和伺服调整画面的诊断号相应位显示为“1”。当机床出现故障时，通过系统诊断号判定产生故障的具体部位。

如 FANUC 系统出现伺服过热报警（SERVO ALARM：n AXIS OVER LOAD）时，在系统伺服调整画面诊断号中显示报警的故障部位。ALM1#7 为“1”时，系统检测出伺服过热报警，通过 ALM2#7 诊断号位的显示状态进行具体故障部位判断，当该诊断位为“1”说明是伺服电动机过热故障，若该位为“0”则判定伺服放大器过热故障，如图 21 所示。

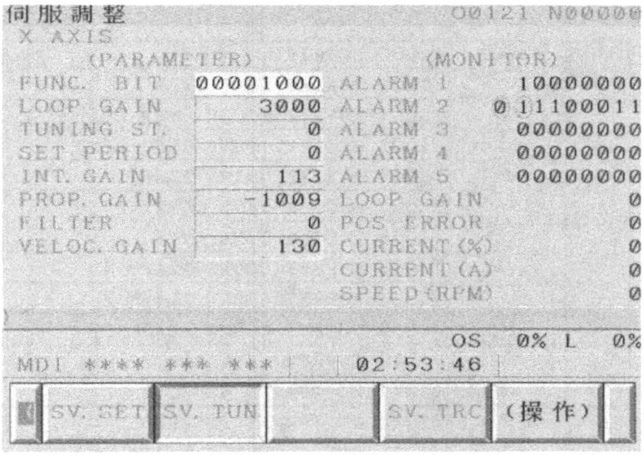

图 21　伺服调整画面

（3）系统动态梯形图信号跟踪的故障诊断法

目前 FANUC 系统都有动态梯形图显示画面，通过梯形图信号的明暗或颜色的变化来判定数控机床故障的具体部位，取代了用万用表进行测量的传统方法，是目前普遍采用的有效诊断故障的方法之一。新型数控系统的 PMC 还具有 PMC 信号自动跟踪功能和信号的强制功能，根据此功能可以诊断故障出现的前后系统输入/输出信号状态的变化情况，及信号无效是由系统内部还是由系统外部信号导致的，从而更加完善了这种诊断方法。

比如某立式加工中心 Z 轴不能移动的故障的诊断，如图 22 所示是系统 PMC 梯形图，查看系统动态梯形图发现 Z 轴互锁信号 G130.2 未接通导致该轴不能移动，再进行信号跟踪查到 X3.2 信号未接通，根据机床电气图样查到 X3.2 是机械手原位到位开关，实际故障是接近开关不良导致的故障，更换开关后机床恢复正常。

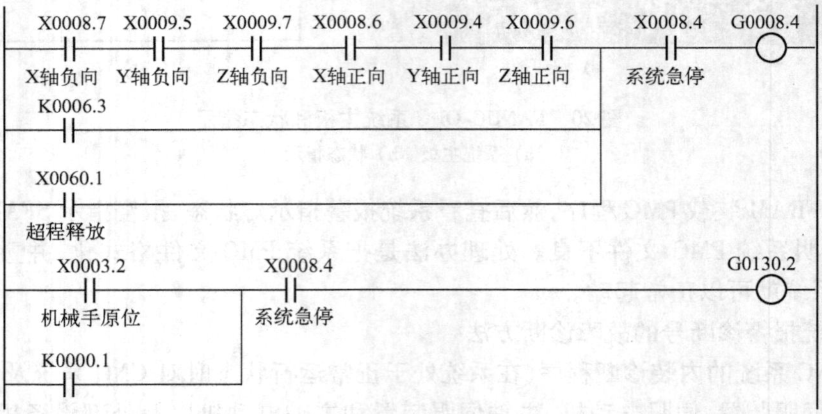

图 22　FANUC-Oi MC 系统立式加工中心系统梯形图

（4）机床厂家报警号及报警信息的故障诊断方法

数控机床厂家根据自己机床的功能和特点编写了针对机床的报警文本，如图 23 所示。FANUC 系统机床报警号#1000 ~ #1999 为机床系统故障报警号，#2000 ~ #2999 为机床操作故障报警号，这两种报警号都是机床厂家在 PMC 程序中编的报警信息。#3000 ~ #3999 报警号是机床厂家通过计算机语言编写的报警文件。根据机床厂家的报警文本进行故障的诊断是行之有效的故障诊断方法。

1	A0.0	1000 NO AIR
2	A0.1	1001 TURRET TIME OVER
3	A0.2	1002 TURRET MOTOR OVER LOAD
4	A0.3	1003 COOLANT PUMP OVER LOAD
5	A0.4	1004 4 AXIS CLAMP ALARM
6	A0.5	1005 M CODE TIME OVER
7	A0.6	1006 T CODE TIME OVER
8	A0.7	1007 TURRET COUNT ALARM 1
9	A1.0	1008 TURRET COUNT ALARM 2
10	A1.1	1009 TURRET COUNT ALARM 3
11	A1.2	1010 TURRET LS ALARM
12	A1.3	1011 NO TURRET HOME
13	A1.4	1012 NO TURRET INTERLOCK
14	A1.5	1013 SPINDLE REVOLUTION OVER

图 23　机床厂家报警文本

例如机床出现#1000 NO AIR 报警，首先要查找机床厂家的报警文本，#1000 报警与信息继电器 A0.0 相对应，然后再根据系统动态梯形图查找 A0.0 接通的条件，最后确定故障的部位。该机床#1000 报警信息继电器导通的条件是压缩空气压力不足，即可判定压力继电器故障。

(5) 系统数据初始化复位的故障诊断方法

一般情况下,由于瞬时故障引起的系统报警,可用硬件复位或用开关系统电源的方法来清除故障。若系统工作存储区由于掉电、系统软件不良或电池欠压造成混乱,则必须对系统进行初始化清除,清除前应注意作好数据复制记录。若初始化后故障仍无法排除,则需进行硬件诊断。系统数据初始化包括系统参数初始化、主轴参数初始化和伺服参数初始化。系统参数初始化处理方法是全部清除系统 SRAM 的数据(系统上电同时按下 RESET + DELET),然后把事先备份的机床数据回装。主轴伺服参数初始化处理方法是从主轴模块中把该主轴电动机的参数恢复到系统出厂值。进给伺服参数初始化处理方法是从系统轴板中把该进给轴电动机的参数恢复到系统出厂值。比如 FANUC-OiMC 数控铣床由于 X 轴振动而导致 X 轴尺寸出现随机偏差,故障原因可能是 X 轴机械传动方面故障或系统 X 轴电动机本身故障,通过系统 X 轴伺服参数初始化(恢复系统出厂的标准设定值),再根据机床厂家提供的 X 轴参数进行手动输入,局部修调后,机床正常运行,则故障确定为系统 X 轴电动机参数不良,否则为机床 X 轴传动链出现故障。X 轴电动机伺服参数初始化操作如图 24 所示,在伺服设定画面中,把伺服功能位参数全部设定为“0”,然后系统断电再重新上电。

(6) 备件置换法的故障诊断方法

当故障分析结果集中于某一控制模块上时,由于模块是由多个功能板组成的,要把故障落实于某功能板乃至某一元件是十分困难的。为了缩短停机时间,在有相同备件的条件下可以先将备件换上,然后再去检查、修复故障板。备件板的更换要注意以下问题:①更换任何备件都必须在断电的情况下进行,而且不能使事故扩大(如短路故障又烧坏备件板),否则不能采用此方法。②许多印制电路板上都有一些开关或短路棒的设定以匹配实际需要,因此在更换备件板时一定要记录下原来的开关位置和设定状态,并将备件板作好同样的设定,否则会产生报警而不能工作。③某些印制电路板还需在更换后进行某些特定操作以完成其中软件与参数的建立。这一点需要仔细阅读相应电路板的使用说明。④有些印制电路板是不能轻易拔出的,例如系统存储器,它会丢失有用的参数或者程序,更换时必须先进行系统参数备份。

比如一台 FANUC-Oi MB 系统的数控铣床系统开机出现死机故障,查看系统主模块状态指示,说明系统在起动时系统主 CPU 未起动,故障原因可能是系统主 CPU 卡故障,也可能是系统主板故障,将另一台同样系统的 CPU 卡替换,系统开机正常,说明系统主板是好的。更换系统主 CPU 卡后,机床恢复正常。图 25 是 FANUC-Oi MB 系统的主模块。

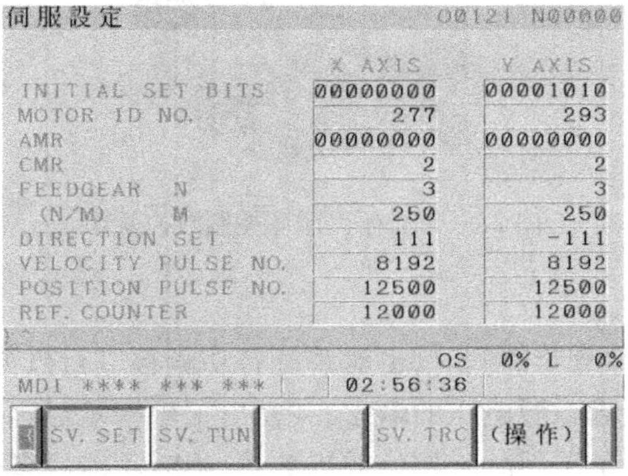

图 24 伺服调整画面

图 25 FANUC-OiB 系统主模块

（7）同类对调的故障诊断方法

当发现故障板或者不能确定是否是故障板而又没有备件的情况下，可以将系统中相同的两个板或电缆对调检查，通过观察故障是否发生转移来判定故障的具体部位。采用这种对调法应特别注意，不仅硬件接线要正确交换，还要将一系列相应的参数交换，否则不仅达不到目的，反而会产生新的故障，一定要事先考虑周全，设计好软、硬件交换方案，确认准确无误后再进行交换检查。例如某一数控铣床（采用FANUC-OiMC系统）X轴返回参考点时出现超程报警（返回参考点动作正常），而Y、Z轴能正确返回参考点操作，根据故障现象推断产生故障原因可能是系统没有得到X轴电动机的一转信号，故障可能是X轴电动机本身、伺服放大器及系统轴板故障。通过把X轴和Y轴电缆对调并修改相关伺服参数，通电试车，发现X轴还是不能正确返回参考点而Y轴能返回参考点正常，说明系统轴板和放大器是正常的，则故障一定在X轴电动机内装编码器上，最后仔细检查发现是编码器内部太脏，清洗编码器后机床恢复正常。具体对调是在放大器上把编码器电缆接口对调及电动机动力线对调，如图26所示。

（8）功能参数封锁的故障诊断方法

随着数字伺服控制的普及应用，数控机床某些控制功能由系统参数设定，通过参数维修数控机床是一种高效快捷的方法。所谓参数封锁法就是通过修改系统参数来判定故障是系统内部故障还是外部故障。如某一数控机床进给采用全闭环（位置检测采用光栅尺）控制，加工中出现了位置反馈信号断线报警，故障原因可能是光栅尺本身断线、系统内部检测电路故障及机械传动间隙过大。通过重新设定系统控制功能参数（FANUC-OiMC系统为1815#1设为“0”）及伺服设定参数，使系统由原来的全闭环控制改为半闭环控制（通过参数封锁了光栅尺），数控机床可以正常运行，则故障为光栅尺本身故障。最后仔细检测发现光栅尺内部有油污导致反馈信号不良。如图27为全闭环伺服控制的数控铣床。

图26　FANUC-Oi MC系统伺服放大器

图27　带光栅尺闭环控制数控铣床

（9）系统短路故障排除法的故障诊断方法

系统电源模块在提供系统所需的各种直流电源电压的同时，也对系统各功能板进行监控，当系统内部出现短路故障时，电源模块立即停止直流电源电压的输出，并发出报警指示。当系统出现短路故障时，实际中最可靠的故障诊断方法是采用故障部位的排除法，绝对不能用备件的替换法和同等对调法。

比如一台龙门数控铣床系统采用 FANUC-18MB 系统，其内部结构如图 28 所示。机床通过 RS-232 进行在线加工，有一天由于雷击导致系统电源模块报警，系统无法起动，检修时首先把系统电源模块和系统脱开，机床上电，此时电源模块报警指示灯（红色）熄灭，说明故障不在电源模块本身；然后把电源模块插回系统，再把系统主模块脱开，此时电源模块报警指示灯不亮了，说明故障在系统主模块上，进一步用排除法，脱开主模块的各功能板，最后故障部位确定在系统主轴模块上，在仔细检查后发现该板上的一个稳压管击穿短路，更换相同规格的稳压管，系统恢复正常。

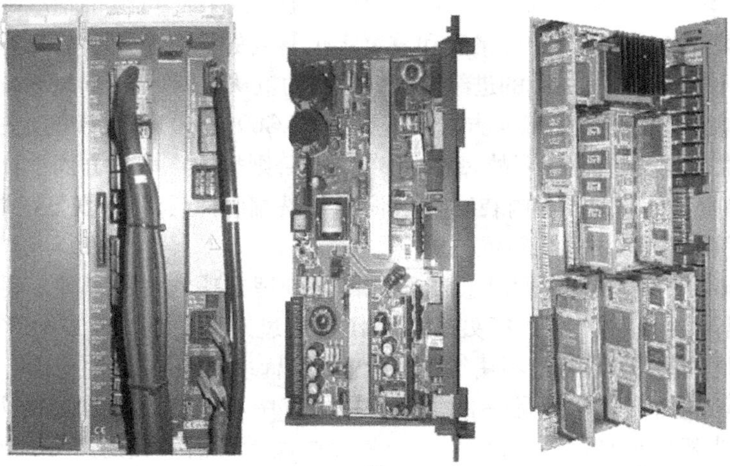

a)　　b)　　c)

图 28　FANUC-18MB 系统主模块和电源模块

a）系统　b）电源模块　c）主模块

（10）使能信号短接的故障诊断方法

数控系统的某种就绪状态都与系统信号（硬件信号或状态参数）一一对应，通过硬件使能信号的短接或系统状态使能参数的确定，就可以快速判定故障的具体部位。FANUC 系统 α 系列模块通过 JX1B(5-6 脚）发出就绪的使能信号，如图 29 所示。当电源模块不就绪（状态显示

图 29　FANUC 系统 α 系列驱动模块

窗口显示“ -- ”)时,故障原因可能是电源模块本身,也可能是后续的伺服模块。当 JX1B 终端盒插在电源模块的 JX1B 后,电源模块起动就绪,说明电源模块后续模块故障,否则是电源模块本身故障。最后把 JX1B 终端盒插在 Y 轴伺服模块的 JX1B 后,电源模块起动就绪,说明 Z 轴模块故障,更换 Z 轴伺服模块控制电路板后,系统恢复正常。

(11) 伺服电动机定位精度和重复定位精度检测进行加工误差的判别故障诊断方法

影响数控机床加工精度的原因很多,包括机械方面、电气方面及系统参数等。实际维修时电气原因容易被忽略,而且也很难判别。电气方面原因包括伺服电动机本身、编码器、系统轴板、伺服设定参数及电动机优化参数等。实际加工中出现随机偏差时,机械很难准确判别故障具体部位,可以通过对伺服电动机进行定位精度和重复定位精度的检查来判别故障在机械方面还是电气方面。具体操作方法是,把故障的进给轴的伺服电动机从机床拆下,通过系统参数设定为旋转轴并重新进行伺服参数设定,在 MDI 方式下进行正转(G00 A360)和反转的定位(G00 A-360)操作,如果出现定位精度误差,则说明故障在电气方面,否则故障在机械方面。标记线的设定如图 30 所示。最后检查是伺服电动机内装编码器不良,清洗编码器后,机床恢复正常。

(12) 系统引导画面的故障诊断方法

在 CNC 存储器中,存储着查明系统故障原因及处理方法的技术资料。利用这些资料很容易找到故障原因及故障部位,并进行处理。操作者通过 CNC 的 CRT(LCD)/MDI 单元提供的故障原因信息,找到问题的答案,不用维修专家也可以诊断数控机床的故障,所以这种方法又称为专家自诊断方法。如图 31 是一台龙门数控加工中心的刀库数据表的人机界面,系统为 FANUC-18iMC,当机床出现乱刀故障时,人机界面中显示当前主轴的刀号及预制的刀号,通过该界面就能查到乱刀的原因及处理方法。

图 30　伺服电动机定位精度检测

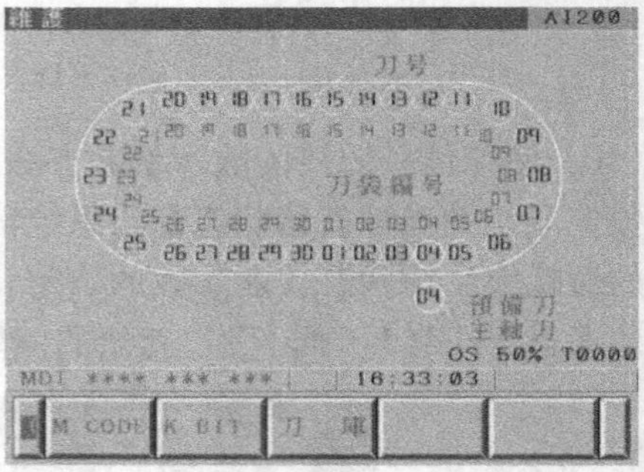

图 31　加工中心刀库的人机画面

(13) 远程通信的故障诊断方法

现在数控系统具备了网络通信功能,通过网线把机床与远端的计算机相连,计算机内装有自诊断的软件,即通过网络可以读/写 CNC 系统的硬件构成及系统软件的配置、CNC 系统的内部状态、加工程序、报警信息等数据,然后由计算机向 CNC 系统发送诊断信息,并将测试数据输回到计算机进行分析并得出结论,随后将诊断结论和处理办法通知用户,并可以通过网线恢复系统由于软件不良导致的故障。

通信诊断系统还可为用户作定期的预防性诊断,维修人员不必亲临现场,只需按预定的时间对机床作一系列运行检查,在维修中心分析诊断数据,便可发现存在的故障隐患,以便及早采取措施。当然,这类 CNC 系统必须具备远程诊断接口及联网功能。

第1章　典型数控系统及系统报警维修技术

数控系统是数控机床的核心。数控机床根据功能和性能的要求配置不同的数控系统。系统不同,其性能、信号流程及故障的维修方法也有差别,因此,应按所使用数控系统的特点进行维修。

目前,我国数控机床行业占据主导地位的数控系统有日本的FANUC(发那科)、德国的SINMENS(西门子)等公司的数控系统及相关产品。本章以FANUC系列产品为例,介绍现代数控系统的组成及特点,使读者掌握系统报警的维修技术、典型系统的功能连接及系统的选型。

1.1　FANUC-OC/OD系统

FANUC-OC/OD数控系统是FANUC公司于20世纪80年代开发并生产的产品。随着科学技术的进步,特别是电子集成电路、数字伺服及计算机控制技术全面普及应用,系统性能不断完善和提高,FANUC-OC/OD系列是20世纪80年代在中国市场上销售量最大的一种系统,它是一种采用高速32位微处理器的高性能CNC系统。

1.1.1　FANUC-OC/OD功能特点及系统配置

1. 高可靠性、全功能的FANUC-OC系统

(1) 系统主要特点

1) 丰富的控制功能:具有刀具寿命管理、极坐标插补、圆柱插补、多边形加工等特有的控制功能,并且提供了专用的定制型用户宏程序,从而能够容易地实现一些特殊的机械加工。

2) 高可靠性的硬件:该产品采用了高品质的元器件,并且大量采用了专用VLSI(Very Large Scale Integration)芯片,在一定程度上提高了数控系统的可靠性和系统的集成度。该产品还使用了表面安装技术,进一步提高了数控系统的集成度,尽管采用大板结构,但与老系列FANUC-OA/OB相比,数控系统的体积大幅度减小。

3) 高精度加工:采用多种补偿功能,可实现高精度加工。例如,丝杠的螺距误差等传动链中的机械误差,可通过存储型螺距误差补偿予以补正。刀具路径补偿,在切削内拐角时,具有进给速度自动减速的功能(自动拐角倍率),从而防止刀具在拐角处发生过载,同时获得良好的表面光洁度。另外,系统具有伺服前馈控制等高加工精度的功能。

4) 高效率和高速度加工:由于采用了高速微处理器(1988年以后的产品主CPU为Intel 80486/DX2)及多CPU方式进行分散处理,实现了高速连续切削。通过PMC来实现坐标轴(PMC轴)的控制,进一步缩短了辅助功能的执行时间,特别适合自动换刀(ATC)的控制和回转工作台(APC)的分度控制。系统不仅控制主轴速度,还进行主轴位置控制,像控制进给伺服电动机那样控制主轴电动机,从而实现刚性攻螺纹和主轴定位控制功能。

5) 高精度数字伺服系统:由于采用了高分辨率位置检测器和高速微处理器及软件伺服控

制功能（全数字控制），实现了高速、高精度的伺服控制。该系统最多提供控制轴数为 6 轴，联动轴数为 4 轴，一个模拟量主轴或两个串行数字主轴（仅限于使用 FANUC 的主轴驱动装置）。

主要产品有：O-TC（用于数控车床），O-MC（用于数控铣床、钻床、加工中心），O-GCC（用于内外磨床），O-GSC（用于平面磨床），O-PC（用于回转头冲床），O-TTC（用于双主轴和双刀架多功能数控车床）等。

（2）系统基本配置

图 1-1 为 FANUC-OMC 系统的基本配置图。

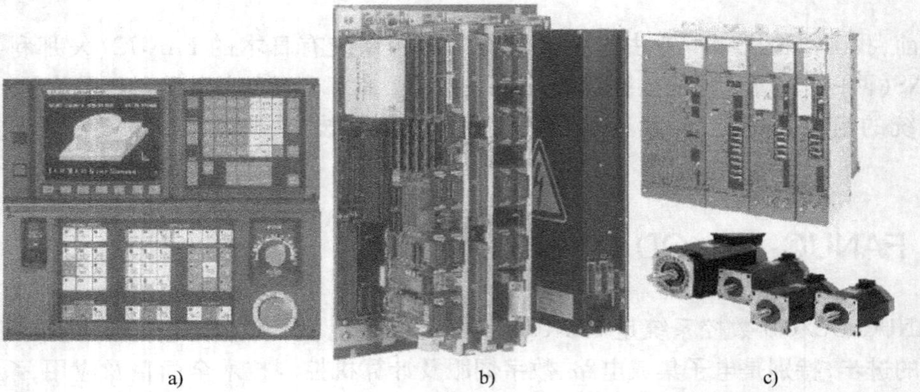

图 1-1　FANUC-OMC 系统基本配置

a）显示装置和操作面板　b）CNC 装置　c）伺服驱动单元

显示装置和操作面板：显示器标准配置为 9 in 单色 CRT，选择配置为 10.4 in 彩色 CRT；显示器和系统 MDI 键盘为一体；机床操作面板可以选择 FANUC 公司专用操作面板，一般机床生产厂家采用各自的机床操作面板。

CNC 装置：系统基本配置为 4 个 CNC 轴且为 4 个联动轴，选择配置为 6 个 CNC 轴且为 4 轴联动；图形显示板、宏执行器、PMC 扩展板及远程通信板为选择配置。

伺服驱动单元：系统伺服放大器标准配置为 α 系列伺服模块；主轴电动机和进给电动机为 α 系列伺服电动机。

2. 高可靠性、普及型的 FANUC-OD 系统

（1）系统主要特点

OD 系统是 FANUC 公司在 OC 系统基础上研制开发出的普及型数控系统。OD 系统和 OC 系统的主要区别：

1）系统进给伺服轴配置为 3 轴 3 联动，系统主轴配置为一个串行数字主轴或一个模拟量主轴。

2）系统不支持图形显示板、特制宏程序盒及扩展 PMC 板控制功能。

3）只能采用 RS-232 数据传输，不能实现远程 DNC1 和 DNC2 数据传输。

4）系统控制软件进行了简化，取消了圆柱插补和多边形插补等功能软件。

主要产品有：O-TD（用于数控车床），O-MD（用于数控铣床、加工中心），O-GCD（用于内外磨床），O-GSD（用于平面磨床），O-PD（用于冲床）等。

FANUC-ODⅡ为高可靠性、多功能数控系统，其功能与 FANUC-OC 基本相同，只是控制轴数最多为 4 轴。

（2）系统基本配置

图 1-2 为 FANUC-OTD 系统的基本配置。

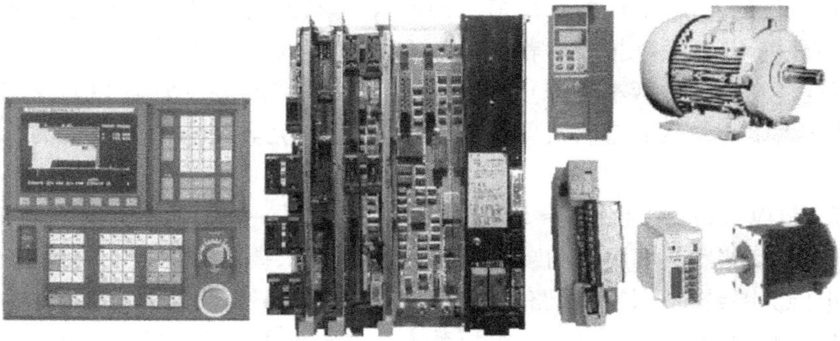

a)　　　　b)　　　　c)

图 1-2　FANUC-OTD 系统基本配置

a）显示装置和操作面板　b）CNC 装置　c）伺服驱动单元

显示装置和操作面板：显示器标准配置为 9 in 单色 CRT；显示器和系统 MDI 键盘为一体；机床操作面板可以选择 FANUC 公司专用操作面板，一般机床生产厂家采用各自的机床操作面板。

CNC 装置：FANUC-OTD 系统配置 2 个 CNC 轴且为 2 个联动轴，FANUC-OMD 系统配置 3 个 CNC 轴且为 3 个联动轴。

伺服驱动单元：系统伺服放大器标准配置为 α 系列或 β 系列伺服单元，选择配置为 α 系列伺服模块；主轴电动机可以是变频器驱动的普通异步电动机，选择的是串行主轴电动机，进给电动机为 αC 系列或 β 系列进给伺服电动机。

1.1.2　FANUC-OC/OD 系统功能板的功能及接口信号

1. 系统控制单元的结构

FANUC-OC/OD 系统的 CNC 单元为大板结构。系统单元分为 A、B 两种型号，该单元的选择是根据机床的需要而定的。一般 A 规格主要用于 4 轴以内的系统，而使用 5 轴以上的系统时就要选用 B 规格的单元。OD 系统采用 A 规格系统单元，基本配置有主板、存储器板、I/O 板、伺服轴控制板和电源。各板插在主板上，与 CPU 的总线相连，如图 1-3 所示。

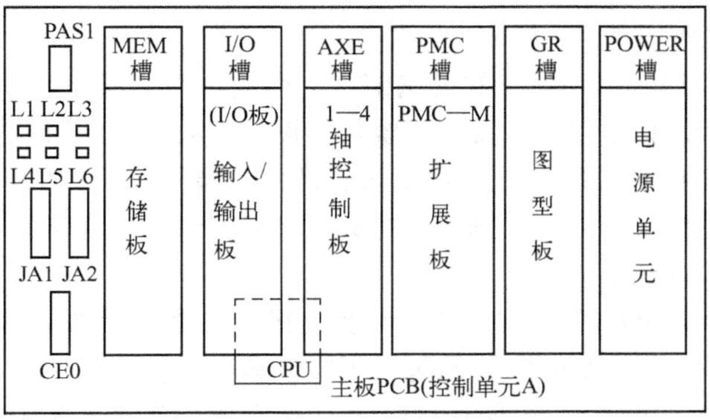

图 1-3　FANUC-OC/OD 系统控制单元的结构示意图

主板(PCB):主 CPU 在该板上。主 CPU 用于系统主控,原来用 80386,从 1988 年起改用 80486/DX2。此外,系统启动的引导文件的芯片也在该板上。

系统单元主板的左侧 LED 指示灯显示说明:L1(绿色):系统在自动运行时亮,不指示报警;L2(红色):任何 CNC 故障报警时都亮;L3(红色):存储板接触不良时亮;L4(红色):轴板故障(接触不良,脱落,软件版本不符)或主板监控电路故障时亮;L5(红色):子 CPU 板(SUB)或第 5、6 轴板故障时亮;L6(红色):第 7、8 轴板故障时亮。注意 OD 系统的 L5、L6 没有此功能。

电源单元(POWER):主要提供 +5 V、±15 V、+24 V、+24E 直流电源。+5 V 直流电源主要为系统 CPU、存储器及伺服检测装置等提供直流电源,要求电压波动误差不得超过 ±5%;±15 V 直流电源为系统伺服控制电路提供直流电源;+24 V 直流电源为系统显示装置和扩展 PMC 单元提供直流电源;+24E 直流电源为系统各功能板及主板电路提供直流电源。

注意电源单元内部电压监控模块对 +5 V、±15 V、+24 V 电压进行监控,而对 +24E 不进行监控,系统主板电压监控模块对 +24E 进行电压监控。

图形显示板(GR):为系统可选件,提供图形显示功能(刀具加工的轨迹或伺服波形),用于第 2、3 手摇脉冲发生器的接口。当系统选择图形显示板后,系统显示器的视频信号应该连接到该板的 CCX4 接口上。

PMC 扩展板(PMC-M):采用增强型可编程控制器(PMC-M)时提供输入/输出扩展接口板。只有 OC 系统为选择功能板,而 OD 系统没有此功能。

基本轴控制板(AXE):传输各轴(如 X、Y、Z 及第 4 轴)的进给指令,接收各轴电动机、编码器(或光栅尺)的反馈信号。

输入/输出接口板(I/O 板):是 CNC 单元与机床侧输入输出信号的接口。接收或输出 24 V 直流信号,由 PMC 实施输入/输出的开关量控制。I/O 点数可根据机床的复杂程度选择。标准配置为 80 个输入点,56 个输出点,最多为 104 个输入点,72 个输出点。

存储板(MEM):①系统的控制软件 ROM(共 5 片),不同类型的机床控制软件不同;②伺服控制软件 ROM 1 片;③PMC-L 的 ROM 芯片 2 片,用于存储机床的控制逻辑程序(梯形图);④RAM 芯片,用于寄存 CPU 的中间运算数据,根据需要安装;⑤CMOS RAM,用于存储系统和机床参数、零件加工程序。根据用户要求配置,最大可为 128 KB。CMOS RAM 与 4.5 V 电池相连,关机时保存信息。

宏程序 ROM 卡(PAS1):是系统的可选部件。当系统使用宏程序执行器时,用户的宏程序固化在宏程序卡的 ROM 中。

高速通信卡(JA1/JA2):是系统的可选部件。当使用高速通信实现 DNC1/DNC2 控制功能时,要指定该电路板。该电路板主要在系统与外设进行数据通信和 DNC 控制时使用。

存储卡/梯形图编辑卡(CE0):是系统的可选部件。当使用系统存储卡/编辑卡时,把系统参数、加工程序、各种补偿值存储到存储卡中,或通过编辑卡修改机床的 PMC 顺序程序。

2. 电源单元(POWER)

电源单元是 FANUC-OC/0D 系统的基本组成部分。该单元按照输出功率的不同有 A、AI 和 B2 三种型号,其中 AI 型电源单元包括了输入单元(电源 ON/OFF 控制回路),而另外两种型号需要外加输入单元。AI 型电源单元是最常用的型号。具体连接如图 1-4a、b、c 所示。

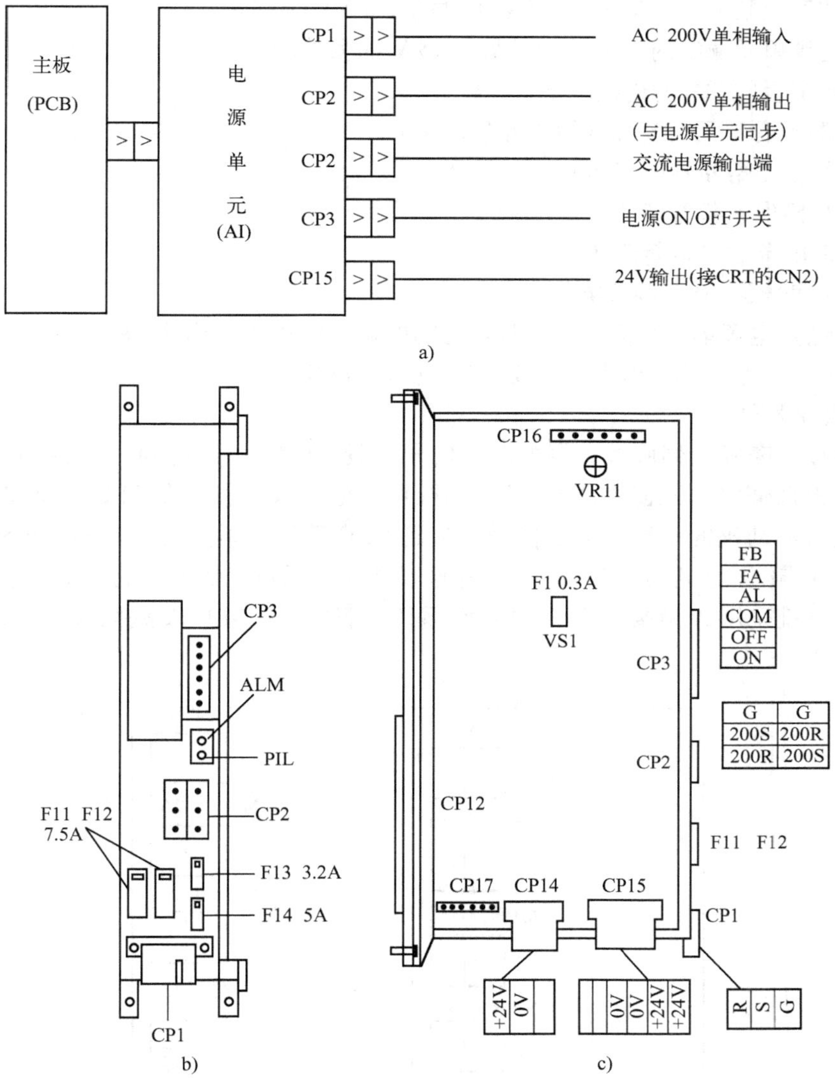

图 1-4　电源单元连接说明示意图

a) 电源单元的功能连接　b) 电源单元正视图　c) 电源单元左视图

CP1:单相交流电源输入端,AC 电压 200 ~ 240 V,50/60 Hz。一般来自三相伺服变压器的输出端。

CP2:交流电源输出端(同 ON/OFF 控制开关同步的交流电源输出),AC 电压 200 ~ 240 V,50/60 Hz。一般可用于风扇(如机床电箱)或 14 in 彩色 CRT 的电源,也可以用于伺服单元的接触器输入控制。

CP3:电源单元开/关的触点输入信号(ON/OFF),可用于 NC 准备开关、NC 停止开关;外部报警信号输入(AL);电源单元报警信号输出(FA、FB)。

CP14:用于附加 I/OB2 印制电路板的 +24 V 电源。

CP15:用于单色 CRT/MDI 单元的 +24 V 电源。

CP16：辅助控制电源 +24 V、±15 V 测试端及 +5 V 调试端。

CP17：电源单元输出的 +24 V、+5 V、±15 V 的测试端。

CP12：与主板（PCB）的连接端子。

F11、F12：电源单元交流输入熔断器（7.5 A）。

F13：24V 输出熔断器（3.2 A）。

F14：24E 输出熔断器（5 A）。

F1：辅助电源输出熔断器（0.3 A）。

VR11：辅助电源 10 V 调节电位器。

PIL（绿色）：电源单元交流输入正常及控制电路工作时，此指示灯亮。

ALM（红色）：电源单元出现任何故障时，此指示灯亮。

3. 轴板（AXE）

系统轴板用来发出伺服放大器的驱动信号、伺服使能信号及接收伺服单元反馈的各种信息信号。根据伺服单元连接情况不同，轴板可以分为 A 型接口板和 B 型接口板。A 型接口板是指伺服电动机的串行编码器信号反馈到 CNC 系统轴板上的接口板，如图 1-5a；B 型接口板是指伺服电动机的串行编码器信号反馈到伺服放大器上的接口板，如图 1-5b。FANUC-OD 系统采用 A 型接口，FANUC-OC 系统伺服接口可以是 A 型伺服接口，也可以采用 B 型伺服接口。

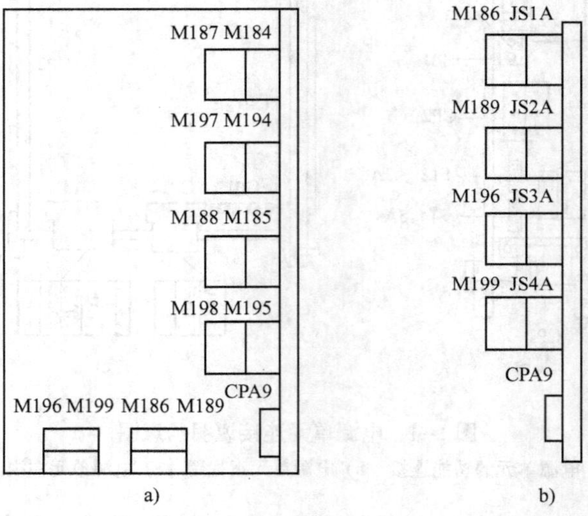

图 1-5　轴板接口示意图

a）A 型伺服接口板　b）B 型伺服接口板

下面以 A 型伺服接口板为例，说明一下轴板的功能连接，如图 1-6 所示。

M184、M187、M194、M197：采用 A 型接口时，分别为第一轴、第二轴、第三轴、第四轴的进给信号接口。OTD 只有 M184（X 轴）和 M187（Z 轴）接口。M185、M188、M195、M198：采用 A 型接口时，分别为第一轴、第二轴、第三轴、第四轴的进给电动机编码器反馈信号接口。OTD 只有 M185（X 轴电动机）和 M188（Z 轴电动机）接口。M186、M189、M196、M199：分别为第一轴、第二轴、第三轴、第四轴的独立脉冲编码器反馈信号或光栅尺反馈信号接口。OTD 只有

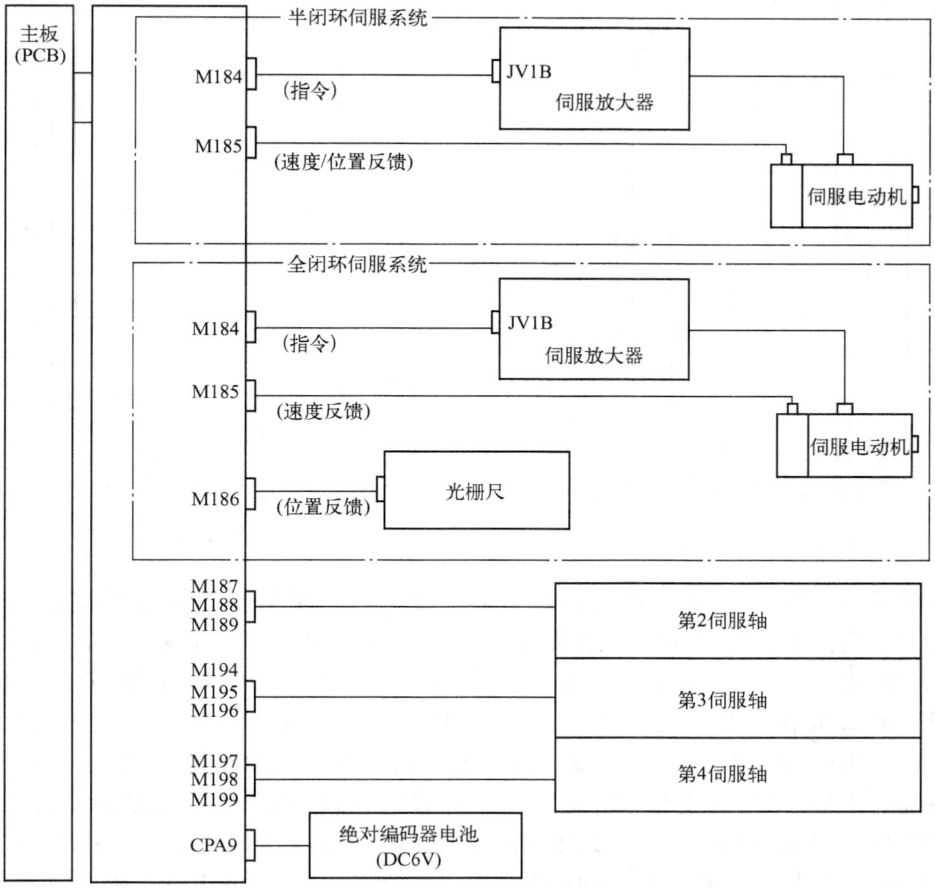

图 1-6　A 型伺服接口轴板的连接图

M186(X 轴)和 M189(Z 轴)接口。JS1A、JS2A、JS3A、JS4A:采用 B 型接口时,分别为第一轴、第二轴、第三轴、第四轴的进给信号接口。CPA9:分离型位置检测装置的绝对编码器的电池接口(DC6V)。

4. 系统的 I/O 板

根据实际数控机床的输入/输出点数的要求不同,FANUC-OC/OD 系统的 I/O 板有三种规格:C5 板(M1 和 M2 插口)40 点输入和 40 点输出;C6 板(M1、M2、M18 和 M19 插口)80 点输入和 56 点输出;C7 板(M1、M2、M18、M19 和 M20 插口)104 点输入和 72 点输出。系统标准配置为 C6 板。M1 为输入接口(40 点输入),M2 为输出接口(40 点输出),M18 为输入接口(40 点输入),M19 为输出接口(16 点输出),M20 为输入/输出接口(24 点输入和 16 点输出)。I/O 板接口示意图如图 1-7 所示。

5. 系统存储板(MEM)

系统存储板除了安装各种存储器芯片外,还提供 CRT 的视频信号接口、计算机通信接口、纸带阅读机接口、第 1 手摇脉冲接口、主轴电动机控制信号接口、主轴位置编码器反馈接口和标准机床操作面板信号接口等。接口示意图如图 1-8 所示。JD1A:I/O Link 接口(FANUC-OD 系统没有),用于标准机床操作面板信号控制。M27:主轴位置信号控制接口,可用于主轴独立编码

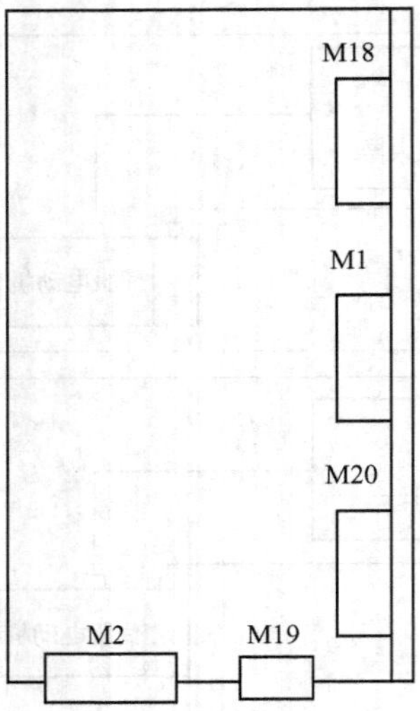

图 1-7　I/O 板接口示意图

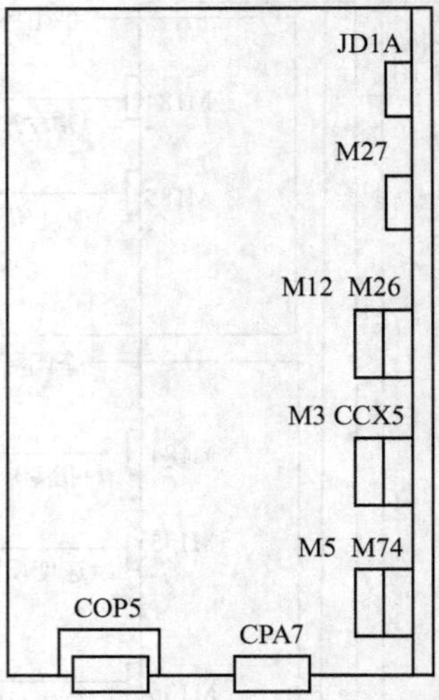

图 1-8　存储板接口示意图

器反馈信号接口。M12：第 1 手摇脉冲发生器信号接口。M26：模拟量主轴控制信号（0～10 V），可用于模拟量主轴（如通用变频器）速度信号控制。M3：MDI 键盘输入信号，接收系统操作面板的控制。CCX5：用于 CRT 的视频信号，行、场同步信号控制（不安装图形显示板时）。M5：RS-232 计算机信号接口（通道 0、1）。M74：RS-232 计算机信号接口（通道 2、3）。COP5：串行主轴电动机控制信号（为光缆传输），通过光电转换器与主轴模块的 JA7B 连接。CPA7：是用于存储器 RAM 所需的电池（标准为 4.5 V）接口，与机床外接的电池盒相连。当系统 RAM 的电池电压不足或维护不当导致电压为零时，机床数据会全部丢失。机床数据包括系统 CNC 参数、PMC 参数、加工程序和各种补偿数据，所以要定期检查并更换系统电池，一般的电池需要一年就更换，更换时必须是在系统通电状态下。

存储器板的功能连接如图 1-9 所示。

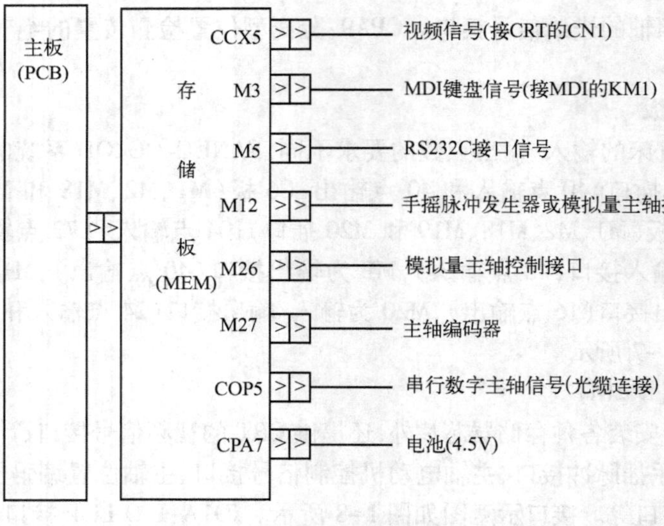

图 1-9　存储板的功能连接示意图

1.1.3 FANUC-OC/OD 系统报警及故障诊断技术

FANUC-OC/OD 报警系列号分为下列几种：

#000 ~ #299：P/S 报警（多数为编程错误报警）。

#000：系统输入了需要断电再上电确认的参数。

#001、#002：输入/输出数据的字符 TH、TV 报警。

#100：参数写保护（PWE = 1）打开，CAN + RESET 同时按下可以解除该报警。

#101：系统在编辑程序存储时，系统掉电。PROGAM + DELET 同时按下，系统上电可解除报警。

#85、#86、#87：有关 RS-232 串行通信报警。

#90：绝对编码器的绝对位置丢失，需要返回参考点操作。

#3 * *：系统检测装置及绝对编码器报警。

#4 * *：系统伺服报警。

#5 * *：系统超程报警。

#9 * *：系统报警。

本节主要是进行系统报警号的原因分析，以及如何进行诊断及处理。

系统电源接通时，数控系统进入起动状态，首先起动系统主板上 ROM 中 BOOT 系统引导文件，然后在系统引导文件下装载系统控制功能软件，即把存储板中的 ROM 系统功能软件转载到系统 RAM 中，此时系统显示装置显示该系统系列文件的系列号和版本号（如图 1-10 中①所示），系统开始初始化工作，在此过程中检测系统硬件、系统软件及两者是否匹配，当系统硬件出现故障或系统软件不良时，系统停止工作并切换到系统的报警画面，系统会出现 910 ~ 998 报警号提示（如图 1-17 中③所示）。当系统文件装载并初始化结束后，系统装载机床控制的 PMC 程序，即把存储板 EPROM 中机床厂家的 PMC 程序装载到 RAM 中，显示装置会显示 PMC 系列号和版本号（如图 1-10 中②所示），并且系统在此时将进行伺服初始化。首先系统会向各伺服放大器发出继电器 MCC 吸合信号（ * MCON），伺服系统就绪后，各轴伺服放大器会向系统发回伺服就绪信号（ * DRDY），系统接收到该信号后，系统发出伺服准备好信号（SA）并出现坐标位置显示画面（如图 1-10 中④所示）。而一旦某一个伺服轴由于故障引起该轴没有应答（ * DRDY）时，伺服系统则停止工作，并发出 SERVO ALARM 信息（如图 1-10 中⑤所示）。图 1-10 为系统通电时的时序图。

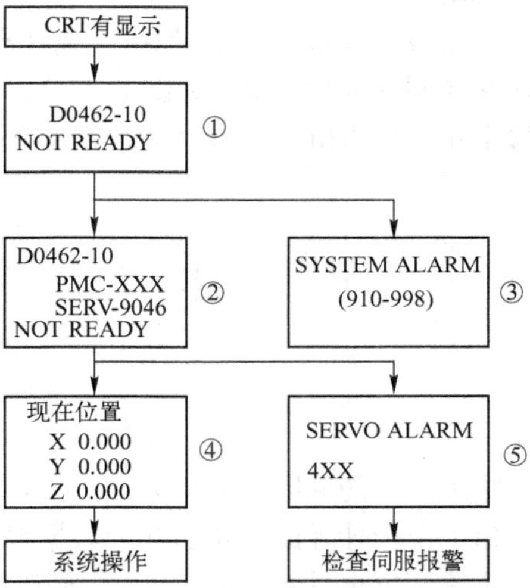

图 1-10　系统通电时的时序图

当系统起动出现系统报警时，在理解系统报警检测机理的基础上，分析导致该报警的原因可能有哪些，通过检测并诊断故障是来自机床侧还是系统本身，系统本身又包括系统硬件故障或者软件不良。

1. RAM 奇偶校验报警(ALM 910 Low/911 High)

在 FANUC 的系统中,存储板中 RAM 的数据在读写过程中,都具有奇偶校验检查电路。一旦写入的数据和读出的数据的检验位不符时,就会发生奇偶校验报警。ALM 910 和 ALM 911 分别提示低字节和高字节数据报警。

故障产生的原因及处理方法如下:

(1) 由于外界的干扰引起的报警

当机床断电再重新上电操作执行后,如果系统恢复正常工作状态(报警不再发生),则该 RAM 报警极有可能是系统的干扰引起的。在这种情况下要详细地检查数控系统整体的接地线和控制信号线走线是否合理等,采取有效的抗干扰措施。

(2) 如果该报警只是在首次开机时出现,说明系统电池电压不足

更换系统电池(DC4.5 V)。

(3) 系统 RAM 内数据不良

清除系统 RAM 的全部数据(系统上电的同时按下 RESET + DEDLE),如果系统不出现该报警说明是系统 RAM 数据不良,重新装载备份数据。如果系统 RAM 全清后,该故障依旧,则说明是系统硬件故障。

(4) 系统存储板不良或系统主板故障

更换系统存储板或系统主板。

2. 伺服公共 RAM 奇偶检验报警(ALM 912 Low/913 High),伺服局部 RAM 奇偶检验报警(ALM914)

在全数字伺服系统中,伺服系统具有伺服 CPU 与主 CPU 进行数据交换的公共 RAM 和用于伺服控制的局部 RAM,如图 1-11 所示。为了提高系统控制的可靠性,在两者上都具有奇偶校验电路。检查电路发现奇偶数据异常时,则会产生报警。

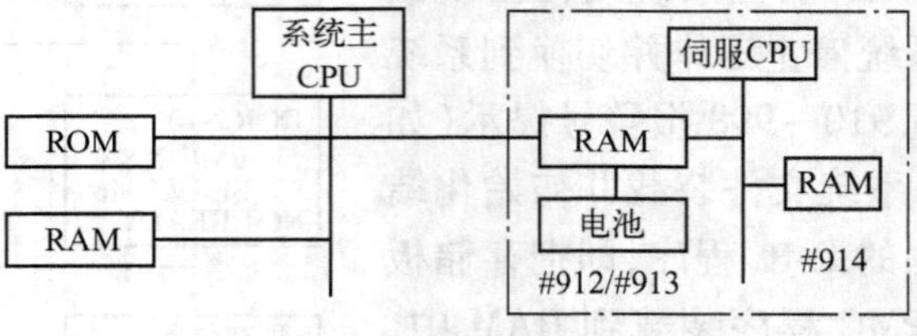

图 1-11　系统伺服公共 RAM 和局部 RAM

故障产生的原因及处理方法:

(1) 由于外界的干扰引起的数据报警

系统断电再重新上电后,该故障消失,在这种情况下,要详细检查数控系统的接地线及控制信号线走线是否合理。

(2) 系统伺服软件不良

系统伺服软件初始化,该故障消失。

注意: 伺服软件初始化前,应该对系统参数进行备份。

(3) 系统伺服轴卡的故障。

通过更换系统轴板的方法来判别该故障。

(4) 系统主板不良或存储板不良

更换系统主板或存储板。

3. 系统监控报警(ALM 920)

系统监控定时器是对主 CPU 的运行进行监控的定时器。检测的主要电路为 RS 触发器,由系统的时钟使其置位,正常时由 CPU 进行复位。当 CPU 以及外围电路发生故障时,CPU 不能将其复位,系统发生此类报警。如图 1-12 为系统监控电路。

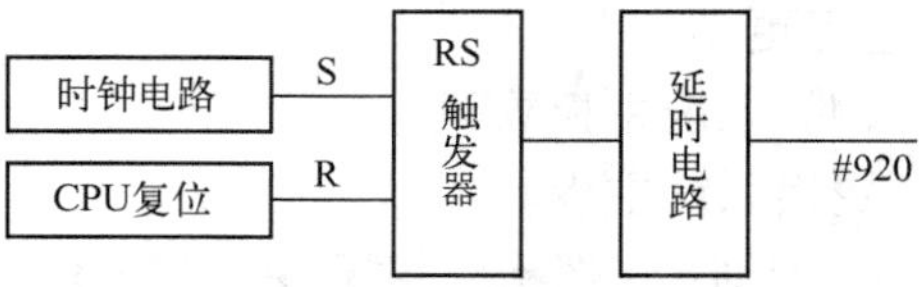

图 1-12　系统监控电路

故障产生的原因及处理方法如下:

(1) 系统伺服控制单元不良

系统伺服文件存储的 RAM 不良,进行伺服初始化。伺服驱动放大器不良,用相同放大器更换法进行判别。伺服电动机检测装置不良,用同等元件替换法进行故障判别。

(2) 系统轴控制卡不良

因为系统监控电路在系统的轴板上,可以通过更换相同系统的轴板进行判别。

(3) 系统伺服软件或存储伺服软件的 ROM 不良

更换系统存储板。

(4) 系统主板不良(包括系统主 CPU 及主板)

用替换法进行系统主 CPU(或用计算机的 486CPU)更换,判别系统主 CPU 是否正常,否则更换系统主板。

4. 主 CPU 异常报警(ALM 930)

当 CPU 外围电路工作异常时,CPU 的工作将会停止,此时发出主 CPU 报警(异常中断)。

故障产生的原因及处理方法如下:

(1) 系统的外界干扰

当系统断电后再送电时,故障消失,为此类故障原因导致的。

(2) 主 CPU 及外围电路故障

用替换法进行系统主 CPU(或用计算机的 486CPU)更换,判别系统主 CPU 是否正常,否则更换系统主板。

(3) 系统主板不良

更换系统主板。

5. 电源单元内 +24E 熔断器(F14)熔断报警(ALM 950)

因为系统用的 +24 V 电源是来自电源单元的 +24E 电压,而电源单元内部电压监控电路不对 +24E 电压监控,系统对 +24E 电压进行监控,所以,当系统没有接收到电源单元的 +24E 电压或系统本身 +24E 短路时,将会出现该报警。

产生故障原因可能是:

(1) 机床侧 +24E 电路对地短路

拔下系统 I/O 板的所有 I/O 接口插头,如果报警消失则为该故障,检查机床侧的 +24E 对地有无短路的,并排除短路故障。

(2) 系统电源单元内部 +24E 电路故障

把系统电源单元从系统拆下,单独通电看 F14 是否熔断,如果 F14 熔断,说明电源单元内部有短路,检查并排除短路故障。

(3) 系统各功能板故障

分别拔掉系统的 I/O 板、系统轴板、系统存储板进行判别,检查到发生短路故障的功能板后,进行更换。

(4) 系统主板故障

更换系统主板。

6. ROM 奇偶检验报警(ALM 998)

系统使用的所有 ROM 在系统初始化过程中都要进行奇偶校验,当检验到错误时,则产生报警,并指示错误 ROM 的编号(显示在 CRT 屏幕上)。

系统存储板上的 ROM 编号如图 1-13 所示。

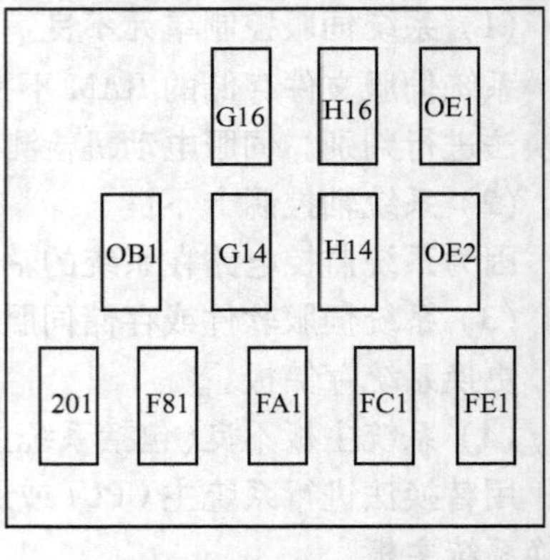

图 1-13　存储板的 ROM 芯片编号

OE1/OE2:装载机床 PMC 程序的 EPROM 芯片编号。

H16/H14:高速通信软件的 ROM 芯片编号。

G16/G14:图形软件的 ROM 芯片编号。

OB1:数字伺服软件的 ROM 芯片编号。

201/F81/FA1/FC1/FE1:系统功能控制软件的 5 个 ROM 芯片编号。

故障产生的原因及处理方法:

(1) 存储卡上的 ROM 错误或安装不当

当系统的 CRT 画面上出现 ROM 报警时,首先要检查一下 CRT 提示编号位置的 ROM 安装是否良好、灰尘是否过多、管脚是否氧化。如确认无误时,就要更换此 ROM。

(2) 存储卡电路板异常

当 CRT 上显示多个 ROM 报警编号时,极有可能因为存储卡的电路故障引起,此时要更换存储板。

7. 系统电源单元报警指示灯(红色)亮(绿色指示灯也亮)故障

电源单元内部的电压监控电路模块对输出的 +24 V、+5 V 及 +/-15 V 进行监控,任何一路出现故障,电源停止工作并发出报警指示。

报警的故障原因及处理方法:

(1) 电源单元本身内部电路出现短路故障

将电源单元从系统拔出,再给电源单元通电,如果电源单元报警指示灯还亮则为该故障。进行检修或是更换。

(2) 系统 CRT 显示装置(+24 V)短路故障

将电源单元的 CP15 拔出(断开 CRT),如果电源单元报警指示灯不亮则为该故障。进行检修或更换系统显示装置。

(3) 伺服电动机内装编码器 +5 V 电路短路故障

从伺服放大器上拔掉编码器电缆接头,如果电源单元正常,说明是该故障。

(4) 系统各功能板或主板短路故障

用短路排除法进行判别,检查到有短路故障的板后,进行更换。

8. 系统显示器(CRT)黑屏的故障

如果系统上电显示器(CRT)灯丝不亮:

(1) 显示器供电电源故障

检查 CP15 的直流 24 V 电源是否有电压，如果没有则为电源或连接的电缆故障。

(2) 显示控制电路故障

检查 CRT 的控制电路板并进行修复。

(3) CRT 显示装置本身故障

更换系统显示器。

如果系统上电显示器(CRT)灯丝亮：

(1) 系统显卡故障

更换系统的存储板(系统显卡和存储板集成一体)。

(2) 系统主板故障

更换系统主板。

1.2 FANUC-16/18/21/OiA 系统

20 世纪 90 年代，随着电子技术的发展，特别是大规模集成电路和电子贴膜技术的应用，使得系统的硬件体积大大缩小，计算机技术的发展使系统控制软件以功能包的形式存储在闪存中，便于用户选择(系统功能包分为 A 包和 B 包)。FANUC 公司逐步推出了高可靠性、高性能、模块化的 FANUC-16/18/21/OiA 系列 CNC 系统。

1.2.1 FANUC-16/18/21/OiA 系统的功能特点及系统配置

1. 系统功能特点

(1) 系统 CNC 结构形式为模块结构

系统 CNC 模块除了主 CPU 及外围电路之外，还集成了 DRAM 模块、FROM/SRAM 模块、PMC 控制模块、存储器和主轴模块、伺服模块等，控制单元体积更小，便于安装排布。

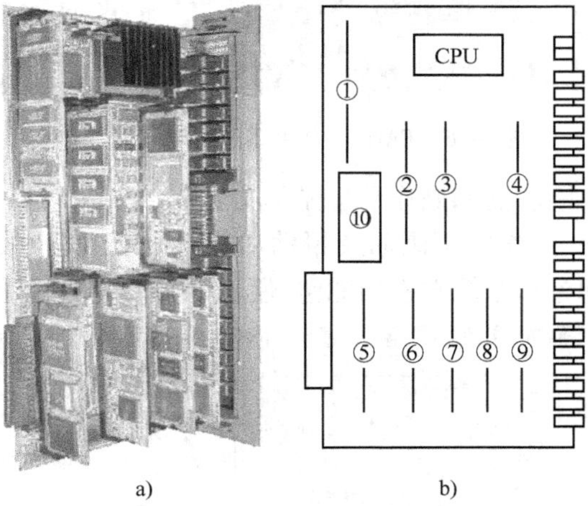

图 1-14　FANUC-18MC 系统 CNC 主模块内部结构

a) 内部结构　b) 内部各功能板的名称

图中，①为动态存储器 DRAM，②为扩展存储器 SRAM，③为闪存和静态存储器 FROM/SRAM，④为主轴控制板，⑤为 PMC 板，⑥为系统显示卡，⑦为 5/6 轴板，⑧为 3/4 轴板，⑨为

1/2 轴板,⑩为系统引导文件的 CMOS 芯片。

(2) 可使用编辑卡或编程软件编辑梯形图

系统的 PMC 控制程序(梯形图)存储在 FROM 中,通过编辑卡或编程软件进行 PMC 程序的编辑和修改,特别是在用户现场扩充功能或实施技术改造时更为便利。

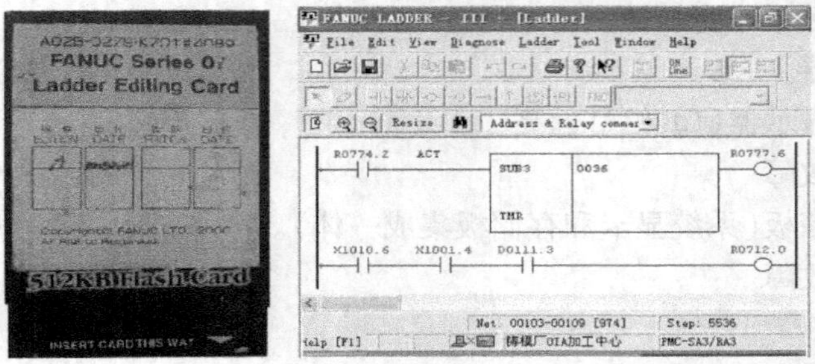

图 1-15　系统 PMC 的编辑卡和编程软件

(3) 可使用存储卡进行系统数据的备份和回装

通过系统引导画面把系统 FROM 和 SRAM 中的数据备份到存储卡或把存储卡中的数据回装到系统中。在维修中特别是系统在死机的情况下,解决数据丢失故障非常方便。

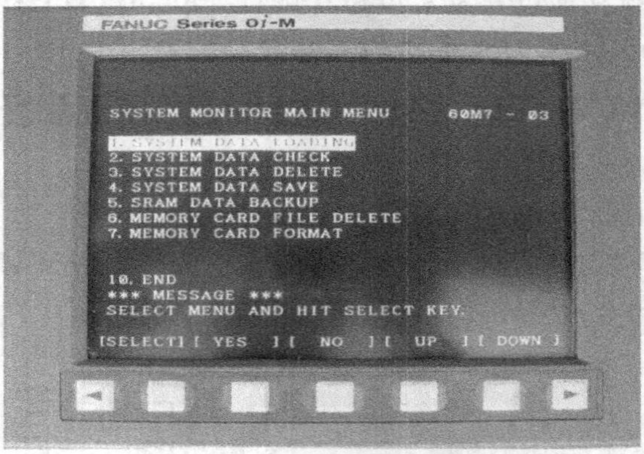

图 1-16　FANUC-OiA 系统引导画面菜单

(4) 具有更强大的诊断功能和操作消息显示功能

系统有报警历史画面、操作履历画面及帮助功能等,便于发生故障时查找原因及资料信息。同时系统具有硬件配置和系统软件功能包,便于掌握系统的配置情况及其具有的功能。

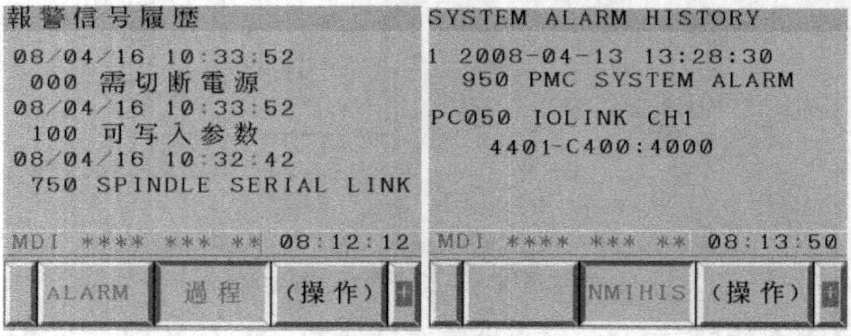

图 1-17　系统报警信号履历和报警历史

（5）系统可以选配硬盘实现远程存储在线加工

FANUC-16/18 系统可以选择系统子 CPU 板，标准配置为 2 GB 硬盘，通过网线可以实现远程加工程序的在线加工，特别适用于模具加工行业。

图 1-18　FANUC-18 MB 系统子 CPU 板（带 2 G 的硬盘）

（6）FANUC-16 系统最多可控 8 轴，6 轴联动；FANUC-18 系统最多可控 6 轴，4 轴联动，18MB5 为 5 轴联动；FANUC-21 系统最多可控 4 轴，4 轴联动。

2. FANUC-OiA 系统内部结构和系统选型的配置

FANUC-OiA 系统由 FANUC-21 系统简化而来，是具有高可靠性、高性价比的数控系统，最多可控 4 轴，4 轴联动。FANUC-OiA 系统只有基本单元，无扩展单元。

（1）系统内部结构

系统由主模块和 I/O 模块组成，其内部结构如图 1-19 所示。

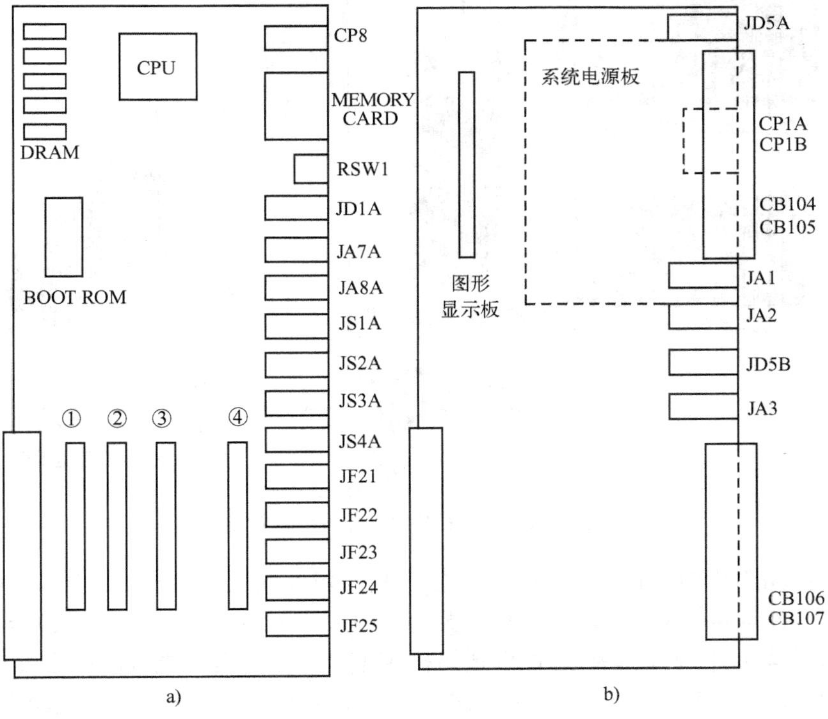

图 1－19　FANUC－0iMA 系统内部结构示意图

a）系统主模块　b）系统 I/O 模块

系统主模块包括系统主板和各功能小板(插接在主板上)。主模块的功能是提供主轴(模拟量和数字串行主轴)的控制信号接口、各个伺服进给轴控制信号接口、伺服进给轴的位置反馈信号接口(光栅尺或分离型编码器)、存储卡和编辑卡接口等。系统主板上安装有系统主CPU、系统引导文件存储器 ROM、动态存储器 DRAM、伺服 1/2 轴的控制卡等。功能小板有用来实现 PMC 控制的 PMC 模块、用来存储系统控制软件/PMC 顺序程序及用户文件(系统参数、加工程序、各种补偿参数等)的 FROM/SRAM 模块、用于主轴控制(模拟量主轴或串行主轴控制)的扩展 SRAM/主轴控制模块以及 3/4 伺服轴控制模块。如图 1-19a 图所示,①为 PMC 控制模块,②为扩展 SRAM/主轴控制模块,③为 FROM/SRAM 模块,④为 3/4 伺服轴控制模块。

I/O 模块的功能是为机床提供输入/输出信号接口、LCD(或 CRT)视频信号接口、系统 MDI 键盘信号接口、机床手摇脉冲发生器的信号接口、RS-232 系统通信信号接口及选择功能板插槽接口等,如图 1-19b 所示。内部由系统电源板(为系统提供各种直流电源)、图形显示板(为系统选择件)及 I/O 板组成。

(2) FANUC-OiA 系统的选型配置

用户根据实际机床功能和加工需要进行系统功能包(A 包或 B 包)的选择配置。图 1-20 为 FANUC-OiMA 的配置。

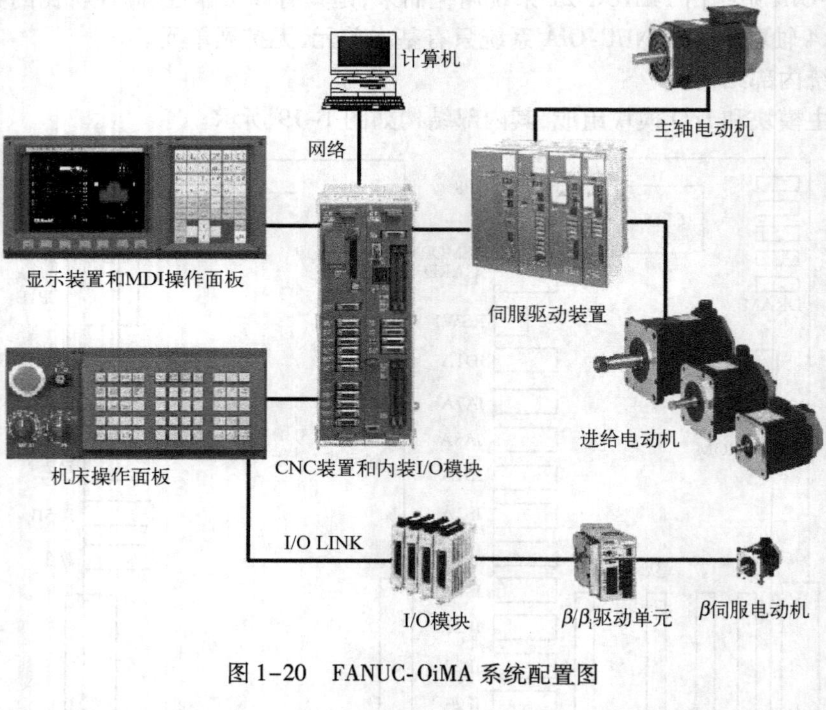

图 1-20　FANUC-OiMA 系统配置图

系统 B 包标准配置的显示器为 9 in 单色 CRT,A 包标准配置的显示器为 8.4 in 彩色 LCD,选择配置为 10.4 in 高分辨率的彩色 LCD;显示器和系统 MDI 键盘为一体;机床操作面板可以选择 FANUC 公司专用操作面板,也可以选择机床生产厂家各自的机床操作面板。

系统由 CNC 装置和内置 I/O 模块构成。FANUC-OiMA 系统配置为 4 轴 4 联动,FANUC-OTA 系统配置为 2 轴 2 联动。内置 I/O 模块提供 96 点输入/64 点输出,可以选择 I/O Link 外置 I/O 装置提供 1024 点输入/1024 点输出,也可以选用 I/O Link 总线接口实现附加伺服轴控制。

FANUC-OiMA 系统伺服放大器可以配置 α 系列伺服模块，驱动 α 系列串行主轴电动机和 α/αC 系列进给伺服电动机；FANUC-OiTA 系统主轴电动机配置可以是变频器驱动的普通异步电动机，也可以是 α 系列串行主轴电动机，进给电动机配置可以是 αC 系列或 β 系列进给伺服电动机。

1.2.2 FANUC-18/OiA 系统功能板及接口信号

1. FANUC-18 系统

FANUC-18 系统基本配置由电源模块、CNC 主模块和内置 I/O 模块构成，具体系统接口如图 1-21a 所示。

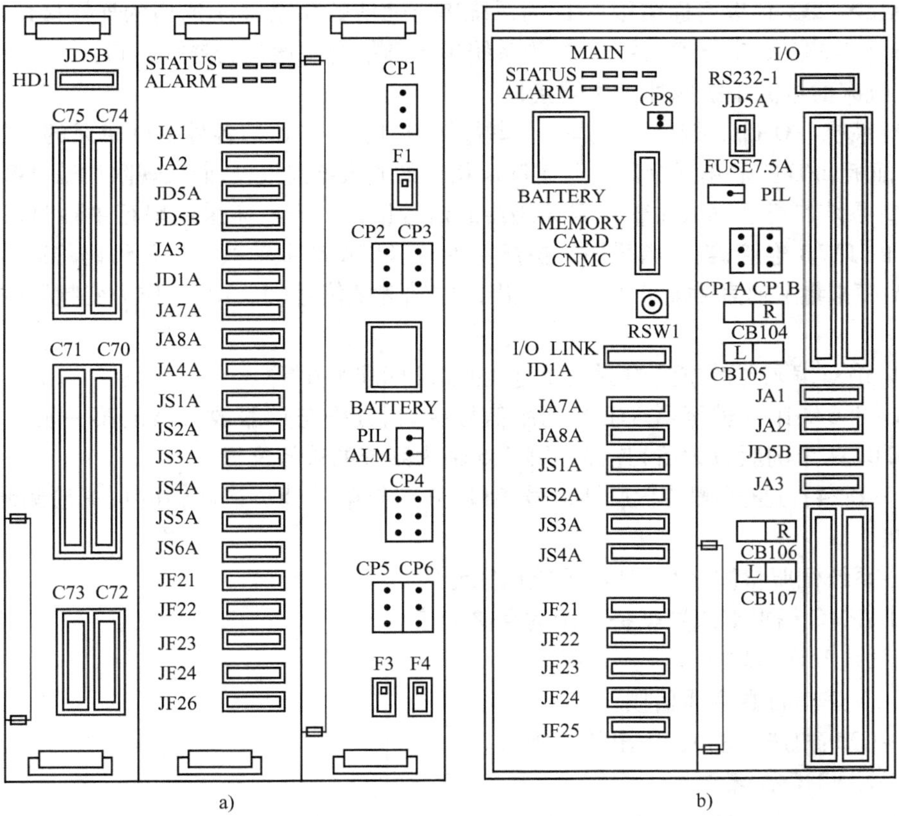

图 1-21 FANUC-18/OiA 系统

a) FANUC-18 系统接口 b) FANUC-OiA 系统接口

(1) 电源单元模块接口

CP1：外部交流电源输入端子（两相或单相 200 V 系列）。

F1：交流输入电路短路保护熔断器（7.5 A）。

CP2/CP3：与电源启动同步输出的交流电源（两相 200 V 系列）。

BATTER（CP8）：系统数据保持存储电池（锂电池 3.2 V）。

PIL：电源控制电路指示灯（绿色）。

ALM：电源单元故障指示灯（红色）。

CP4：电源单元启动和停止开关信号（ON、OFF 和 COM）。

CP5：+24 V 直流电压输出接口电路，一般连接显示器。

CP6：+24E 直流电压输出接口，与机床控制面板输入信号连接。

F3：+24 V 直流输出电路短路保护熔断器（3.2 A）

F4：+24E 直流输出电路短路保护熔断器（5 A）

（2）CNC 主模块接口

JA1：系统视频信号接口，与系统显示装置的 JA1（显示装置为 LCD）或 CN1（显示装置为 CRT）的接口连接。

JA2：系统 MDI 键盘信号接口。

JD5A：RS-232-C 串行通信接口 1，为系统串行通信的 0 通道、1 通道的连接接口。

JD5B：RS-232-C 串行通信接口 2，为系统串行通信的 2 通道的连接接口。

JA3：机床面板的手摇脉冲发生器接口。

JD1A：系统 I/O Link 接口。它是一个串行接口，用于 CNC 与各种 I/O 单元的连接，如机床标准操作面板、I/O 扩展单元及具有 I/O Link 接口的放大器连接，从而实现附加轴 PMC 控制。

JA7A：系统串行主轴或主轴位置编码器的信号接口。当机床采用串行主轴时，JA7A 与主轴放大器的 JA7B 连接；当机床采用模拟量主轴时，JA7A 与主轴独立位置编码器连接。

JA8A：模拟量主轴信号接口，将系统发出的主轴速度信号（0~10 V）作为变频器的频率给定信号。

JA4A：绝对编码器的位置检测装置电池接口（标准为 6 V）。

JS1A~JS6A：第一轴至第六轴的伺服信号接口，分别与伺服放大器的第一轴至第六轴的 JS1B~JS2B（两个伺服放大器）连接。第 5、6 轴为系统的选择配置。

JF21~JF24：位置检测装置反馈信号接口，分别与第一轴至第四轴的位置检测装置（如光栅尺）连接。

JA26：系统伺服检测信号接口（系统厂家专用）。

CARD：PMC 编辑卡或数据备份用的存储卡接口。

（3）系统 I/O 模块接口

JD5B：高速串行数字通信接口。

C70~C75：机床侧输入/输出信号接口。

2. FANUC-OiA 系统

FANUC-OiA 系统基本配置由 CNC 主模块和内置 I/O 模块构成，电源是由外部直流 24 V 稳压电源供电，具体系统接口如图 1-21b 所示。

（1）系统主模块接口

JD1A：系统 I/O Link 接口。它是一个串行接口，用于 CNC 与各种 I/O 单元的连接，如与机床标准操作面板、I/O 扩展单元及具有 I/O Link 接口的放大器连接，从而实现附加轴 PMC 控制。

JA7A：系统串行主轴或主轴位置编码器的信号接口。当机床采用串行主轴时，JA7A 与主轴放大器的 JA7B 连接；当机床采用模拟量主轴时，JA7A 与主轴独立位置编码器连接。

JA8A：模拟量主轴信号接口，将系统发出的主轴速度信号（0~10 V）作为变频器的频率给定信号。

JS1A~JS4A：第一轴至第四轴的伺服信号接口，分别与伺服放大器的第一轴至第四轴的

JS1B ~ JS2B(两个伺服放大器)连接。

JF21 ~ JF24:位置检测装置反馈信号接口,分别与第一轴至第四轴的位置检测装置(如光栅尺)连接。

JF25:绝对编码器的位置检测装置电池接口(标准为 6 V)。

CP8:保持系统 SRAM 数据的电池接口,标准为 3 V 的锂电池。

RSW1:系统维修专用的开关(正常为“0”位置)。

MEMORYCARD:PMC 编辑卡或数据备份用的存储卡接口。

(2)系统 I/O 模块接口

CP1A:DC 24 V 输入电源接口,与外部 DC 24 V 稳压电源连接,作为控制单元的输入电源。

CP1B:DC 24 V 输出电源接口,一般与系统显示装置的输入电源接口连接。

JA1:系统视频信号接口,与系统显示装置的 JA1(显示装置为 LCD)或 CN1(显示装置为 CRT)的接口连接。

JA2:系统 MDI 键盘信号接口。

JD5A:RS-232-C 串行通信接口 1,为系统串行通信的 0 通道、1 通道的连接接口。

JD5B:RS-232-C 串行通信接口 2,为系统串行通信的 2 通道的连接接口。

JA3:机床面板的手摇脉冲发生器接口。

CB104 ~ CB107:机床侧输入/输出信号接口。

MINI SLOT:高速串行总线通信板(为系统可选配件),与计算机相连,进行数据通信控制。

FANUC-OiA 系统的连接图如图 1-22 所示,a 图为系统主模块连接图,b 图为系统 I/O 模块连接图。

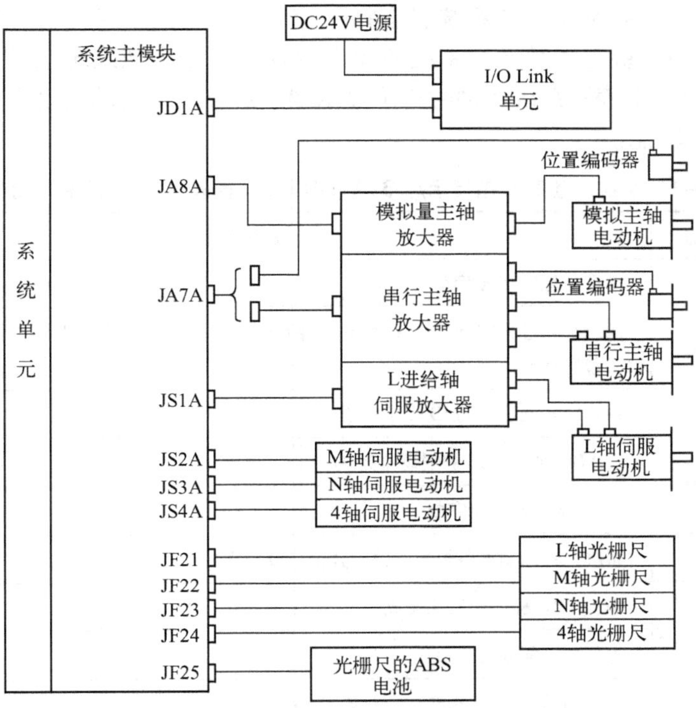

a)

图 1-22　FANUC-OiA 系统的连接图

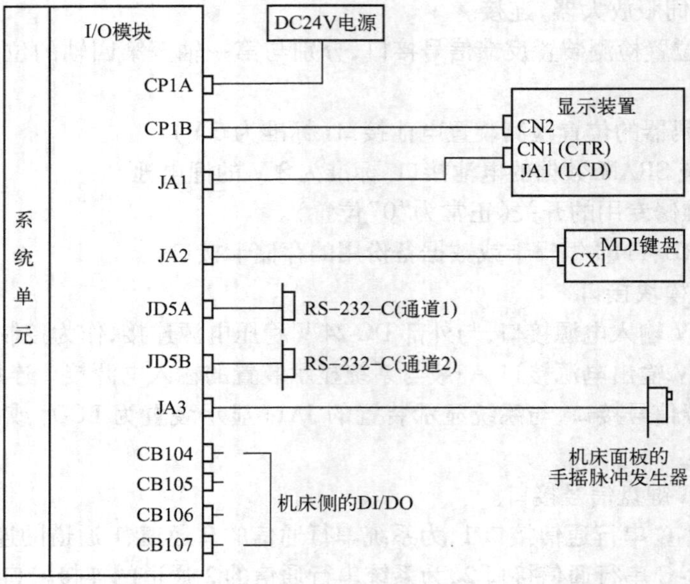

b)

图 1-22 FANUC-OiA 系统的连接图(续)

a) 系统主模块连接图 b) 系统 I/O 模块连接图

1.2.3 FANUC-OiA 系统报警及故障诊断技术

FANUC-OiA 系统主模块上有系统状态指示窗口(4 个绿色 STATUS 指示灯和 3 个红色 ALARM 指示灯),当系统起动时显示系统的动态过程。一旦出现系统报警,指示窗口将显示系统报警状态。表 1-1 表示系统起动时指示显示状态对应系统起动的动态过程;表 1-2 表示系统报警时的故障状态。

表 1-1 系统起动时状态指示灯 STATUS 状态(■表示灯亮,□表示灯熄灭)

STATUS 指示灯的状态	系统动态过程
□□□□	系统电源未接通状态
■■■■	系统起动过程中,通过系统引导文件装载系统控制文件到 DRAM 过程开始,或因为出错导致 CPU 停止状态
□□■■	系统内各处理器的 ID 设定完成
■■□■	FANUC 系列 BUS 总线设定完成
□■□■	系统 PMC 初始化完成
■□□■	系统内各印制电路板的硬件配置信息设定完成
■■■□	系统 PMC 程序初始化完成
□■■□	等待数字伺服的初始化
■□□□	伺服初始化完成,正常运行状态

表1-2　系统报警时状态指示灯 STATUS 和 ALARM 状态(■表示灯亮,□表示灯熄灭)

STATUS □ ■ □ □ ALARM ■ ■ □	系统电池电压不足报警
STATUS □ ■ □ □ ALARM □ ■ ■	出现伺服监控报警
STATUS □ ■ □ □ ALARM □ ■ □	出现其它方面系统报警

1. 900号报警(ROM奇偶校验错误)

(1)系统检测原理

系统中的 FROM 中装有 CNC 控制软件、PMC 控制软件、宏执行器软件和数字伺服软件,在系统初始化过程中要把 FROM 的软件装载到动态存储器 DRAM 中。装载 DRAM 时,需要检查 FROM 中的数据(奇偶校验检查)。当校验出错时,则发生 FROM 奇偶校验报警,并指出不良的 FROM 文件。

(2)原因和处理方法

硬件故障为主板上的 FROM/SRAM 模块或者主板不良,需要更换 FROM/SRAM 模块。软件故障为 FROM 的软件不良,需要对 FROM 进行格式化,重新装载文件。

2. 910~911号报警(DRAM奇偶校验错误)

(1)系统检测原理

DRAM 的数据在读写过程中,具有奇偶校验检查电路。一旦写入的数据和读出的数据不符时,则会发生奇偶校验报警。ALM910 和 ALM911 分别提示低字节和高字节的报警。

(2)原因和处理方法

如果系统断电再重新上电后,报警消失,则为系统干扰导致,否则故障为主板上安装的 DRAM 不良,需要更换主板。

3. 912~913号报警(SRAM奇偶校验错误)

(1)系统检测原理

系统静态存储器 SRAM 存储系统参数、PMC 参数、各种补偿值、加工程序及宏程序变量等,且靠系统存储电池(锂电池 3 V)来记忆。与 DRAM 一样,SRAM 中的数据在读写过程中,也具有奇偶校验检查电路。一旦写入的数据和读出的数据不符时,就会发生奇偶校验报警。ALM912 和 ALM913 分别提示低字节和高字节的报警。

(2)原因和处理方法

1)存储器用的电池电压不足。检查系统存储电池的电压是否正常(不能低于 2.6 V),如果电池电压不足应更换电池(系统上电时更换)。

2)SRAM 中存储的数据不良。若每次接通电源,马上就发出报警,需将电源切断,全清存储器(全清的操作方法是同时按住 MDI 面板上的 RESET 和 DELET 键,再接通电源)。

3)存储器全清后,奇偶报警仍不消失时,则说明是 SRAM 不良,需更换 FROM/SRAM 模块。更换后,对存储器进行一次全清并重新恢复系统文件。

4)更换了 FROM/SRAM 模块还不能消除该故障,请更换主板。

4. 920~921号报警(监控电路或RAM奇偶校验错误)

920:第 1/2 轴的监控电路报警或伺服控制电路中 RAM 发生奇偶错误。

921：第3/4轴的监控电路报警或伺服控制电路中RAM发生奇偶错误。

（1）系统检测原理

系统伺服模块的监控定时器用来监视CPU的运行（每经过一段固定时间，CPU将定时器的时间进行一次复位）。当CPU或外围电路发生异常时，定时器不能复位，则出现报警。伺服模块中的RAM在数据读写过程中，也有奇偶校验检查电路。一旦写入的数据和读出的数据不符时，也发生此报警。

（2）原因和处理方法

1）因干扰而产生的误动作。由于控制单元受外部干扰，使监控定时电路及CPU出现误动作。对于由主电源的干扰及机床信号电缆的干扰而引起的故障，应检查机床接地线是否良好，信号电缆线与机床电源线布线是否合理。由机床外部产生的干扰引起的故障，应检查机床外部的干扰源，如电焊变压器及压缩机等干扰源，对干扰采取措施。

2）主板不良。即主板上的第1/2轴伺服用RAM、监控定时电路等硬件不良，检测电路异常、误动作等，此时应更换主板（FANUC-OiA系统的1/2轴的伺服控制模块在主板上）。

3）伺服模块不良。即伺服模块第3/4轴的伺服RAM、监控定时电路等硬件不良，检测电路异常、误动作等，此时应更换伺服模块。

5. 930号报警（CPU错误）

（1）系统检测原理

通常CPU会在中断之前完成各项工作。但是，当CPU的外围电路或CPU本身工作不正常时，CPU的工作会突然中断，这时会发出CPU报警。

（2）原因和处理方法

报警原因为系统产生了在通常运行中不应发生的中断。

如果在电源断开再接通后运行正常，则可能是外部干扰引起的。请检查系统的屏蔽、接地、布线等抗干扰措施是否规范。当不能确定原因时，可能是CPU外围电路异常，要更换主板。

6. 950号报警（PMC系统报警）

（1）系统检测原理

测试PMC软件使用RAM区时，发生错误。

（2）原因和处理方法

1）PMC控制模块不良。

2）PMC用户程序（梯形图）或FROM/SRAM模块不良，重新装载PMC顺序程序或更换FROM/SRAM模块。

3）主板不良，更换主板。

7. 960号报警（系统DC 24 V输入异常）

（1）系统检测原理

系统的电压监控电路检测出DC 24 V电压不足或电压过高。

（2）原因和处理方法

1）系统外部24 V稳压电源故障，更换外部电源。

2）系统内部电源板故障，检修或更换电源板。

3）系统 I/O 模块内部电路短路或机床控制信号电缆短路，更换系统 I/O 板或检修机床侧 24 V 信号电缆。

4）系统电压监控电路不良，更换系统主板。

8. 970 号报警（PMC 控制模块内 NMI 报警）

（1）系统检测原理

在 PMC 控制模块内发生了 RAM 奇偶校验错误或者 NMI（非屏蔽中断）报警。

（2）原因和处理方法

1）PMC 控制模块不良。

2）PMC 用户程序不良（FROM/SRAM 模块不良）。

9. 971 号报警（SLC 内 NMI 报警）

（1）系统检测原理

当 CNC 与 FANUC I/O Link 间发生通信报警时，PMC 控制模块发生 NMI 报警。

（2）原因和处理方法

1）PMC 控制模块不良。

2）FANUC I/O Link 中，连接的子单元不良。

3）FANUC I/O Link 中，连接的子单元的 +24 V 电源不良。用表测各子单元的输入电压（正常时为 DC +24 V ±10%）进行判定。

4）I/O Link 连接电缆断线或脱落。

10. 973 号报警（原因不明的 NMI 报警）

原因和处理方法如下：

1）可能是 I/O 板、基板或主板不良。（注意，更换主板或主板上的 FROM/SRAM 模块或存储器/主轴模块时，存储器中存储的全部数据会丢失，要重新恢复数据。）

2）可能是插在小槽中的板不良，即 HSSB（高速串行总线）板不良。

1.3 FANUC-16i/18i/21i/OiB/OiC 系统

1.3.1 FANUC-16i/18i/21i 系统功能特点及配置

20 世纪 90 年代末到本世纪初，随着总线控制技术和网络技术的全面发展及应用，FANUC 公司把总线控制技术应用到系统伺服和 PMC 控制上，先后开发出具有网络控制功能的超小型 CNC 系统 FANUC-16i/18i/21i 系列，2003 年 ~2004 年 FANUC 公司在此基础上，先后开发出了性能价格比卓越的 FANUC-OiB/Oi Mate B 和 FANUC-OiC/Oi Mate C 系列的 CNC 系统。2006 年 6 月对这类系统硬件和软件进行了升级。

FANUC-16i/18i/21i 系统结构形式有两种，一种为分离型 CNC 系统（CNC 系统和显示装置是分体的），另一种为超薄型 CNC 系统（CNC 系统与显示装置一体化）。FANUC-OiB 为分离型系统，FANUC-OiC 为超薄 CNC 系统。图 1-23a 为 FANUC-18i 系统结构图（分离型），图 1-23b 为 FANUC-OiB 系统结构图，图 1-23c 为 FANUC-OiC 系统系统结构图（一体型）。

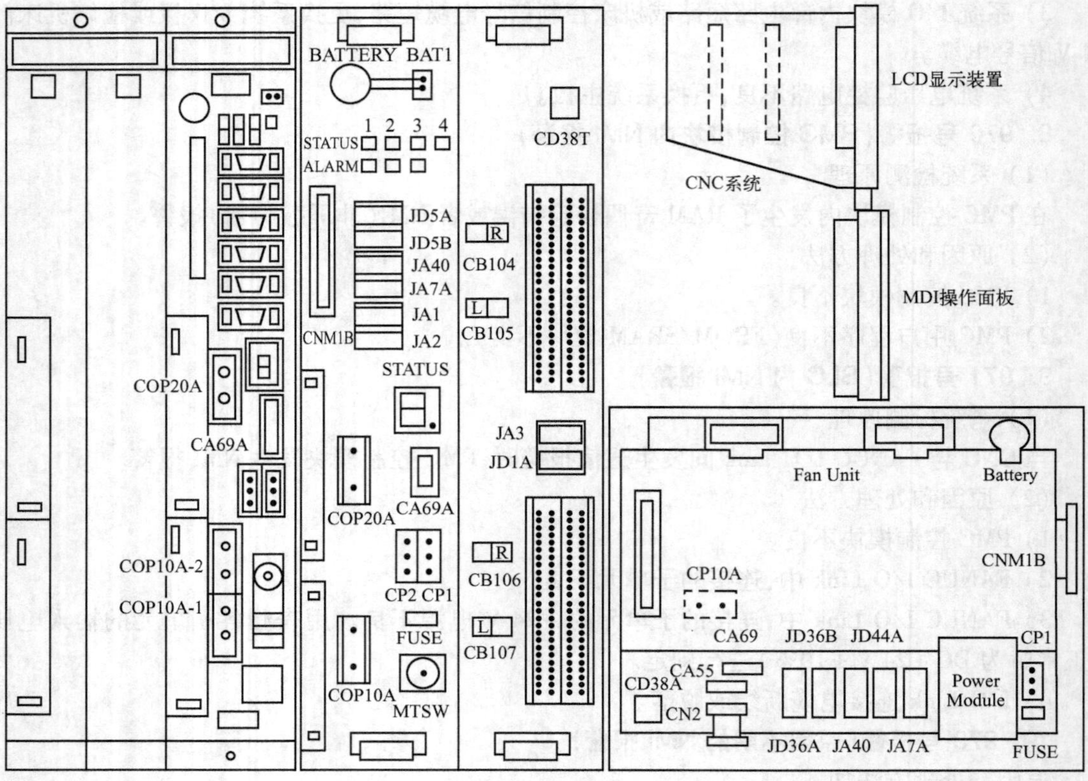

图 1-23　FANUC-18i/OiB/OiC 系统结构图

a) FANUC-18i 系统　b) FANUC-OiB 系统　c) FANUC-OiC 系统

1. 系统功能特点

(1) 以纳米为单位计算发送到数字伺服控制器的位置指令，在与高速、高精度的伺服控制部分配合下实现高精度加工。通过使用高速 RISC 处理器及最先进的伺服控制技术，可以在进行纳米插补的同时，以适合于机床性能的伺服优化软件使机床在最佳工作状态下进给加工。2006 年 6 月以后采用了集成的主 CPU 和集成显卡，使得系统硬件更加紧凑，维修更加方便。图 1-24 为系统的结构，图 a 为 2006 年 6 月之前的系统，图 b 2006 年以后的系统。

图 1-24　系统的内部结构

a) 2006 年 6 月以前的系统　b) 2006 年 6 月以后的系统

（2）超高速伺服总线通信技术 FSSB（FANUC 伺服系列 BUS 总线）

利用光导纤维将 CNC 控制单元和多个伺服放大器连接起来的高速串行总线，可以实现高速度的数据通信，减少了连接电缆，降低了故障率。分离位置检测装置（光栅尺）采用独立的位置模块控制，且采用高速伺服总线进行控制，如图 1-25 所示。

a)　　b)

图 1-25　FANUC 系统伺服总线 FSSB

a）伺服模块　b）位置模块

（3）丰富的网络功能

数控机床通过以太网实现远程高速在线加工和现场管理，适合构建在工厂加工线和工厂之间进行数据交换的生产系统。用一台计算机集中监控和管理多台 CNC 机床，监控机床的状态、运行报告、程序传输等，用集中管理软件包 CIMPLICITY HMI 可方便地开发用户专用程序。FANUC 系统以太网配置主要有两种形式，一种是内置以太网板，即把以太网板与系统主板集成一体，如图 1-26a 图所示，通过内置以太网控制功能实现远程计算机在线加工。另一种形式是数据服务器（快速以太网板加存储卡板），如图 1-26b 所示，数据服务器可以实现远程存储在线加工。

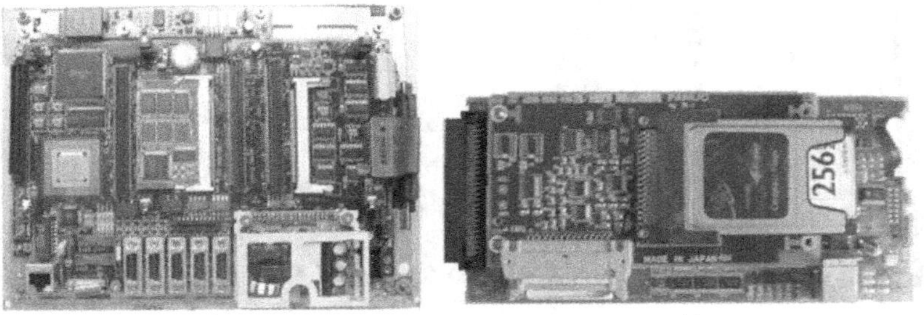

a)　　b)

图 1-26　FANUC 系统以太网

a）内置以太网板　b）数据服务器

(4) 高速传输数据的 FANUC I/O Link 总线 PMC 控制功能

FANUC I/O Link 是用来将各类串行 I/O 设备连接到 PMC 上的 I/O 网络。这些设备包括:小型操作面板 I/O 模块,外置 I/O 单元、分线盘 I/O 模块和 I/O Link 放大器,如图 1-27 所示。一个通道最多可以连接 1024 点输入/1024 点输出,实现高速 PMC 控制或附加伺服轴的控制。

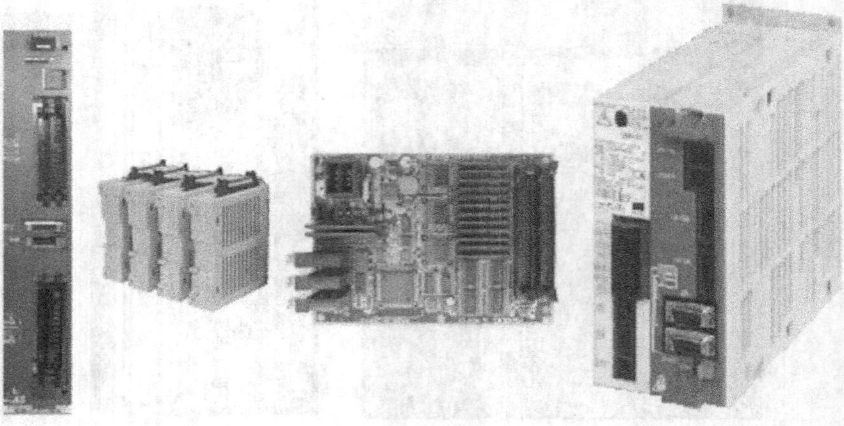

a)　　b)　　c)　　d)

图 1-27　FANUC 系统 I/O Link 伺服装置

a) 外置 I/O 单元　b) 分线盘 I/O 模块　c) 机床面板 I/O 板　d) I/O Link 放大器

(5) 通过伺服调整软件(Servo Guide)实现伺服的优化处理

伺服调整软件(Servo Guide)是通过与系统连接的以太网实现对伺服系统的参数进行优化的软件,使用该软件可以获得伺服环节的幅频相频特性图,通过调整伺服参数使之达到最佳特性。同时也可以通过运行测试程序,检查伺服系统在加工过程中所产生的误差,再通过调整参数减少误差,达到优化参数的目的。伺服调整卡及调整软件如图 1-28 所示。

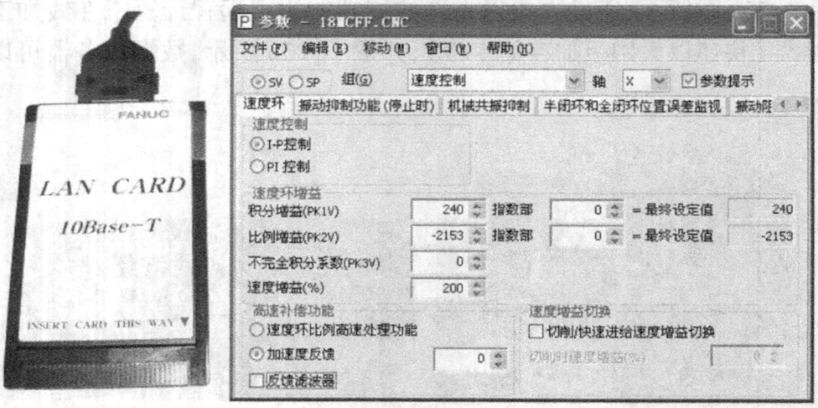

图 1-28　伺服调整卡和调整软件(Servo Guide)

(6) 存储卡的数据通信和在线加工功能

通过存储卡进行的分区数据备份和回装,可以借助计算机进行数据查阅、编辑和修改,同时可以实现存储卡的程序高速和高精度在线加工。图 1-29 为存储卡的程序在线加工画面。

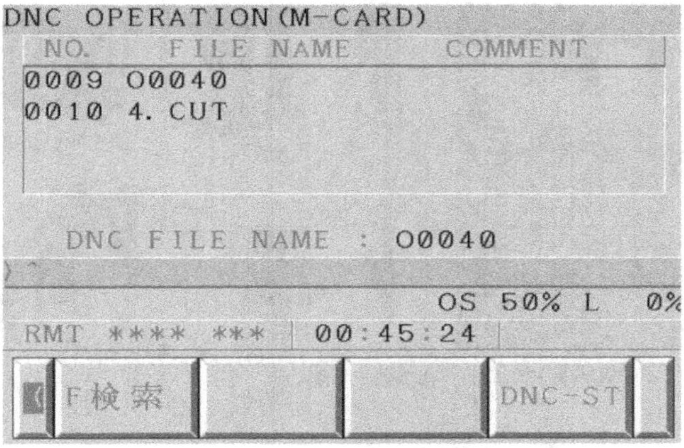

图 1-29　存储卡程序在线加工

（7）FANUC-16iB 系统 CNC 控制轴数最多为 8 轴、最多同时控制轴数为 6 轴；FANUC-18iB5 系统 CNC 控制轴数最多为 6 轴、最多同时控制轴数为 5 轴；FANUC-21iB 系统 CNC 控制轴数最多为 5 轴、最多同时控制轴数为 4 轴。产品系列有车床用的 T 系列，铣床、加工中心、磨床和钻床用的 M 系列，冲床用的 P 系列。

本世纪初 FANUC 公司在此类系统基础上，先后开发出高性能的开放式 FANUC- 16Oi/18Oi/21Oi 系统和高可靠性的开放式 FANUC-16Ois/18Ois/21Ois 系统。该系列系统是一台独立的 CNC，内部具有运行于 Windows XP /Windows CE 的计算机板，经高速串行总线接口与 CNC 显示单元连接。

2. 系统的选型和配置

下面以 FANUC-18i MB 系统为例介绍系统的选型和具体的配置，如图 1-29 所示。

CNC 装置：系统可以选择一体型 CNC 装置，也可以选择分离型 CNC 装置。现在一般都选择一体型 CNC 装置。系统功能有 A 包和 B 包功能进行选择。

显示装置和系统 MDI 操作面板：显示装置有 7.2 in 黑白 LCD、8.4 in 彩色 LCD 和 10.4 in 高分辨率的彩色 LCD 选择，一般配置 10.4 in 高分辨率的彩色 LCD 显示装置，而且是多画面显示（4 个子画面），MDI 系统操作面板为全键盘操作面板。

放大器和伺服电动机：放大器采用 α 系列伺服模块与 αi 系列伺服电动机和主轴电动机，电动机又分为标准型（额定电压 200V 系列）和高压型（额定电压 400V 系列）两种。

I/O 装置：用户可以根据机床的具体要求选择不同的 I/O 装置，图 1-30 中 I/O 装置为 I/O 模块 A 型（5 槽和 10 槽）。

附加伺服轴（I/O Link 轴）：根据机床具体辅助控制要求选择附加伺服轴控制功能，附加伺服放大器为 βi 系列 I/O Link 伺服单元和 βiS 伺服电动机。

通信和网络控制功能：系统都具备 RS-232 通信和存储卡控制功能，实现数据的传输和在线加工，FANUC-16i/18i 系统以太网是标准配置（系统功能包为 A 包），FANUC-21i 系统以太网为选择配置。系统通过以太网实现远程在线加工和动态管理。

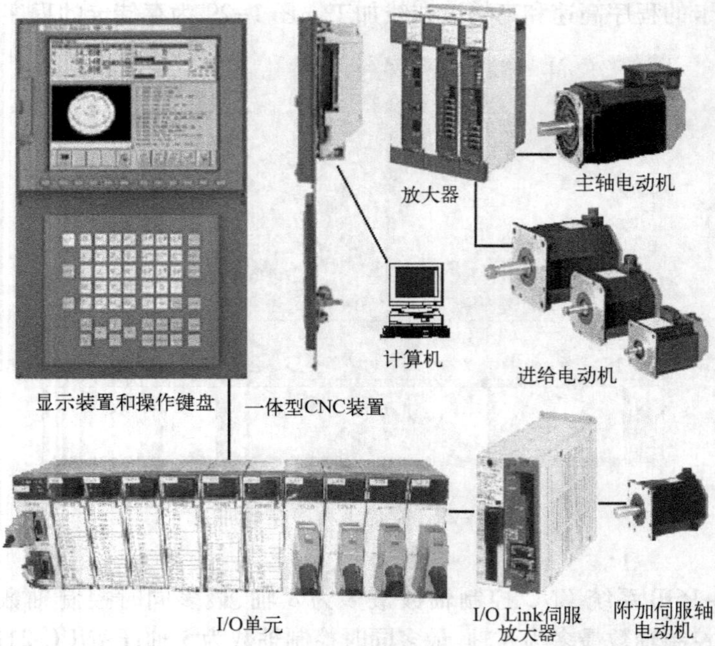

图 1-30　FANUC-18i MB 系统的配置

1.3.2　FANUC-OiB/Oi Mate B 系统功能板及接口信号

2003 年 FANUC 公司在 21i 系统（分离型）基础上开发出高可靠、普及型和性能价格比卓越的 OiB 和 Oi Mate B 系统。Oi B 系统是由主模块和 I/O 模块组成，Oi Mate B 系统只有主模块，如图 1-31 所示。

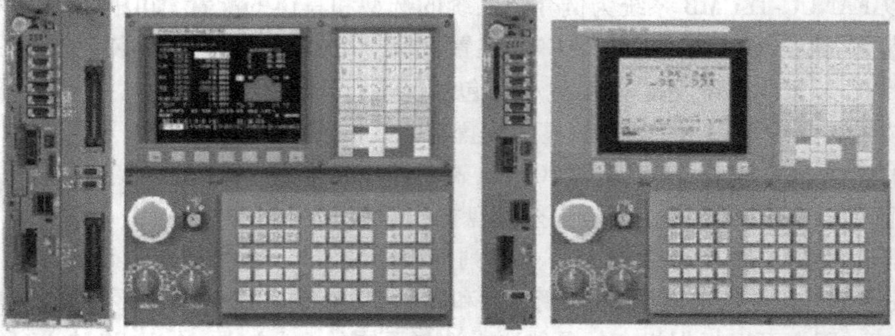

图 1-31　FANUC-OiB/Oi Mate B 系统
a）Oi B 系统　b）Oi Mate B 系统

1. 系统内部组成和功能

系统主模块由主板（又称母板）、CPU 卡（CPU 模块）、显示卡、伺服轴控制卡、FROM/SRAM 存储卡（在伺服控制卡下面）和电源单元等组成，如图 1-32a 所示。CPU 卡通过 BUS 总线与各功能块通信，实现 CNC 的控制；显示卡用于显示系统文字、图形；伺服控制卡通过高速串行总线(FSSB)实现伺服单元的控制；FROM/SRAM 模块中，FROM 用来存储 CNC、数字伺服、PMC、其他 CNC 功能用的系统软件和用户软件(如系统梯形图、宏程序等)，SRAM 用来存储系统参数、加工程序、各种补偿值等；电源单元为系统提供各种直流电源，电源单元的输入电源为直流 24 V。

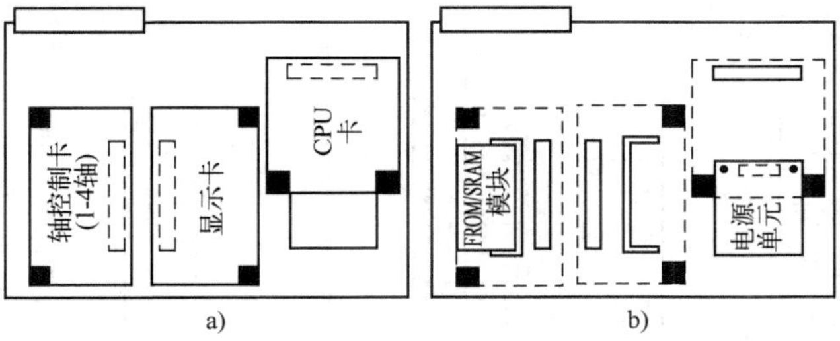

图 1-32　FANUC-OiB/Oi Mate B 系统主模块内部结构
a）系统主模块上层功能板　b）系统主模块下层功能板

系统 I/O 模块包括内置 I/O 模块输入/输出信号接口(96 点输入/64 点输出)、手摇脉冲发生器控制及 I/O Link 控制。

2. 系统的功能连接

图 1-33 为 FANUC-Oi B/Oi Mate B 系统的结构和功能接口图。

其接口的功能如下：

1) 系统存储电池(BATTERY、BAT1)：标准为 3 V 锂电池，作为系统参数、加工程序、各种补偿值的存储备份用。

2) 系统状态指示灯(4 个绿色、3 个红色)：系统上电初始化的动态显示及故障信息状态显示。

3) 系统存储卡(CNM1B)接口：通过存储卡对系统参数、加工程序、各种补偿值、系统 PMC 参数及梯形图进行备份、回装及在线加工。

4) 系统串行通信接口(JD5A、JD5B)：RS-232-C 异步串行通信接口，JD5A 为通道 0、1 接口，JD5B 为通道 2、3 接口。

5) JA40：主轴驱动装置为模拟量控制装置的信号接口(0～10 V 输出)。

6) JA7A：主轴驱动装置为串行数字控制装置的信号接口或为模拟量控制主轴时的主轴位置编码器接口。

7) JA1：CRT 显示单元的视频信号接口。

8) JA2：MDI 键盘信号接口。

9) 系统状态显示 LED：系统上电初始化过程及运行状态显示窗口，16 进制代码，开机是“F”，正常起动后显示“0”。

10) 高速串行总线接口(COP20A)：系统显示装置为 LCD 时，作为系统显示信号和 MDI 键盘信号的串行传输接口(为光缆信号接口)。

11) CA69A：伺服检测板接口。

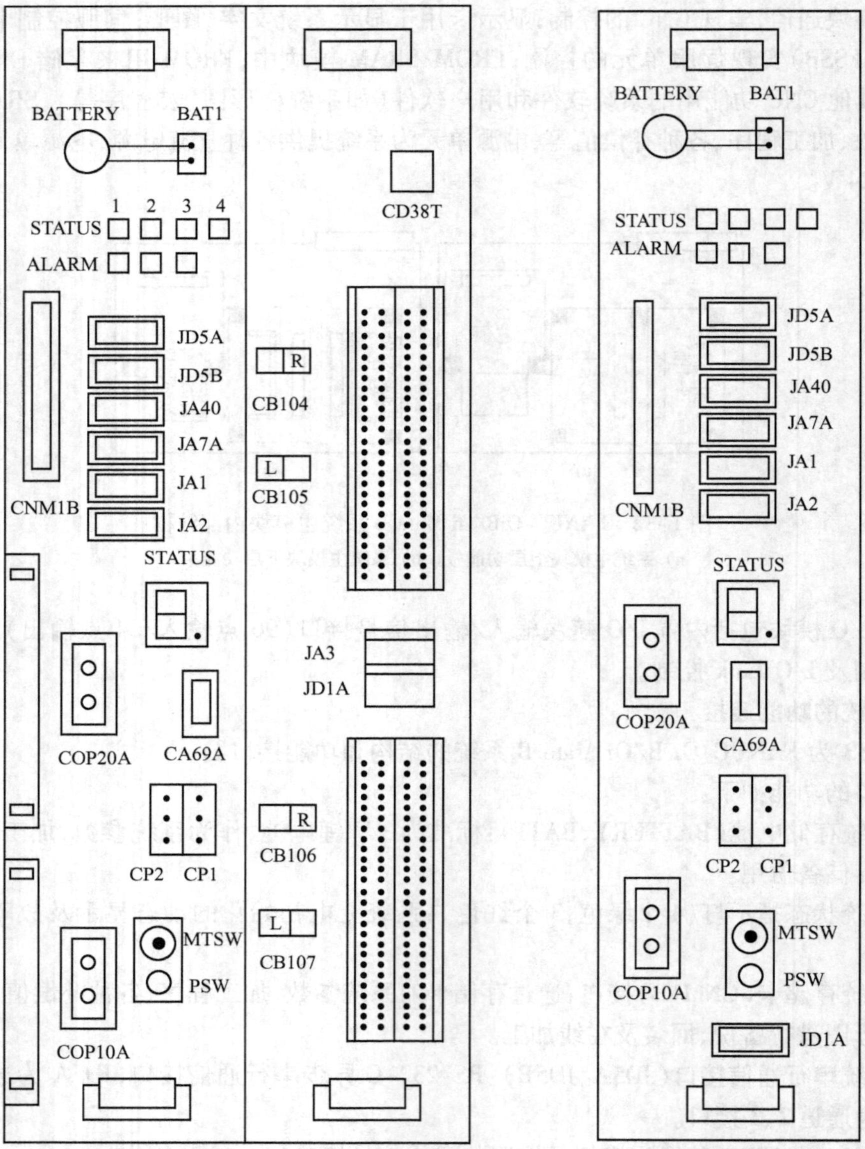

图 1-33　FANUC-Oi B/Oi Mate B 系统结构和功能接口

a）Oi B 系统　b）Oi Mate B 系统

12）DC 24 V 输入/输出接口（CP1/CP2）：CP1 为系统外部 DC 24 V 输入接口，一般接外部 24 V 稳压电源；CP2 为 DC 24V 输出接口，一般用来作为 CRT 的 24 V 电源和 I/O 模块单元的 24 V 电源。

13）COP10A：高速伺服串行总线（FSSB）接口，为光缆接口。

14）MTSW、PSW：维修用的调整开关。

15）CB104、CB105、CB106、CB107：系统内置 I/O 模块的输入/输出信号接口。

16）JA3：机床手摇脉冲发生器接口。

17）JD1A：系统 I/O Link 串行输入/输出信号接口，一般作为标准 FANUC 机床操作面板及系统 I/O 单元的输入/输出信号接口。

18）CD38T：以太网卡（为系统可选件）接口。

图 1-34 为某数控铣床或加工中心的 FANUC-OiMB 系统连接图。

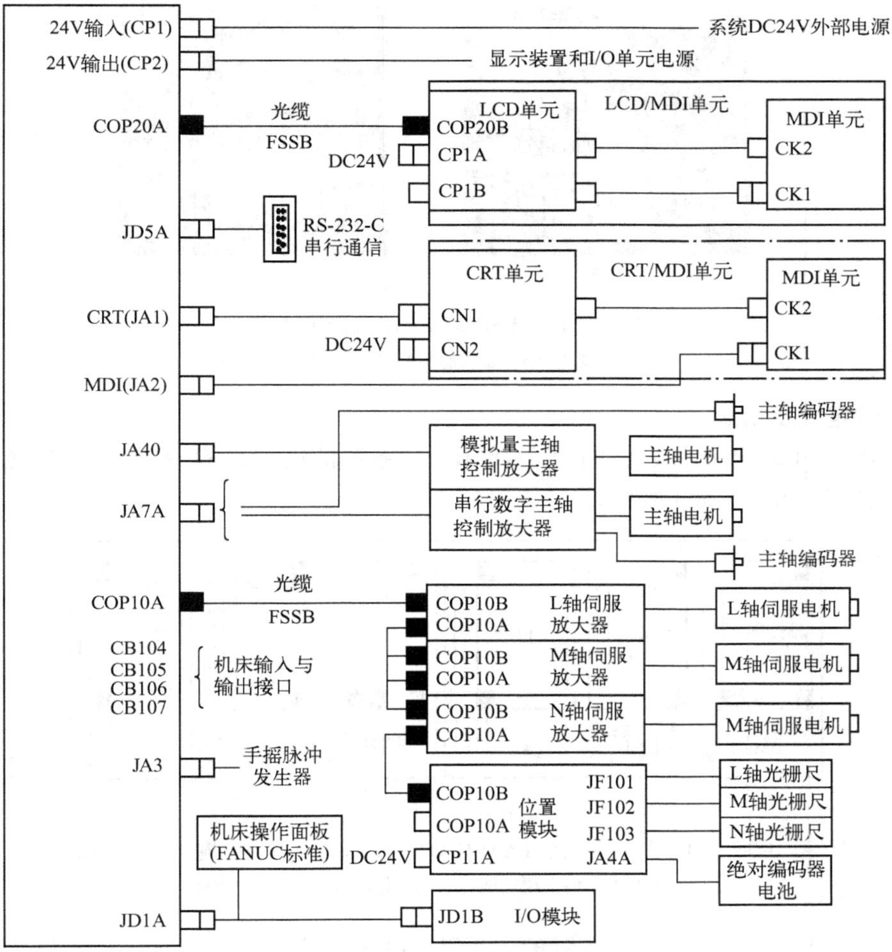

图 1-34　FANUC-OiMB 系统连接图

1.3.3　FANUC-OiC/Oi Mate C 系统组成、选型配置及功能连接

2004 年 FANUC 公司在 21i 系统（一体型）基础上开发出高可靠、普及型和性能价格比卓越的 OiC 和 Oi Mate C 系统，2006 年 6 月以后又对系统的硬件和软件进行了升级。OiC 系统在基本单元基础上可以选择增加两个扩展功能板，Oi Mate C 系统只有基本单元无扩展功能板，如图 1-35 所示。

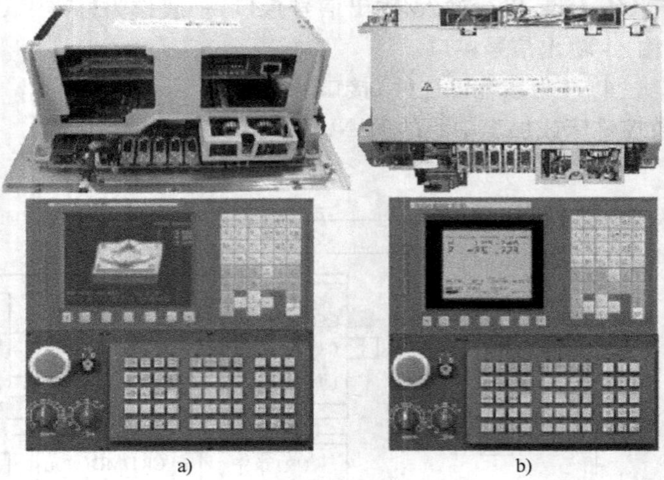

图 1-35　FANUC-OiC/Oi Mate C 系统

a) Oi C 系统(带扩展功能板)　b) Oi Mate C 系统

1. 系统组成及功能

图 1-36 是 2006 年 6 月之前的 OiC/Oi MateC 系统的内部结构,系统上层功能板有 CPU 卡、显卡和轴卡,如图 1-36a 所示。

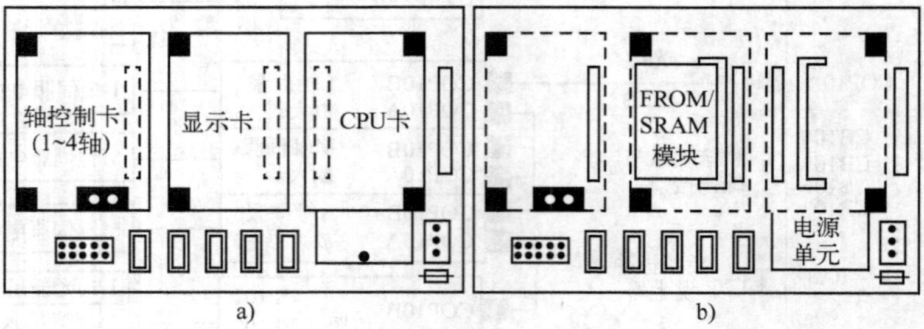

图 1-36　2006 年 6 月以前 FANUC-OiC/Oi Mate C 系统主模块内部结构

a) 系统主模块上层功能板　b) 系统主模块下层功能板

CPU 卡:该功能板上安装了系统的主 CPU、存储系统引导文件的 ROM 和动态存储器 DRAM 等。

显卡:视频信号和图形/文字显示信号。

轴卡:电动机标准参数和伺服轴的控制信息等。

系统下层功能板有闪存 FROM/静态存储器 SRAM 功能板和电源单元,如图 1-36b 所示。

闪存 FROM/静态存储器 SRAM:FROM 中装载了系统各种管理和控制软件及机床厂家的 PMC 程序和宏管理文件;SRAM 中存储了系统 CNC 参数、PMC 参数、加工程序及各种补偿值等。

电源单元模块:为系统提供各种直流电源电压。

2006 年 6 月以后,FANUC 公司对该类系统进行了升级,其硬件和软件都发生了改变。主要特点如下:

系统硬件方面：

- 取消了 CPU 卡，把主 CPU、存储系统引导文件的 ROM 和动态存储器 DRAM 都集成到系统主板上。
- 取消了电源单元模块，把电源电路集成到系统的主板上。
- 取消了分离型显卡，采用了集成显卡结构(即和主板集成在一体)。
- 系统对 RS-232 等电路进行了改进，使系统的可靠性和稳定性大大提高，同时也降低了故障率。
- 系统除扩展功能板外，整个系统是由轴板、闪存 FROM/静态存储器 SRAM 板和系统主板构成，系统硬件故障的诊断更加简单快捷。

具体的硬件结构形式如图 1-37 所示。

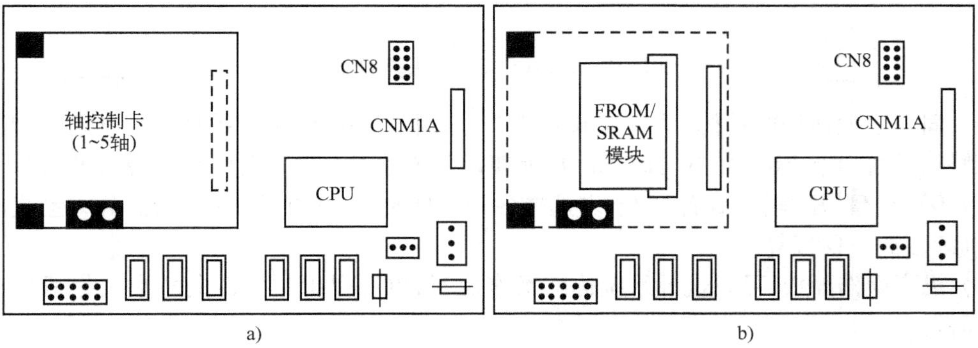

图 1-37　2006 年 6 月以后 FANUC-OiC/Oi Mate C 系统主模块内部结构

a）系统主模块上层功能板　b）系统主模块下层功能板

系统软件方面：

- 系统主轴和伺服设定画面增加了智能化设定功能，常用的功能可以通过系统的引导画面进行人机对话来设定，快捷方便。
- 增加了参数设定帮助菜单，在画面中可以对系统起动必要的系统参数进行智能化设定，如 FSSB 设定、伺服设定、伺服参数设定及高精度设定等，同时可以对主轴和进给伺服进行智能化调整。
- 系统功能包参数进行了保护，对系统进行全清操作时，系统功能包参数也不能删除。可以通过系统诊断号#1000 以上的诊断号进行系统功能的诊断。

2. 系统的选型和配置

(1) FANUC-OiMC 系统的选型和配置

如图 1-38 为 OiMC 系统的配置图。

1) 系统功能选择：系统功能包有 A 包和 B 包两种选择。2007 年 4 月以后 OiMC 系统具备 5 个 CNC 轴控制功能(选择功能)和 4 轴联动。根据机床特点和加工需要，系统可以选择扩展功能板如串行通信(DNC2)功能板、以太网板、高速串行总线(HSSB)功能板及数据服务器功能板，但具体使用时只能从中选择两个扩展功能板。

2) 显示装置和 MDI 键盘：系统 A 包功能的显示装置标准为 8.4 in 彩色 LCD，选择配置为 10.4 in 高分辨率的彩色 LCD；系统 B 包则为 7.2 in 黑白 LCD。MDI 键盘标准为小键盘，选择配置为全键盘，显示器与 MID 键盘形式有水平方式和垂直方式两种。

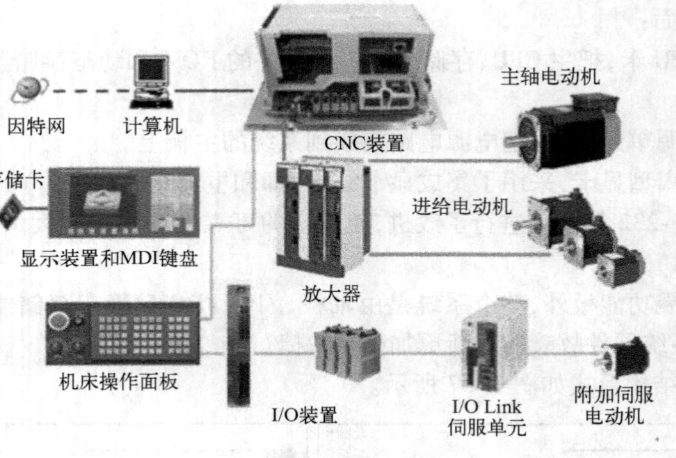

图 1-38　FANUC-OiMC 系统的配置图

3）伺服放大器和电动机：系统 A 包标准为 αi 伺服模块驱动 αi 系列主轴电动机和进给伺服电动机；系统 B 包标准为 βi/βiS 伺服单元驱动 βiS 系列主轴电动机和进给伺服电动机。

4）I/O 装置：根据机床特点和要求选择各种 I/O 装置，如外置 I/O 单元、分线盘式 I/O 模块及机床面板 I/O 板等。

5）机床操作面板：可以选择系统标准操作面板，也可以根据机床的特点选择机床厂家的操作面板。

6）附加伺服轴：系统的选择配置，需要 I/O Linkβi 系列伺服放大器和 βiS 伺服电动机，最多可以选择 8 个附加伺服轴，每个伺服轴占用 128 个输入/输出点，根据机床 I/O Link 使用的点数来确定。

（2）FANUC-OiMateMC 系统的选型和配置

图 1-39 为 OiMateMC 系统的配置图。

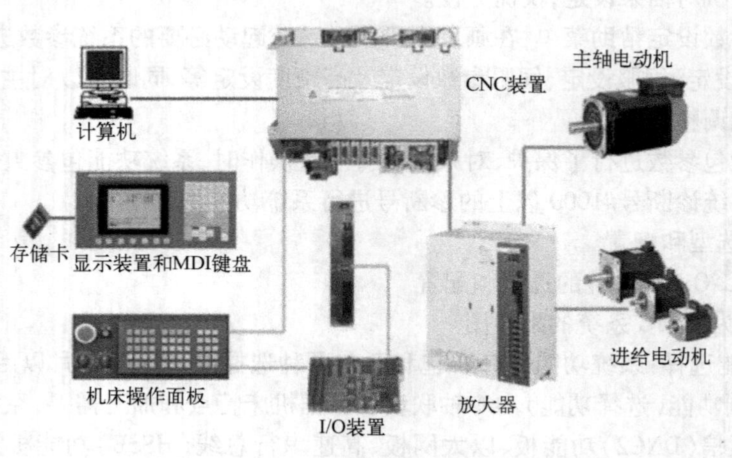

图 1-39　FANUC-OiMateMC 系统的配置图

1）系统功能选择：系统功能包为 B 包功能，具备 3 个 CNC 轴控制功能和 3 轴联动。系统只有基本单元无扩展功能。

2）显示装置和 MDI 键盘：系统显示装置为 7.2 in 黑白 LCD，MDI 键盘标准配置为小键盘，显示器与 MID 键盘形式有水平方式和垂直方式两种。

3）伺服放大器和电动机：系统伺服为 βi 伺服单元（电源模块、主轴模块和进给模块为一体）驱动 βi 系列主轴电动机和 βi 进给伺服电动机。2007 年 4 月以后系统伺服为 βiS 伺服单元驱动 βiS 系列主轴电动机和 βiS 进给伺服电动机。

4）I/O 装置：根据机床特点和要求选择各种 I/O 装置，如外置 I/O 单元、分线盘式 I/O 模块及机床面板 I/O 板等。

5）机床操作面板：可以选择系统标准操作面板，也可以根据机床的特点选择机床厂家的操作面板。

6）附加伺服轴：为系统的选择配置，需要 I/O Linkβi 系列伺服放大器和 βiS 伺服电动机，只能选择 1 个附加伺服轴。

（3）FANUC-OiMateTC 系统的选型和配置

图 1-40 为 OiMateTC 系统的配置图。

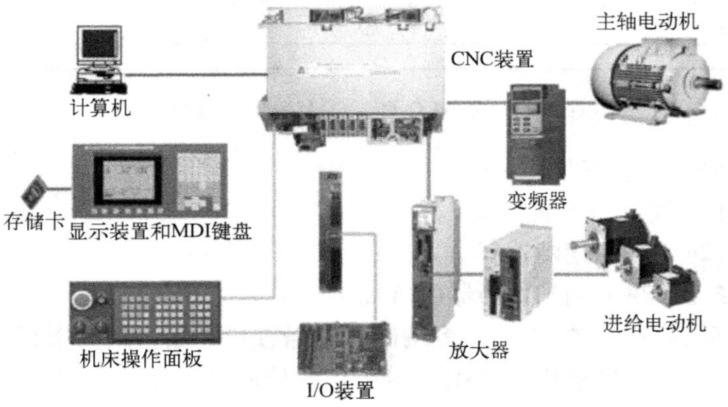

图 1-40　FANUC-OiMateTC 系统的配置图

1）系统功能选择：系统功能包为 B 包功能，具备 2 个 CNC 轴控制功能和 2 轴联动。系统只有基本单元无扩展功能。

2）显示装置和 MDI 键盘：系统显示装置为 7.2 in 黑白 LCD，MDI 键盘标准配置为小键盘，显示器与 MID 键盘形式有水平方式和垂直方式两种。

3）伺服放大器和电动机：系统主轴驱动标准为变频器驱动电动机或变频专用电动机，系统进给伺服为 βi 伺服单元驱动 βiS 进给伺服电动机。选择配置的系统伺服为 βiS 伺服单元驱动 βiS 系列主轴电动机和 βiS 进给伺服电动机。

4）I/O 装置：根据机床特点和要求选择各种 I/O 装置，如外置 I/O 单元、分线盘式 I/O 模块及机床面板 I/O 板等。

5）机床操作面板：可以选择系统标准操作面板，也可以根据机床的特点选择机床厂家的操作面板。

6）附加伺服轴：为系统的选择配置，需要 I/O Linkβi 系列伺服放大器和 βiS 伺服电动机，只能选择 1 个附加伺服轴。

3. 系统功能连接

图 1-41 为 FANUC-OiC/Oi Mate C 系统(2006 年 6 月以后)接口图。其接口的功能如下:

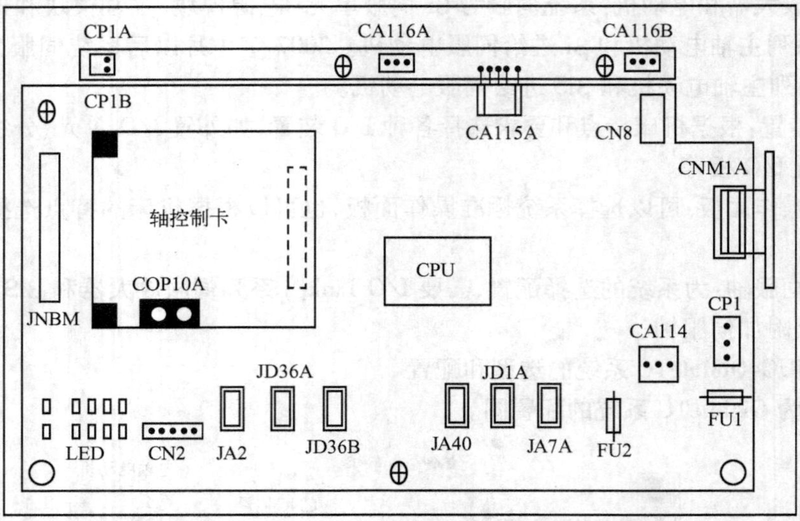

图 1-41　FANUC-OiC/Oi Mate C 系统接口

CP1:外接直流稳压电源(DC 24 V)。

CA114:系统电池接口(3 V 锂电池)。

FU1:系统 DC 24 V 输入熔断器(5 A)。

FU2:系统内部 DC 24 V 输出熔断器(1 A)。

JA7A(SP/POS):串行主轴/主轴位置编码器信号接口。当主轴为串行主轴时,与主轴放大器的 JA7B 连接,实现主轴模块与 CNC 系统的信息传递;当主轴为模拟量主轴时,该接口又是外接主轴编码器的接口。

JD1A(I/O Link):外接的 I/O 卡或 I/O 模块信号接口。

JA40(SP/HDI):模拟量主轴的速度/高速跳转信号接口,将 CNC 系统输出的速度信号(0 ~ 10 V)与变频器的模拟量频率设定端相连接。

JD36B(RS232-2):串行通信接口(2、3 通道)。

JD36A(RS232-1):串行通信接口(0、1 通道)。

JA2(MDI):系统 MDI 操作键盘接口。

CN2:系统操作软键信号接口。

JNBM:系统扩展功能板(CH1 和 CH2)插槽,OiC 系统有此功能(如高速通信板和数据服务器板),Oi Mate C 系统无此功能(没有扩展功能板)。

COP10A:系统伺服高速总线通信 FSSB 接口(光缆),与伺服放大器的 COP10B 连接。

CNM1A:系统存储卡插座。

CN8:系统视频信号及图形显示信号插座。

CA116B、CA116A:系统风扇插座(DC 24 V)。

CA115A:风扇、灯管电源和辅助板连接插座。

CP1A、CP1B:LCD 显示装置的灯管插座。

下面以数控铣床为例,说明系统的具体连接,系统采用 FANUC-OiMC 系统,如图 1-42 所示。

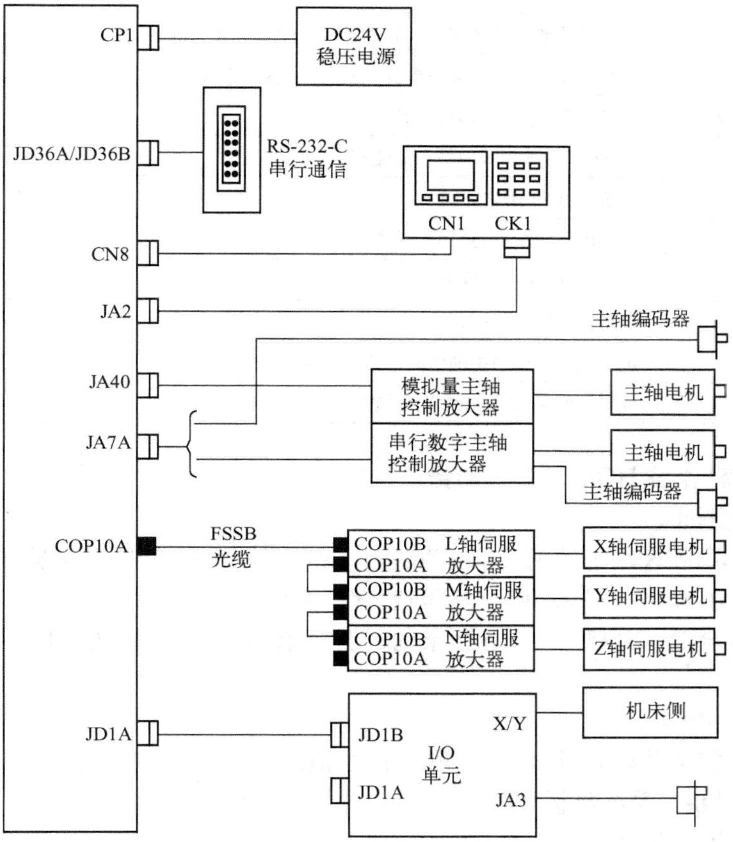

图 1-42 FANUC-OiMC 系统的连接图

1.3.4 FANUC-16i/18i/21i/OiB/OiC 系统报警及维修技术

下面以 OiC/OiMateC 系统为例,分析系统报警的检测机理、故障的产生原因及诊断和排除方法。

FANUC-OiC/OiMateC 系统主板上有监控系统起动和运行状态的 4 个绿色指示灯,分别为 LEDG0、LEDG1、LEDG2、LEDG3,当系统起动时显示系统的动态起动过程。一旦出现系统报警时,就显示系统报警状态。表 1-1 表示系统起动时指示灯显示状态对应的系统动态过程;报警指示灯为 6 个红色 LED(2006 年 6 月以前是 4 个无 DRAMP 和 CPBER),当系统出现报警时,报警灯亮。报警灯的报警信息如下:SRAMP 亮表示 SRAM 奇偶错误或 ECC 错误;SEMG 亮表示系统报警(系统硬件故障);SVALM 亮表示系统伺服报警;SFAIL 亮表示系统报警(系统软件停止);DRAMP 亮表示系统动态存储器不良;CPBER 亮表示系统主板错误。系统正常工作时只有状态指示灯 LED0G 亮。

表 1-3　系统起动时状态指示灯状态(■表示灯亮,□表示灯熄灭)

状态指示灯的状态	系统动态过程
□□□□	系统电源未接通状态
■■■■	起动系统的引导文件 BOOT 出错导致 CPU 停止状态
□■■■	系统起动时在引导文件指引下装载系统文件到 DRAM 过程
□□■■	系统内各处理器的 ID 设定完成
■■□■	FANUC 系列 BUS 总线初始化完成
□■□■	系统 PMC 初始化完成
■□□■	系统内各印制电路板的硬件配置信息设定完成
□□□■	系统 PMC 程序初始化完成
□■■□	等待数字伺服的初始化
■■■□	进给数字伺服和主轴伺服初始化完成
■□□□	伺服初始化完成,正常运行状态

1. 900 报警(系统 ROM 奇偶校验错误报警)

(1) 系统检测原理

在 FROM/SRAM 模块上的闪存卡里存储有系统软件(包括 CNC 系统软件、伺服软件、PMC 管理软件等)及用户软件(PMC 顺序程序和宏管理文件等)。在系统开机时,这些软件先登录到系统的动态存储器 DRAM 中。当登录的软件不良或相应硬件故障时,系统发出 900 号报警。

(2) 故障产生的原因

软件故障可能是系统软件及 PMC 顺序程序被破坏;硬件故障可能是系统 FROM/SRAM 模块、伺服轴板模块及系统母板故障。

(3) 故障诊断及处理方法

1) 利用系统存储卡恢复或重新安装系统软件程序及 PMC 顺序程序,如果故障解除则判定故障原因为系统软件故障。

2) 更换系统 FROM/SRAM 模块并重新输入系统参数(更换前作好系统参数的备份),如果系统恢复正常,故障原因为系统硬件 FROM/SRAM 模块故障。

如果经过上面两步操作故障还存在,那么就需更换系统主板。

2. 912～919 报警(系统动态存储器 DRAM 奇偶校验错误报警)

(1) 系统检测原理

系统开机时,CNC 的系统管理软件从 FROM 登录到动态存储器 DRAM 的过程中,出现了数据的奇偶校验错误,系统就会发出该报警。

(2) 故障产生的原因

产生故障可能的原因有系统外部干扰引起的 CPU 出错;系统管理软件不良;系统主 CPU 不良及 DRAM 故障。

(3) 故障诊断及处理方法

1) 系统在电源断开再接通后运行正常,则故障原因可能是外部干扰引起的。如果故障比较频繁地出现时,还要对系统的屏蔽线及接地线进行检查。

2）重新安装系统管理软件，如果系统恢复正常，则故障原因为系统软件不良。

3）更换系统 CPU 卡(2006 年 6 月以前)，如果系统恢复正常，则故障为系统硬件 DRAM 不良。

如果经过上面三步操作故障还存在，那么就需更换系统主板。

3. 920 报警(系统伺服报警)

(1) 系统检测原理

系统伺服轴控制模块的监控电路监视主 CPU 的运行。如果 CPU 或外围电路出现故障，监控时钟没有复位及伺服轴控制模块的 RAM 奇偶校验错误时，系统就会出现 920 报警。

(2) 故障产生的原因

系统产生该故障的可能原因有系统外部干扰引起的 CPU 出错；系统伺服软件不良或伺服轴控制模块硬件故障；系统 CPU 或外围电路故障；系统主板不良。

(3) 故障诊断及处理方法

1）系统在电源断开再接通后运行正常，则故障原因可能是外部干扰引起的 CPU 错误。如果故障比较频繁地出现时，还要对系统的屏蔽线及接地线进行检查。

2）重新安装系统伺服软件并进行伺服参数初始化，如果系统恢复正常，则故障原因为系统伺服软件不良。

3）检查伺服模块连接的光缆是否接触不良或折断。

4）更换系统伺服轴控制模块并进行伺服参数初始化，如果系统恢复正常运行，则故障为系统伺服硬件或伺服软件故障。

5）更换系统 CPU 卡(2006 年 6 月以前)，如果系统恢复正常，则故障为系统硬件 CPU 或外围电路故障。

如果经过上面五步操作故障还存在，那么就需更换系统主板。

4. 926 报警(系统 FSSB 报警)

(1) 系统检测原理

CNC 系统与伺服放大器之间及伺服放大器之间通过伺服串行总线(FSSB)进行数据及信息的交换。当进行数据和信息交换的过程中，出现错误数据、信息或信息中断时，系统发出该报警。

(2) 故障产生的原因

系统产生该故障的可能原因有系统与伺服放大器之间及伺服放大器之间的连接光缆接触不良或折断；系统伺服放大器本身故障；系统伺服轴卡故障；系统母板不良。

(3) 故障诊断及处理方法

1）检查从 LED 显示“L”或“_”的伺服模块到 LED 显示“U”的模块之间的连接光缆是否不良。

2）如果所有的伺服模块 LED 显示“_”或“U”，则检测第一个伺服模块与系统 CNC 之间的连接光缆是否不良。

3）第一个伺服模块故障，可用后面的伺服模块对调来判别。

4）如果以上故障排除后，系统还是出现该报警，则为系统伺服轴卡故障。

5. 930 报警(CPU 异常中断报警)

(1) 系统检测原理

当 CPU 的外围电路出现故障或受到外界干扰时，CPU 的工作会突然中断，这时会发生

CPU 报警。

(2) 故障原因及处理方法

如果在电源断开再接通后系统运行正常,则故障可能是外部干扰引起的。请检查系统的屏蔽、接地、布线等抗干扰措施是否规范。不能确定原因时,故障可能是 CPU 外围电路异常,要更换系统 CPU 卡((2006 年 6 月以前)。新系统则需要更换系统主板。

6. 935 报警(静态存储器 SRAM 发生了 ECC 错误报警)

(1) 系统检测原理

ECC 检测方法是一种检测 SRAM 存储的数据的方法,可以用来取代传统的奇偶校验。使用 ECC 检测的方法,可以把 8 位修正数据转换成 16 位数据,如果这些 16 位数据中有一位数据发生错误,错误数据会自动被修改为正确数据,CNC 可以继续运行。如果两位或两位以上数据发生错误,系统就产生报警。使用传统的奇偶检测的方法,哪怕只有一位数据发生错误都会引发系统报警。

(2) 故障产生的原因

如果电池没电,或由于一些外部原因造成 SRAM 内部数据遭到破坏,就发生此报警。故障原因也有可能是 FROM/SRAM 模块或主板出现故障。

(3) 故障诊断及处理方法

1) 系统电池电压(标准为 3 V)如果低于 2.6 V 就会产生电池报警,屏幕上会闪现“BAT”的字样。如果产生了电池报警,及时更换新电池。

2) 将系统 SRAM 的数据全部清除后故障消失,则故障为系统的 SRAM 数据不良。把之前备份的数据重新装载。

3) 如果将存储器的数据全部清除并恢复后还不能解决问题,就需要更换 FROM/SRAM 模块。

4) 如果以上措施都不能解决问题,那么就更换主 CPU 板(2006 年 6 月以前)或系统主板。

7. 950 报警(PMC 系统报警)

(1) 系统检测原理

系统 PMC 控制采用串行通信 I/O Link 形式与外装的 I/O 卡、I/O 模块进行通信,当传输的数据错误或 PMC 控制硬件故障时,系统发出该报警。

(2) 故障产生的原因

当 I/O Link 通信电缆受到外界干扰、硬件连接错误、I/O 设备故障及系统 PMC 控制出现故障时,都会产生此报警。

(3) 故障诊断及处理方法

1) 系统断电再重新上电,故障消失则为外界干扰原因导致。

2) 检查 I/O Link 连接的电缆是否良好,排除不良故障;若实际连接和 PMC 地址设定不符,检查地址设定并修改。

3) 检查 I/O Link 连接的设备是否正常,包括 I/O 设备的外部电源是否正常。

4) 更换系统的 CPU 卡(2006 年 6 月以前),因为 PMC 的控制是由系统的主 CPU 控制的。

5) 更换 CPU 卡后,故障仍然存在,则需更换系统的母板,因为系统 PMC 控制模块是与系统母板集成一体的。

8. 951 报警(系统 PMC 监控报警)

(1) 系统检测原理

系统工作时,系统的主 CPU 随时通过监控电路监视系统 PMC 的运行情况。当系统检测到 PMC 控制出现错误,系统就会发出该报警。

(2) 故障产生的原因

当系统 PMC 故障、系统的 PMC 监控电路不良、主 CPU 不良都会导致该报警。

(3) 故障诊断及处理方法

1) 系统与 I/O 外部设备脱开后,系统上电,如果故障消失,则故障在系统外部 I/O 设备中,进行检查并排除故障。

2) 如果第 1 步操作后,系统报警仍然存在,则故障在系统内部,需更换系统的 CPU 卡(2006 年 6 月以前)。

3) 如果更换 CPU 卡后(2006 年 6 月以前),系统报警仍然存在,则需更换系统的主板。

9. 972 报警(系统连接的各功能板错误报警)

当系统出现报警时,会在系统显示装置上显示功能板的插槽号(I/O 模块插槽号为 01、扩展功能小槽板号为 09 和 10),根据显示的功能板分别进行处理。

10. 974 报警(系统 F-BUS 总线错误报警)

(1) 系统检测原理

系统的各选择功能模块是通过 FANUC 总线与 CPU 进行数据交换的,如果数据交换过程中出现错误,系统就会产生该报警。

(2) 故障原因及处理方法

1) 更换系统 CPU 卡(2006 年 6 月以前),如果故障消失,则故障原因为系统 CPU 卡不良。

2) 更换系统选择功能板,如果故障消失,则故障原因为各选择功能板不良。

3) 更换系统母板,如果前两项没有解决问题,则故障为系统母板不良。

11. 975 报警(系统总线错误报警)

(1) 系统检查原理

系统单元的各功能模块是通过 FANUC 总线与 CPU 进行数据交换的,如果数据交换过程中出现错误,系统就会产生该报警。

(2) 故障原因及处理方法

1) 更换系统 CPU 卡(2006 年 6 月以前),如果故障消失,则故障为系统 CPU 卡不良。

2) 依次更换系统的轴控制板、显示控制卡及 FROM/SRAM 模块,如果故障消失,则故障为各功能板不良。

3) 更换系统主板,如果前两项没有解决问题,则故障为系统主板不良。

12. 976 报警(系统局部总线错误报警)

(1) 系统检查原理

系统单元的各功能模块是通过 FANUC 总线与 CPU 进行数据交换的,如果数据交换过程中出现错误,系统就会产生该报警。

(2) 故障原因及处理方法

1) 更换系统 CPU 卡(2006 年 6 月以前),如果故障消失,则故障为系统 CPU 卡不良。

2) 依次更换系统的轴控制板和 FROM/SRAM 模块,如果故障消失,则故障为各功能板不良。

3）更换系统主板，如果前两项没有解决问题，则故障为系统主板不良。

13. 700 报警（系统 CNC 单元过热报警）

（1）系统检测机理

在系统主板上有温度传感器和温度监控电路，当监控电路检测到 CNC 单元的温度超过最大极限值（55℃）时，系统发出该报警。

（2）故障原因及实际处理方法

1）检查系统风扇和通风道是否良好，如果有问题需更换风扇或清理通风道。

2）系统温度监控电路不良，更换系统主板。

14. 701 报警（系统风扇报警）

（1）系统检测机理

系统 CNC 安装了两个带有信号检测的风扇（DC 24 V），当检测到风扇不转时，系统就发出该报警。

（2）故障原因及实际处理方法

1）系统风扇损坏，更换系统风扇。

2）风扇接线不良，清理并重新安装风扇。

3）风扇监控电路不良，更换监控电路或系统主板。

15. 系统开机时出现死机故障的实际诊断和处理

1）系统开机不能进入系统引导画面，更换系统主 CPU 或主板。

2）系统显卡或视频信号接口接触不良，更换显卡或系统主板。

3）系统开机后，机床可以移动，系统显示装置或灯管不良，进行相应的更换。

1.4 FANUC-30i/31i/32i/OiD 系统

FANUC 公司推出的最新的数控系统是 FANUC-30i/31i/32i，2008 年公司又推出了 FANUC-OiD/OiMateD 系统。FANUC-OiD 系统是 FANUC-32i 系统的简化版本。

1.4.1 系统功能和主要特点

（1）系统伺服采用多通道控制

FANUC-30i 系统为 10 个通道，CNC 轴数为 32 轴、8 主轴，联动轴数为 24 轴；FANUC-31i 系统为 4 个通道，CNC 轴数为 20 轴、6 主轴，联动轴数为 4 轴（31iA5 为 5 轴）；FANUC-32i 系统为 2 个通道，CNC 轴数为 9 轴、2 主轴，联动轴数为 4 轴。

FANUC-OiTD 系统是 2 个通道，CNC 轴数为 8 轴、2 主轴，联动轴数为 4 轴；FANUC-OiMD 系统是 1 个通道，CNC 轴数为 5 轴、2 主轴，联动轴数为 4 轴；FANUC-OiMateD 系统是 1 个通道，CNC 轴数为 3 轴、1 主轴，联动轴数为 3 轴。

（2）具有多种语言指定功能

系统有 18 种语言指定功能，其中汉字显示又分为繁体汉字和简体汉字两种形式。机床报警信息可以为汉语显示，更加便于维修。

（3）加工程序的防真功能

加工程序可以通过系统仿真功能来进行程序的检查。程序通过三维图显示，可以更加直观和快捷地进行修改。

(4) 误操作防止功能

系统误操作功能包括加工程序的误操作、刀偏误操作、坐标偏移误操作及坐标系设定误操作4项功能的设定和确认，使机床操作更加安全可靠。

(5) 定期维护功能

定期维护画面是对耗件(例如:LCD 单元的背光和后备用电池等)进行管理的画面。通过设定耗件的名称、寿命、计数方法，即按照对应该耗件的方法进行计数，显示其剩余时间。通过这一画面的使用，便于用户管理需要定期更换的耗件。

定期维护画面上有4个画面:状态画面、设定画面、机床系统菜单画面和 NC 系菜单画面。

(6) 系统参数设定帮助菜单功能

系统参数设定帮助菜单主要是伺服参数的引导设定和伺服的自动调整设定，使机床达到优化控制，实现数控加工的高精度控制。

(7) 系统的保护级别的设定功能

系统保护级别分为8个级别，其中4~7级别通过口令进行设定，使系统有些功能参数安全等级更高，如系统 CNC 参数、系统 PMC 参数等。

(8) 系统可以选择各种总线功能板

系统有 Profibus、Device Net 和 FL-net 总线功能板(为系统选择功能)，FANUC-OiD 系统只能有 Profibus 总线板选择。选择总线功能板系统就可以和其他公司 PLC 模块兼容，如西门子公司的 PLC、AB 公司的 PLC 通信，实现数据的采集和处理。

(9) 系统具有以太网功能

系统有内置以太网、快速以太网(数据服务器)和 PCMCIA 以太网卡三种，FANUC-OiD 系统内置以太网功能为标配，快速以太网(数据服务器)和 PCMCIA 以太网卡为选配，FANUC-OiMateD 系统只能选择 PCMCIA 以太网卡功能。

1.4.2 FANUC-OiD/Oi Mate D 系统端口功能及连接

图1-43为 FANUC-OiD/Oi Mate D 系统接口图。

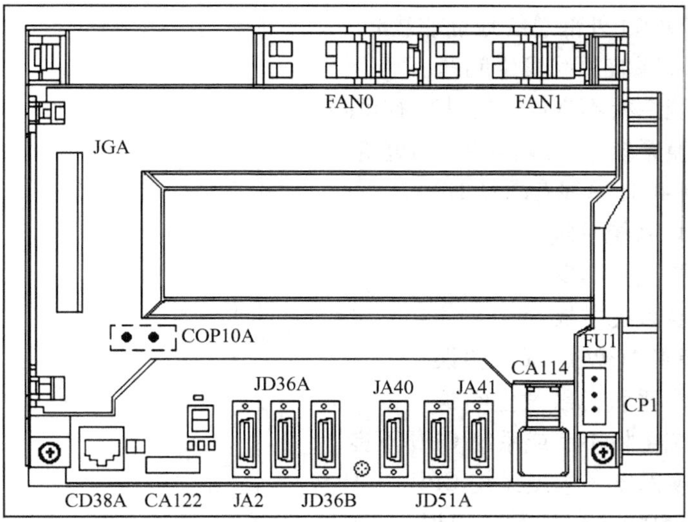

图1-43 FANUC-OiD/Oi Mate D 系统接口图

系统端子接口的功能如下：

CP1：系统电源输入（DC 24 V）

FU1：电源输入熔断器

CA114：系统数据保持电池（锂电池 3 V）

JA2：系统 MDI 键盘接口

JD36A：RS-232-C 串行端口 1

JD36B：RS-232-C 串行端口 2

JA40：模拟量主轴速度信号/高速跳转信号接口

JD51A：I/O Link 总线信号接口

JA41：串行主轴速度信号/主轴独立编码器信号接口

CA122：系统操作软键信号接口

CD38A：内嵌式以太网接口（FANUC-OiMateD 系统没有）

COP10A：伺服 FSSB 总线接口

JGA：系统扩展功能板接口（FANUC-OiMateD 系统没有），选择数据服务器、网络总线接口

FAN0、FAN1：系统散热风扇

1.4.3 FANUC-OiD/Oi Mate D 系统报警及维修技术

系统报警可分为三种：由软件检测的报警、由硬件检测的报警及其他报警。

1. 系统硬件检测出的报警

当系统硬件检测到报警时，系统画面切换到系统报警画面，系统报警画面显示下列内容：

① 系统 CNC 软件的系列号和版本号；② 系统报警号和错误信息；③ 故障可能最大的部件；④ 报警发生的时间；⑤ 报警发生时系统软件的错误信息；⑥ 报警发生时系统总线的信息。

（1）系统报警 401（外部总线地址非法）

报警说明：CNC 系统总线发生问题

报警原因：系统主板不良或系统外部有短路

实际处理：更换系统主板或排除外部短路

（2）系统报警 403（总线存取超时）

报警说明：CNC 系统总线发生问题

报警原因：系统主板不良

实际处理：更换系统主板

（3）系统报警 404（数据 ECC 错误）

报警说明：CNC 系统总线发生问题

报警原因：系统主板不良或系统 CPU 不良

实际处理：更换系统主板或系统 CPU

（4）系统报警 500（SRAM 数据错误）

报警说明：FROM/SRAM 模块与 SRAM 之间的数据传输没有正常进行

报警原因:系统 FROM/SRAM 模块或主板不良
实际处理:更换系统 FROM/SRAM 模块或系统主板
(5) 系统报警 502(电源干扰错误)
报警说明:系统的电源受到干扰或瞬时断电
报警原因:系统电源受到干扰或 SRAM 数据文件损坏
实际处理:排除外界干扰或 SRAM 数据全清后再重装
(6) 系统报警 503(电源单元异常)
报警说明:系统电源异常
报警原因:系统电源不良或有短路部件
实际处理:更换系统供电电源、排除短路部件或更换系统主板
(7) 系统报警 114～137(FSSB 的报警)
报警说明:系统检测出伺服总线 FSSB 异常
报警原因:伺服放大器、系统轴板及连接的光缆故障
实际处理:更换故障部件
(8) 与 I/O Link 相关的系统报警 (SYS_ALM197)
报警说明:系统检测出 I/O Link 总线异常
报警原因:系统 I/O 装置、供电电源(DC 24 V)、I/O 装置的连接电缆及系统主板不良
实际处理:更换故障部件

2. 系统软件检测的报警

当系统硬件检测到报警时,系统画面切换到系统报警画面,系统报警画面显示下列内容:

① 系统 CNC 软件的系列号和版本号;② 系统报警号和错误信息;③ 故障可能最大的部件;④ 报警发生的时间;⑤ 报警发生时系统软件的错误信息。

(1) 系统报警 103(系统动态存储器 DRAM 校验错误)
报警说明:系统开机装载系统文件时出错
报警原因:系统 CPU 不良、主板不良或受到干扰
实际处理:更换系统主板
(2) 系统报警 198(系统软件错误)
报警说明:系统开机装载系统文件时出错
报警原因:系统软件损坏、FROM/SRAM 模块故障或系统主板不良
实际处理:重新安装系统文件或更换故障部件

1.5 习题

1. FANUC-OC 和 FANUC-OD 系统的不同点有哪些?
2. FANUC-OC/OD 系统通常由几部分组成?说明各部分的功能。
3. FANUC-16/18/21/OiA 系统与 FANUC-OC/OD 系统在控制功能和结构上有何变化?
4. 说明 FANUC-16i/18i/21i 系统的特点。
5. FANUC-Oi Mate B/C 与 FANUC-OiB/OiC 系统有何不同?

6. 某厂家数控车床 CAK6140，原来采用的是 FANUC-OTD 系统，主轴采用变频调速。实际使用时发现系统主板损坏，已没有修复的必要，现在准备改成 FANUC-OiMateTB 系统，说明如何配置系统，并画出系统的连接图。

7. 系统显示装置 CRT、黑白 LCD 和彩色 LCD 显示字符不清楚，实际中如何处理？

8. FANUC-OiC/OiMateC 系统开机出现 935 报警，实际中如何处理？

9. 更换系统主板的过程中注意事项有哪些？

10. 系统 MDI 操作面板个别键无效、4 个键无效及所有键都无效时，如何进行故障的诊断及排除？

第 2 章　数控机床通信和网络控制技术

随着自动编程软件在数控机床加工,特别是模具加工领域的普遍应用,数控系统具备了高可靠性、高速度的数据传输功能。FANUC 系统目前数据传输方式有 3 种,RS-232 异步串行数字传输方式、存储卡数据传输方式和以太网传输方式。不同的数据传输方式系统设定不同的通道:

- RS-232 异步串行数字传输方式

系统 I/O 通道设定为 0、1、2 和 3 通道。

- 系统存储卡传输方式

系统 I/O 通道设定为 4 通道。

- 以太网传输方式

数据服务器系统 I/O 通道设定为 5 通道;内嵌式以太网系统 I/O 通道设定为 9 通道。

2.1　数控机床 RS-232 异步串行通信技术及传输软件

FANUC 系统标准配置有 RS-232 数据通信接口(两个),选择配置有高速串行总线数据传输(HSSB)功能板。RS-232 数据通信的波特率有 4800 bit/s、9600 bit/s 和 19200 bit/s,高速串行总线的最高波特率为 256000 bit/s。

2.1.1　数控机床 RS-232 异步串行通信功能及参数设定

1. RS-232 异步串行通信数据格式

RS-232 串行通信是指通信的发送方和接收方之间数据信息的传输是在单根数据线上完成的,每次以一个二进制的 0、1 为最小单位进行传输。为实现串行通信并保证数据的正确传输,要求通信双方遵循某种约定的规程。目前在 PC 机及数控系统中最简单最常用的规程是异步通信控制规程,或称异步通信协议,其特点是通信双方以一帧作为数据传输单位。每一帧从起始位开始,后跟数据位(位长度可选)、奇偶校验位(奇偶检验可选),最后以停止位结束。起始位表示一个字符的开始,接收方可用起始位使自己的接收时钟与数据同步。停止位则表示一个字符的结束。这种用起始位开始,停止位结束所构成的一串信息称为帧。异步通信的传送格式如图 2-1 所示。在传送一个字符时,由一位低电平的起始位开始,接着传送数据位(7 位或 8 位)。传送数据时,按低位在前,高位在后的顺序传送。奇偶校验位用来检验数据的正确性,可由系统参数设定。最后传送的是高电平的停止位。停止位可以是 1 位或 2 位。停止位到下一个字符的起始位之间的空闲位要由电平 1 来填充(只要不发送下一个字符,线路就始终位于空闲位)。FANUC 系统异步

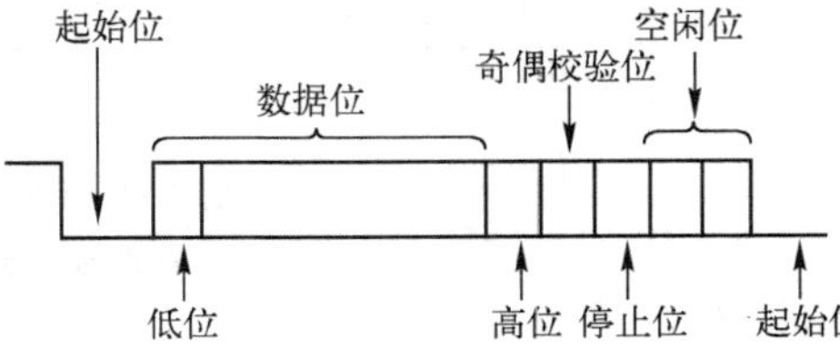

图 2-1　RS-232 异步串行通信数据格式

通信中的帧格式是:1 位起始位,7 位数据位,1 位奇偶位,2 位停止位。

2. RS-232 通信接口信号及通信电缆

发送数据信号 SD 为 CNC 的输出信号。当 CNC 通信条件满足时,CNC 系统向外部数据设备传输数据。

接收数据信号 RD 为 CNC 的输入信号。当 CNC 和外部设备通信条件满足时,外部数据设备向 CNC 系统传输数据。

发送请求信号 RS 为 CNC 的输出信号。当 CNC 开始传送数据时该信号为 ON,结束传送数据时该信号被设置为 OFF。

允许发送使能信号 CS 为 CNC 的输入信号。当该信号和 DR 信号同时被设置为 ON 时,CNC 可以传送数据。如果外部设备因为穿孔等操作而被延时,在送出两个字符(包括当前正在传送的数据)后关掉该信号,从而终止 CNC 数据的传送。当不使用 CS 信号时,要短接 CS 和 RS。

外部数据设备就绪信号 DR 为 CNC 的输入信号。当 CNC 接收到外部数据设备就绪信号后,CNC 开始传送数据,如果在传送过程中该信号被中断,CNC 就会停止传送数据并发出系统报警。当不使用 DR 信号时,要短接 DR 和 ER。

检查数据信号 CD 为 CNC 的输入信号。不使用该信号时,需要将 CD 和 ER 短接。

信号屏蔽线 SG 为 CNC 信号的地。

图 2-2 为 FANUC 系统 RS-232 通信电缆的接口连接图,a 图为机床标准 RS-232 通信电缆连接图,b 图为实用 RS-232 通信电缆连接图。

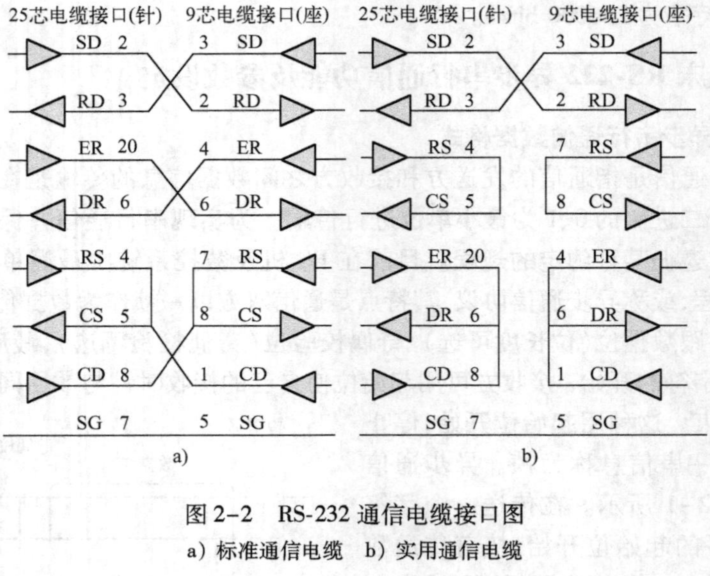

图 2-2 RS-232 通信电缆接口图

a) 标准通信电缆 b) 实用通信电缆

3. RS-232 数据传输软件的功能

现在国际上已有较完善的系统软件和数据软件用于计算机与数控设备的 CNC 之间通信,目前常用的有:V24、AIC、PCIN、PCIO、PCCS、CIMCO、计算机侧超级终端程序等几种。其中计算机侧超级终端程序不需要计算机安装任何专用传输软件(只要计算机操作系统为 Windows

98/2000/XP 即可)，操作更简单、更经济。RS-232 传输软件在数控机床中的数据传输功能如下：

1) 将数控机床 CNC 内部数据送入计算机内存中(数控机床数据的备份)。

2) 将计算机存储的数据输出至 CNC 中(数控机床数据的恢复)。

3) 对机床参数、加工程序等数据进行编辑、打印、删除等。

4) 通过传输软件实现数控机床的在线加工(DNC 运行)。

5) 通过传输软件(LADDER 传输软件)实现系统 PMC 程序和 PMC 参数的备份、编辑及恢复。

4. RS-232 数据传输软件的使用

下面介绍计算机操作系统自带的超级终端程序和 CIMCO 专用传输软件的具体操作。

(1) 计算机侧超级终端程序

1) 程序的设定

① 选择 Windows98、Windows2000、WindowsXP 程序“附件”→“通讯”→“超级终端”，并运行。该程序运行后显示图 2-3 所示的画面。

② 设定新建连接的名称 CNC(或其他)，并选择连接的图标。设定方法如图 2-4 所示。

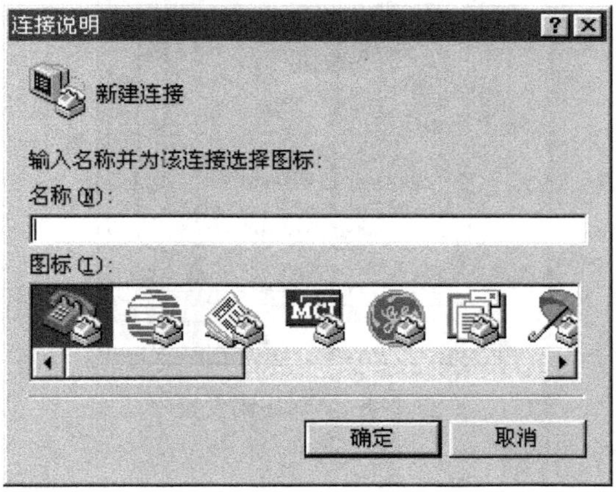

图 2-3 打开超级终端程序

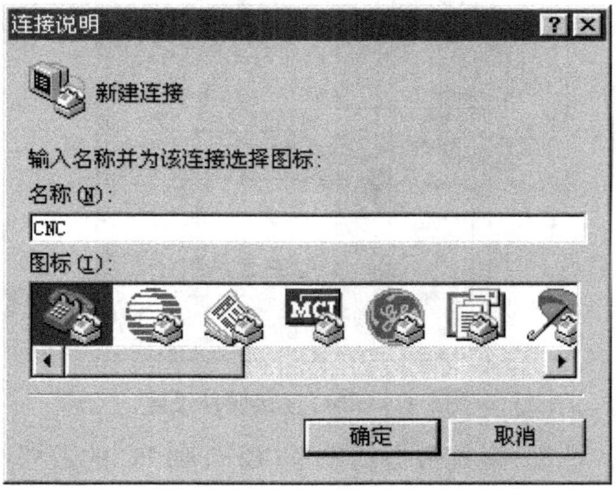

图 2-4 新建立一个超级终端文件

③ 单击确定按钮，出现图 2-5 所示的对话框，根据本计算机的资源情况设定连接时使用的串口，本例选择“直接连接到串口 1(COM1)”。

④ 单击确定按钮，出现图 2-6 所示的对话框，设置串行通信的参数。波特率可根据系统设定的参数而定，一般 FANUC-OC/OD 系统选择 4800，FANUC-16/18/21/OiA 系统选择 960，FANUC-16i/18i/21i/OiB/OiC 系统选择 19200，数据位有 7 位(不含奇偶校验位)、8 位(含奇偶校验位)两种，一般选择 8 位。奇偶校验有不校验、偶校验、奇校验，一般选择不校验(无)。停止位为 2 位。流量控制为 Xon/Xoff 控制。

⑤ 单击确定按钮后，按照图 2-7 进行 CNC 属性的设置。

⑥ 单击 ASCII 码设置按钮，按照图 2-8 完成相应设置。

在以上的设定工作完成后，单击确定按钮，则可进行计算机与数控系统的通信。首先在系统断电情况下连接通信电缆，然后接通系统和计算机的电源并进行通信有关参数的设定。

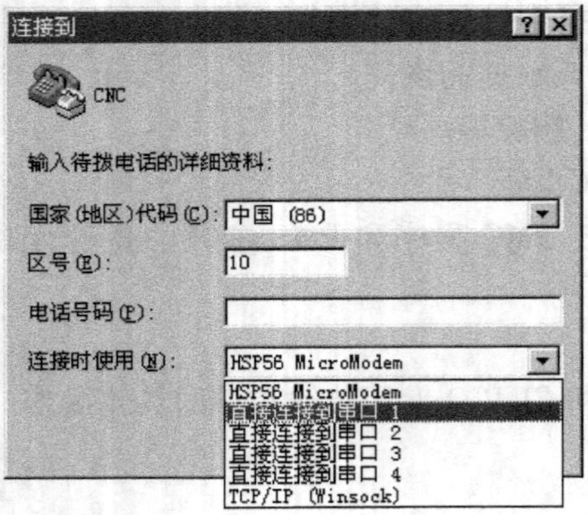

图 2-5　计算机通信接口设定

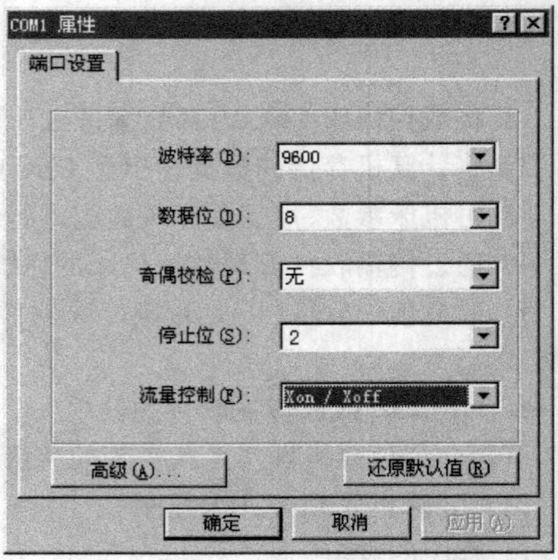

图 2-6　设定计算机通信参数

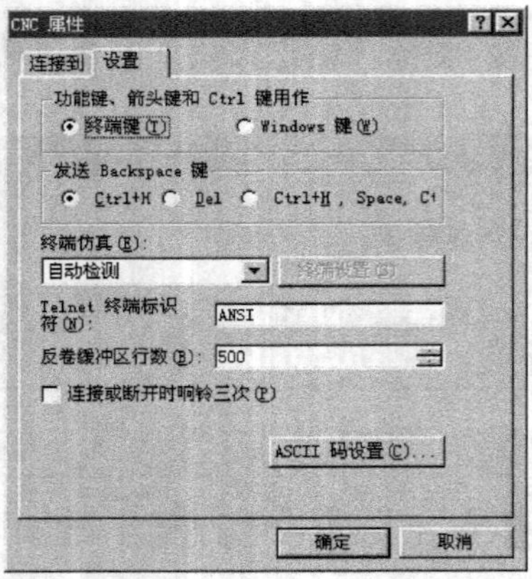

图 2-7　CNC 连接属性设定

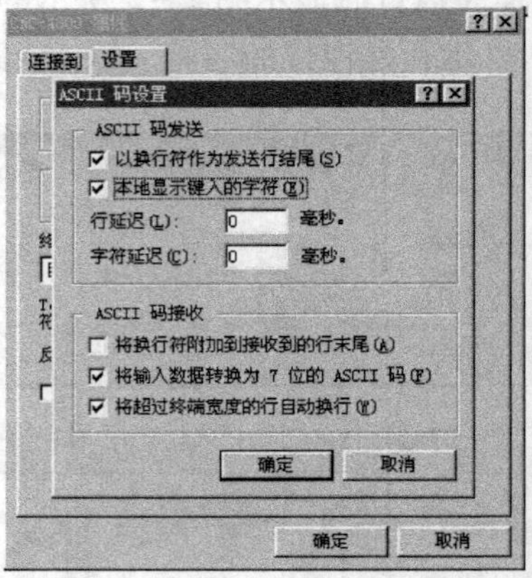

图 2-8　ASCII 码设置

2）系统数据的发送（CNC 到 PC 的数据传送）

把系统的数据发送到计算机中，首先确保计算机侧就绪，然后 CNC 系统执行操作。选择“传送”菜单的“捕获文字”项，如图 2-9 和 2-10 所示。弹出“捕获文字”对话框，单击浏览按钮，确定文件路径。单击启动按钮，完成计算机侧文件的接收。

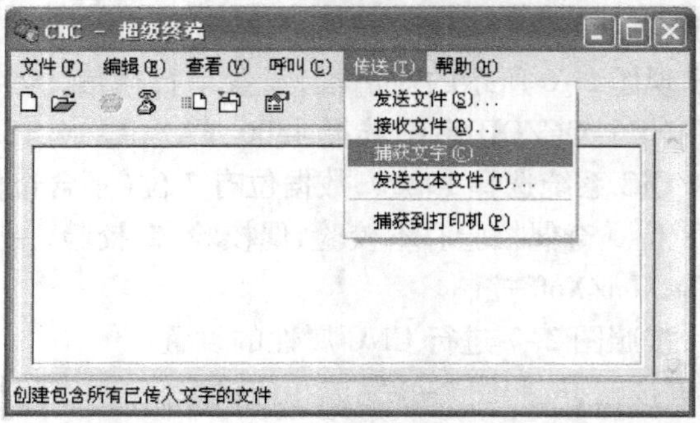

图 2-9　计算机侧接收文件菜单

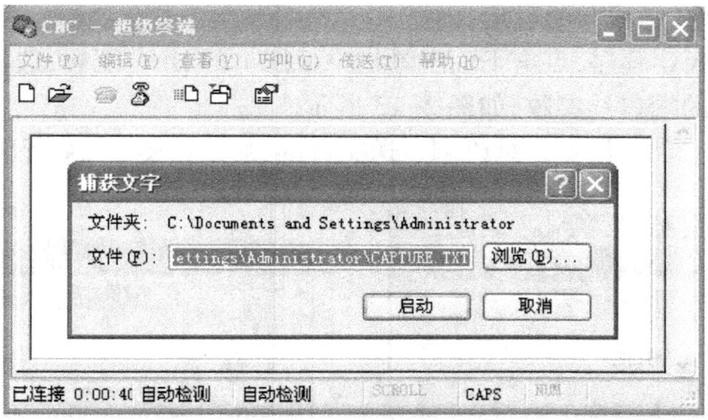

图 2-10　计算机侧接收到文件的对话框

3）系统数据的接收（PC 到 CNC 的数据传送）

把计算机中备份好的机床数据传送到系统时，首先确保 CNC 系统侧就绪，例如传送系统参数时，系统需要在编辑状态，且写保护参数 PWE = 1。如果传送加工程序，系统需要在编辑状态（EDIT）并把程序保护开关断开。然后计算机执行操作，通过选择“传送”菜单的“发送文字文件”，打开要发送的数据文件。具体操作如图 2-11 和图 2-12 所示。

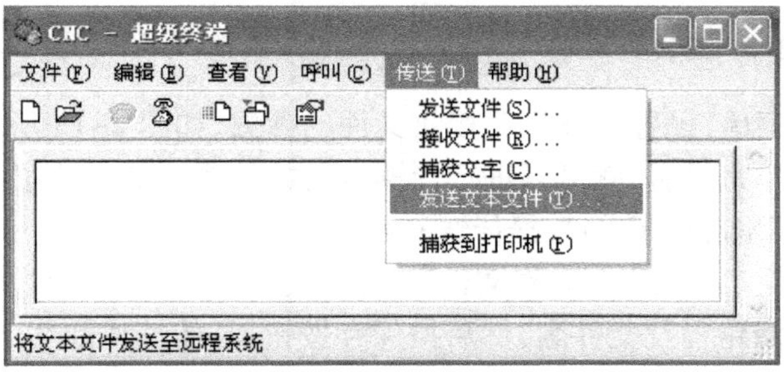

图 2-11　计算机侧发送文件菜单

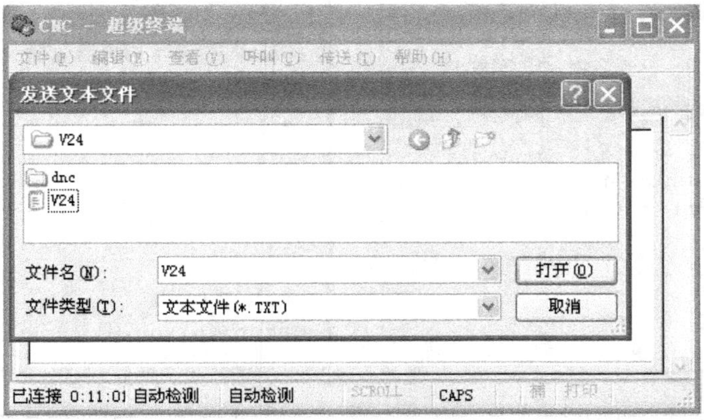

图 2-12　计算机侧发送文件的对话框

（2）CIMCO 专用传输软件的使用

CIMCO 专用的传输软件不仅可以完成系统数据的发送和接收，而且还可以完成加工程序的动态仿真和在线加工程序的传输。

1）计算机侧 CIMCO 程序的设定

运行计算机 CIMCO 程序，点击下面工具栏中机床 1 的 DNC 配置，选择通信软件端口设置菜单，设置通信软件的端口及参数，如图 2-13 所示。

选择发送文件的菜单，设置计算机侧发送文件的参数，如图 2-14 所示。

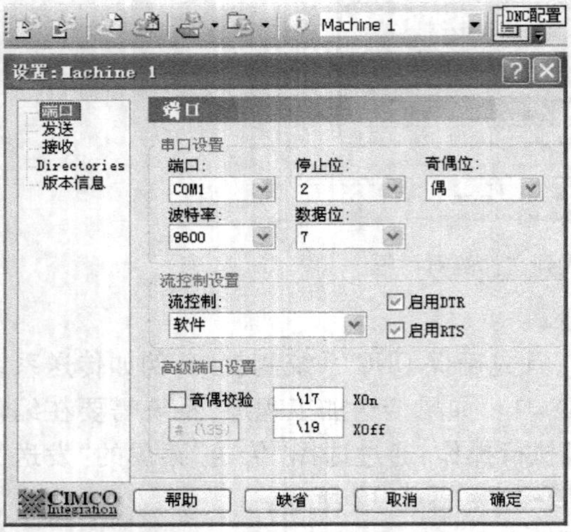

图 2-13 通信端口的设置菜单

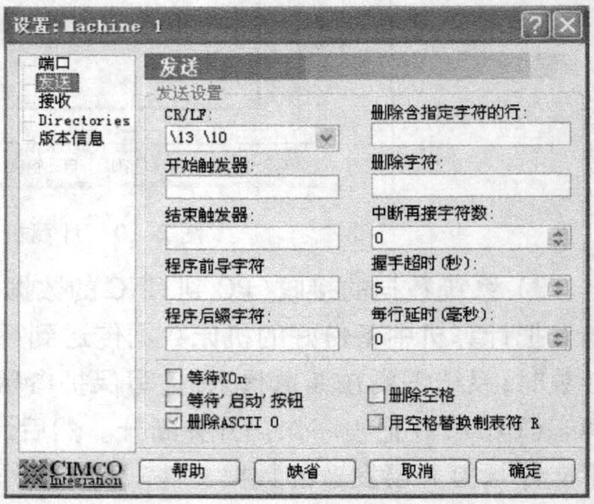

图 2-14 发送文件的设置菜单

选择接收文件的菜单，设置计算机侧接收文件的参数，如图 2-15 所示。

在以上的设定工作完成后，就可以进行计算机与数控系统的通信了。

2）数据的接收（CNC 到 PC 的数据传送）

点击通信软件下面工具栏的“接收文件”（接收文件并直接存在硬盘上，而不再用编辑器打开），选择文件的存储路径及文件名，然后按保存按钮，具体操作如图 2-16 所示。

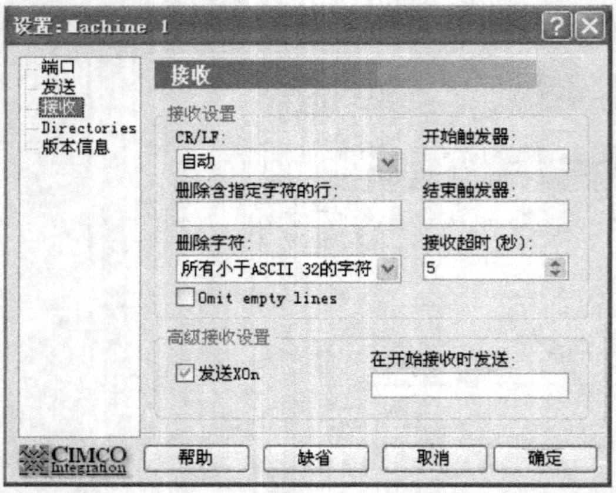

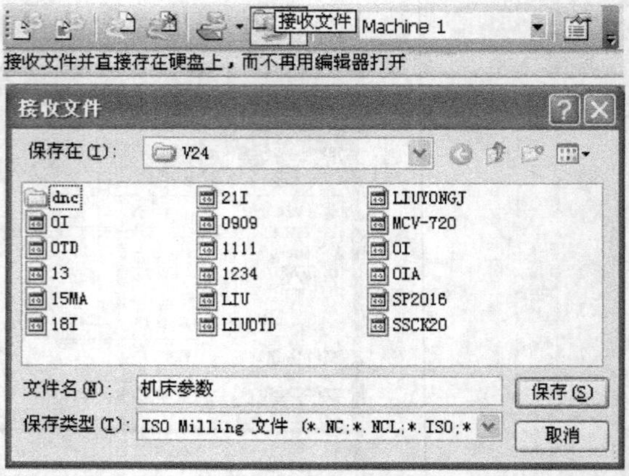

图 2-15 接收文件的设置菜单

图 2-16 计算机侧接收文件的对话框

系统在编辑状态下，对系统数据进行传输操作，即选择相应数据的系统操作界面，并按下执行操作软键。

系统执行数据的发送操作后，计算机侧就开始进行数据的接收，如图 2-17 所示。

3）数据的发送（PC 到 CNC 的数据传送）

当系统在编辑状态下，对系统数据进行传输操作时，需要选择相应数据的系统操作界面，并按下执行操作键。

点击通信软件下面工具栏的“发送文件”（发送硬盘上的文件而不是当前窗口的文件），找到要发送文件的路径，然后确定具体发送的文件，具体操作如图 2-18 所示。

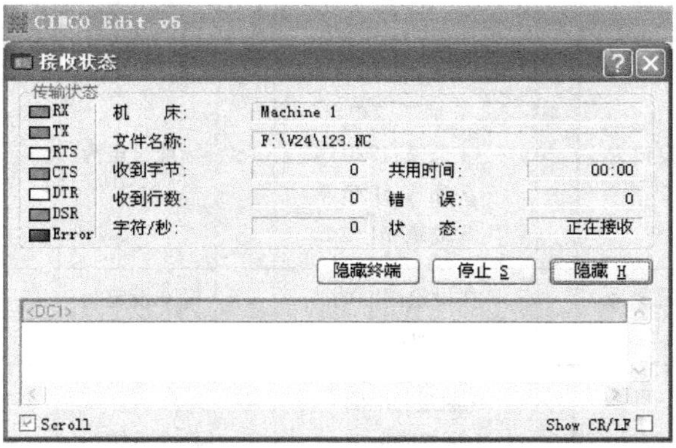

图 2-17　计算机接收系统数据的执行过程

图 2-18　计算机侧发送文件

执行系统数据的发送操作后，计算机侧就开始进行数据的发送，如图 2-19 所示。

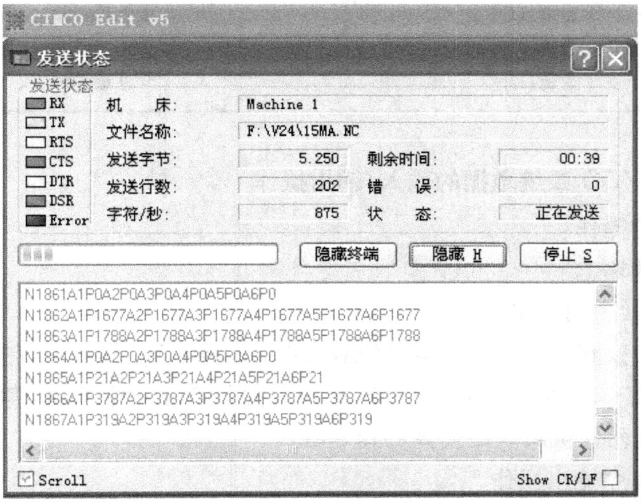

图 2-19　计算机侧发送系统数据的执行过程

2.1.2　数控系统 RS-232 异步串行通信参数设定及数据传输的操作

1. 系统通信参数设定

要想正确传送数控机床的数据和程序，必须设定数控系统的参数和传输软件的参数，而且两者通信参数必须一致。表 2-1 为 FANUC 系统通信参数的设定方法。

表 2-1 FANUC 数控系统 RS-232 通信参数

参数 \ 系统	FANUC-16/18/21/OiA/OiB 系列（FANUC-16i/18i/21i/OiC 系列）		FANUC-OC/OD 系列	
I/O 通道	20	0:JD5A(JD36A) 1:JD5A(JD36A) 2:JD5B(JD36B) 3:JD5B(JD36B)	参数设定画面 I/O =	0:M5 1:M5 2:M74 3:M74
停止位参数	0 通道:101/0 1 通道:111/0 2 通道:121/0 3 通道:131/0	标准设定为 “1”	0 通道:2/0 1 通道:12/0 2 通道:50/0 3 通道:51/0	标准设定为 “1”
数据输出代码	在设定画面的 ISO =	标准设定为 “1”	在设定画面的 ISO =	标准设定为 “1”
输入/输出设备	0 通道:102 1 通道:112 2 通道:122 3 通道:132	标准设定为 “0”	0 通道:38/6、7 1 通道:38/6、7 2 通道:38/4、5 3 通道:38/1、2	标准设定为 “0”
传输的波特率	0 通道:103 1 通道:113 2 通道:123 3 通道:133	10:4800 11:9600 12:19200	0 通道:552 1 通道:553 2 通道:250 3 通道:251	10:4800 11:9600 12:19200

2. FANUC-OC/OD 系统数据的输入/输出操作

系统数据输出的操作：

(1) 系统参数的输出

1) 系统在编辑状态(EDIT)。

2) 按系统参数/诊断功能键(DGNOS/PARAM)，选择系统[参数]软键。

3) 通过系统 MDI 键盘的 EOB + OUTPUT(如果只按 OUTPUT，则不输出系统功能包参数)。

注意：系统参数包括机床螺距误差补偿参数。

(2) 系统加工程序输出操作

1) 系统在编辑状态(EDIT)。

2) 按系统程序功能键(PRGRM)，再按程序清单(LIB)，选择要输出的程序。

3) 单个程序输出时，输入 0####(要传送的程序号)，然后按系统的 OUTPUT；如果输出系统的全部程序时，输入 0 ~ 9999，然后按系统的 OUTPUT。

(3) 系统 PMC 参数输出的操作

1) 系统在编辑状态(EDIT)。

2) 按系统参数/诊断功能键(DGNOS/PARAM)，选择系统[诊断]软键，把光标指定到 D300 的地址。

3）按系统的 OUTPUT 键。

（4）系统刀具补偿值输出操作

1）系统在编辑状态(EDIT)。

2）按刀补/坐标偏置键(MENU/OFFSET)，选择刀具补偿画面(T 系列为刀具形状、磨损补偿，M 系列为刀具的长度、刀具的半径补偿)。

3）按系统的 OUTPUT 键。

（5）工件坐标系(G54 ~ G59)数值输出操作

1）系统在编辑状态(EDIT)。

2）按刀补/坐标偏置键(MENU/OFFSET)，选择系统软键[坐标系]。

3）按系统的 OUTPUT 键。

（6）宏程序变量数值输出的操作

1）系统在编辑状态(EDIT)。

2）按刀补/坐标偏置键(MENU/OFFSET)，选择系统软键[MACRO]。

3）按系统的 OUTPUT 键。

系统数据输入的操作：

（1）系统参数输入的操作

1）系统在编辑状态(EDIT)。

2）系统写保护参数 PWE =1。

3）按系统参数/诊断功能键(DGNOS/PARAM)，选择系统[参数]软键。

4）按系统的 INPUT 键。

5）系统出现"000"报警，系统断电再重新送电并置写保护参数 PWE 为 0。

（2）系统加工程序输入的操作

1）系统在编辑状态(EDIT)。

2）系统程序编辑开关置于断开位置。

3）按系统程序功能键(PRGRM)，再按程序清单(LIB)。

4）选择要传送的程序(注意输入的程序号不能与系统存储的程序号重名，否则出现报警)。

5）按系统的 INPUT 键。

（3）系统 PMC 参数输出的操作

1）系统在编辑状态(EDIT)。

2）系统写保护参数 PWE =1。

3）按系统参数/诊断功能键(DGNOS/PARAM)，选择系统[诊断]软键，把光标指定到 D300 的地址。

4）按系统的 INPUT 键。

3. FANUC-16/16i/18/18i/21/21i/Oi 系统数据的输入/输出操作

系统数据输出的操作：

（1）系统参数的输出

1）系统在编辑状态(EDIT)。

2）按系统功能键 SYSTEM→[参数]软键→扩展键→PUNCH→NON-0→执行。

其中，NON-0 是指传输的数据为非 0 值，即数据全为 0 的不传输。

(2) 系统螺距补差补偿参数的输出

1) 系统在编辑状态(EDIT)。

2) 按系统功能键 SYSTEM→扩展键→间距→操作软键→PUNCH→执行。

(3) 系统程序的输出

1) 系统在编辑状态(EDIT)。

2) 按系统编程键 PROG→操作软键→扩展键→输入程序号 0####→PUNCH→执行。

注意:09###程序有的被写保护(系统参数 3202/4 参数设为"1"),此时需要解除写保护,否则不能传输。

(4) 系统 PMC 参数的输出

1) 系统在编辑状态(EDIT)。

2) 按系统功能键 SYSTEM→PMC→扩展键→I/O,进入 PMC 输入/输出菜单。

3) 在菜单中选择各项功能:驱动方式 DEVIC = OTHERS(计算机传输);功能 FUNCTION = WRITE(数据输出功能);数据类型 DATA KIND = PARAM(PMC 参数)。

4) 按执行键。

注意:系统 PMC 传输的参数是在 PMC 菜单(SPEED)中进行选择的,与系统传输的波特率、奇偶校验、停止位及输入代码参数设定无关,必须与通信软件相一致,否则不能传输。

系统数据输入的操作:

(1) 系统参数的输入

1) 系统在编辑状态(EDIT)。

2) 系统写保护参数 PWE = 1。

3) 按系统功能键 SYSTEM→[参数]软键→扩展键→READ→执行。

4) 系统出现"000"报警,系统断电再重新送电,把写保护参数 PWE 置为 0。

(2) 系统螺距补差补偿参数的输入

1) 系统在编辑状态(EDIT)。

2) 系统写保护参数 PWE = 1。

3) 按系统功能键 SYSTEM→扩展键→间距→操作软键→READ→执行。

(3) 系统程序的输入

1) 系统在编辑状态(EDIT)。

2) 按系统编程键 PROG→操作软键→扩展键→输入程序号 0####→READ→执行。

(4) 系统 PMC 参数的输入

1) 系统在编辑状态(EDIT)。

2) 系统写保护参数 PWE = 1。

3) 按系统功能键 SYSTEM→PMC→扩展键→I/O,进入 PMC 输入/输出菜单。

4) 在菜单中选择各项功能:驱动方式 DEVIC = OTHERS(计算机传输);功能 FUNCTION = READ(数据输入功能);数据类型 DATA KIND = PARAM(PMC 参数)。

5) 按执行键。

注意:系统 PMC 传输的参数是在 PMC 菜单(SPEED)中进行选择的,与系统传输的波特率、奇偶校验、停止位及输入代码参数设定无关,必须与通信软件相一致,否则不能传输。

2.1.3 数控机床 RS-232 异步串行通信故障维修技术

1. FANUC 系统 RS-232 数据传输的报警号

(1) 系统通信错误报警#85(COMMUNICATION ERROR)

用计算机向系统进行数据输入时,出现溢出错误、奇偶错误或成帧错误。错误原因可能是输入的数据位数(传输数据位或停止位)错误,波特率的设定不符,计算机本身及操作系统与传输软件不兼容。

(2) 计算机动作准备信号断开报警#86(DR SIGNAL OFF)

用计算机进行数据输入/输出时,I/O 设备的动作准备信号(DR)断开。原因可能是计算机本身故障(包括系统软件),通信电缆线接错或不良,系统通信电路板或系统主板故障。

(3) 系统缓冲器溢出报警#87(BUFFER OVERFLOW)

用计算机向系统进行数据输入时,虽然指定了输入停止,但超过了 10 个字符后输入仍未停止。原因可能是系统传输数据波特率设定过高,计算机本身及软件故障,系统通信印制电路板或系统主板出故障。

2. 系统不能传输或#85、#86、#87 的故障原因及处理方法

(1) 软件方面的故障

1) 计算机与系统通信协议设定不符,包括 I/O 通道的设定、传输波特率设定、停止位设定及握手协议设定是否一致。

2) 计算机通信软件不良或损坏:重新安装软件或改用其他传输软件。

3) 通信软件与计算机操作系统不符:更改系统传输软件或计算机操作系统。

(2) 硬件方面的故障

1) 系统通信电缆故障,包括通信电缆断线或焊接不良。

2) 计算机侧接口电路故障:计算机更换通信接口或更换计算机。

3) 系统通信接口故障:更换系统通信接口或系统通信控制电路板。

注意: FANUC-OC/OD 系统通信控制电路板是系统存储板;FANUC-18 系统通信控制电路板是系统主模块;FANUC-OiA 系统通信控制电路板是系统的 I/O 模块;FANUC-OiB/OiC/OiD 系统通信控制电路板是系统的主板。

4) 系统主板或主 CPU 故障:更换系统主板或系统主 CPU。

3. 系统通信接口烧毁的原因

(1) 台式计算机的主机外壳不接地。

计算机的外壳不接地而引起的漏电流会导致通信接口被击穿。应在机床侧安装独立的接地体,并将接地体用良好的接地线与计算机的外壳连接,就可避免该类故障的发生。

(2) 通信电缆接口焊接不良或采用非标准通信电缆。

(3) 系统或计算机带电状态下进行起拔通信电缆操作。

(4) 通信电缆没有防护措施,系统通信过程中,人为导致通信电缆断线或短路。

(5) 厂房接地不良或雷击。

2.2 数控机床存储卡通信技术及在线加工

现代的数控系统都可以采用存储卡进行数据的传输,与 RS-232 数据传输相比操作更简单,更安全。存储卡数据传输形式有系统数据系列传输、分区传输和存储卡的加工程序在线传输。

2.2.1 数控机床数据的存储卡系列传输

系统数据的存储卡系列传输是指在系统开机的引导画面 BOOT SYSTEM 进行的数据传输。

1. 存储卡系列传输的功能和特点

(1) 将系统 SRAM 存储的全部数据备份到存储卡或将存储卡的数据回装到系统 SRAM 中。

(2) 将系统 FROM 存储的用户数据(梯形图、宏执行程序等)和系统文件备份到存储卡或将存储卡的数据回装到系统 FROM 中。

(3) 存储卡系列备份数据的格式为机器码且为压缩包形式,不能在计算机上打开进行查阅和编辑。

(4) 此方法特别适用于系统死机状态下的数据备份或回装,以及系统全部清除后的系统数据的恢复。

2. 存储卡系列数据传输的操作

(1) 开机进入系统的引导画面菜单操作

系统开机的同时按下系统操作软键的最右边两个键,直到系统出现引导画面的主菜单,如系统是触摸屏的,系统上电时按下 MDI 键盘的字母 6 和 7,如图 2-20 所示。

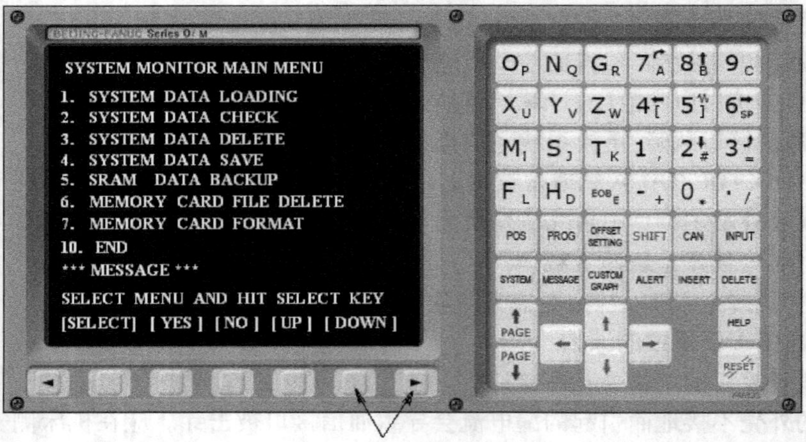

图 2-20 进入系统引导画面的操作

(2) 选择系统引导画面的操作项

系统引导文件主菜单共有 7 个项功能:

第 1 项 SYSTEM DATA LOADING:把存储卡的系统文件和用户文件(机床 PMC 程序和用户宏管理文件)装载到系统 FROM。

第 2 项 SYSTEM DATA CHECK:显示系统 FROM 中文件的系列号。

第 3 项 SYSTEM DATA DELETE:删除系统 FROM 存储的文件。

第 4 项 SYSTEM DATA SAVE:将系统 FROM 的数据存储到存储卡,内容主要是机床厂家的 PMC 程序。

第 5 项 SRAM DATA BACKUP:将系统静态存储器 SRAM 的数据存储到存储卡,或将存储卡的数据回装到 SRAM。

第 6 项 MEMORY CARD FILE DELETE:查阅存储卡存储的文件名称,并可删除存储卡的文件。

第 7 项 MEMORY CARD FORMAT:对存储卡进行格式化。

第 10 项 END:退出系统引导菜单并起动系统。

系统引导画面的主菜单显示如图 2-21 所示。

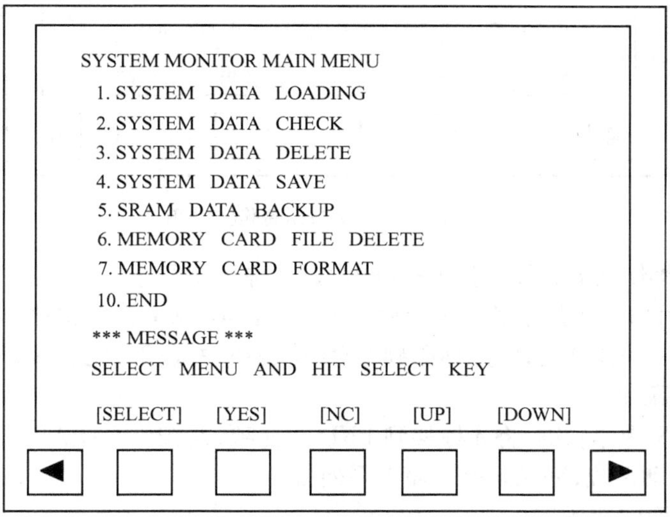

图 2-21　系统引导文件主菜单

系统操作软键的功能:

SELECT:选择光标位置。

YES:执行所选择的功能。

NO:不执行所选择的功能(退出)。

UP:光标上移。

DOWN:光标下移。

左端扩展键 < :在显示画面时,返回到前一个画面。

右端扩展键 > :在显示画面时,移向下一个画面。

(3) SRAM 数据的备份和回装操作

系统静态存储器 SRAM 保存的数据有:系统 CNC 参数、螺距误差补偿值、系统 PMC 参数、加工程序、刀具补偿值、宏变量(断电保持#500 以上的变量)、换刀或特殊加工的宏程序及机械坐标的设定值等数据。

SRAM 数据系列备份操作:

1) 进入系统引导画面的主菜单,选择功能项 5 并按下系统 SELECT 操作软键。

2) 进入 SRAM 数据备份主菜单,选择功能第 1 项 SRAM BACKUP(CNC→MEMORY CARD),按下系统 SELECT 操作软键,显示系统 SRAM 的容量(如 1.0MB)和系统默认的文件名,如图 2-22 所示。

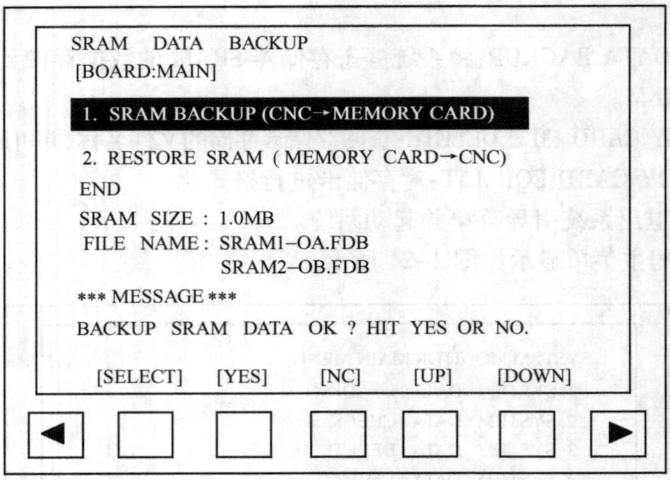

图 2-22 SRAM 数据备份主菜单

3）按下 YES 操作软键，系统将 SRAM 的数据文件存储到存储卡。

4）当系统显示 SRAM 数据备份完成后，按下系统 SELECT 操作软键。

5）通过 DOWN 操作软键，将光标移到 END 功能项，并按下系统 SELECT 操作软键，返回系统引导画面的主菜单。

6）通过 DOWN 操作软键，将光标移到 END 功能项，并按下系统 SELECT 操作软键，退出系统引导画面并起动系统，完成系统存储卡系列备份。

SRAM 数据系列回装操作：

1）进入系统引导画面的主菜单，选择功能项 5 并按下系统 SELECT 操作软键。

2）进入 SRAM 数据备份主菜单，选择功能第 2 项 RESTORE SRAM（MEMORY CARD→CNC），按下系统 SELECT 操作软键，显示系统 SRAM 的容量（如 1.0MB）和存储卡的文件名，如图 2-23 所示。

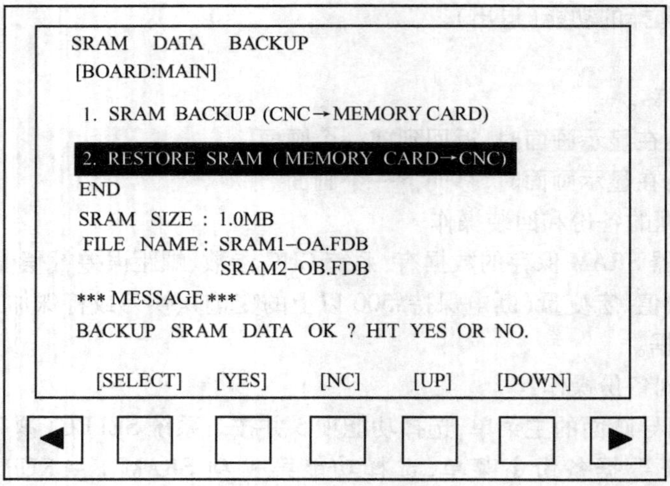

图 2-23 SRAM 数据回装主菜单

3）按下 YES 操作软键，系统将存储卡数据文件回装到 SRAM 中。

4）当系统显示 SRAM 数据回装完成后，按下 SELECT 操作软键。

5）通过 DOWN 操作软键，将光标移到 END 功能项，并按下 SELECT 操作软键，返回系统引导画面的主菜单。

6）通过 DOWN 操作软键，将光标移到 END 功能项，并按下 SELECT 操作软键，退出系统引导画面并起动系统，完成系统存储卡数据的回装操作。

系统 SRAM 数据系列备份和回装操作中注意事项：

1）机床安装调整后需要进行机床的数据备份，以便机床的维修。

2）最好是在机床参考点处进行数据的备份和回装，尤其是采用绝对编码器无挡块返回参考点控制的机床，否则将会出现绝对位置丢失的报警。

3）对有刀库的加工中心机床来说，数据回装后将会出现乱刀现象，所以数据回装后还要修改刀库数据表。

（4）PMC 程序的备份和回装操作

进行 PMC 程序的备份时，选择系统引导画面主菜单的功能项 4 SYSTEM DATA SAVE，选择该项目下的“PMC-RA”或“PMC-SB”进行文件的备份即可。

进行 PMC 程序的回装时，选择系统引导画面主菜单的功能项 1 SYSTEM DATA LOADING，选择存储文件的回装即可。

3. 存储卡系列传输过程中常见故障及实际处理方法

（1）系统存储卡操作无效或报警

需进行存储卡格式化操作，卡的格式为 . FAT。如果格式化后还是无效，就更换存储卡。

（2）存储卡操作中系统发出 SRAM 文件错误（奇偶错误）

故障现象是系统可以正常运行，但进行存储卡系列数据传输时，系统显示 SRAM PARITY OCCURRED ，PLEASE POWER OFF。首先进行计算机数据的备份（通过 RS-232），然后进行系统 SRAM 数据全清操作，再通过计算机回装系统备份的数据，最后进行数据的存储系列传输操作。

（3）系统进不去系统引导画面

故障原因为系统主板或主 CPU 不良，需更换系统主板或主 CPU。

2.2.2 数控机床数据的存储卡分区传输

系统数据的存储卡分区传输是指在系统 I/O 设定 4 通道进行的数据传输。通道可以在刀补/设定画面中设定，如图 2-24 所示，也可以通过系统参数 20 进行设定。

1. 存储卡系列传输的功能和特点

（1）把系统工作区 SRAM 存储的数据分别备份到存储卡或将存储卡的数据回装到系统工作区 SRAM 中。

（2）把系统工作区 RAM 存储的用户数据（梯形图、宏执行程序等）备份到存储卡或将存储卡的数据回装到系统工作区 RAM 中。

（3）存储卡分区备份数据可以在计算机上进行查阅、编辑和修改。

（4）系统的宏程序或换刀程序受系统保护参数的限制。

(5) 存储卡分区数据传输只适用系统 FANUC-16i/18i/21i/OiB/OiC/OiMate 系统。

2. 系统 PMC 程序和参数的分区备数据传输操作

系统在编辑状态下,进入系统 PMC 的 I/O 画面,具体操作顺序是系统功能键 SYSTEM、PMC 操作软键、扩展键及 I/O 操作软键,进入图 2-25 所示的画面。

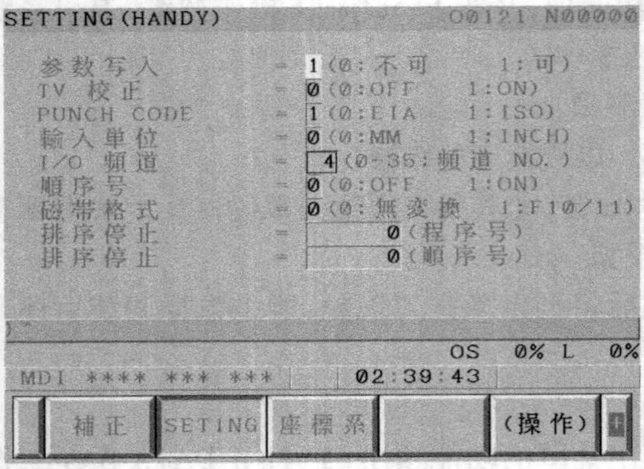

图 2-24 系统 I/O 通道的设定

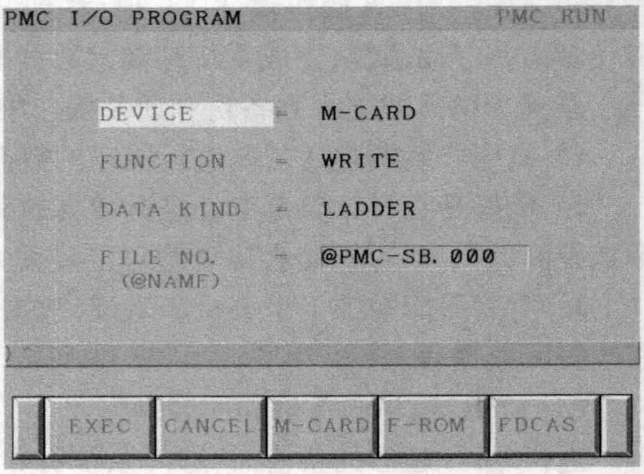

图 2-25 系统 PMC 程序备份

DEVICE (驱动):选择 M-CARD 为存储卡分区数据传输操作。

FUNCTION(功能):选择 WRITE(CNC 到 M-CARD)为备份操作,选择 READ(M-CARD 到 CNC)为回装操作。

DATAKIND(数据类型):选择 LADDER 为系统 PMC 程序,选择 PARAM 为系统 PMC 参数。

FILE NO(文件名):PMC 程序文件名为@ PMC-SB.000(系统默认名称),PMC 参数文件名为@ PMC-SB. PRM(系统默认名称),也可自定义名称@ XX(XX 为自定义名称,当用小键盘没有@ 符号时,可用#代替)。

1) 系统 PMC 程序备份操作:如图 2-25 所示,选择相应的功能项,然后按执行软键 EXEC。

2) 系统 PMC 程序回装操作:如图 2-26 所示,选择相应的功能项,然后按执行软键 EXEC。

3) 系统 PMC 参数备份操作:如图 2-27 所示,选择相应的功能项,然后按执行软键 EXEC。

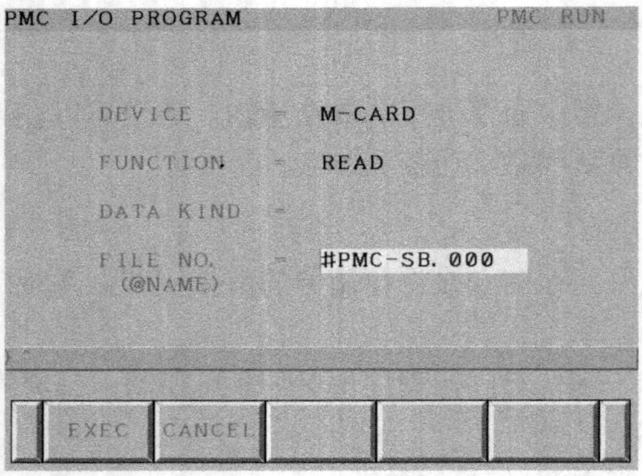

图 2-26 系统 PMC 程序回装

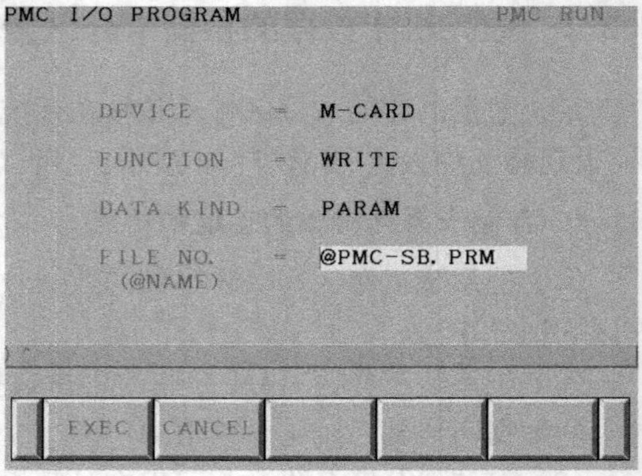

图 2-27 系统 PMC 参数备份

4）系统 PMC 参数回装操作：如图 2-28 所示，选择相应的功能项，然后按执行软键 EXEC。

系统 PMC 程序和参数的分区数据传输操作注意事项：

1）PMC 程序回装数据是存储在系统的工作区 RAM 而不是 FROM 中，所以需要设定系统 PMC 的参数，才能存储到 FROM 中，否则系统开机后不是分区回装的 PMC 程序。

系统 A 包配置（系统 PMC 类型为 SB7）的 PMC 参数为 K902.0。

系统 B 包配置（系统 PMC 类型为 SA1）的 PMC 参数为 K19.0。

将该参数设定为“1”，回装后退出画面时出现是否存储 FROM 菜单，按 YES 键即可。

2）当进行系统 PMC 参数备份时，出现写保护报警提示，需要停止 PMC 运行（即 PMC 为 STOP 状态）。

3）PMC 参数回装时需要将系统写保护参数设定为“1”。

3. 系统 CNC 参数、螺距补差补偿及加工程序的分区备份数据传输操作

（1）系统 CNC 参数的数据传输操作

CNC 参数的备份：

1）系统在编辑状态下（EDIT）。

2）具体操作顺序为系统功能键 SYSTEM、参数软键、操作软键、扩展软键、PUNCH 软键、NON-0 软键及执行软键。

CNC 参数的回装：

1）系统在编辑状态下（EDIT）。

2）写入参数设定为“1”。

3）具体操作顺序为系统功能键 SYSTEM、参数软键、操作软键、扩展软键、READ 软键及执行软键。

系统 CNC 参数备份和回装画面如图 2-29 所示。

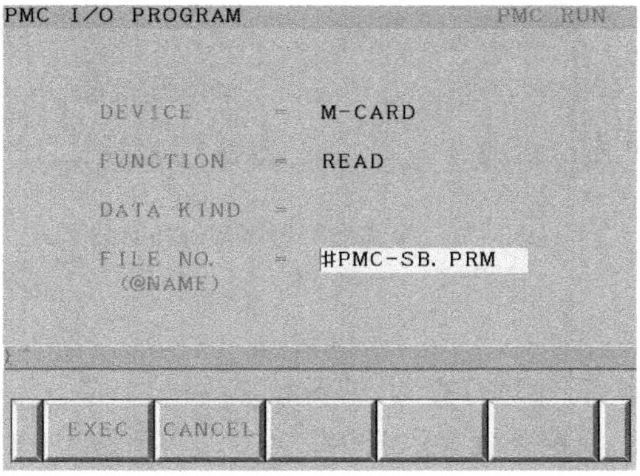

图 2-28　系统 PMC 参数回装

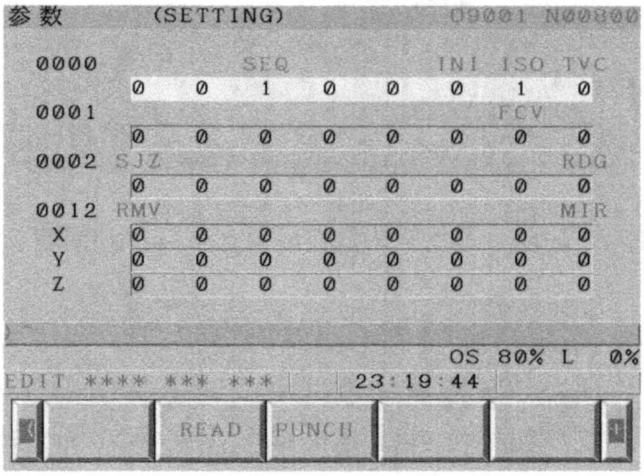

图 2-29　系统 CNC 参数备份和回装

（2）系统螺距误差补偿参数的数据传输操作

螺距误差补偿参数的备份：

1）系统在编辑状态下（EDIT）。

2）具体操作顺序为系统功能键 SYSTEM、扩展软键、间距软键、操作软键、PUNCH 软键及执行软键。

螺距误差补偿参数的回装：

1）系统在编辑状态下(EDIT)。

2）写入参数设定为“1”。

3）具体操作顺序为系统功能键SYSTEM、扩展软键、间距软键、操作软键、READ软键及执行软键。

系统CNC参数备份和回装画面如图2-30所示。

(3) 系统加工程序的传输操作

系统加工程序的备份：

1）系统在编辑状态下(EDIT)。

2）具体操作顺序为编程功能键PROG、DIR软键、操作软键、O程序号(输出全部程序O-9999)、PUNCH软键及执行软键。

系统加工程序的回装：

1）系统在编辑状态下(EDIT)。

2）具体操作顺序为编程功能键PROG、DIR软键、操作软键、选择存储卡的程序号、READ软键及执行软键。

系统加工程序的备份和回装画面如图2-31所示。

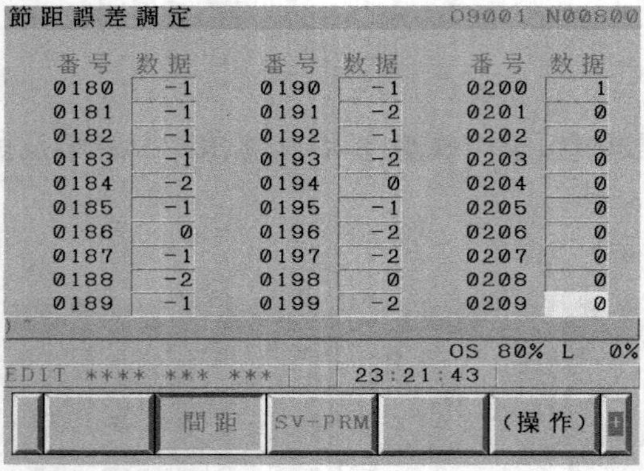

图2-30 系统螺距误差补偿参数备份和回装

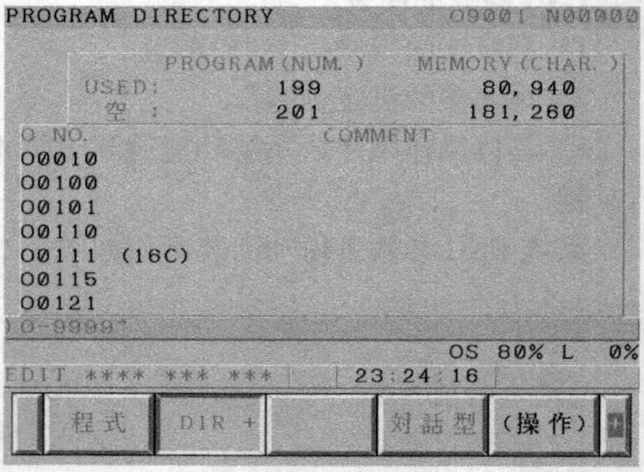

图2-31 系统加工程序备份和回装

数据传输操作中注意事项：

1）分区传输的数据可以通过WORD或记事本打开，进行查阅、编辑和修改；

2）如果文件需要传输的文件格式为紧凑排列，设定系统参数100#3为“1”。

2.2.3 数控机床存储卡加工程序的在线加工

存储卡在线加工是以存储卡为存储介质，通过系统单独的通道(4通道)，从存储卡直接读取加工程序进行在线加工。此方式不占系统内存，而且具有程序传输速率高、加工精度高及可靠性高的优点，所以普遍应用在模具加工领域。

只有FANUC-16i/18i/21i/OiB/OiC/OiMate系统可以进行存储卡加工程序在线加工。

1. 存储卡在线加工具体操作

(1) 将参数#20 设定为 4(或设定画面的 I/O = 4),然后将系统参数 138#7 设定为 1(存储卡在线加工有效)。

(2) 系统工作在编辑(EDIT)方式下,按下 MDI 面板上[PROGRAM]键,然后按软键的扩展键直到出现[DNC-CD]画面,选择[DNC-CD],出现图 2-32 画面(画面中内容为存储卡中内容)。

(3) 选择想要执行的 DNC 文件(如选择 0009 号文件的 O0040 程序进行操作),输入 9,按下右下脚[DNC-ST],此时 DNC 文件名变成 O0040,即已选择了相关的 DNC 文件。

(4) 系统选择 RMT 方式,按机床循环起动按钮,机床实现 M-CARD 中的 O0040 程序在线加工。

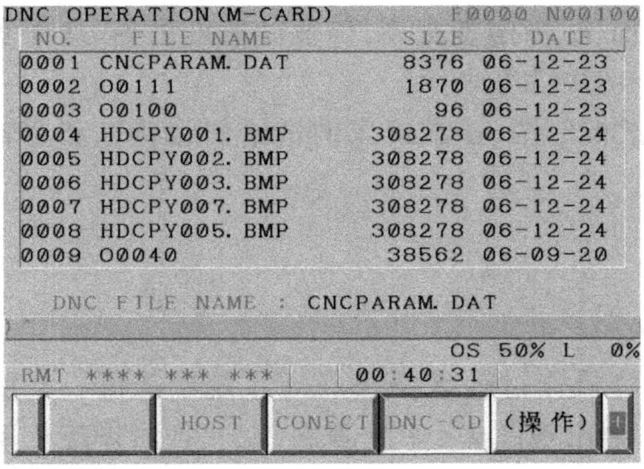

图 2-32 读取存储卡的文件(自动编号)

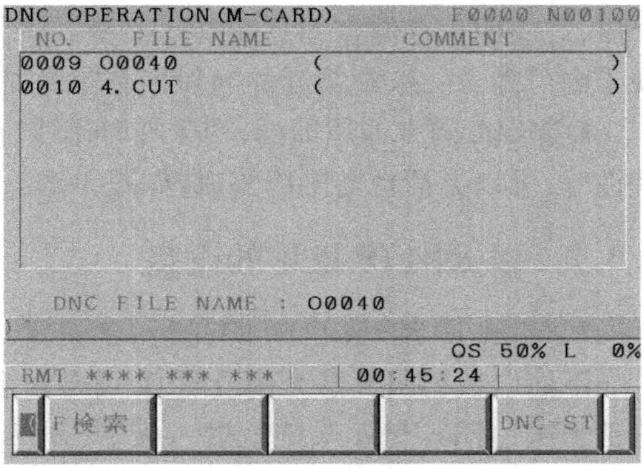

图 2-33 选择自动加工的文件

2. 存储卡加工程序在线加工过程中常见故障及实际处理方法

(1) 系统存储卡操作无效或报警

需要进行存储卡格式化操作,卡的格式为 . FAT。如果格式化后还是无效,就更换存储卡。

(2) 系统没有显示存储卡在线加工操作画面

检查系统参数设定是否正确,系统通道设定为“2”,系统参数 138#7 设定为“1”。

(3) 系统不执行在线加工或出现报警

故障原因为系统存储卡接口电路故障或系统主板不良。

2.3 数控机床以太网远程通信技术及远程在线加工

2.3.1 数控机床以太网配置及特点

FANUC 系统以太网接口有三种形式:内装于 CNC 主板的以太网接口(Embedded Ethernet Board)、数据服务器板(Data Server Board)和网卡(PCMCIA),具体形式如图 2-34 所示。

内装于 CNC 主板的以太网,即将系统以太网和主板制作成一体,只支持 FTP 方式传输文件,可以与多台计算机同时进行高速大容量数据传输,适合于构建在线加工以及工厂主机之间进行信息交换的生产系统,如图 2-34a 所示。

a)　　　　b)　　　　c)

图 2-34　FANUC 系统以太网的配置形式

a) 内置以太网　b) 数据服务器　c) 以太网卡

数据服务器功能是建立在快速以太网板的基础上,以硬盘或 ATA 卡替代了 PC 作为存储介质,可应用于存储空间扩展以及远程 DNC 在线加工,稳定性更高,传输的速度更高,从而实现了高可靠、高速、高精度的远程存储在线加工,如图 2-34b 所示。

PCMCIA 网卡即用即插,用于临时用途,如调试梯形图、调试机床的进给伺服特性和主轴特性等,可以灵活地与网络集成,如图 2-34c 所示。

2.3.2　以太网 IP 地址的设定

1. 系统 IP 地址(机床 IP 地址)的设定

下面以数据服务器为例说明 IP 设定过程,具体操作过程是:SYSTEM 系统功能键→扩展软键多次→ETHPRM 系统软键→板卡(BOARD),会出现图 2-35 的画面,在此画面设定机床的 IP 地址和子网的掩码,从而建立与其他计算机或机床的局域网。

2. 数据服务器(用户)IP 地址的设定

在如图 2 - 36 的画面中设定 DATA SERVER 的 IP 地址(用户的 IP 地址)。该 IP 地址与所联网的计算机 IP 地址相同。注:它只是其中一个计算机的 IP 地址,一台机床最多可与三台计算机进行 DATA SERVER 的数据交换,即最多可设定三台计算机的 IP 地址。USERNAME(YLJ)、PASSWORD(651013)为 CNC 合法访问计算机的用户名称和密码,必须在相关联的计算机中存在该用户。LOGIN IR(/C/DNC)是机床访问计算机的路径(C 盘下的 DNC 文件夹)。具体操作画面如图 2-36 所示。

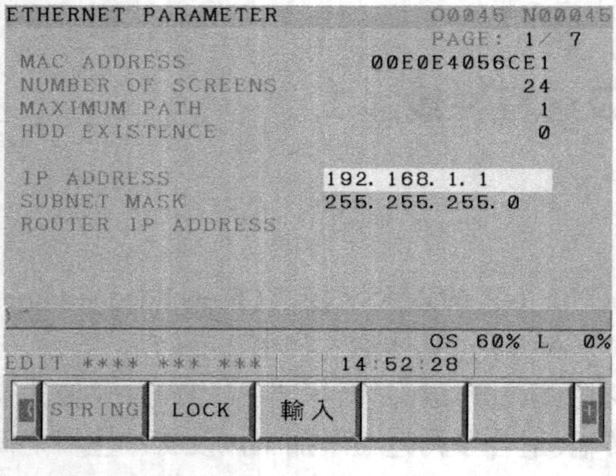

图 2-35　系统(机床)IP 地址的设定

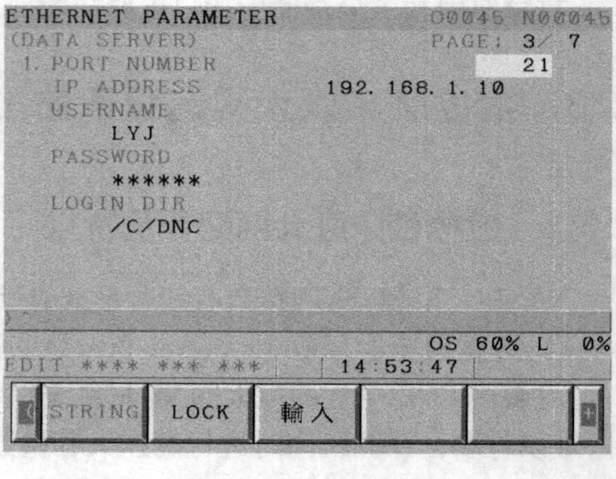

图 2-36　数据服务器(用户)IP 地址设定

3. 计算机 IP 地址的设定

设定计算机本地连接中的属性,计算机的 IP 地址要和系统用户的 IP 地址一致(如系统第一用户的 IP 地址为 192. 168. 1. 10),如图 2-37 所示。

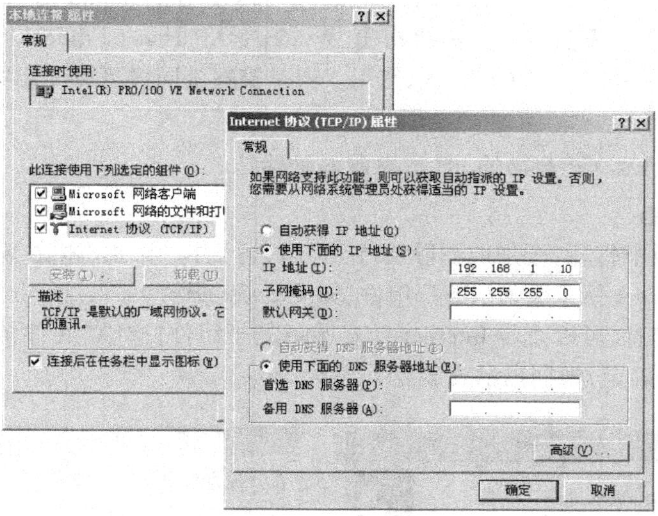

图 2-37　计算机的 IP 地址设定

4. 服务器软件 IP 地址的设定

服务器软件的 IP 地址和机床的 IP(如 192. 168. 1. 1)地址相同,具体设定画面如图 2-38 所示。

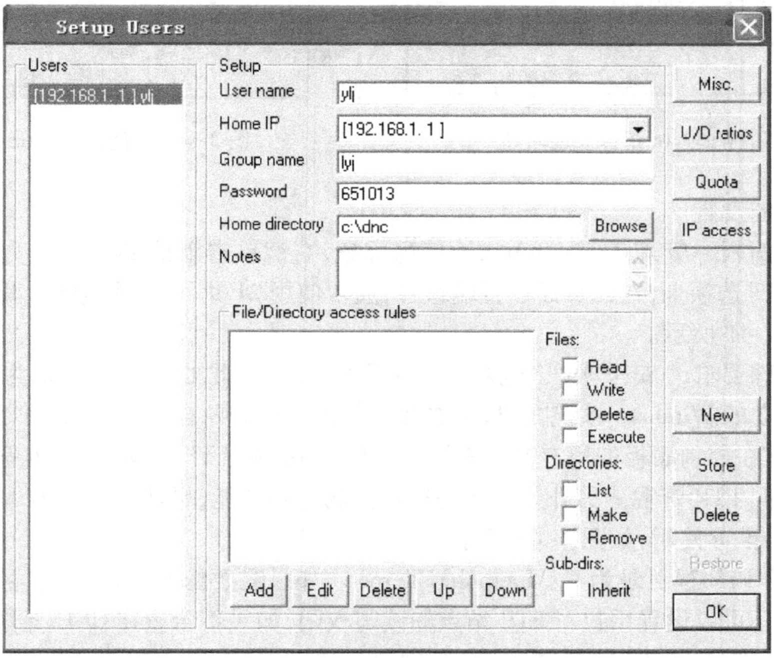

图 2-38　服务器软件的 IP 设定

2.3.3 数控机床以太网网络服务器软件设定

在 Windows XP 下使用 FTP 服务的方式很多，可以使用 Windows XP 自带的 IIS，也可以使用其他的第三方软件。不过有一点需要指出，Windows XP Home Edition 也就是 XP 家庭版无法安装 IIS，只有 Professional 版的才可以使用。但是家庭版同样可以使用第三方的 FTP Server 软件。

1. 使用 Windows XP 自带的 IIS 信息服务软件

（1）软件的安装

1）在控制面板中打开“添加或删除程序”项目，再选择“添加/删除 Windows 组件”，在弹出窗口中选中“Internet 信息服务（IIS）”组件，如图 2-39 所示。

2）点击详细信息，可以查看 Internet 信息服务的子组件，选中“文件传输（FTP）协议”，如图 2-40 所示，单击确定，根据提示安装。

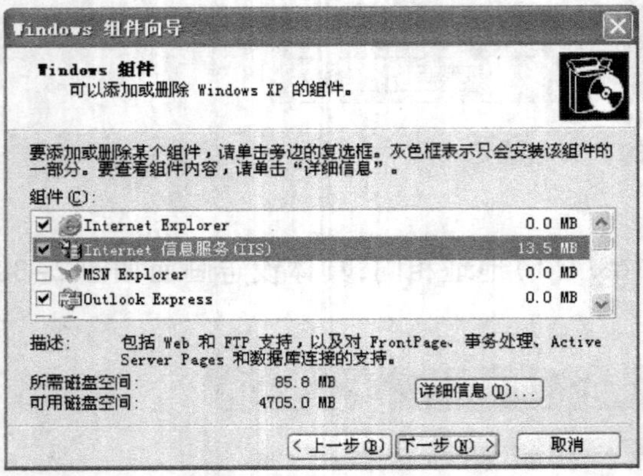

图 2-39　Windows 组件安装向导

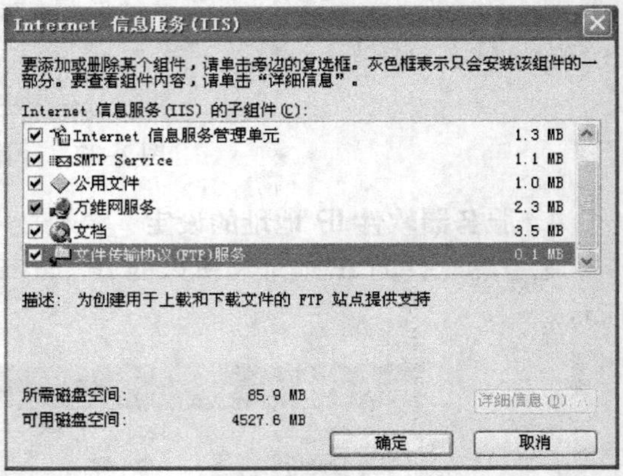

图 2-40　信息服务（IIS）安装

（2）软件的设置

打开控制面板→管理工具→Internet 信息服务，右键单击默认 FTP 站点，打开属性页面。单击“FTP 站点”选项卡，在此页面设置端口号，通常使用 21 即可，不用修改，其他都可以使用默认值，如图 2-41 所示。

除非有特殊要求，“安全帐户”选项卡页面不用修改。此处的用户名是为了给匿名访问 FTP 资源而建立的 Windows 系统帐户，不要随意修改。如需要自定义登录 FTP 服务器的用户名和密码，应该在控制面板的用户帐户中添加。使用 IIS 做 FTP Server 时，能登录 Windows 的帐户都可以访问 FTP 资源。另外，IIS 还提供了匿名访问功能，登陆用户名为 Anonymous，密码为任意字符串，推荐使用，如图 2-42 所示。

IIS 默认的 FTP 根目录为 C:\Inetpub\FTProot\，如果需要修改，可以在主目录选项卡中设定。本选项卡还可以设置用户对 FTP 站点的读写权限，如果不希望在 CNC 上修改计算机中的加工程序，不要选中“写入”选项，如图 2-43 所示。

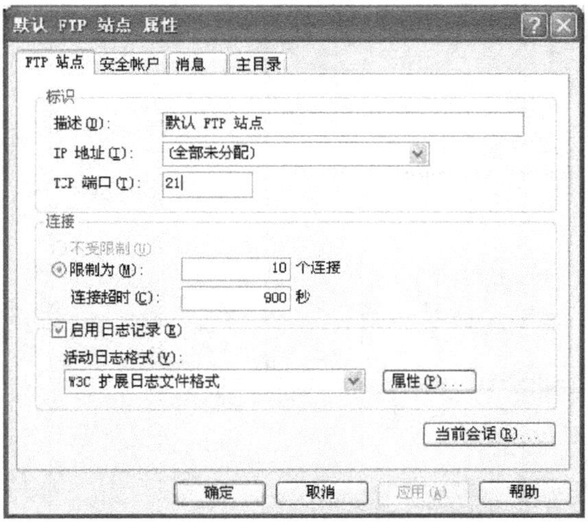

图 2-41　FTP 站点设定

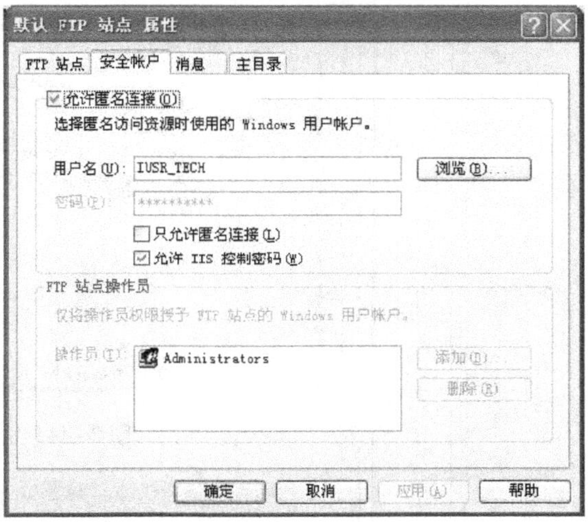

图 2-42　FTP 安全帐户的设定

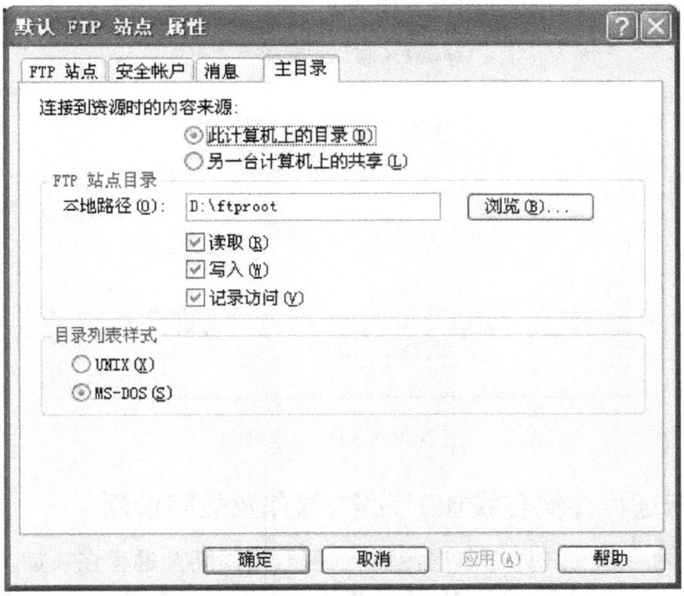

图 2-43　FTP 主目录的设定

2. Serv-U 信息服务软件

因为 IIS 对 FTP 服务的管理不是很方便，有些功能受限制，而且 IIS 的漏洞很多，所以很多人使用第三方的软件，比如：美国 Rhino Software 公司的 Serv-U 等。Serv-U 可以很方便的对各个用户的权限进行设置，适合比较大型化、复杂化的网络系统。

打开 Serv-U 服务软件，选择设置（Setup）中用户（Users）项，如图 2-44 所示。

在用户设置菜单中，点击新的设定（New），输入新的用户名（如 LYJ），在 IP 增加项（IP access）中增加新的 IP 地址（如 192. 168. 1. 1），设定访问的密码（如 651013）及访问的路径（C/dnc）。设定完成后，按存储（Store）和确定（OK），如图 2-45 所示。

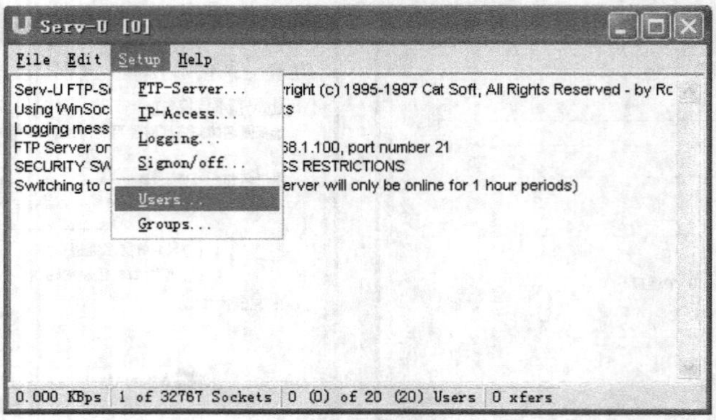

图 2-44　Serv-U 设置菜单

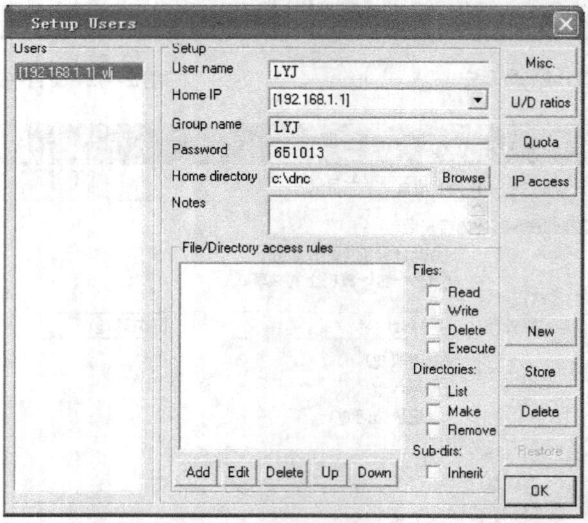

图 2-45　用户设定菜单

2.3.4　数控机床远程存储在线加工设定、操作及故障诊断

数控机床以太网可以实现远程数据传输、远程故障诊断及远程在线加工，目前主要功能是实现远程在线加工。下面以 FANUC-18iM 系统的数据服务器为例讲解数控机床远程在线加工的设定、具体操作及常见故障的诊断。

1. 以太网在线加工功能的设定

(1) 以太网通道和 DNC 加工参数设定

FANUC 系统以太网功能的 I/O 通道为“5”，具体设置可在系统设定画面(SETTING)中完成，将系统通道 I/O 设定为 5，如图 2-46 所示。

系统参数 138#7 设定为“1”，系统 DNC 功能生效。

(2) 系统以太网功能选择

该系统具有以太网板(BOARD)、内嵌式以太网(EMBEDD)和网卡(PCMCIA)三种方式。具体操作过程：MDI 键盘 SYSTEM 系统功能键→扩展软键多次→ETHPRM 以太网参数软键→选择以太网板，如图 2-47 所示。

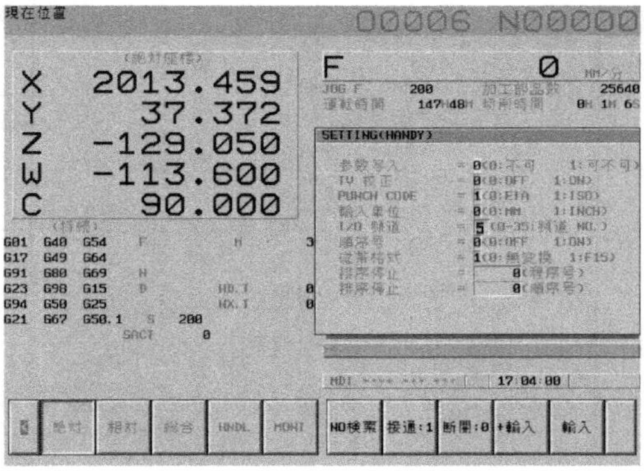

图 2-46　以太网通道设定

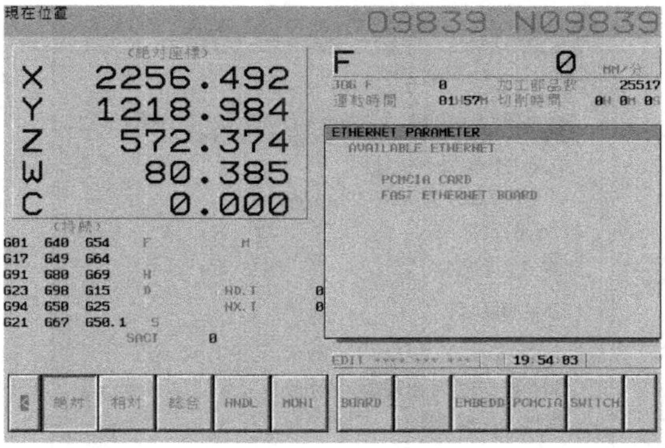

图 2-47　系统以太网功能设定选择

(3) 系统 IP(机床 IP)地址的设定

在以太网板参数设定画面中设定机床的 IP 地址(如 192.168.1.2),子网掩码设定为(255.255.255.0)。具体设定画面如图 2-48 所示。

(4) 数据服务器(用户)的 IP 地址设定

数据服务器(用户)IP 地址设定为 192.168.1.1,用户名设定为 SHEHONG,密码设定为 1234,访问路径为/C/DNC(C 盘的 DNC 文件夹)。具体设定画面如图 2-49 所示。

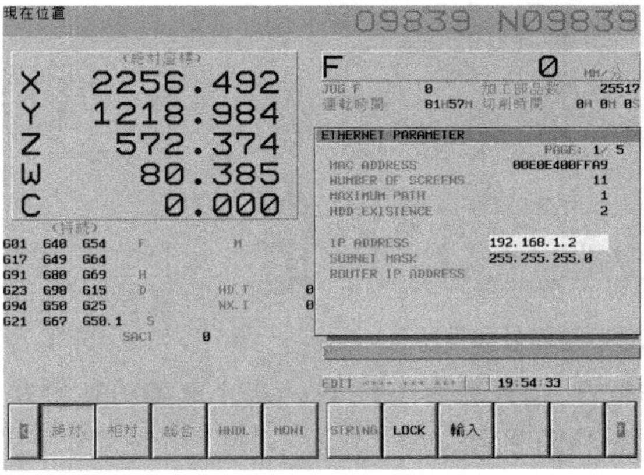

图 2-48　机床 IP 地址的设定

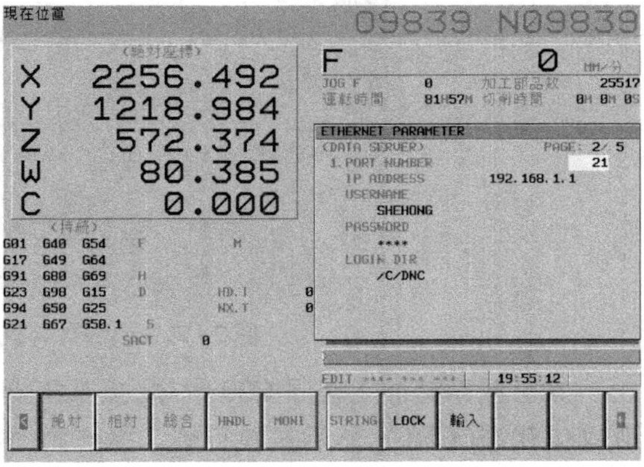

图 2-49　数据服务器(用户)IP 地址的设定

(5) 计算机侧 IP 地址的设定

计算机的 IP 地址应该和数据服务器的 IP 地址设定一致,具体设定画面如图 2-50 所示。

(6) 计算机侧服务器软件的 IP 地址设定

服务器软件的 IP 地址应该和机床的 IP 地址设定一致,具体设定画面如图 2-51 所示。

2. 以太网程序存储在线加工的具体操作

以太网程序在线存储加工是系统通过网线将远端计算机的加工程序存储在系统数据服务器存储卡中,然后机床运行存储卡的程序进行加工的操作过程。

(1) 远端计算机程序存储的操作

系统在编辑状态下(EDIT),按系统编程功能键(PROG),再按系统扩展键,按系统硬盘操

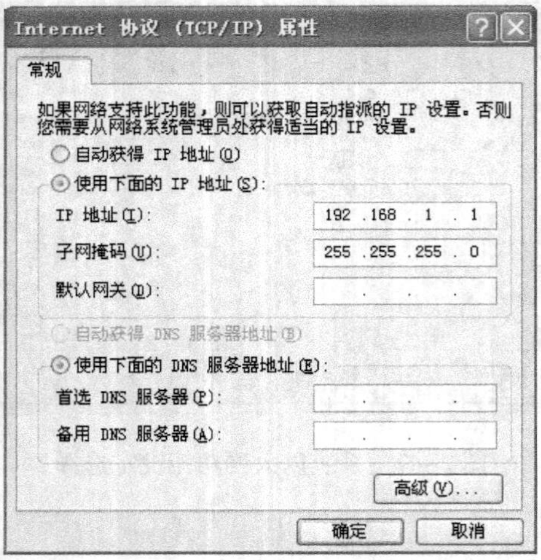

图 2-50　计算机 IP 地址的设定

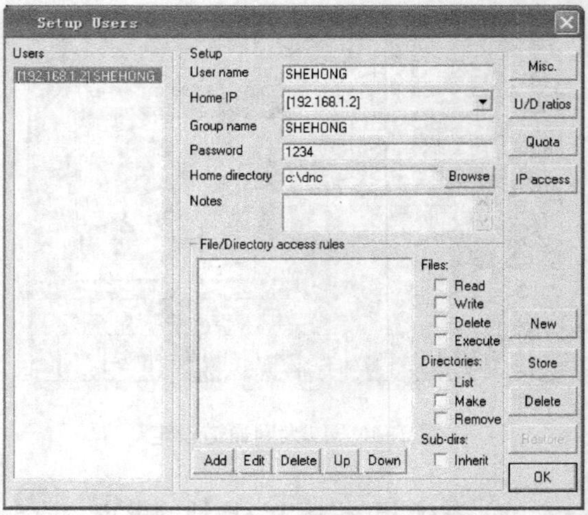

图 2-51　计算机服务软件的设定

作软键(HOST)，就显示指定路径下计算机文件夹的加工程序序号及程序名，如图 2-52 画面所示。

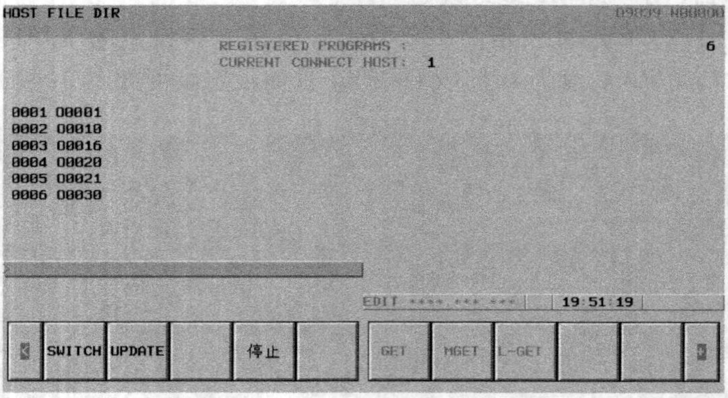

图 2-52　远端计算机文件程序序号和程序名

如果想存储加工程序 O20 程序，按系统操作软键，输入程序序号 4(或程序名 O20)，按获取操作软键(GET)，然后按执行键。操作画面如图 2-53 所示。

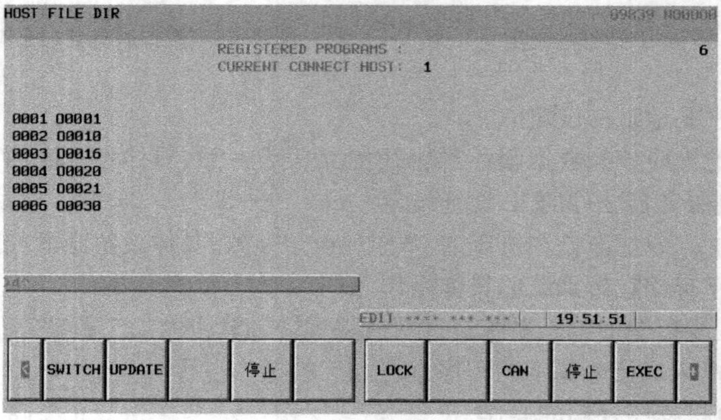

图 2-53　计算机程序存储到系统存储卡的操作

(2) 加工程序在线运行的操作

加工程序在线运行有两种方式,一种是直接运行系统通过计算机存储到数据服务器的加工程序,另一种是通过加工主程序调用外设的子程序(M198 调用)。

如图 2-54 是通过主程序调用外设子程序(M198)进行在线加工的画面。

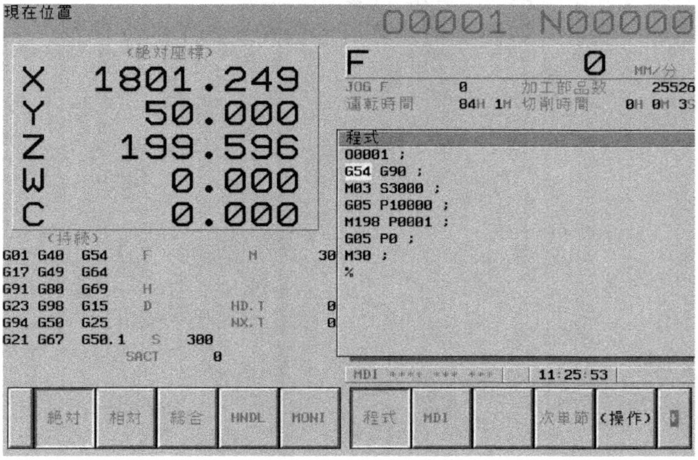

图 2-54　主程序调用外设子程序(M198)

3. 以太网程序存储在线加工操作中故障的诊断

以太网程序存储在线加工操作中常见的故障是不能存储远程计算机的程序。

如果计算机本地网络连接断开(计算机网络连接窗口显示“×”),则可能的故障原因有:

(1) 相关计算机侧 IP 地址设定错误

检查计算机本地连接的 IP 地址和数据服务器的 IP 地址是否一致,计算机网络服务软件的 IP 地址与机床的 IP 地址是否一致。

(2) 计算机网络服务软件不良

重新安装计算机网络服务软件。

(3) 计算机网卡故障

重新驱动计算机网卡程序或更换计算机网卡。

如果计算机本地网络显示连接正常,则可能的故障原因有:

(1) 存储远程计算机程序操作错误。

(2) 程序存储文件的格式错误或软件不良。

(3) 系统数据服务器不良。

(4) 系统主板不良。

2.4 习题

1. 简述数控机床数据传输过程中,不能执行传输或出现系统通信报警的具体诊断方法,系统为 FANUC-OiC 系统,传输方式为 RS-232 传输。

2. 某数控铣床通过 RS-232 实现在线程序加工,程序传输中有时候出现系统报警#87,分析故障产生的原因及诊断过程,系统为 FANUC-OiC 系统。

3. 存储卡的系列数据传输和分区数据传输有什么不同?

4. 存储卡在线加工和 RS-232 在线加工有什么不同?

5. 简述不能实现存储卡在线加工的故障诊断过程。

6. 系统为 FANUC-18iMC,如何实现计算机远程在线加工的操作?

第3章　数控机床主轴驱动系统及维修技术

数控机床主轴驱动系统是主运动的动力装置部分。主轴驱动系统提供的动力通过传动机构转变成主轴上安装的刀具或工件的切削力矩和切削速度,再配合进给运动,就可以加工出理想的零件。它是零件加工的成型运动装置之一,它的精度对零件的加工精度有较大的影响。因此,在数控机床的故障诊断与维修中,主轴驱动系统是很重要的一部分。

3.1　数控机床主轴驱动系统概述

3.1.1　数控机床主轴驱动系统组成及功能

数控机床主轴驱动系统包括主轴驱动放大器、主轴电动机、传动机构、主轴组件、主轴信号检测装置及主轴辅助装置,图 3-1 为加工中心主轴驱动系统的各组成部分。

a)　b)　c)　d)　e)

图 3-1　加工中心数控机床主轴驱动系统组成

a) 放大器　b) 主轴电动机　c) 传动机构　d) 主轴组件　e) 主轴信号检测装置

放大器:主轴放大器用于接收系统发出的主轴速度及功能控制信号,实施主轴电动机控制。它可以是变频器也可以是系统专用的主轴放大器。

主轴电动机:主轴电动机是主轴驱动的动力来源,可以是普通型电动机、变频专用型电动机及系统专用的主轴电动机。

传动机构:数控机床主轴传动主要有三种配置方式,即带变速齿轮的主传动方式、通过带传动的主传动方式及由变速电动机直接驱动的主传动方式。

主轴组件:主轴组件都是成套的标准组件。加工中心主轴组件包括主轴套筒、主轴、主轴轴承、拉杆、碟形弹簧、拉刀爪等。

主轴信号检测装置:主轴信号检测装置能够实现主轴的速度和位置反馈,以及主轴功能的信号检测(如主轴定向和刚性攻螺纹控制等),可以是主轴外置编码器、主轴电动机内装传感器及外接一转信号配合电动机内装传感器检测装置。

辅助装置:辅助装置主要包括主轴刀具锁紧/松开控制装置、主轴自动换挡控制装置、主轴冷却和润滑装置等。

本章主要介绍主轴驱动装置、串行数字主轴电动机、主轴控制功能与调整、主轴系统参数初始化及数控机床主轴常见故障的诊断与维修技术。

3.1.2 数控机床主轴传动方式配置及特点

1. 普通笼型异步电动机配齿轮变速箱

这是最经济的一种主轴配置方式，电动机可以是单速电动机也可以是双速电动机，主轴通过主轴箱上的变速手柄进行主轴速度的粗调控，系统通过加工程序的特殊 S 码进行细调（一般每一挡内有 4 种 S 码），但只能实现有级调速。由于电动机始终工作在额定转速下，经齿轮减速后，主轴在低速下输出力矩大，切削能力强，非常适合粗加工和半精加工的要求。如果加工产品比较单一，对主轴转速没有太高的要求，这种配置方式在数控机床上也能起到很好的效果。它的缺点是噪声比较大，而且电动机工作在工频下，主轴转速范围不大，不适合有色金属和需要频繁变换主轴速度的加工场合。这种传动方式目前主要在普通型数控车床的主轴上应用，如图 3-2 所示。

2. 普通笼型异步电动机配变频器

这种配置方式一般会采用带传动，经过传送带一级降速，提高低速主轴的输出转矩。系统可以通过加工程序指令的 S 码（主轴速度值）控制主轴速度，从而实现主轴的无级调速。主轴电动机只有工作在约 200 r/min 以上才能有比较满意的力矩输出，否则，因为受到普通电动机最高转速的影响，主轴的转速范围受到较大的限制，特别是车床粗加工时很容易出现堵转。

这种方案适用于需要无级调速但对低速和高速都不要求的场合，例如普通型数控车床主轴速度控制，如图 3-3 所示。

a)　　b)

图 3-2　普通笼型异步电动机配齿轮变速箱

a）主轴电动机与主轴的连接

b）主轴齿轮手动换挡变速箱

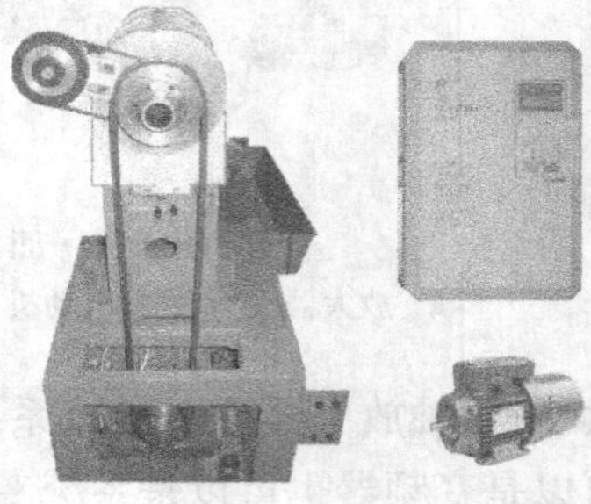

a)　　b)

图 3-3　普通笼型异步电动机配变频器

a）主轴电动机与主轴的连接

b）变频器和变频电动机

3. 三相异步电动机配齿轮变速箱及变频器

采用这种配置时，电动机可以是普通型异步电动机，也可以是变频器专用的变频电动机。主轴的速度换挡控制是通过系统加工程序的 M 代码进行自动选择的，如数控车床中 M41 为低速挡、M42 为中速挡、M43 为高速挡，再通过变频器实现每一挡位内的无级调速控制。变频器采用电流矢量控制。

这种主轴配置方式不仅满足了低速大切削力的要求（如数控车床的粗车过程），而且扩大了机床的加工范围，提高了主轴的调速范围，目前主要应用于普及型数控车床或要求比较高的普通型数控车床上，如图 3-4 所示。

4. 伺服主轴驱动系统

这种主轴配置方式应用于中、高档的数控车床、数控铣床及加工中心上，如图 3-5 所示。

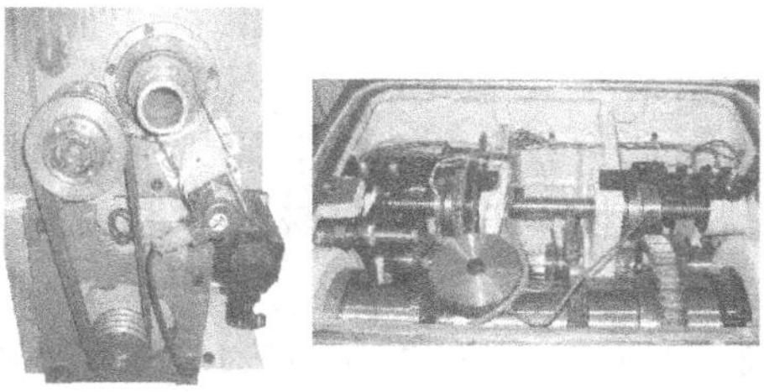

a)　　b)

图 3-4　三相异步电动机配齿轮变速箱及变频器

a）主轴电动机与主轴的连接

b）主轴齿轮自动换挡变速箱

a)　　b)

图 3-5　伺服主轴驱动系统

a）数控车床主轴配置

b）数控铣床和加工中心主轴配置

伺服主轴驱动系统具有响应快、速度高、过载能力强的特点，主轴速度通过系统加工程序的 S 码（主轴速度值）实现无级调速控制，当然价格也是比较高的，通常是同功率变频器主轴驱动系统的 2 -3 倍以上。伺服主轴驱动方式还可以实现主轴定向停止（又称主轴准停）、刚性攻螺纹、主轴 C 轴进给功能等对主轴位置控制性能要求很高的加工。为了满足低速大转矩输出并扩大加工范围，有的数控机床主轴还配置了齿轮变速。主轴挡位控制是通过系统加工程序的 M 代码（数控车床）或 S 码的数值范围（数控铣床或加工中心）进行自动选择的，而且在每一挡位上实现电气无级调速控制。

5. 电主轴

电主轴单元将电动机和高精度主轴结合在一起，使主轴单元向高速、高效、高精度加工迈出了可喜的一步。电主轴单元是数控机床的核心功能部件。它使机床摆脱了机械传动的束缚，简化了机床结构，同时消除了由机械传动产生的振动噪声。典型的电主轴的结构如图 3-6 所示。从图中可见，电主轴的结构十分紧凑，通常又在高速下运转，因而它的关键技术是如何解决电动机本身的发热问题。解决方法首先是改进轴承材料，轴承的内外环采用高氮合金钢制造，配以陶瓷滚动元件；其次是减少电动机的发热，在电动机铁心中有油冷却通道，通过机床外部冷却装置把电动机本身产生的热量带走。电主轴端部安装有传感器，可以直接作为主轴的速度和位置反馈及各种功能的控制。

图 3-6　数控机床电主轴

电主轴驱动器可以是变频器或主轴伺服放大器。近几年又开发出磁悬浮轴承的电主轴，使得主轴的最高转速能够达到 50000 ~ 60000 r/min，从而满足现在数控机床更高速度和更高精度的要求。

安装电主轴的机床主要用于精加工和高速加工，例如高速精密加工中心及五轴联动数控机床。

3.1.3 数控机床主轴速度控制方式

1. 主轴速度 CNC 控制方式

主轴速度 CNC 控制方式是指，主轴的速度是由系统 CNC 加工程序的 S 码指定的速度值决定的，可以通过机床面板上的主轴倍率开关进行修调（通常为 50% ~120%），这是数控机床常用的控制方式。

FANUC-OC/OD 系统主轴速度输出代码地址为 F172-F173.3，FANUC-16/16i/18/18i/Oi/OiMate 系统主轴速度输出代码地址为 F36-F37.3。

2. 主轴速度的特殊 S 码控制方式

这种控制方式主要用于普通型数控车床的主轴速度控制，该类主轴传动控制方式为手动换挡（低、中和高速选择），以及电磁离合器配合双速电动机自动变速控制，在加工程序中通过 S 码（一般在每挡有四种 S 码速度选择，如 S1-S12）实施电磁离合器和双速电动机的控制。

FANUC-OC/OD 系统主轴速度特殊 S 码地址为 F152.0-F152.7，FANUC-16/16i/18/18i/Oi/OiMate 系统主轴速度输出代码地址为 F22-F25。

3. 主轴速度 PMC 控制方式

这种控制方式是将主轴速度编制在系统 PMC 程序中，通过机床面板上的主轴倍率开关选择设定的几种速度，主要用于主轴点动状态下主轴正转/反转的速度控制。

数控机床主轴点动速度设为 PMC 轴控制的优点：

- 机床开机不用输入主轴速度 S 值就可以运行。
- 由运行状态切换到主轴点动时不受运行时的速度控制（如高速切削速度）。

FANUC-OC/OD 系统信号地址：主轴速度 PMC 控制信号地址为 G125.7，速度信号地址为 G124.0-G125.3。FANUC-16/16i/18/18i/Oi/OiMate 系统信号地址：主轴速度 PMC 控制信号地址为 G33.7，速度信号地址为 G32.0-G33.3。

3.1.4 数控机床主轴常用控制功能的名词术语

1. 主轴速度信号串行输出/模拟输出

主轴速度信号有两种接口：一种是按串行数字方式传送数据（CNC 主轴速度指令）的接口，称为主轴串行输出；另一种按输出模拟电压量（通常为 0 ~10 V）作为主轴速度指令的接口，称为主轴模拟量输出。前一种必须使用系统专用的主轴驱动装置和电动机，后一种使用模拟量控制的主轴驱动单元（如变频器）和普通三相异步电动机或变频专用电动机。

主轴速度信号是串行数字输出还是模拟量输出是由系统参数决定的，下列为 FANUC 系统参数。

FANUC-OC/OD 系统参数为 71#7（0 为模拟量主轴、1 为串行数字主轴）。FANUC-16/16i/18/18i/21/21i/Oi/Oi Mate 系统参数为 3701#1（1 为模拟量主轴、0 为串行数字主轴）。

2. 主轴定向控制

主轴定向控制又称为主轴准停控制，即系统接收到主轴定向指令（如辅助功能代码 M19）时，主轴自动按规定的方向和速度旋转，当检测到主轴一转信号后，主轴旋转一个固定的角度准确停止。该功能主要用于加工中心换刀过程中的主轴定位停止控制、精镗过程主轴定位控制及多功能车床主轴的 C 轴定位控制等。

数控机床主轴定向控制的一转信号有三种，即主轴位置编码器一转信号，主轴外部一转信号（如接近开关）和主轴电动机内装传感器的一转信号。三种方式的选择是由系统参数设定的，下列是 FANUC 系统主轴定向控制方式的设定参数。

FANUC-OC/OD 系统参数：

- 主轴位置编码器定向控制的系统参数为 6501#2，设定为 1。
- 主轴外接一转信号（接近开关）定向控制的系统参数为 6504#2，设定为 1。
- 主轴电动机内装传感器一转信号定向控制的系统参数为 6502#0，设定为 1。

FANUC-16/16i 系统、18/18i 系统、21/21i 系统、Oi/Oi Mate 系统参数：

- 主轴位置编码器定向控制的系统参数为 4002#1（老系统为 4001#2），设定为 1。
- 主轴外接一转信号（接近开关）定向控制的系统参数为 4004#2，设定为 1。
- 主轴电动机内装传感器一转信号定向控制的系统参数为 4002#0，设定为 1。

3. 刚性攻螺纹

攻螺纹操作不使用浮动卡头，而是由主轴的回转与攻螺纹进给轴的同步运行实现。主轴转一转，攻螺纹轴的进给量等于丝锥的螺距，这样可提高精度和效率。要实现刚性攻螺纹，就要求用户编制相应的梯形图，设定有关的系统参数，由刚性攻螺纹辅助功能代码 M29 选择是用普通攻螺纹循环还是用刚性攻螺纹固定循环，具体通过加工程序指令 G84（刚性攻螺纹）/G74（刚性反攻螺纹）格式来实施。

数控铣床（包括加工中心）、车床（包括车削中心）都可实现刚性攻螺纹。但车床不能像铣床一样实现反攻螺纹。

FANUC-OC/OD 系统主轴刚性攻螺纹信号地址为 G123.1，FANUC-16/16i/18/18i/Oi/OiMate 系统主轴刚性攻螺纹信号地址为 G61.0。

4. 主轴 C 轴控制

数控机床主轴 C 轴控制是指主轴实现准确的位置控制及进给伺服轴的插补控制，完成任意曲线和轮廓的加工，比如多功能数控车床中实现对工件螺旋槽的加工。根据机床的配置不同主轴 C 轴控制分为 Cf 轴控制和 Cs 轮廓控制两种方式。

Cf 轴控制：

主轴的回转位置（转角）控制和其它进给轴一样由进给伺服电动机实现。该轴与其它进给轴联动进行插补，加工任意曲线，一般在多轴加工数控机床中采用。

Cs 轮廓控制：

主轴的回转位置（转角）控制不是由进给伺服电动机而由主轴电动机实现。主轴的位置（角度）由装于主轴（不是主轴电动机）上的高分辨率编码器检测，此时主轴是作为进给伺服轴工作，运动速度单位为°/min，并可与其它进给轴一起插补，加工出轮廓曲线。

FANUC-OC/OD 系统主轴 Cs 轮廓控制信号地址为 G127.0，FANUC-16/16i/18/18i/Oi/OiMate 系统主轴 Cs 轮廓控制信号地址为 G27.7。

3.2 模拟量控制的主轴驱动装置及维修技术

随着数字控制的SPWM变频调速系统的发展,特别是在老式数控机床的改造中,数控车床主轴驱动采用变频器的比较多。目前,作为主轴驱动装置比较多的变频器有日本的安川变频器(VS616G5/G7)、三肯变频器(SENKEN-IHF)、三菱变频器(FR-A540)及富士变频器(FRN-G11S)等;德国西门子通用变频器(MM440);美国变频器(AB);韩国变频器(LG5)以及国产变频器。下面以多功能型安川变频器VS616GG7为例,讲解模拟量控制的主轴驱动装置的工作原理、端部接线、功能参数的设定及维修技术。

3.2.1 通用变频器的组成及端子功能

1. 变频器主电路工作原理及主电路接线

主电路的功能是把固定频率(通常为50 Hz/60 Hz)的交流电转换成频率连续可调(通常为0~400 Hz)的三相交流电。主电路主要包括交-直电路、制动单元电路及直-交电路,如图3-7所示。

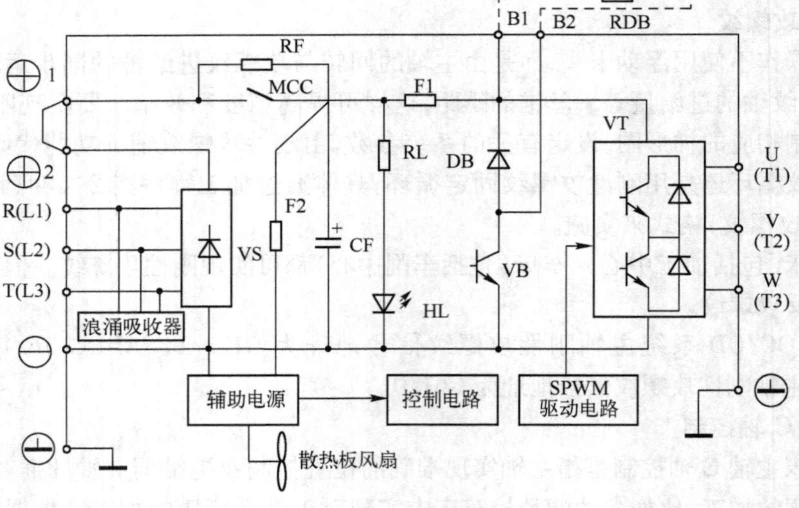

图3-7 安川变频器VS616GG7(7.5 kW)主电路

(1) 交-直电路

三相交流电源(固定频率为50 Hz/60 Hz)通过变频器的电源接线端(R、S、T)输入到变频器内,利用整流器VS把交流电转换成直流电,再经过滤波电容CF获得直流电压(如果输入U_L为380 V,则直流电压U_D约为513 V)。当电容CF两端电压达到基准值时,辅助电源动作,输出各种直流控制电压。控制电路正常时,直流继电器MCC获电,常开点闭合,短接掉电容充电限流电阻RF,从而完成交-直电路的工作。

变频器输入接线实际使用注意事项:

1) 根据变频器输入规格选择正确的输入电源。

2) 变频器输入侧采用断路器(不宜采用熔断器)实现保护,断路器的整定值应按变频器的额定电流选择，而不应按电动机的额定电流来选择。

3）变频器三相电源实际接线无需考虑电源的相序。

4）指示灯 HL 不仅作为直流电压的显示，而且维修时作为变频器是否有电的标志。

5）(+)1 和(+)2 用来接直流电抗器（为选择配件），如果不接时，必须把(+)1 和(+)2 短接（出厂时，(+)1 和(+)2 用短接片短接）。

（2）直－交电路

由逆变块 VT 组成，作用是将直流电压逆变成频率可调的交流电压。具体工作是把交－直电路的直流电压经过短路保护熔断器 F1 加到逆变模块 VT，再通过 SPWM 驱动电路控制逆变块输出频率可调的三相交流电。

变频器输出接线实际使用注意事项：

1）输出侧接线须考虑输出电源的相序。

2）实际接线时，绝不允许把变频器的电源线接到变频器的输出端 U、V、W。

3）一般情况下，变频器输出端 U、V、W 直接与电动机相连，无需加接触器和热继电器。

（3）制动单元和制动电阻

中小容量安川变频器采用内装制动单元和外接制动电阻，大容量变频器采用外接制动单元和外接制动电阻。制动单元和制动电阻的作用是实现电动机快速制动，防止电动机在降速或制动过程中变频器出现过电压。制动单元电路由制动开关管 VB、二极管 DB 及 B1、B2 外接的制动电阻 RDB 组成。外接制动电阻的功率与阻值应根据电动机的额定电流和工作情况来选择。

2. 变频器输入/输出端子功能及应用

（1）输入端子功能

1）频率给定量输入端子

－V、＋V：变频器内部提供 ±10 V 直流电源。

A1：模拟量电压频率给定输入，A1-AC 输入电压为 0 V～10 V。

A2：模拟量电流频率给定输入，A2-AC 输入电流为 4 mA～20 mA。

A3：多功能电压输入端，A3-AC 输入电压为 0 V～10 V。

RP：数字量频率给定端。

2）开关量输入端子

变频器开关量输入端子 S1 和 S2 功能固定，S3-S12 是多功能控制端子，用户可以根据实际需要通过功能码进行选择，功能码 H1-1 到 H1-10 分别是端子 S3-S12 的设定参数。变频器出厂时端子功能设定如下：

S1：正传控制信号输入端，S1-SC 闭合时，电动机正传启动运行；S1-SC 断开时，电动机减速停车。

S2：反传控制信号输入端，S2-SC 闭合时，电动机反传启动运行；S2-SC 断开时，电动机减速停车。

S3：外部报警信号输入端，当 S3-SC 断开时，变频器立即停止并发出报警（显示 EF3 报警）。

S4：外部复位信号输入端子，当变频器出现报警并排除后，通过该端子进行外部复位。

S5、S6、S9、S10：分别对应多步速度指令 1、多步速度指令 2、多步速度指令 3、多步速度指令 4 的输入端子，通过 4 个端子的组合动作（4 位二进制状态）实现变频器的 16 种速度的控制，多步速度频率设定功能码分别为 d1-01 到 d1-16。

S7：点动频率信号输入端子，当 S7-SC 接通时，变频器按功能码 d1-17 设定的频率运行，点动频率优先于多步速度频率。

S8：外部封锁信号输入端子，当 S8-SC 接通时，变频器停止频率输出，电动机处于自由停车状态。

S11：加减速度时间选择信号功能端子，当 S11-SC 断开时，变频器实现加减速度时间 1（功能参数加速时间 C01 和减速时间 C02）；当 S11-SC 接通时，变频器实现加减速度时间 2（功能参数加速时间 C03 和减速时间 C04）。

S12：非常停止信号输入端子，当 S12-SC 接通时，变频器立即减速停止（加速时间由功能码 C1-09 设定），此时变频器的运行信号无效；当 S12-SC 断开时，变频器可以运行控制。

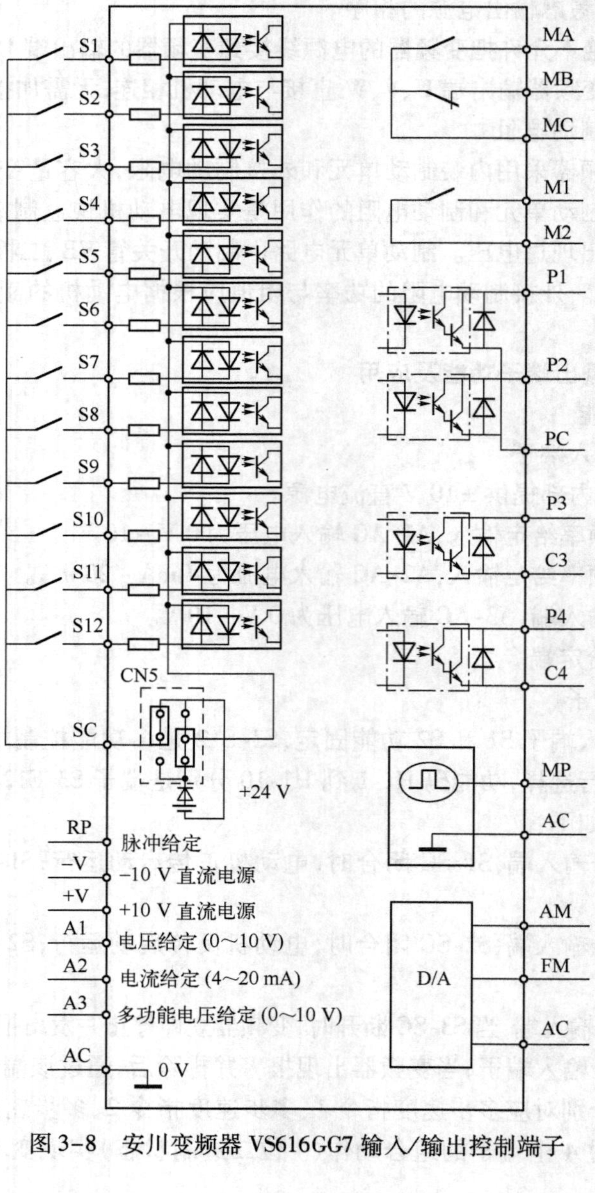

图 3-8　安川变频器 VS616GG7 输入/输出控制端子

（2）输出端子功能

根据不同负载性质的需要，变频器输出端子有继电器输出型（可以带直流负载也可以带交流负载）、开路集电极输出型（只能带直流负载）、模拟量输出型和数字量输出型。

多功能输出端子 M1-M2、P1-PC、P2-PC、P3-C3、P4-C4 是由功能码参数 H2-01 到 H2-05 设定的，出厂设定功能如下：

1）继电器输出型多功能输出端（M1-M2）

出厂设定为变频器运行信号输出功能（H2-01 设定为 0），当变频器频率输出时，M1-M2 闭合。

2）开路集电极输出型多功能端子（P1-PC）

P1-PC 出厂设定为零速信号输出功能（H2-02 设定为 1），当变频器的输出频率低于功能码参数 b2-01（出厂设定为 0）时，P1-PC 有输出。

3）开路集电极输出型多功能端子（P2-PC）

P2-PC 出厂设定为频率一致（任意频率检测）信号输出功能（H2-03 设定为 2），当变频器的输出频率达到给定频率（L4-02 正负误差为 2 Hz）时，P2-PC 有输出。

4）开路集电极输出型多功能端子（P3-C3）

P3-C3 出厂设定为变频器准备就绪信号输出功能（H2-04 设定为 6），当变频器运行就绪时，P3-C3 有输出。

5）开路集电极输出型多功能端子（P4-C4）

P4-C4 出厂设定为频率检测一致信号输出功能（H2-05 设定为 10），当变频器的输出频率达到功能码参数 L4-03 设定频率（频率检测误差 L4-4 设定）时，P4-C4 有输出。

6）模拟量输出端子 AM-AC、FM-AC

FM-AC 为模拟量电压输出端子（0～10 V），出厂时设定为频率输出信号，10 V 对应变频器设定的最高频率。

AM-AC 为模拟量电压输出（0～5 V），出厂设定为变频器的输出电流功能，5 V 对应变频器的额定电流。

7）脉冲系列输出 MP-AC

MP-AC 为脉冲系列输出端子（0～32 kHz），出厂设定为变频器的频率输出。

3.2.2 数控机床主轴变频调速的应用

下面以 CAK6150Di 数控车床（系统为 FANUC-0i Mate TC）为例，具体说明 CNC 系统与变频器的信号流程及其功能。图 3-9 为 CAK6150Di 数控车床的主轴驱动装置（安川变频器 G7）的接线图。

1. CNC 系统到变频器的信号

（1）主轴正转信号（S1-SC）、主轴反转信号（S2-SC）

用于手动操作（JOG 状态）和自动状态（自动加工 M03、M04、M05）中，实现主轴的正转、反转及停止控制。系统在点动状态时，利用机床面板上的主轴正转和反转按钮发出主轴正转或反转信号，通过系统 PMC 控制 KA8、KA9 的通断，向变频器发出信号，实现主轴的正反转控制，此时主轴的速度是由系统存储的 S 值与机床主轴的倍率开关决定的。系统在自动加工时，通过对程序辅助功能代码 M03、M04、M05 的译码，利用系统的 PMC 实现继电器 KA8 和 KA9 的通断控制，从而达到主轴的正反转及停止控制，此时的主轴速度是由系统程序中的 S 指令值与机床的倍率开关决定的。

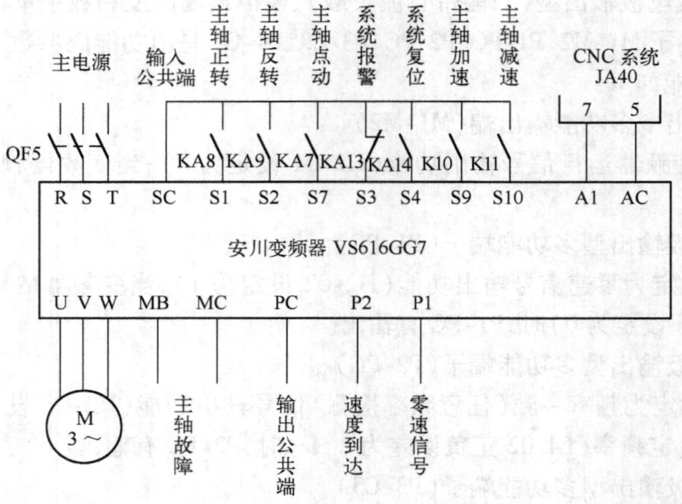

图 3-9　CAK6150Di 数控车床主轴驱动变频器的接线图

（2）系统故障输入（S3-SC）

当数控机床系统出现故障时，通过系统 PMC 发出信号控制 KA13 获电动作，使变频器停止输出，实现主轴自动停止控制，并发出相应的报警信息。如机床自动加工时，进给驱动系统突然出现故障，主轴也能自动停止旋转，从而防止打刀事故的发生。

（3）系统复位信号（S4-SC）

当系统复位时，通过系统 PMC 控制 KA14 获电动作，进行变频器的复位控制。如变频器受到干扰出现报警时，可以通过系统 MDI 键盘的复位键（RESET）进行复位，而不用切断系统电源再重新上电进行复位。

（4）主轴电动机速度模拟量信号（A1-AC）

用来接收系统发出的主轴速度信号（模拟量电压信号），实现主轴电动机的速度控制。如在 FANUC-OiMateTC 系统中，系统把程序中的 S 指令值与主轴倍率的乘积转换成相应的模拟量电压（0～10 V），通过系统主板 JA40 的 7-5 脚，输送到变频器 A1-AC 的模拟量电压频率给定端，从而实现主轴电动机的速度控制。

（5）主轴点动信号（S7-SC）

系统在点动状态时，通过机床面板的主轴点动按钮实现主轴点动修调控制，当系统点动按钮按下，继电器 KA7 获电动作，此时主轴点动的速度运行，点动速度由变频器功能参数 d1-17 设定。

（6）主轴速度加速信号（S9-SC）和主轴减速信号（S10-SC）

如果数控机床面板没有主轴倍率开关控制（系统主轴倍率为 100%）时，可以通过机床操作面板上的主轴加速和主轴减速按钮控制，使主轴连续加速或连续减速。变频器多功能输入端子通过功能码分别设定加速和减速功能，安川变频器功能码参数是 H1-07 设定为 10（UP 指令），H1-08 设定为 11（DOWN 指令）。

2. 变频器到 CNC 的信号(通过系统的 PMC)

(1) 变频器故障输入信号(MB-MC)

当变频器出现任何故障时,数控系统也停止工作并发出相应的报警(机床报警灯亮并发出相应的报警信息)。主轴故障信号是通过变频器的输出端 MB-MC(正常时为“通”,故障时为“断”)发出,再通过 PMC 向系统发出急停信号,使系统停止工作(一般系统急停报警)。

(2) 主轴速度到达信号(P2-PC)

数控机床自动加工时,主轴速度到达信号实现切削进给开始条件的控制。当系统的功能参数(主轴速度到达检测)设定为有效时,系统执行进给切削指令(如 G01、G02、G03 等)前要进行主轴速度到达信号的检测,即系统通过 PMC 检测来自变频器输出端 P2-PC 发出的频率到达信号,系统只有检测到该信号,切削进给才能开始,否则系统进给指令一直处于待机状态。

(3) 主轴零速信号(P1-PC)

当数控车床的卡盘采用液压控制(通过机床的脚踏开关)时,主轴零速信号用来实现主轴旋转与液压卡盘的连锁控制。只有主轴速度为零时,液压卡盘控制才有效;主轴旋转时,液压卡盘控制无效。

3. 变频器参数的设定

安川变频器为多功能变频器,按其功能不同,参数分为 9 个功能组,A 组参数为环境设定功能参数,B 组为应用功能参数,C 组为调整功能参数,D 组为频率指令取样功能参数,E 组为电动机功能参数,F 组为变频器选择功能参数,H 组为外部端子功能参数,L 组为保护功能参数,O 组为操作器功能参数。下面以 CAK6150Di 数控车床控制为例,具体说明变频器参数的含义及设定,没有提到的功能参数按出厂时的标准设定。

(1) A 组参数

主要用来选择操作器的语种显示、参数存取级别、控制方式、参数初始化的方式等。

A1-00 显示语种选择:“0”为英语,“1”为日语。实际设定为“0”。

A1-01 参数存/取选择:“0”为监控专用参数,“1”为用户选择参数,“2”为试运行参数,“3”为通常使用参数,“4”为所有参数。实际设定为“4”。

A1-02 控制方式选择:“0”为 U/F 控制,“1”为带反馈的 U/F 控制,“2”为开环矢量控制 1,“3”为(带反馈)闭环矢量控制,“4” 为开环矢量控制 2。目前,数控机床可以设定为“0”或“2”,“0”为不带速度反馈的 U/F 控制,“2”为不带速度反馈的矢量控制。开环矢量控制时,必须正确设定电动机的相关参数(电动机的空载电流、定子绕组的电阻、定子回路的阻抗等),才能准确实现电动机的矢量控制。所以,CAK6150Di 数控车床控制功能设定为“2”。

A1-03 参数初始化功能:“0”为参数初始化结束,“1110”为用户参数初始化,“2220”为 2 线制的初始化(恢复变频器出厂值的设定),“3330”为 3 线制的初始化。此功能参数用于实际变频器出现软件不良时进行参数初始化。

(2) B 组参数

主要用于应用功能选择,如变频器的频率给定方式选择、起动和停止方式的选择、PID 控制方式的设定、节能方式的设定等。

b1-01 频率指令选择："0"为面板给定（通过面板的增加或减少键给定频率），"1"为外部端子给定（由模拟量电压给定频率），"2"为总线通信设定，"3"为选择卡给定，"4"为脉冲数字给定。实际设定为"1"，变频器的输出频率是由输入端 A1-AC 的模拟量电压（0～10 V）调整的。

b1-02 运行指令选择："0"为面板控制（由面板的 RUN 和 STOP 键控制），"1"为端子控制（由输入端子 S1-SC 和 S2-SC 控制），"2"为总线控制，"3"为选择卡控制。实际设定为"1"。

b1-03 停止方式选择："0"为减速停止，"1"为自由停止，"2"为直流制动停止，"3"有时间限制的自由停车。实际设定为"0"。

b1-04 反转禁止选择："0"为可以反转，"1"为禁止反转。实际设定为"0"。

（3）C 组参数

主要用来设定电动机的加/减速时间、加减速方式、转差补偿频率等。

C1-01 加速时间设定：设定范围为 0～6000 s。根据电动机的负载惯性来调整设定，如果加速时间设定过短，将会引起过电流报警。实际设定为 1 s。

C1-02 减速时间设定：设定范围为 0～6000 s。根据电动机的负载惯性来调整设定，如果减速时间设定过短，将会引起过电压报警。实际设定为 1 s。

（4）E 组参数

主要用来设定电动机 U/F 控制功能的有关参数、电动机技术参数等。

E1-01 输入电压：设定范围为 320～460 V。实际设定为 380 V。

E1-02 电动机选择："0"为通用电动机，"1"为专用电动机。实际设定为"0"。

E1-03U/F 线选择："0～E"为 15 种固定曲线，"F"为任意 U/F 曲线。实际设定为"F"，U/F 控制参数是由 E1-04～E1-10 决定。

E1-04 最高输出频率：设定范围为 50～400 Hz。根据机床主轴的传动比及主轴的最高转速来设定。实际设定为 110 Hz。

E1-05 最高输出电压：设定范围为 0～480 V。实际设定为 400 V。

E1-06 基本频率：设定范围为 0～400 Hz，通常按电动机的额定频率来设定。实际设定为 50 Hz。

E1-07 中间输出频率 1：设定范围为 0.1～400.0 Hz。

E1-08 中间输出频率电压 1：设定范围为 0～480 V。

E1-09 最低输出频率：设定范围为 0.1～400.0 Hz。

E1-10 最低输出频率电压：设定范围为 0～480 V。

E1-11 中间输出频率 2：设定范围为 0.1～400.0 Hz。

E1-12 中间输出频率电压 2：设定范围为 0～480 V。

E1-13 基本电压（额定电压）：设定范围为 0～480 V。实际设定为 380 V。

E2-01 电动机 1 的额定电流：设定范围为 0.1～1500.0 A，按电动机的额定电流来设定。实际设定为 14.6 A（CAK6150Di 电动机的额定输出功率是 7.5 kW，电动机的额定电流为 14.6 A）。

E2-02 电动机 1 的额定转差频率：设定范围为 0.01～20.0 Hz，按电动机的额定转差频率设定。实际设定为 1.33 Hz（电动机的额定转速为 1460 r/min）。

E2-04 电动机 1 的极数：设定范围为 2～48，按电动机的极数来设定。

E2-11 电动机 1 的容量：设定范围 0～650 kW，CAK6150Di 数控车床主轴电动机为 7.5 kW。

（5）L组参数

主要用来设定电动机的保护功能。

L1-01 电动机的电子热保护功能选择："0"为电动机电子热保护无效，"1"为通用电动机电子热保护有效，"2"为变频电动机电子热保护有效，"3"为矢量专用电动机电子热保护有效。实际设定为"1"。

L1-02 电动机电子热保护动作时间：出厂设定为超过电动机额定电流 150% 的动作时间，设定范围为 1 ~5 min。实际设定为 1 min。

3.2.3 数控机床主轴变频调速控制过程中常见故障及诊断技术

1. 变频报警导致系统急停

当变频器检测出故障时，在数字操作器上显示该报警内容，停止变频器的输出，并通过变频器的输出端子 MB-MC 使系统处于急停状态。系统数控机床主轴急停故障信号（是由于变频器故障引起的）发出时，可以根据变频器的报警信息判定故障的产生原因。

（1）主回路低电压故障 UV（DC Bus Under Volt）

变频器主回路的直流电压低于参数 L2-05 的标准设定值（320 V）。产生故障的可能原因有：变频器的三相交流输入电压过低；变频器内部熔断器 F1 熔断；变频器的整流块损坏；变频器的电压监控电路不良。

（2）主回路过电压故障 OV（DC Bus Over Volt）

变频器直流主回路的直流电压超过检测标准值（一般为 DC 800V）。产生故障的可能原因有：变频器交流输入电压过高；电动机减速时间设定过短；变频器制动单元故障；变频器内部电压监控电路不良。

（3）过电流故障 OC（Over Current）

变频器的瞬时输出电流超过了变频器额定电流的 200%。产生故障的可能原因有：加速时间设定过短；U/F 控制的电压补偿设定过高（如果采用 U/F 控制）；电动机侧短路；变频器输出侧短路；电流监控电路不良。

（4）散热片过热故障 OH1（Heat sink Over Temp）

变频器散热片的温度超过了 L8-02 的设定值（出厂值为 95℃）。产生故障的可能原因有：变频器的散热风扇损坏；散热片的通风道堵塞；参数 L8-02 设定过低（误设定）；变频器周围温度过高（如电箱通风的风扇故障）；变频器温度监控电路不良。

（5）电动机过载故障 OH2（Motor Over Loaded）

变频器的实际输出电流超过了电动机额定电流且超过参数 L1-02 设定的时间（即变频器内的电子热保护动作）。产生故障的可能原因有：电动机额定电流参数 E2-01 设定不当；电动机负载过重；电动机绕组匝间短路。

（6）电动机过力矩报警 OL（Over Torque Det）

变频器的设定值（L6-02）超过了规定时间（L6-03），检测电动机是否出现过载及变频器功能码参数设定错误。

（7）外部输入端子异常信号输入故障 EF3（External Fault3）

当变频器的多功能输入端参数（H1-1）设定为 20-2F 时，该输入端为外部异常报警输入控制。故障原因可能是：外部控制故障；变频器输入端子输入电路故障。

(8）功能参数设定错误报警

OPE01:变频器容量设定不当。

OPE02:参数设定不当(参数设定超过设定范围)。

OPE03:多功能输入设定不当(多功能输入有2个以上相同的值)。

OPE06:控制方式参数选择错误(参数A1-02设定与变频器实际控制方式不符)。

OPE10:U/F参数设定不当(最高频率、基本频率、中间频率、最低频率之间设定矛盾)。

维修时首先进行变频器的初始化操作,如果故障解除,则为参数设定不当,然后重新输入参数。

2. 主轴电动机不能运行

当给定主轴信息(S指令)时,系统输出一个模拟量电压信号给变频器端子,再通过变频器端子实现正传和反转控制,变频器驱动电动机旋转。主轴电动机不能运行的原因有系统故障、变频器故障和电动机故障三方面。

(1）系统故障

通过检测变频器模拟量输入端子是否有电压输入进行判别,当变频器的输入模拟量电压频率给定端子为0时,说明系统故障。

1）系统参数设定错误

FANUC-16/16i/18/18i/21/21i/Oi系统参数3701#1是否为“1”,FANUC-OC/OD系统参数71#7是否为“0”。

2）系统连接电缆或插头不良。

3）系统主板不良。

(2）变频器及外围控制电路故障

1）变频器功能参数设定错误

b1-01频率指令选择是否设定为“1”(模拟量电压给定),b1-02运行方式选择是否设定为“1”(有端子控制运行)。

2）变频器输入控制端子的控制电路故障

如KA8和KA9继电器控制电路及继电器的触点故障。

3）变频器控制电路板的故障

变频器正转和反转输入接口电路(一般是输入的限流电阻故障)。

4）变频器主电路的模块损坏。

(3）电动机故障

电动机主电路接线不良及电动机本身故障。

3. 主轴速度与指令速度有偏差

1）系统主轴换挡参数设定与实际主轴传动系统不符,修改系统参数3741、3742和3743。

2）变频器的最高频率设定与实际主轴传动系统不符,修改变频器功能码参数E1-04。

3）变频器控制电路板不良。

4）系统主板不良。

4. 主轴速度不能改变故障

1）变频器控制电路板故障。

2）系统主板故障。

可以通过变频器模拟量电压频率给定端子(A1-AC)来诊断,当系统主轴速度指令改变时,变频器输入端子电压是否改变。如果输入端子电压变化,则为变频器控制电路板故障,否则为系统主板不良。

5. 主轴只能正向旋转控制不能反向故障

(1) 变频器反转控制端子外围电路故障

继电器 KA9 控制电路故障或继电器触点故障。

(2) 变频器反转端子输入内部电路故障

一般是反转输入端子输入限流电阻故障。

(3) 变频器功能参数设定错误

变频器反转禁止功能参数 b1-04 是否设定为“0”。

3.3 串行数字控制的主轴驱动装置及维修技术

不同数控系统的串行数字控制的主轴驱动单元是不同的,下面以 FANUC 公司产品系列为例,说明主轴驱动单元的组成、功能连接、参数设定、功能调整及具体的故障诊断与维修。

3.3.1 FANUC 系统串行主轴电动机

1. FANUC 系统主轴电动机系列

目前 FANUC 系统应用的串行主轴电动机系列有 α/αi 系列和 βi/βiS 系列,如图 3-10 所示。α/αi 系列产品是 FANUC 公司的最新产品,有标准型 α/αi 系列、广域恒功率输出型 αP/αPi 系列、经济型 αC/αCi 系列、中空型 αT/αTi 系列、强制冷却型 αL/αLi 系列、高电压输入型 α(HV)/α(HV)i 系列、高电压输入广域恒功率输出型 αP(HV)/αP(HV)i 系列、高电压输入中空型 αT(HV)/αT(HV)i 系列、高电压输入强制冷却型 αL(HV)/αL(HV)i 系列等产品。其中 αLi 系列最高输出转速为 20000 r/min、α(HV)i 系列最大额定输出功率可达 100 kW,可满足绝大多数数控机床的主轴要求。

a)　　b)

图 3-10　FANUC 系统串行主轴电动机

a) α/αi 系列　b) βi/βiS 系列

该系列产品的主要特点如下:

1) 通过绕组转换功能,进一步增加了高速输出范围,缩短了加/减速时间,对于 αPi 系列,其恒功率输出范围比 α 系列扩大了 1.5 倍。

2) 采用了最新的定子直接冷却方式,进一步减小了电动机外形尺寸,提高了输出功率和转矩。

3）通过精密的铝合金转子和严格的动平衡，使电动机在高速时振动级达到了 V3 级。

4）可以选择不同的排风方向，尽可能减小机床热变形，同时通过最优的冷却通道设计，进一步改善了冷却性能。

5）根据不同的使用要求，主电动机可以选用两种不同类型的内装式位置/速度测量装置。即：具有 A/B 两相输出的 Mi 型编码器与具有 A/B 两相输出及零脉冲输出的 Mzi 型编码器，以满足不同用户的使用要求。

α 系列主轴电动机主要用于 FANUC-OC/OD/16/18/21/OiA 系统，αi 系列主轴电动机主要用于 FANUC-16i/18i/21i/OiB/OiC 系统；βi/βiS 系列主轴电动机主要用于 FANUC-OiB/OiMateB/OiC/Oi MateC 系统。

2. 主轴电动机内部结构

FANUC 系统主轴电动机为异步调速，所以和普通异步电动机结构相似，尤其是定子部分和转子部分的结构，为了满足实际控制需要还增加了附加装置。

（1）定子和转子

定子部分包括定子铁心、定子绕组和端盖，定子和转子的结构如图 3-11a 所示。

a) b)

图 3-11 FANUC 系统主轴电动机内部结构

a）定子 b）转子

为了便于散热，定子铁心上有冷却通道，可以采用风冷和油冷两种形式，一般都采用风冷（冷却风扇）方式散热。实际维护时要定期进行清理，否则容易引起电动机过热。

定子绕组形式有两种：一种为 Y 接形式，是通常采用的形式；另一种为 Y/YY 接形式（即双速电动机），为高低两种速度选择。定子绕组通过电动机接线盒与主轴模块连接。实际接线需要注意：因为电动机电压等级有标准型（额定电压为 200 V 系列）和高压型（额定电压为 400 V 系列）两种，所以要根据系统主轴驱动的电压等级进行接线；主轴电动机的接线端子与主轴驱动装置的端子的相序要一致，即 U-U、V-V、W-W，否则电动机不转并发出报警。

电动机绕组的过热检测是靠安装在定子端盖上的热敏电阻（老式电动机用热偶开关）实施监控，通过检测定子绕组端部的温度来确定电动机温度。电动机绕组温度变化时，热敏电阻的阻值发生改变，通过主轴驱动装置内部检测电路监控这一变化值，当电动机实际温度超过标准设定值时，通过主轴驱动装置把信息传递给系统，系统立即停止主轴速度控制输出，并发出主轴电动机过热报警。

主轴电动机的转子部分与异步电动机相同，通常为铸铝转子结构，而且也为斜槽结构，如图 3-11 的 b 图所示。

（2）附加装置

主轴电动机的附加装置主要有安装在电动机内部的传感器和电动机尾端的风扇两部分，

如图 3-12 所示。

传感器的作用：当数控机床主轴没有位置传感器时，传感器用于实现主轴速度和位置反馈控制；当数控机床主轴安装了位置传感器（如主轴独立编码器）时，传感器用于实现主轴电动机闭环电流矢量控制。电动机的传感器实际是磁电速度传感器，如图 3-12a 所示。

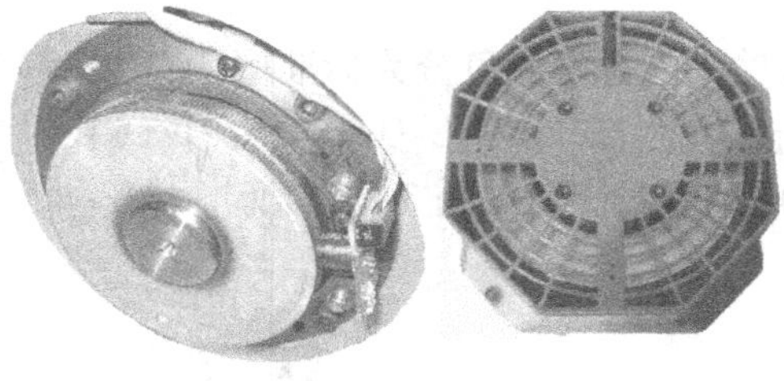

a)　　　　　　　　b)

图 3-12　主轴电动机附加装置

a）主轴电动机传感器　b）风扇

根据实际控制要求不同，电动机内装速度传感器的类型有两种，一种是不带电动机一转信号的速度传感器 M/Mi 系列；另一种是带电动机一转信号的速度传感器 MZ/MZi 系列。若实际主轴准停信号是由主轴的一转信号装置（接近开关）发出时，选择 M/Mi 系列；主轴电动机与主轴直接连接或 1∶1 连接时，选择 MZ/MZi 系列。同时还得设定系统的相关参数。

电动机冷却风扇的作用是为电动机散热。主轴电动机采用的是变频调速，当电动机速度改变时，风扇的转速与电动机转速变化无关，即电动机的散热条件不变，这是因为风扇电动机（额定电压标准为 200 V，高压型为 380 V 的三相笼型异步电动机）采用单独电源供电。当电动机风扇出现故障时，将会引起电动机过热报警。

3. 主轴电动机的型号及选型

下面是 FANUC 系统 αi 系列主轴电动机的型号

α 8 / 10000 i HV

αi：为电动机的系列号，标准型为 αi、经济型为 αCi、宽功率范围的为 αPi 系列等；

8：代表主轴电动机的额定输出功率为 7.5 kW；

10000：表示电动机允许输出的最高转速为 10000 r/min；

HV：表示电动机为高压型电动机，额定电压为 400 V 系列。不标则表示标准型电动机，额定电压为 200 V 系列。

实际选型中应该从下面几个方面考虑：

1）根据实际机床主轴的功能要求和切削力需求，选择电动机的型号及电动机的输出功率。如标准型还是高压型，主轴电动机内置冷却方式是风冷还是油冷控制等。

2）根据主轴定向功能控制情况，选择电动机内装编码器的类型。如果靠电动机发出主轴一转信号需选择 MZi 系列传感器；如果是由主轴外置编码器和接近开关发出主轴一转信号则选择 Mi 系列传感器。

3）如果机床主轴换挡速度范围是由电动机控制（没有机械主轴换挡控制），主轴电动机选择具有高速和低速两挡切换的电动机，即双速电动机。

3.3.2　FANUC 系统电源模块

电源模块的主要作用:为主轴模块和伺服模块提供直流主回路电源(标准型为 DC 300V,高压型为 DC 600V)、控制回路电源(DC 24V)及电源模块本身内部的直流电源;电动机再生能量通过电源模块反馈到电网,实现回馈制动。现在的电源模块已经把整流、逆变及保护电路集成一体,称为智能模块 IPM。

电源模块的的种类:按输入电源等级可分为标准型(AC 200V)和高压型(AC 400V);按系统配置可分为 α 系列电源模块(用于 FANUC-O/16/18/21/OiA 系统)和 αi 系列电源模块(用于 FANUC-16i/18i/21i/OiB/OiC 系统),如图 3-13 所示。

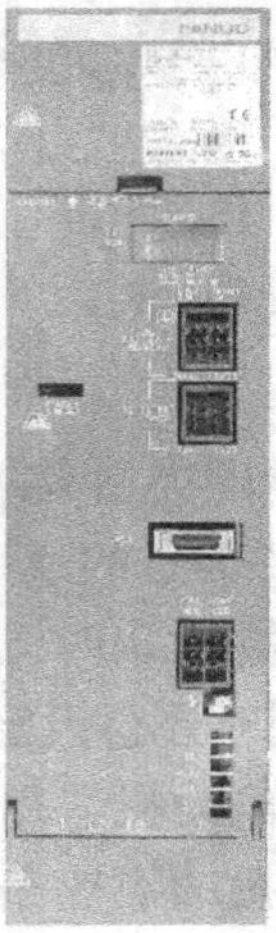
a)

b)

图 3-13　FANUC 系统电源模块

a) α 系列电源模块　b) αi 系列电源模块

1. α 系列电源模块的接口

FANUC 的 α 系列电源模块结构及接口如图 3-14a 所示。

1) DC Link:直流电源(DC300V)输出端,该接口与主轴模块、伺服模块的主电路输入端连接。

2) STATUS 状态窗口:2 位数码管用于表示电源模块的状态,位数码管用于表示电源模块的状态,“00”表示电源模块启动就绪,“ --”表示电源模块未启动,“##”(报警代码)表示电源模块报警;贴膜发光二极管 PIL(绿色)表示控制电源正常,ALM(红色)表示电源模块故障。

3) CX1A:控制电路电源电压(输入),是电源模块辅助电路的输入电源,交流 200V、3.5A。

4) CX1B:200V 交流电源的输出接口,为电源模块和主轴模块提供交流风扇电源,交流 200V、1A。

5) CX2A、CX2B:DC24V 输出接口,为主轴模块、伺服模块及显示装置提供直流电源(DC 24V)。

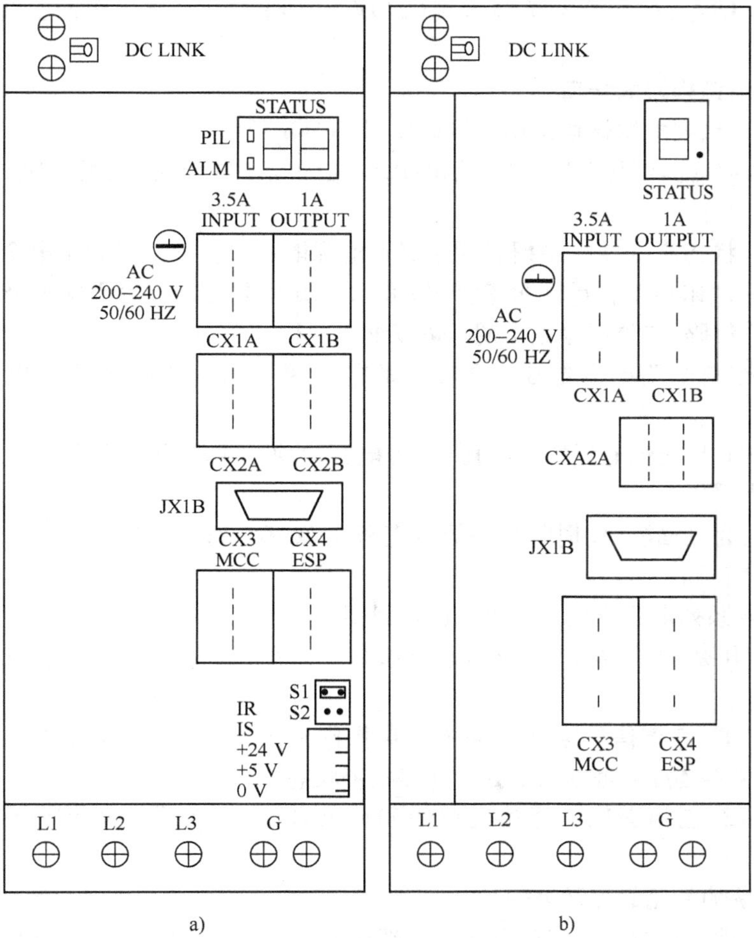

图 3-14　FANUC 系统电源模块接口

a) α 系列电源模块　b) αi 系列电源模块

6) JX1B:模块之间的连接接口,与下一个模块(如主轴模块)接口的 JX1A 相连,进行各模块之间的报警信息及使能信号的传递。最后一个模块接口 JX1B 必须用短接盒(5、6 脚短接)将模块间的使能信号短接,否则系统报警。

7) CX3:主电源 MCC(常开点)控制信号接口,一般用于电源模块三相交流电源输入主接触器的控制。

8) CX4: * ESP 急停信号接口,一般与机床操作面板急停开关的常闭点相接,不用该接口信号时,必须将 CX4 短接,否则系统处于急停报警状态。

9) S1、S2:再生放电电阻选择开关。老式电源模块内部没有逆变块,电动机的再生发电能量是通过制动单元的制动电阻放电的,S1 短接(用短路棒)选择内装制动电阻,S2 短接选择外接制动电阻。现代的电源模块 S1、S2 已无此意义。

10) 检测脚的测试端(针):IR、IS 为电源模块交流输入(L1、L2 相)的瞬时电流值;+24 V、+5 V 分别为控制电路电压的检测端。

11）L1、L2、L3：三相交流电源输入端（200V，50Hz）。一般与三相伺服变压器的输出端连接。

2. αi 系列电源模块的接口

FANUC 的 α 系列电源模块结构及接口如图 3-14b 所示。

1）DC Link：直流电源（DC 300V）输出端，该接口与主轴模块、伺服模块的主电路输入端连接。

2）STATUS 状态窗口：1 位数码管用于表示电源模块的状态，“0”表示电源模块启动就绪，“－”表示电源模块未启动，“#”（报警代码）表示电源模块报警。“#.”预报警提示，在规定时间内转换成报警代码，在预报警显示期间可以继续运行。

3）CX1A：控制电路电源电压（输入），是电源模块辅助电路的输入电源，交流 200 V 3.5 A。

4）CX1B：200 V 交流电源的输出接口，为电源模块和主轴模块提供交流风扇电源，交流 200 V 1 A。

5）CXA2A：为主轴模块、伺服模块提供直流电源（DC 24V），模块之间信息传递（串口形式）及机床急停信号。

6）JX1B：αi 系列电源模块该口功能已经封闭。

7）CX3：主电源 MCC（常开点）控制信号接口，一般用于电源模块三相交流电源输入主接触器的控制。

8）CX4：＊ESP 急停信号接口，一般与机床操作面板急停开关的常闭点相接，不用该接口信号时，必须将 CX4 短接，否则系统处于急停报警状态。

9）L1、L2、L3：三相交流电源输入端（200V，50Hz）。一般与三相伺服变压器的输出端连接。

3. 电源模块的常见故障及处理

电源模块启动过程首先是辅助电源输入端输入交流电源 200V，电源模块内部电路正常及后续模块正常，电源模块控制电路工作，此时接通电源模块的主电路，完成电源模块的启动。电源模块的故障主要表现为启动未就绪和电源模块报警。

（1）电源模块不启动（状态窗口无显示）

1）机床外部控制电路故障。没有提供电源模块的辅助电源，交流 200V 输入，检修外部控制电源。

2）电源模块控制电路输入熔断器故障。检查控制电路短路的故障部件，更换短路部件及熔断器。

3）电源模块控制电路板本身故障。控制电路板的开关稳压电源电路故障，检修或更换控制电路板。

（2）电源模块启动未就绪

状态窗口有指示状态：α 系列电源模块为“－－”，αi 系列为“－”。

1）电源模块急停信号输入，检查急停信号输入接口 CX4 是否正常。

2）后续模块异常，通过封锁伺服放大器或使能信号短接法进行判别。

3）电源模块内部就绪继电器 MCC 本身的故障，更换继电器 MCC（DC 24V）。

4）更换电源模块控制电路板。

(3) 电源模块报警代码及维修方法

表3-1 和3-2 为电源模块 α 和 αi 系列电源模块的报警代码及处理方法。

表3-1 α系列电源模块块报警代码

LED 显示	故障名称	故障诊断与处理
01	IPM 报警	1）检查主回路的 IPM 模块的 U、V、W 分别对电源模块直流输出“+”端和“-”端的导通压降，如果有异常，更换 IPM 模块 2）如果更换 IPM 模块后还有报警，更换电源模块控制电路板
02	风扇报警	1）观察风扇是否转，或是否有风，如果不转或风力很小，拆下用汽油或酒精清洗 2）如果清洗后装上还有报警，更换风扇 3）检查风扇的插座电源 24 V 是否正常。红线 +24 V，黑线 0 V。拔下黄线报警线后，控制电路板有 5 V 直流电压输出，如果电压不对，更换控制板
03	IPM 过热报警	1）关机等候一段时间后，看是否还有报警，如果报警消失，则可能机械负载太大，检查主轴或伺服机械负载或切削量是否过大 2）拆下外壳和控制板，用万用表测量底板上连接 OH 的两螺钉之间的电阻应为短路。如果开路，更换热控开关 3）更换电源模块控制板
04	DC300 V 电压低报警	1）检查主轴模块（PSM）或伺服模块（SVM）是否有短路故障，更换短路模块 2）更换电源模块控制电路板
05	主电路的充电没在规定时间进行	1）主模块故障，更换电源模块 2）更换电源模块的控制电路板
06	输入电源缺相报警	1）用万用表检查三相交流电源是否有缺相，修复故障部位 2）更换电源模块
07	DC300V 电压高报警	1）三相交流输入电压高，检修电源外围供电回路 2）更换电源模块的控制电路板
08	控制电路硬件故障	更换电源模块控制电路板

表3-2 αi 系列电源模块报警代码

LED	故障名称	故障原因
1	PM 报警	1）检查主回路的 IPM 模块的 U、V、W 分别对电源模块直流输出“+”端和“-”端的导通压降，如果有异常，更换 IPM 模块 2）如果更换 IPM 模块后还有报警，更换电源模块控制电路板
2	风扇报警（内部）	1）观察风扇是否转，或是否有风，如果不转或风力很小，拆下用汽油或酒精清洗 2）如果清洗后装上还有报警，更换风扇 3）检查风扇的插座电源 24 V 是否正常。红线 +24 V，黑线 0 V。拔下黄线报警线后，控制电路板有 5 V 直流电压输出，如果电压不对，更换控制板
3	IPM 过热报警	1）关机等候一段时间后，看是否还有报警，如果报警消失，则可能机械负载太大，检查主轴或伺服机械负载或切削量是否过大 2）拆下外壳和控制板，用万用表测量底板上连接 OH 的两螺钉之间的电阻应为短路。如果开路，更换热控开关 3）更换电源模块控制板
4	DC 主电路电压低	1）检查主轴模块（PSM）或伺服模块（SVM）是否有短路故障，更换短路模块 2）更换电源模块控制电路板

（续）

LED	故 障 名 称	故 障 原 因
5	主电路的充电没在规定时间进行	1）主模块故障,更换电源模块 2）更换电源模块的控制电路板
6	控制电路电压低	1）控制输入电压低,检查供电控制电路 2）更换电源模块的控制电路板
7	DC 主电路电压高报警	1）三相交流输入电压高,检修电源外围供电回路 2）更换电源模块的控制电路板
A	外部冷却散热片的冷却风扇故障(大容量电源模块)	1）检查风扇或更换 2）更换电源模块控制电路板
E	输入电源缺相	1）用万用表检查三相交流电源是否有缺相,修复故障部位 2）更换电源模块

3.3.3 FANUC 系统主轴模块

主轴模块的功能是实现主轴速度控制、主轴位置反馈及主轴控制功能的控制。按电压等级不同分为标准型(主电路输入电压为 DC 300V)和高压型(主电路输入电压为 DC 600V);按功能系列不同分为 α 系列主轴模块和 αi 系列主轴模块。图 3-15 为 FANUC 系统 α 系列和 αi 系列主轴模块。

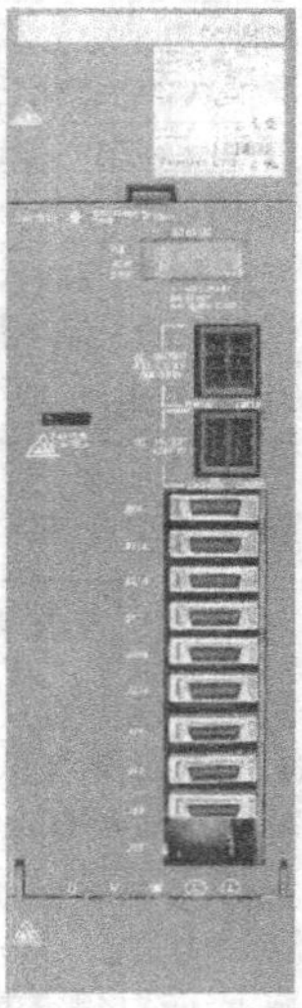

a)

b)

图 3-15 FANUC 系统主轴模块

a）α 系列主轴模块 b）αi 系列主轴模块

1. FANUC 的 α 系列主轴模块

FANUC 的 α 系列主轴模块接口及功能如图 3-16a 所示。

DC Link:该端口与电源模块的直流电源输出端、伺服模块的直流输入端连接。

STATUS:主轴模块状态显示窗口。

PIL(绿)表示主轴模块控制电路电源正常。

ALM(红)表示主轴模块检测出故障。

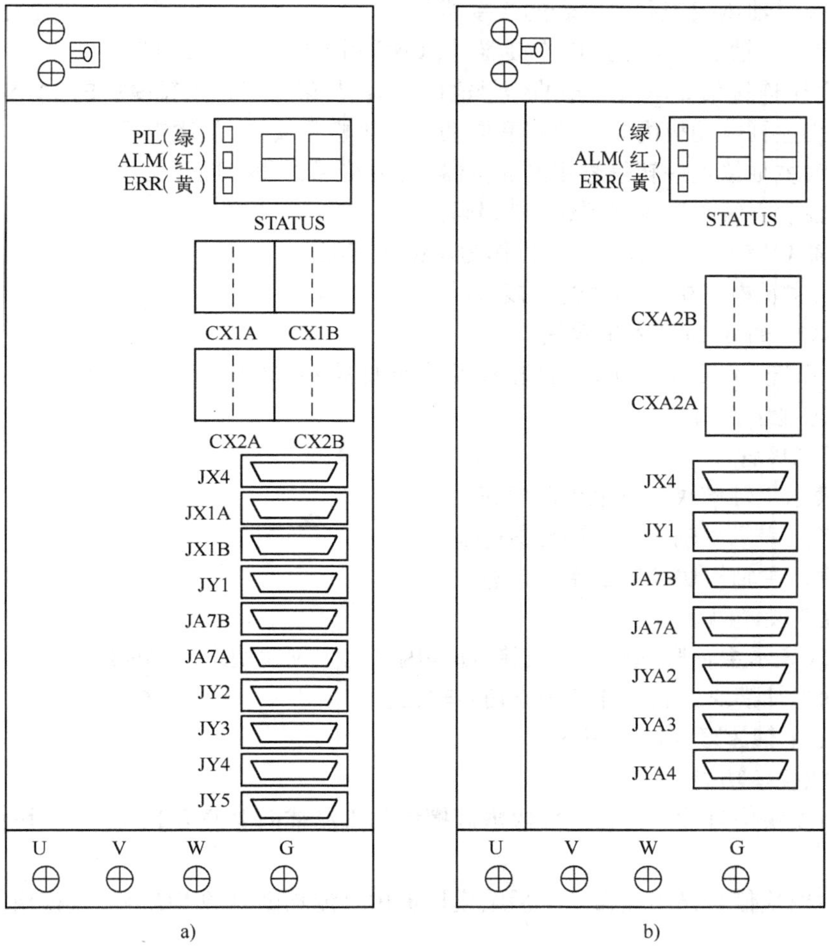

图 3-16　FANUC 系统主轴模块接口

a）α 系列主轴模块　b）αi 系列主轴模块

ERR(黄)表示主轴模块检测出错误信息。

“－－”不闪表示主轴模块已起动就绪,如果闪则为主轴模块未起动就绪。

“00”表示主轴模块已起动并有速度信号输出。

“##”表示主轴故障或错误信息。

CX1A/CX1B:200 V 交流辅助电源输入/输出接口。CX1A 与电源模块的 CX1B 接口连接,CX1B 与第 2 串行主轴模块的 CX1A 接口连接(如果机床有 2 个串行主轴)。

CX2A/CX2B:24 V 输入/输出及急停信号接口。CX2A 与电源模块的 CX2B 连接,CX2B 与伺服模块的 CX2A 连接。

JX4:主轴伺服信号检测板接口。通过主轴模块状态检测板可获取主轴电动机内装脉冲发生器和主轴位置编码器的信号。

JX1A/JX1B:模块之间信息输入/输出接口。JX1A 与电源模块的 JX1B 连接,JX1B 与伺服模块的 JX1A 连接。

JY1:外接主轴负载表和速度表的连接器。

JA7B:串行主轴输入信号接口连接器,与 CNC 系统的 JA7A 接口连接。

JA7A:用于连接第 2 串行主轴的信号输出接口,与第 2 串行主轴模块的 JA7B 接口连接。

JY2:连接主轴电动机内装传感器和电动机过热检测装置(热敏电阻)。

JY3:作为主轴位置一转信号用的连接器(为磁传感器即接近开关)。

JY4:主轴独立编码器连接器(光电编码器)。

JY5:主轴 CS 轴(回转轴)控制时,作为反馈连接器。

U、V、W:主轴电动机的动力电源接口。

2. FANUC 的 αi 系列主轴模块

FANUC 系统 αi 系列主轴模块的接口及功能如图 3-16b 图。

(1) 状态显示窗口

1) 贴膜二极管

(绿):表示主轴模块控制电路电源正常。

ALM(红):表示主轴模块检测出故障。

ERR(黄):主轴模块检测出错误信息。

2) 两位 7 段译码管

--:不闪表示主轴模块已起动就绪,如果闪则为主轴模块未起动就绪。

00:表示主轴模块已起动并有励磁信号输出。

#:表示主轴故障或错误信息。

(2) 模块接口功能

CXA2B:模块信号输入接口。接收电源模块的直流辅助电源 DC 24V 及模块信息信号(串行信息)。

CXA2A:模块信号输出接口。为后续模块提供直流辅助电源 DC 24V 及模块信息信号(串行信息)。

JX4:主轴伺服信号检测板接口。

JY1:外接主轴负载表和速度表的接口。

JA7B:串行主轴输入信号接口连接器。

JA7A:用于连接第二串行主轴的信号输出接口。

JYA2:连接主轴电动机速度传感器(主轴电动机内装脉冲发生器和电动机过热信号发生器)。

JYA3:作为主轴位置一转信号或主轴独立编码器连接器接口。

JYA4:主轴 CS 轴传感器信号接口(为选择配置)。

3. 主轴模块错误信息及处理方法

表 3-3 为 FANUC 系统 α 和 αi 系列主轴模块的错误信息及处理方法。

表 3-3 α 和 αi 系列主轴模块错误信息

错误信息	故障原因	处理方法
01	*ESP(紧急停止信号)及 MRDY(机械准备好信号)没有输入但却输入了 SFR(正转信号)/SRV(反转信号)/ORCM(定向指令)	请确认 *ESP, MRDY 的顺序。(注意 MRDY 信号的使用/不使用的参数 4001#0 设定)

（续）

错误信息	故障原因	处理方法
02	装有高分辨率磁传感器的主轴电动机(参数4001#6,5分别为0,1),速度检测器128脉冲/r的设定(参数4011#2,1,0分别为0,0,1)不正确,此时,电动机不能励磁	确认主轴电动机速度检测器的参数4011#2,1,0设定是否正确
03	装有高分辨率磁传感器的设定(参数4001#5=1)或Cs轮廓控制功能的设定不对(参数4018#4=1),但输入了Cs控制指令,此时电动机不能励磁	确认Cs轮廓控制用检测器的参数4001#5和4018#4设定是否正确
04	使用位置编码信号的设定不对(参数4001#2=1)但输入了伺服方式(刚性攻螺纹、主轴定位)或主轴同步控制指令,此时电动机不能励磁	确认位置编码器信号的参数4001#2设定是否正确
05	没有准停选择功能,却输入了准停指令(ORCM)	确认准停的软件选择
06	没有设定输出切换的选择功能,却选择了低速线圈(RCH=1)	确认主轴输出切换软件的选择,及动力线状态信号(RCH)
07	虽然设定了Cs轮廓控制方式,但SFR/SRV没有输入	确认顺序(CON,SFR,SRV)
08	设定了伺服方式(刚性攻螺纹,主轴定位),但没输入SFR/SRV	确认顺序(SFR,SRV
09	设定了主轴同步控制方式,但没有输入SFR/SRV	确认顺序(SPSYC,SFR,SRV)
10	在Cs轮廓控制方式中,又设定了其他运行方式(伺服方式,主轴同步控制、定向)	C轴控制指令中,不要设定其他运行方式,转移到其他方式之前,请解除Cs轮廓控制指令
11	伺服方式(刚性攻螺纹,主轴定位)中,设定了其他运行方式(Cs轮廓控制、主轴同步控制及定向)	伺服指令方式中,不要设定其他运行方式,在解除伺服指令方式后,再转移到其他方式
12	在主轴同步控制中,设定了其他运行方式(Cs轮廓控制、伺服方式,定位)	在主轴同步控制设定中,请不要设定其他运行方式。当解除主轴同步控制指令之后,再转移到其他方式
13	在定向指令中,设定了其他运行方式(Cs轮廓控制、伺服方式、同步控制)	在定向指令中,请不要设定其他运行方式。解除定向指令之后再指令其他方式
14	同时输入了SFR信号和SRV信号	请输入SFR/SRV两信号中的一个信号
15	具有差速方式功能的参数设定(参数4000#5=1)时,设定了Cs轴轮廓控制	请确认参数4000#5的设定和PMC信号
16	参数设定上是无差速方式功能(参数4000#5=0),但输入了差速方式指令(DEFMD)	请确认参数4000#5的设定和PMC信号(DEFMD)
17	速度检测器的参数设定(NO.4011#2,1,0)不合适(无该速度检测器)	确认参数.4011#2的设定是否正确
18	设定参数4001#2=0(不使用位置编码器),却输入了位置编码器的定向指令	请确认参数4002#1(4001#2)的设定和PMC信号
19	在磁传感器方式定向中,设定了其他运行方式	在定向指令中,不要设定其他运行方式。在解除定向指令之后,再设定其他方式
20	设定了有从属运行方式功能的参数4014#5=1,并设定了使用高分辨率磁传感器(参数4001#5=1)或设定了用α传感器的Cs轮廓控制功能(参数4018#4=1),这些不能同时设定	请确认参数4001#5、4014#5及4018#4的设定是否正确

（续）

错误信息	故障原因	处理方法
21	在位置控制（伺服方式，定向等）动作中，输入了从属运行方式指令（SLV）	从属运行方式指令（SLV）请在通常运行方式状态中输入
22	从属运行方式中（SLVS = 1）输入了位置控制指令（伺服方式，定向等）	位置控制指令请在通常运行方式状态输入
23	在参数设定上没有从属运行方式功能（参数 4014#5 = 0），却输入了从属运行方式指令	确认参数 4014#5 的设定和 PMC 信号
24	最初用增量指令（INCMD = 1）进行定向，接着又输入了绝对位置指令（INCMD = 0）	请确认 PMC 信号（INCMD），最初请用绝对指令进行定向
25	不是 SPMJYA4 型主轴放大器，却设定了 Cs 轮廓控制功能（参数 4018#4 = 1）	请确认主轴放大器规格和参数 4018#4 设定是否正确

4. 主轴模块报警及处理方法

当主轴模块出现报警时，状态指示窗口有相应的报警代码，同时报警指示灯亮（红色贴膜发光二极管），当主轴模块出现故障时，FANUC-OC/OD 系统会出现“409（AL-××）”报警号，FANUC-16/18/21/OiA 系统会出现“751（AL-××）”报警号，FANUC-16i/18i/21i/OiB 系统会出现“71××”报警号，FANUC-16i/18i/21i/OiC 系统（新型伺服软件）会出现“9×××”报警号，FANUC-30i/31i/32i/OiD 系统会出现“SP9×××”报警号，其中“×××”就是主轴模块上的报警号。产生的故障原因及处理方法参考串行主轴模块报警代码（见表 3-4）。

表 3-4　α 和 αi 系列主轴放大器上的报警号码、报警信息及处理方法

主轴模块显示	信　息	报警原因	故障位置和处理方法
A0 A	SPINDLE SERIAL LINK ERROR	程序没有正常启动。ROM 序列错误或 SPM 控制电路板上硬件异常	1）更换 SPM 控制电路板上的 ROM 2）更换 SPM 控制电路板
A1	S-SPINDLE LSI ERROR	SPM 控制电路板上的 CPU 外围电路检测异常	更换 SPM 控制电路板
01	电动机过热	电动机内部温度超过指定的水准	1）电动机温度高： 查主轴机械负载或切削量是否过大； 电动机散热风扇不良或通风不畅通； 电动机绕组匝间短路。 2）电动机温度不高： 电动机反馈电缆 JY2/JYA2 接触不良； 电动机绕组的热敏电阻不良； 主轴模块控制电路板不良
02	主轴速度超差	电动机的速度不能追随指定速度	1）电动机加减速时间设定过短 2）主轴电动机内装传感器不良 3）主轴模块控制电路板不良
03	主轴 DC 主回路电压低	共同电源就绪（显示“00”）而主轴放大器中 DC LINK 电压不足	1）主轴模块直流输入熔断器熔断故障 电动机短路； 主轴模块逆变块短路。 2）主轴模块控制电路板不良

（续）

主轴模块显示	信　　息	报 警 原 因	故障位置和处理方法
04	主轴 DC 主电路电压为零	主轴模块电压为零或电源模块缺相	1）主轴模块直流输入熔断器故障：电动机短路；主轴模块逆变块短路 2）电源模块故障（如缺相） 3）主轴模块控制电路板不良
06	电动机温度传感器没有连接	电动机的温度传感器断线	1）电动机温度传感器不良 2）主轴模块控制电路板不良 3）主轴参数设定不当
07	主轴速度超速	电动机速度超过了主轴最高转速的115%	1）主轴电动机内装传感器和主轴位置传感器不良 2）主轴控制电路板不良
09	主轴模块温度过高	功率模块冷却用散热器的温度异常上升	1）主轴模块散热不良：主轴模块风扇故障；主轴模块散热不良 2）主轴模块控制电路板不良 更换主轴模块控制电路板
11	主轴模块 DC 主电路过电压	共同电源上检测出 DC LINK 过电压。（共同电源报警显示 7）	1）电源模块控制电路不良：再生回馈制动电路不良；伺服减速时间设定过短 2）主轴模块控制电路板不良
12	主模块过电流	主轴电动机瞬时输出电流超过规定值	1）电动机参数与实际电动机不符 2）电动机短路 3）主轴模块短路 4）主轴模块控制电路不良
13	CNC 存储器数据故障	检测出主轴放大器控制电路部件异常（内部 RAM 异常）	主轴模块控制电路板不良 更换主轴模块控制电路板
16	主轴模块 RAM 故障	主轴模块控制电路部分检测到异常（外部数据 RAM 异常）	更换主轴控制电路板
18	程序 ROM 检查错误	检测出主轴放大器控制电路部件异常（数据用 ROM 异常）	更换主轴控制电路板
19	U 相电流偏移太大	SPM 部分检测到异常（U 相电流检测回路的初始值异常）	更换主轴模块
20	V 相电流偏移太大	SPM 部分检测到异常（V 相电流检测回路的初始值异常）	更换主轴模块
21	位置传感器极性错误	位置传感器的极性参数设定错误	检查修正参数 （4000#0，4001#4）
24	串行传送错误	主轴模块和 CNC 通信异常	1）系统断电 2）主轴模块与 CNC 之间连接电缆不良 3）主轴模块控制电路板不良
27	位置编码器断线	主轴位置编码器（连接器 JY4/JYA3）的信号异常	1）主轴编码器不良 2）编码器连接电缆断线 3）主轴模块控制电路板不良
29	短时过载	在一定时间内连续施加了过大的负载	1）加工时出现过载 2）主轴参数不良 3）主轴模块控制电路板不良

（续）

主轴模块显示	信　　息	报 警 原 因	故障位置和处理方法
30	输入电路过流	主轴模块的输入电路电流超过规定值	1）主轴模块输入电压高 2）主轴参数不良 3）主轴模块控制电路板不良
31	电动机不能在指定的速度下运转	主轴模块电动机检测接口(JY2/JYA2)异常	1）连接电缆不良 2）主轴电动机内装传感器不良 3）主轴模块与电动机连接相序错误
34	主轴参数非法	设定了超过允许值的参数数据	1）主轴参数设定错误 2）主轴电动机代码与实际电动机不符 3）主轴参数不良
51	DC LINK 电压低	主轴模块的 DC 电压低于规定值	1）电源模块电压低 2）主轴参数不良 3）主轴模块控制电路板不良
56	冷却风扇故障	主轴模块风扇监控检测出风扇故障	1）主轴风扇不良 2）主轴模块控制电路板故障
74	CPU 测试错误	CPU 测试中检测出异常	更换主轴放大器控制印制电路板
81 82 83	主轴电动机内装传感器一转信号错误、无一转信号及传感器通信错误	没有正确检测出电动机传感器的一转信号(连接器 JY2JYA2)	1）主轴参数设定错误 2）连接电缆不良 3）主轴电动机传感器不良 4）主轴模块控制电路板不良
84 85 86 87	主轴外接编码器断线、一转信号错误、无一转信号及编码器通信错误	没有正确检测出主轴传感器的一转信号(连接器 JY4JYA3)	1）主轴参数设定错误 2)连接电缆不良 3)主轴传感器不良 4)主轴模块控制电路板不良
b0	放大器通信错误系统报警为 9110 或 SP9110	主轴放大器和电源模块之间通信异常	1）连接电缆不良 2）电源模块控制电路板不良 3）主轴模块控制电路板不良
C0 C1 C2	通信数据错误系统报警为 9120/9121/9122	主轴模块与系统 CNC 通信错误	1）更换 CNC 与主轴放大器之间的通信电缆 2）更换主轴放大器控制印制电路板 3）更换 CNC 主板

3.3.4　主轴参数设定及初始化

1. 主轴参数设定、调整和监控画面

（1）主轴伺服画面显示参数

串行主轴伺服画面显示参数(SPS)置为“1”。FANUC-OC/OD 系统参数为 389#1，FANUC-16/16i/18/18i/21/21i/Oi/OiMate 系统参数为 3111#1。

（2）主轴画面显示操作

FANUC-OC/OD 系统：

系统的诊断/参数功能键 DGNOS/PARAM→主轴参数软键 SP. PRM

FANUC-16/16i/18/18i/21/21i/Oi/OiMate 系统：

系统功能键 SYSTEM→系统扩展键→主轴参数软键 SP. PRM

(3) 主轴伺服画面

通过系统软键选择相应的主轴伺服画面,[SP. SET]为主轴参数设定画面软键;[SP. TUN]为主轴调整画面软键;[SP. MON]为主轴监控画面。

1) 主轴参数设定画面

在主轴参数画面中,按系统主轴设定操作软键 SP. SET,显示图 3-17 所示的画面。

GEAR SELECT:主轴当前挡位信号(来自系统 PMC 的挡位信号,有 1、2、3、4 挡显示)

SPINDLE:当前主轴的显示,S1 为第 1 主轴,S2 为第 2 主轴。

GEAR RATIO:当前挡位的齿轮比(系数是 0.01)

MAX SPINDLE SPEED:主轴最高速度

MAX MOTOR SPEED:电动机最高速度

MAX C AXIS SPEED:主轴最大 CS 轴的速度

2) 主轴调整画面

在主轴参数画面中,按系统主轴设定操作软键 SP. TUN,显示图 3-18 所示的画面。

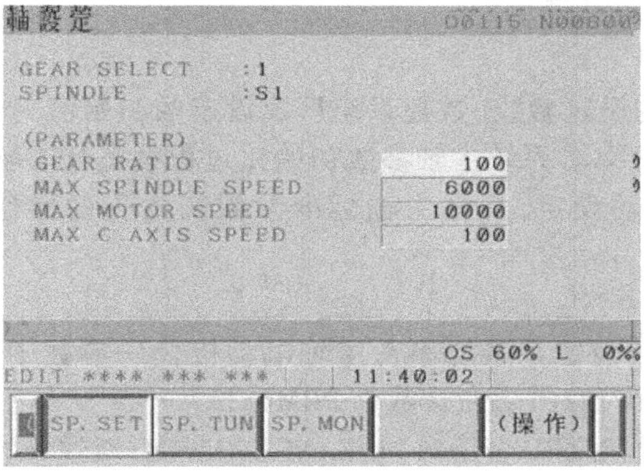

图 3-17 主轴参数设定

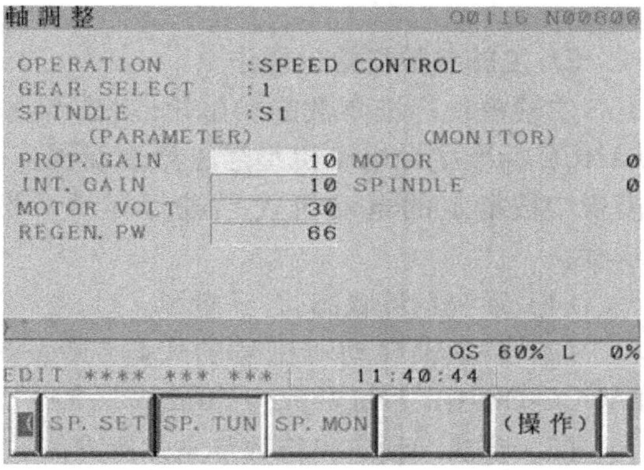

图 3-18 主轴伺服调整

OPERATION:运行方式,主轴运行方式有速度控制方式、主轴定向方式、主轴同步方式、刚性攻螺纹方式、主轴恒线速度控制方式及主轴定位控制方式(T 系列)。

PROP. GAIN:比例增益(一般是电动机的标准参数)

INT. GAIN:积分增益(一般是电动机的标准参数)

MOTOR VOLT:电动机电压(一般是电动机的标准参数)

REGEN. PW:再生能量(一般是电动机的标准参数)

MOTOR:主轴电动机速度显示

SPINDLE:主轴速度显示

3) 主轴监控画面

在主轴参数画面中,按系统主轴设定操作软键 SP. MON,显示图 3-19 所示的画面。

ALARM:主轴报警信息显示

LOAD METER:主轴负载表,显示主轴电动机瞬时电流是电动机额定电流的百分比。

CONTROL INPUT:控制输入信号,如 TLML 为转矩限制信号(低速)、* ESP 为主轴急停信号等。

CONTROL OUTPUT：控制输出信号，如 SST 为主轴速度零速信号、SDT 为主轴速度检测信号、TLM5 为转矩限制中信号等。

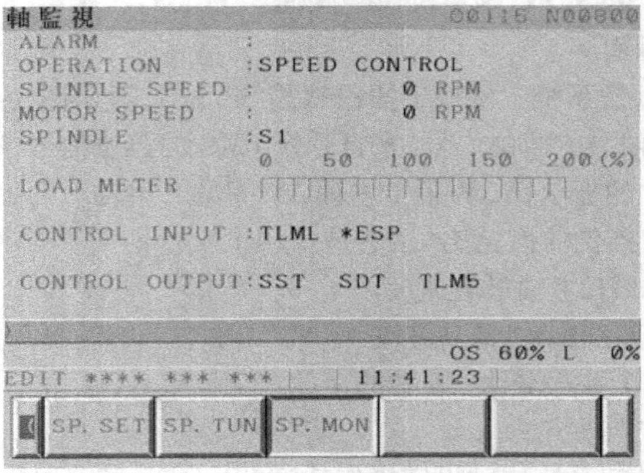

图 3-19　主轴伺服监控

2. 主轴参数初始化操作

主轴模块标准参数的初始化，就是将主轴的设定参数（数控系统厂家设定的初始值）按 FANUC 标准主轴电动机型号进行重新覆盖。FANUC 系统主轴参数初始化过程就是从主轴模块中按指定的电动机代码进行标准参数自动设定，具体主轴标准参数初始化的操作步骤：

（1）系统急停状态，打开电源。

（2）将主轴电动机型号的代码（见表 3-5）设定在系统串行主轴电动机代码参数中。FANUC-OC/OD 系统参数为 PRM6633；FANUC-16/18/Oi 系统参数为 PRM4133。

（3）将自动设定串行数字主轴标准值的参数（LDSP）置为“1”。FANUC-OC/OD 系统参数 PRM6519#7 置为“1”，FANUC-16/18/Oi 系统参数 PRM4019#7 置为“1”。

（4）将电源关断，再打开，主轴标准参数被写入。

主轴参数初始化操作注意事项：

主轴参数初始化操作只是将主轴电动机的参数恢复到 FANUC 公司出厂时的标准参数，而不是机床厂家主轴实际调整后的参数，所以主轴参数初始化操作后，还应该按实际机床的具体要求恢复数控机床厂家的主轴参数。主要参数有：

1）数控机床主轴齿轮挡位的最高速度参数

主轴第一挡、第二挡、第三挡、第四挡最高转速设定参数：FANUC-OC/OD 系统分别为 540 ~ 543，FANUC-16/16i/18/18i/Oi 系统分别为 3741 ~ 3744。

2）主轴定向准停角度参数

FANUC-OC/OD 系统为 6577，FANUC-16/16i/18/18i/Oi 系统为 4077。

3）主轴定向或换挡速度参数

FANUC-OC/OD 系统为 108，FANUC-16/16i/18/18i/Oi 系统为 3732。

4）数控机床主轴齿轮挡位传动比参数

主轴第一挡、第二挡、第三挡、第四挡传动比设定参数：FANUC-OC/OD 系统分别为 6556 ~ 6559，FANUC-16/16i/18/18i/Oi 系统分别为 4056 ~ 4059。

5）主轴速度、位置和一转信号检测装置设定参数

FANUC-OC/OD 系统为 6500-6515，FANUC-16/16i/18/18i/Oi 系统为 4000-4015。

主轴参数初始化操作常见故障：

主轴参数初始化操作中不能完成主轴参数的自动设定或出现报警，其主要故障时主轴模块控制电路板不良或系统主板不良，需要更换相应的故障板。

表 3-5 常用串行主轴电动机的代码

代　码	α 系列电动机型号	代　码	αi 系列电动机型号
102	α1.5/8000	308	α3/10000i
103	α2/8000	312	α8/8000i
104	α2/1500	401	α6/12000i
105	α3/8000	314	α12/7000i
106	α6/8000	316	α15/7000i
107	α8/8000	320	α22/7000i
108	α12/6000	406	α22/10000i
109	α15/6000	322	α30/6000i
110	α18/6000	323	α40/6000i
111	α22/6000	411	αP30/6000i
112	αP8/6000	413	αP50/6000i
113	αP12/6000	242	αC3/6000i
114	αP15/6000	243	αC6/6000i
115	αP18/6000	244	αC8/6000i
116	αP22/6000	245	αC12/6000i
117	αP30/4500	246	αC15/6000i

3.4 数控机床主轴自动换挡控制及维修技术

在大中型数控机床中，主轴采用 2 级或 3 级齿轮换挡传动，在每一挡中实现电气无级调速，主轴齿轮换挡常采用液压拨叉和电磁离合器完成自动换挡切换控制。图 3-20 为数控机床带有主轴齿轮换挡主传动结构。

a)　　b)

图 3-20　数控机床主轴齿轮换挡传动结构

a）数控车床 3 级齿轮换挡（电磁离合器控制）　b）数控铣床 2 级齿轮换挡（液压拔插控制）

数控机床主轴引入齿轮换挡控制的目的：

1）提高主轴低速时的输出转矩，满足主轴低速大转矩的要求；

2）为了满足用户的切削要求，充分发挥主轴电动机的切削功率。

图 3-21 为数控机床主轴功率转矩特性，主轴电动机为 15 kW，电动机动力通过传动带（ϕ125/ϕ172）传到主轴箱，再经过主轴齿轮换挡传到主轴。

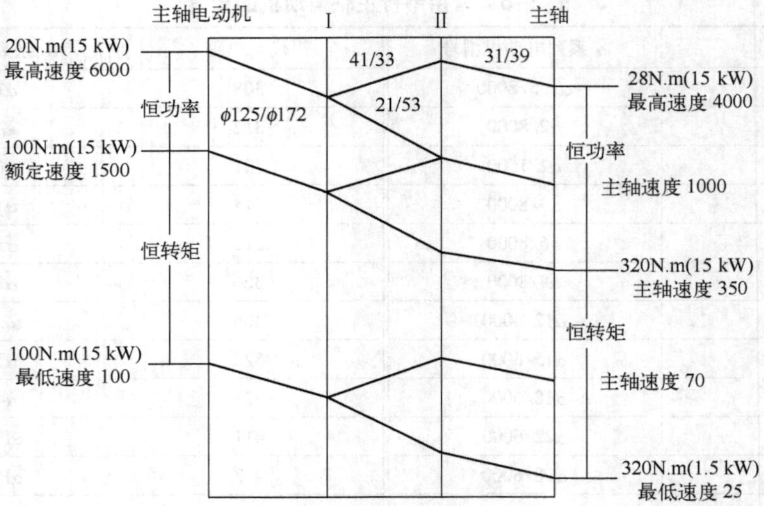

图 3-21　主轴功率转矩特性

从主轴功率转矩特性可以看出，如果电动机与主轴直连或 1∶1 连接，主轴的功率转矩特性完全是由电动机决定的，主轴最低速度为 100 r/min，此时主轴的输出转矩为 100 N · m，主轴的恒功率调速范围为 1500～6000 r/min（恒功率范围为 4 倍）；如该机床采用主轴齿轮换挡传动（包括带传动）时，主轴的最低速度为 25 r/min，主轴此时输出的转矩为 320 N · m，主轴的恒功率调速范围为 350～4000 r/min（恒功率范围为 11 倍多）。

3.4.1　数控车床主轴自动换挡控制及常见故障诊断

下面以数控车床 CAK6150Di 为例，阐述数控机床主轴齿轮换挡控制原理和自动换挡中常见的故障及诊断方法。CAK6150Di 数控车床主轴电动机为 7.5 kW，电动机动力通过传动带（ϕ130/ϕ230）传到主轴箱，再经过主轴齿轮换挡传到主轴，数控系统为 FANUC- Oi Mate TC。加工程序主轴挡位指令是：M41 主轴低速挡，M42 为主轴中速挡，M43 主轴高速挡，M40 主轴空挡。

1. CAK6150Di 数控车床的主轴齿轮换挡切换传动原理

图 3-22 为 CAK6150Di 数控车床齿轮换挡结构简图（图示为高速挡）。

（1）主轴高速传动路线

主轴高速挡时，电磁离合器 1 线圈和电磁离合器 2 线圈均不通电（通过 M43 指令控制），主轴电动机动力通过传动带（ϕ130/ϕ230）传到轴 Ⅰ，轴 Ⅰ 上的齿轮 1（Z56）和轴 Ⅲ 上的齿轮 3（Z52）啮合，把主轴电动机的动力传动到了机床轴 Ⅲ；轴 Ⅲ 上的齿轮 5（Z47）和轴 Ⅵ 齿轮 6（Z38）啮合，发出高速挡位信号到系统，实现主轴的高速控制。

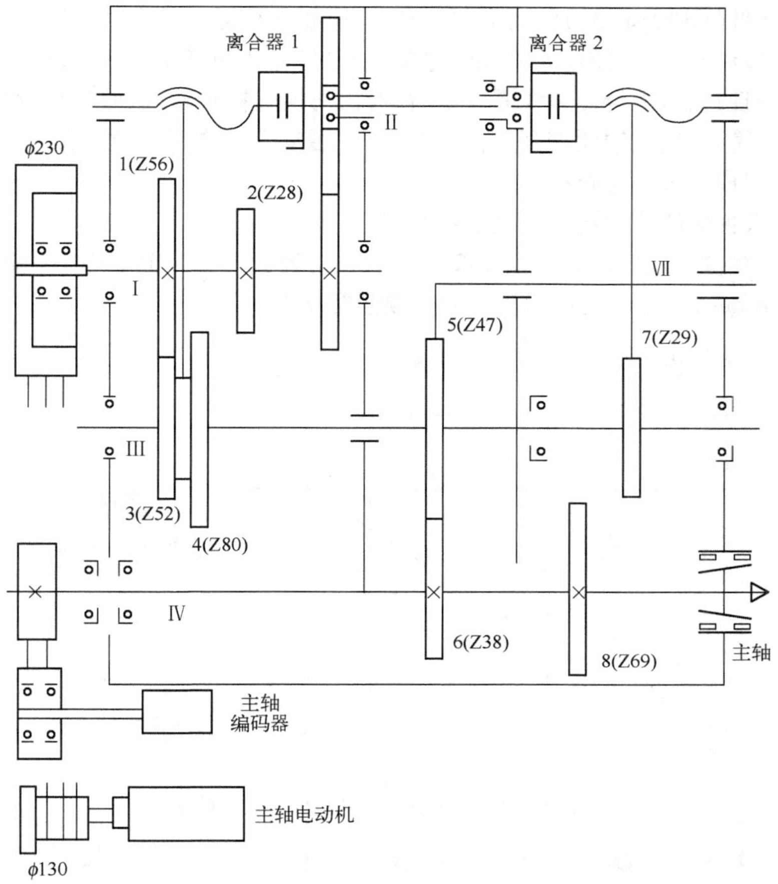

图 3-22　CAK6150Di 数控车床齿轮换挡结构简图

（2）主轴中速传动路线

主轴在高速挡时，电磁离合器 1 线圈获电，（通过 M42 指令控制）。电磁离合器 1 线圈获电后，换挡切换丝杠旋转，从而带动滑移齿轮移动，使齿轮 1 和齿轮 3 脱开，齿轮 2 和齿轮 4 啮合，完成主轴中速挡的切换控制。主轴电动机动力通过传动带（ϕ130/ϕ230）传到轴Ⅰ，轴Ⅰ上的齿轮 2（Z28）和轴Ⅲ上的齿轮 4（Z80）啮合，把主轴电动机的动力传到了机床轴Ⅲ；轴Ⅲ上的齿轮 5（Z47）和轴Ⅵ齿轮 6（Z38）啮合，发出中速挡位信号到系统，实现主轴的中速控制。

（3）主轴低速传动路线

主轴在中速挡时，电磁离合器 2 的线圈获电（通过 M41 指令控制），换挡切换丝杠旋转，从而带动滑移齿轮移动，使齿轮 5 和齿轮 6 脱开，齿轮 7 和齿轮 8 啮合，完成主轴中速挡的切换控制。主轴电动机的动力通过传动带（ϕ130/ϕ230）传到轴Ⅰ，轴Ⅰ上的齿轮 2（Z28）和轴Ⅲ上的齿轮 4（Z80）啮合，把主轴电动机的动力传到机床轴Ⅲ；轴Ⅲ上的齿轮 7（Z29）和轴Ⅵ齿轮 8（Z69）啮合，发出低速挡位信号到系统，实现主轴的低速控制。

（4）主轴空转（脱档手动旋转）

主轴空转时，电磁离合器 1 线圈和电磁离合器 2 线圈均获电（通过 M40 指令控制），主轴电动机通过传动带(φ130/φ230)将动力传到轴Ⅰ,电磁离合器1线圈获电后,换挡切换丝杠旋转,从而带动滑移齿轮移动,使齿轮1和齿轮3脱开,齿轮2和齿轮4啮合,把主轴电动机的动力传到了机床轴Ⅲ;电磁离合器2线圈获电后,换挡切换丝杠旋转,从而带动滑移齿轮移动,使齿轮5和齿轮6脱开,当主轴脱档到位信号接通,电磁离合器2线圈立即断电,使轴Ⅲ和轴Ⅳ保持脱开状态,完成主轴空运行控制。

2. 数控车床主轴齿轮换挡的系统参数设定

数控系统换挡参数设定内容如图3-23所示,系统为FANUC-OiMateTC系统。电动机的额定转速为1460 r/min,主轴电动机驱动采用变频器驱动。

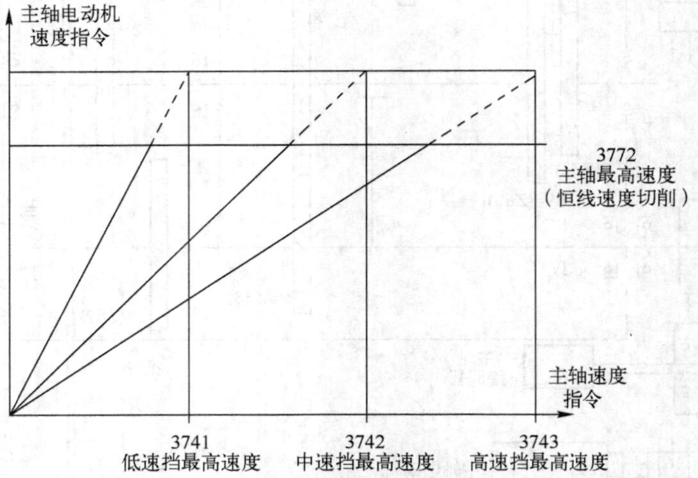

图3-23　数控车床主轴自动换挡系统参数的设定(FANUC-OiMateTA)

高速挡系统参数3743:齿轮1传到齿轮3;齿轮5传到齿轮6

$$3732 = 2920 \times 130/230 \times 56/52 \times 47/38 = 2200$$

高速挡系统参数3743:齿轮2传到齿轮4;齿轮5传到齿轮6

$$3732 = 2920 \times 130/230 \times 28/80 \times 47/38 = 725$$

高速挡系统参数3743:齿轮2传到齿轮4;齿轮7传动齿轮8

$$3732 = 2920 \times 130/230 \times 28/80 \times 29/69 = 246$$

恒线速度切削时主轴的最高速度限制参数为3772,该机床设定为2000 r/min。

变频器的最高频率设定为110 Hz。

3. 数控车床主轴齿轮自动换挡控制流程

数控车床齿轮换挡无论采用什么数控系统,其换挡的工艺要求和控制流程是相同的,所以掌握数控车床换挡控制流程对实际维修很重要。

(1) 系统发出主轴换挡指令信号

当系统加工程序读到换挡命令(自动换挡M代码,如低速挡M41、中速挡M42及高速挡M43)时,系统转换成主轴换挡指令信号输出。

(2) 通过挡位检测信号的判别,发出换挡请求指令

通过系统PMC挡位信号的检测,即通过检测换挡指令与实际挡位信号是否一致来判别是否执行换挡请求。

(3) 执行换挡控制

当系统发出换挡请求指令后，系统 PMC 发出换挡控制信号，相应的电磁离合器获电动作，实现主轴挡位的切换，同时主轴电动机实现摆动控制（正转和反转控制），目的是便于齿轮啮合，防止出现顶齿和打齿现象。

(4) 主轴换挡切换信号完成信号输出

当主轴换挡指令和实际挡位信号检测一致时，发出主轴挡位切换完成信号，电磁离合器线圈断电，同时停止主轴电动机的摆动控制。

(5) 输入系统挡位确认信号

通过系统 PMC 程序，输入机床主轴新的挡位确定信号（FANUC-Oi 系统为 G28.2 和 G28.1），同时发出自动换挡辅助功能代码（M 码）完成信号。

(6) 系统发出主轴速度信息

当换挡辅助功能代码完成信号发出后，系统根据主轴速度指令及系统挡位最高速度参数（FANUC-Oi 系统参数 3741、3742 和 3743），向主轴放大器发出主轴速度信息（如变频器驱动时，系统发出 0～10 V 电压信号）。

(7) 主轴放大器驱动主轴电动机实现主轴的速度控制。

4. 数控车床主轴自动换挡控制的常见故障及诊断方法

(1) 换挡后机床的主轴指令速度与实际速度不符

1) 程序换挡速度 M 代码和主轴挡位实际速度不符

如挂低速挡时，指令速度却是高速速度值。

2) 有关换挡系统参数设定错误

如各挡机械齿轮传动比参数与实际不符或系统参数设定错误，如变频器的最高频率设定不正确。

3) 机床主轴实际挡位错误

如机械换挡故障或电气检测信号出错

4) 主轴速度反馈装置故障

如电动机内装传感器故障或主轴独立编码器故障

5) 主轴放大器故障或系统主板不良故障

(2) 主轴换挡不能完成（主轴一直在摆动）而发出换挡超时报警

1) 主轴换挡机械控制装置故障

如滑移齿轮导向轴上有厚厚的胶状油渍或滑移齿轮损坏

2) 电磁离合器线圈及控制电路故障

3) 机械挡位到位信号开关位置偏差、开关不良或信号接口故障

4) 主轴放大器不良或系统主板不良

(3) 主轴不能执行换挡控制

1) 系统主板不良

通过系统 PMC 信号的动态跟踪，检查系统是否发出换挡指令，如果 M 代码换挡信号未输出则系统主板不良。

2) 换挡驱动控制电路故障

可能有 PMC 输出接口损坏、电磁离合器线圈或控制电路故障

3）自动换挡驱动的机械故障

3.4.2 数控铣床和加工中心主轴自动换挡控制及常见故障诊断

下面以台湾协宏机床厂家的龙门数控铣床为例，讲解数控铣床主轴换挡控制过程和常见故障诊断方法。

1. 龙门数控铣床的主轴齿轮换挡切换传动原理

如图3-24所示，主轴电动机8与主轴箱的电动机轴6连接，通过电动机轴上的齿轮与滑移齿轮的大齿轮5啮合，把主轴电动机转速传到主轴箱；再通过主轴箱的中间轴上的滑移齿轮的大齿轮5与主轴上的小齿轮10啮合，实现主轴高速挡控制，滑移齿轮上的小齿轮4与主轴上的大齿轮2啮合，实现主轴的低速挡控制。

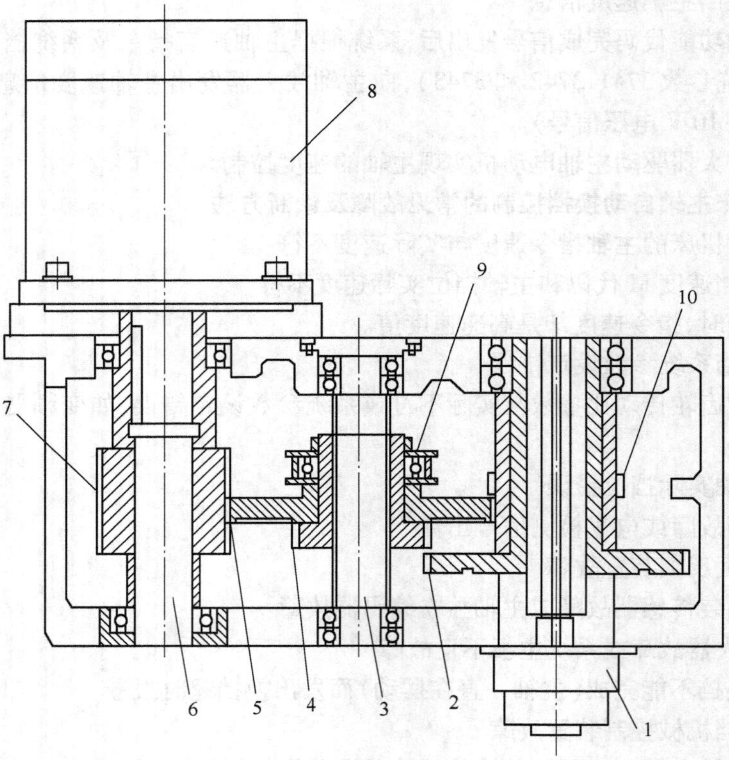

图3-24 龙门数控铣床主轴自动换挡结构简图

1—主轴 2—主轴上的大齿轮 3—中间轴 4—滑移齿轮上的小齿轮 5—滑移齿轮上的大齿轮 6—电动机轴 7—电动机轴上的齿轮 8—主轴电动机 9—滑移齿轮轴承套 10—主轴上的小齿轮

主轴高速和低速挡位的切换控制是采用液压拨叉来实现自动控制，具体控制如图3-25所示。图中为主轴空挡状态。当主轴速度为高速时，液压缸4高速口进油，液压缸活塞杆5上移，通过换挡带动环3带动液压拨叉传动轴9移动，从而带动滑移齿轮2上移，滑移齿轮上的大齿轮与主轴上的小齿轮啮合，实现主轴高速控制，同时高速挡到位开关6接通，向系统发出高速挡到位信号，完成主轴高速挡切换控制。当主轴速度为低速时，液压缸4低速口进油，液压缸活塞杆5下移，通过换挡带动环3带动液压拨叉传动轴9移动，从而带动滑移齿轮2下移，滑移齿轮上的小齿轮与主轴上的大齿轮啮合，实现主轴低速控制，同时低速挡到位开关 8 接通，向系统发出低速挡到位信号，完成主轴低速挡切换控制。

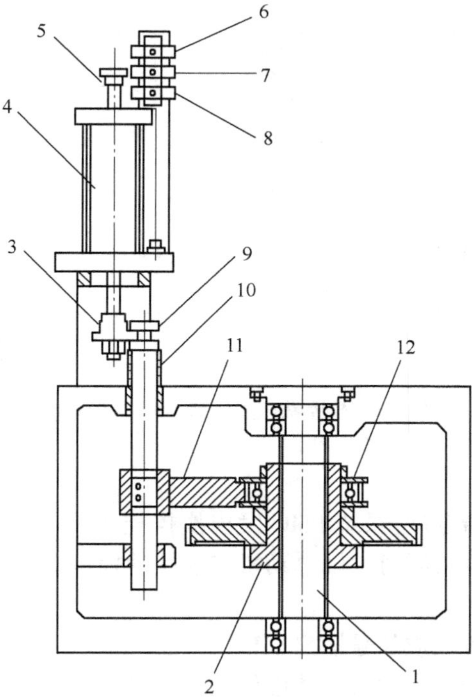

图 3-25　龙门数控铣床主轴自动换挡液压拨叉控制结构简图

1—中间轴　2—滑移齿轮　3—换挡带动环　4—换挡控制液压缸　5—液压缸活塞杆　6—高速挡信号开关　7—空挡信号开关　8—低速挡信号开关　9—液压拨叉传动轴　10—拉伸弹簧　11—液压拨叉　12—滑移齿轮轴承套

2. 数控铣床主轴齿轮换挡的系统参数设定

数控铣床主轴换挡切换控制一般采用各挡位速度切换信号控制，通过系统挡位切换参数设定实现主轴挡位的切换控制。FANUC-16/16i/18/18i/0i 系统参数是 3705#2（设定为 1）。

图 3-26 为数控铣床主轴齿轮换挡系统参数设定内容，数控系统为 FANUC-18MB 系统。系统参数 3751 为主轴低速到高速的切换速度，该机床设定为 2762 r/min；系统参数 3741 为主轴低速挡的最高速度，该机床设定为 1112 r/min；系统参数 3742 为主轴高速挡的最高速度，该机床设定为 4500 r/min；系统参数 3735 为主轴速度限制的下限值，该机床设定为27 r/min；系统参数 3736 为主轴速度限制的上限值，该机床设定为 3640 r/min；系统参数 4020 为主轴电动机的最高速度，该机床设定为 6000 r/min。

3. 数控铣床主轴齿轮自动换挡控制流程

（1）系统发出主轴挡位信号

当系统加工程序读到主轴速度指令（S 码）时，系统根据参数 3751 设定的速度切换数值，发出相对应的挡位信号（低速挡信号为 F34.0、高速挡信号为 F34.1）。

（2）通过挡位检测信号的判别，发出换挡请求指令

通过对系统 PMC 挡位信号的检测，即通过检测系统挡位信号指令与实际挡位信号是否一

致来判别是否执行换挡请求。

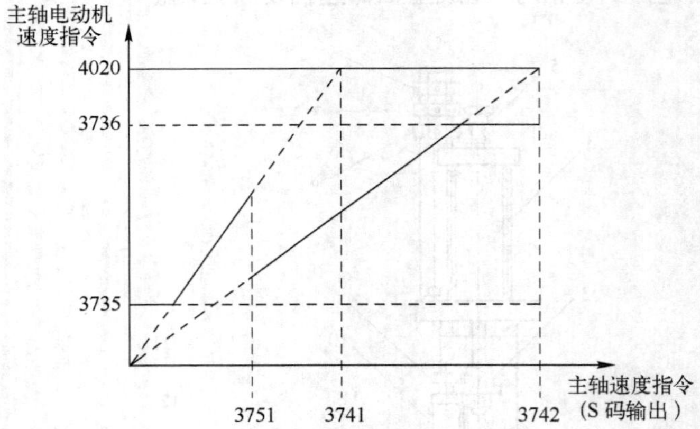

图 3-26　数控铣床主轴齿轮换挡系统参数

（3）执行换挡控制

当系统发出换挡请求指令后，系统 PMC 发出换挡控制信号，驱动相对应的液压阀控制线圈动作，实现主轴挡位的切换，同时主轴电动机实现摆动控制（正转和反转控制），目的是防止出现顶齿和打齿现象。

（4）主轴换挡切换信号完成信号输出

当检测到主轴挡位信号指令和实际挡位信号一致时，系统发出主轴挡位切换完成信号，电磁阀线圈断电，同时停止主轴电动机的摆动控制。

（5）输入系统挡位确认信号

通过系统 PMC 程序，输入机床主轴新的挡位确定信号（系统为 G70.3 和 G70.2），同时发出辅助功能代码（S 码）完成信号。

（6）系统发出主轴速度信息

当换挡辅助功能代码完成信号发出后，系统根据主轴速度指令及系统挡位最高速度参数（系统参数 3741、3742 和 3743），向主轴伺服模块发出主轴速度信息。

（7）主轴放大器驱动主轴电动机实现主轴的速度控制。

4. 数控铣床主轴自动换挡控制中常见故障及诊断方法

（1）换挡后机床的主轴指令速度与实际速度不符

1）系统挡位主轴最高速度参数设定错误，如 3741 或 3742 与实际机床传动齿轮比设定不相符。

2）系统主轴模块不良。主轴电动机参数初始化或更换主轴模块控制电路板。

3）主轴速度反馈装置不良。更换主轴速度检测装置（如主轴编码器或主轴电动机内装传感器）

4）系统主板不良。根据主轴速度指令 S 码和系统参数 3751 的关系，判别系统发出的挡位信号（低速挡信号为 F34.0、高速挡信号为 F34.1）是否一致，如果不一致则更换系统主板。

（2）主轴只有低速而没有高速

1）高速挡位的电磁阀控制回路故障，如控制电路的继电器、电磁阀线圈本身及系统 PMC 控制电路故障。

2）液压拨叉及滑移齿轮故障，如液压拨叉与拨叉传动轴的锁紧螺钉松动、中间轴故障。

3）液压回路故障，如液压回路泄漏及液压元件不良等。

4）系统主板不良。根据主轴速度指令 S 码和系统参数 3751 的关系，判别系统发出的挡位信号（低速挡信号为 F34.0、高速挡信号为 F34.1）是否一致，如果不一致则更换系统主板。

（3）主轴一直摆动（换挡速度）而超时报警

1）主轴挡位信号错误。可能原因有主轴挡位信号开关不良、位置不当、信号接口电路故障等。

2）液压控制回路故障。执行相应挡位控制的液压电磁阀控制电路故障，如控制电路的继电器、电磁阀线圈及系统 PMC 控制电路故障。

3）换挡的液压回路故障，如液压拨叉、滑移齿轮及液压回路本身故障。

4）主轴模块或系统主板不良，更换主轴模块或系统主板。

3.5 数控机床主轴准停控制功能及维修技术

1. 主轴准停功能及应用

主轴准确的轴向定位功能称为主轴准停功能又称主轴定向功能。当数控系统接收到准停命令 M19 或机床面板主轴准停信号（点动主轴准停开关），主轴按规定的速度（定向速度）旋转，当检测到主轴一转信号后，主轴旋转一个固定角度（可以通过参数修改）停止。

主轴准停功能的具体应用：

- 在自动换刀的数控铣镗类加工中心中，为保证正确自动换刀，主轴必须停止在某一固定的位置即实现主轴准停，从而保证刀柄上的键槽与主轴的凸键对准，防止换刀时出现撞刀现象。
- 在精镗孔循环加工时，为不使刀尖划伤已加工的表面，切削完毕后主轴定向停止，并在定向的反方向偏移一个微小量（一般取 0.5 ~ 1 mm）后返回。
- 多功能数控车床在圆柱面或端面进行铣槽及螺旋槽等特殊功能加工时，要求主轴先准停控制，然后实现主轴旋转与进给轴的插补控制，即 C 轴控制。

2. 主轴准停控制装置及系统参数设定

（1）主轴电动机内装传感器实现主轴准停控制

利用主轴电动机内装传感器发出的主轴速度、主轴位置信号及主轴一转信号实现主轴准停控制，这种方式适用于主轴电动机与主轴直联或 1∶1 传动的场合，如图 3-28 所示。

这种控制方式主轴电动机传感器为带有一转信号的传感器即 FANUC 系统 α 系列主轴电动机 MZ 系列或 αi 系列主轴电动机 MZi 系列，相关参数的设定，如表 3-6 所示。

由 CNC 装置发出主轴准停信号，通过主轴放大器的 JY2（α 系列主轴模块）/JYA2（αi 系列主轴模块）进行主轴位置、速度及一转信号的反馈。

图 3-27　数控机床主轴准停装置

a）电动机内装传感器　b）主轴编码器　c）接近开关

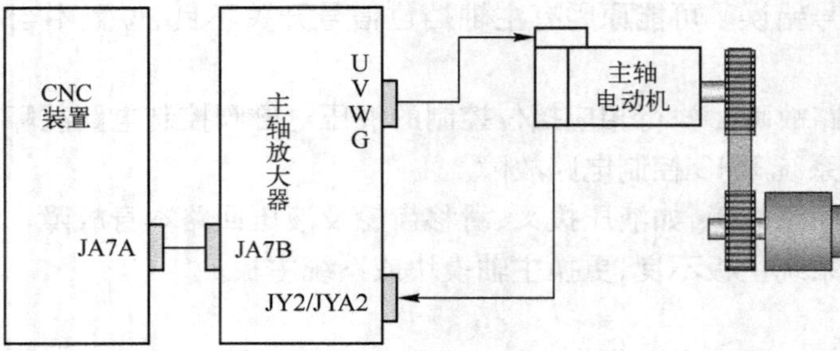

图 3-28　主轴电动机内装传感器实现主轴准停控制

表 3-6　主轴电动机内装传感器实现主轴准停控制的系统参数设定

OC/OD 系统	18/18i/Oi 系统	设 定 值	说　明
6500#0	4000#0	0/1	主轴和主轴电动机旋转方向相同/相反
6502#0	4002#0	1	使用电动机内装传感器为主轴位置反馈
6510#0	4010#0	1	电动机内装带一转信号的传感器
6515#0	4015#0	1	主轴定向功能有效
6556	4056	100	电动机与主轴的齿轮比为 1∶1

（2）主轴外接主轴独立编码器实现主轴准停控制

利用与主轴 1∶1 连接的主轴编码器发出的主轴速度、主轴位置及主轴一转信号实现主轴准停控制，这种方式适用于主轴电动机与主轴之间有机械齿轮传动的场合，如图 3-29 所示。

这种控制方式主轴电动机传感器为不带一转信号的传感器即 FANUC 系统 α 系列主轴电动机 M 系列或 αi 系列主轴电动机 Mi 系列，相关参数的设定，如表 3-7 所示。

由 CNC 装置发出主轴准停信号，通过主轴放大器的 JY2（α 系列主轴模块）/JYA2（αi 系列主轴模块）进行主轴电动机闭环电流矢量控制，通过 JY4（α 系列主轴模块）/JYA3（αi 系列主轴模块）进行主轴速度、位置及一转信号的反馈。

（3）主轴电动机内装传感器和外接一转检测元件（接近开关）实现主轴准停控制

利用主轴外接一转信号开关（接近开关）发出的主轴一转信号和主轴电动机内装传感器

发出的主轴速度和位置反馈信号实现主轴准停控制，这种方式适用于主轴电动机与主轴之间有机械齿轮传动切的场合，如图 3-30 所示。

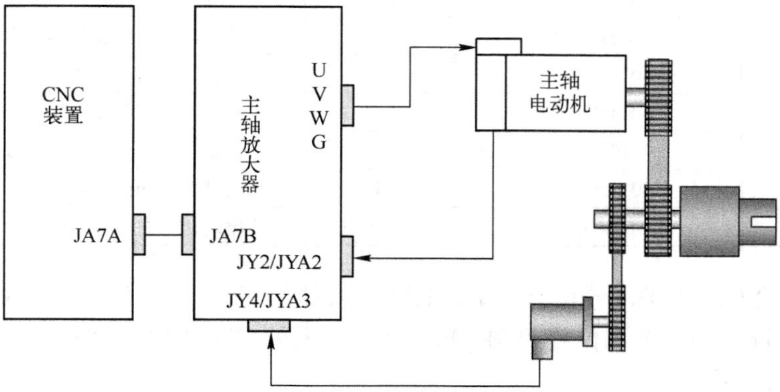

图 3-29　主轴外接主轴独立编码器实现主轴准停控制

表 3-7　主轴外接主轴独立编码器实现主轴准停控制的系统参数设定

OC/OD 系统	18/18i/Oi 系统	设　定　值	说　　明
6500#0	4000#0	0/1	主轴和主轴电动机旋转方向相同/相反
6501#4	4001#4	0/1	主轴与编码器旋转方向相同/相反
6501#2	4002#1	1	使用主轴外接编码器为主轴位置反馈
6510#0	4010#0	0	电动机内装不带一转信号的传感器
6515#0	4015#0	1	主轴定向功能有效
6556-6559	4056-4059	实际设定	电动机与主轴各挡的齿轮比

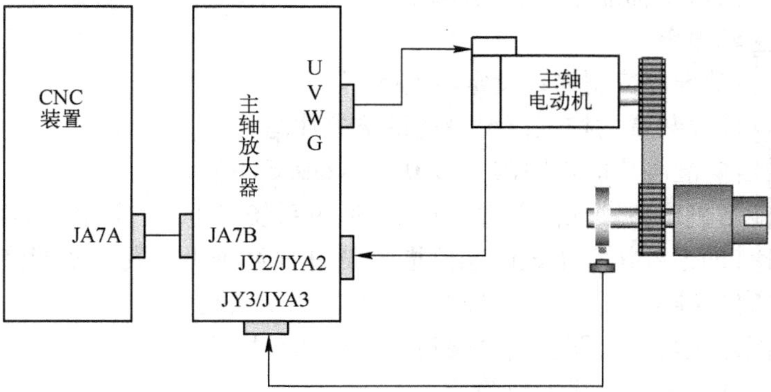

图 3-30　外接一转检测元件（接近开关）实现主轴准停控制

这种控制方式主轴电动机传感器为不带一转信号的传感器，即 FANUC 系统 α 系列主轴电动机 M 系列或 αi 系列主轴电动机 Mi 系列，相关参数的设定如表 3-8 所示。

表 3-8　主轴外接一转信号开关实现主轴准停控制的系统参数设定

OC/OD 系统	18/18i/Oi 系统	设　定　值	说　　明
6500#0	4000#0	0/1	主轴和主轴电动机旋转方向相同/相反
6502#0	4002#0	1	使用电动机内装传感器为主轴位置反馈
6504#2	4004#2	1	外接一转信号有效
6504#3	4004#3	0/1	接近开关为 NPN/PNP 类型
6510#0	4010#0	0	电动机内装不带一转信号的传感器
6515#0	4015#0	1	主轴定向功能有效
6556-6559	4056-4059	实际设定	电动机与主轴各挡的齿轮比

由 CNC 装置发出主轴准停信号，通过主轴放大器的 JY2（α 系列主轴模块）/JYA2（αi 系列主轴模块）进行主轴速度和位置控制，通过 JY3（α 系列主轴模块）/JYA3（αi 系列主轴模块）进行主轴一转信号的反馈。

3. 主轴准停功能的控制

（1）主轴准停功能控制信号

FANUC-OC/OD 系统主轴定向准停控制信号为 G229.6，定向准停完成信号为 F281.7；FANUC-18/18i/21/21i/Oi 系统主轴定向准停控制信号为 G70.6，定向准停完成信号为 F45.7。

（2）主轴定向准停的速度

FANUC-OC/OD 系统主轴定向准停速度系统参数为 108；FANUC-18/18i/21/21i/Oi 系统主轴定向准停速度系统参数为 3732。

（3）主轴定向准停的控制角度

FANUC-OC/OD 系统主轴定向准停控制角度系统参数为 6577；FANUC-18/18i/21/21i/Oi 系统主轴定向准停控制角度系统参数为 4077。

4. 主轴定向准停控制过程中常见的故障

（1）主轴不能实现定向准停控制

故障现象是当执行主轴准停控制功能指令 M19 时主轴静止不动或执行主轴定向准停信号时系统就发出主轴报警。

1）系统主轴主轴准停控制参数设定与实际不符。

通过实际机床准停装置的控制情况检查系统参数是否设定正确。

2）系统主轴定向准停功能控制信号 G70.6/G229.6 不满足。

故障原因可能是机床主轴准停条件不满足，通过系统 PMC 程序检查不满足条件的原因；或是系统本身故障，即系统执行了定向准停指令 M19 而系统没有发出使能信号。

3）系统主轴定向准停功能控制信号 G70.6/G229.6 满足。

故障原因可能是主轴放大器控制电路板或系统本身故障。

（2）主轴定向准停不能完成的故障

故障现象是当执行主轴准停控制功能指令 M19 时，主轴以定向准停速度旋转一直到超时报警。

1）检查主轴定向控制装置与系统参数设定是否一致。

2）主轴准停装置不良。

3）主轴放大器控制电路板不良。

4）系统主板不良（包括主轴参数不良）。

（3）主轴定向准停角度出现偏差

故障现象是当执行主轴准停控制功能指令 M19 时，主轴能够实现主轴定向准停控制，但准停的角度与规定的角度不一致。

主轴定向准停角度固定偏差：

故障原因是系统准停角度偏差参数设定不当或被修改，重新设定主轴定向准停角度参数。

主轴定向准停角度随机偏差的原因：

1）机械故障，如主轴与主轴齿轮、电动机轴与电动机齿轮之间的键连接侧隙过大。

2）主轴检测装置与机械连接不良或主轴传动带过松。

3）检测装置不良及一转信号不良。

4）主轴模块控制电路板不良。

5）系统主板不良。

3.6 数控车床螺纹加工中常见的故障分析及处理

螺纹加工是数控机床的重要加工功能之一，所以维修人员必须掌握螺纹加工控制原理、常见故障的诊断方法及实际处理过程。

1. 数控车床主轴编码器及功能连接

主轴编码器一般与主轴采用 1∶1 齿轮传动且采用同步带连接，编码器为 1024 脉冲/转，经过系统 4 倍频电路得到 4096 个位置反馈脉冲，同时还有鉴向电路，实现主轴方向的判别，如图 3-31 所示。

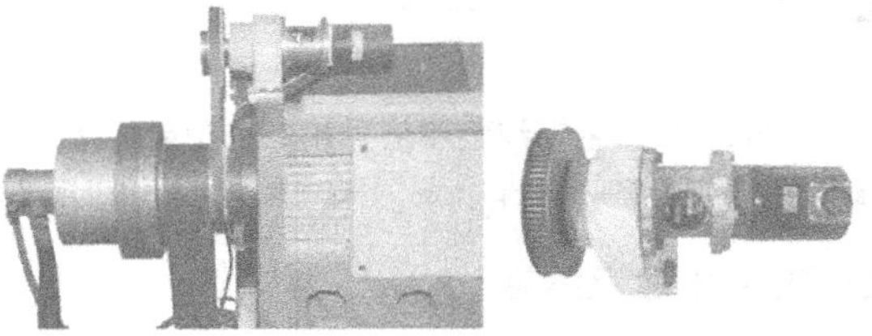

图 3-31　数控车床主轴编码器

（1）主轴位置编码器的作用

1）实现主轴位置、速度和一转信号的控制

主轴编码器发出的信号有 PA 和 * PA、PB 和 * PB 及 PZ 和 * PZ，其中 PA 和 * PA、PB 和 * PB 实现主轴位置（反馈位置脉冲数）和速度（反馈位置脉冲的频率）控制，同时实现主轴方向的判别；PZ 和 * PZ 信号实现主轴一转信号控制。编码器反馈信号如图 3-32 所示。

2）实现主轴与进给轴的同步控制

数控车床在进行螺纹加工时，为了满足切削螺距的需要，要求主轴每转一周，刀具准确地移动一个螺距（或导程）。系统通过主轴编码器反馈的位置脉冲信号实现主轴旋转与进给轴的插补功能，完成主轴位置脉冲的计数与进给同步控制。

3）实现恒线速度切削控制

数控车床进行端面或锥形面切削时，为了保证加工表面粗糙度保持一定的值，要求刀具与工件接触点的线速度为恒定值。随着刀具的径向进给和切削直径的逐渐减小或增大,应不断提高或降低主轴速度,保持 $V = 2\pi Dn$ 为常数。D 为刀具位置反馈信号(即工件的切削直径),V 为加工程序指定的恒线速度值,上述数据经过系统软件处理后,传输到主轴放大器作为主轴的速度控制信号,并通过主轴编码器的反馈信号准确实现主轴的速度控制。

(2) 主轴编码器的功能连接

主轴编码器的信号接口及功能连接如图 3-32 所示。图 a 的主轴放大器为变频器,当主轴采用变频器驱动动时,主轴编码器应该连接到系统的 JA7A(FANUC - OiA/OiB/OiC)或 JA41(FANUC - OiD);图 b 的主轴放大器为 FANUC 主轴伺服模块,当采用 FANUC 主轴模块时,主轴编码器应该和主轴模块的 JY4(α 系列主轴模块)/JYA3(αi 系列主轴模块)连接。

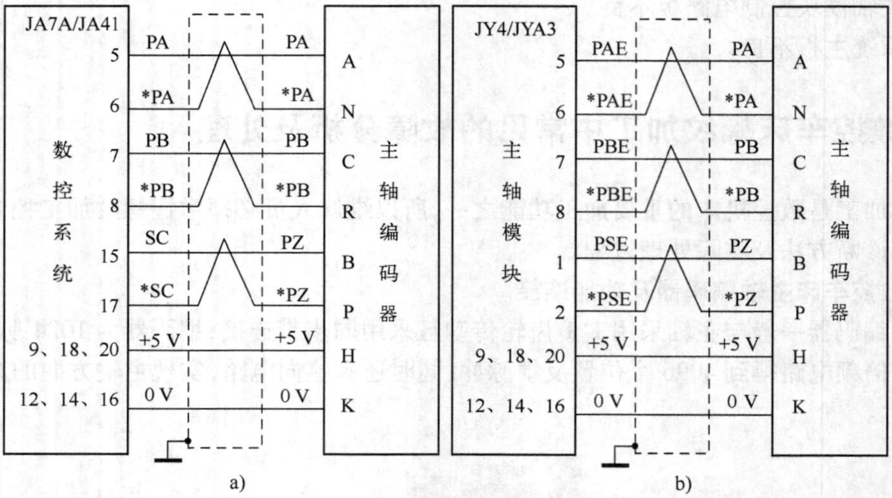

图 3-32　主轴编码器信号接口和功能连接

a) 系统与主轴编码器接口　b) 主轴模块与主轴编码器接口

2. 数控车床螺纹加工常见故障及维修

(1) 不执行螺纹加工的故障维修

故障现象:

某配套 FANU-Oi 系统的数控车床,在自动加工时,发现机床不执行螺纹加工程序。

系统工作原理:

数控车床螺纹加工实质就是主轴旋转与 Z 轴进给之间的插补。当执行螺纹加工指令时,系统得到主轴位置检测装置发出的一转信号后开始进行螺纹加工,根据主轴的位置反馈脉冲进行 Z 轴的插补控制,即主轴转一周,Z 轴进给一个螺距或一个导程(多头螺纹加工)。

故障原因:

1) 主轴编码器与系统之间的连接不良。

2) 主轴编码器的位置信号 PA、* PA、PB、* PB 不良或连接电缆断开。

3) 主轴编码器的一转信号 PZ、* PZ 不良或连接电缆断开。

4) 系统或主轴放大器故障。

故障的诊断及处理:

对于故障产生的原因 1),可通过检查连接电缆接口及电缆线的校线查到故障并修复,如果采用主轴放大器（FANUC 串行主轴放大器），系统会出现9027（AL-27）报警。对于故障产生的原因2），可通过系统显示装置上是否有主轴速度显示来判别，如果无主轴速度显示则为该类报警。对于故障产生的原因3），可通过加工指令 G99（每转进给加工）和 G98（每分钟进给加工）切换来判别，如果 G98 进给切削正常而 G99 进给切削不执行，则为该类故障。如果以上故障都排除，则为系统本身故障，即系统存储板或系统主板故障。

（2）螺纹加工出现“乱扣”的故障及维修技术

系统工作原理：

一般的螺纹加工要经过几次切削才能完成，每次重复切削时，开始进刀的位置必须相同。为了保证重复切削不乱扣，数控系统在接收主轴编码器中的一转信号后才开始螺纹切削的计算。

故障原因及处理方法：

当系统得到的一转信号不稳时，就会出现“乱扣”现象。产生故障的原因是主轴编码器的连接不良、主轴编码器的一转信号或信号电缆不良、主轴编码器内部有脏东西或编码器本身不良。如果以上故障排除后系统还乱扣，则需要检查系统或主轴放大器。

（3）螺纹加工出现螺距不稳的故障及原因分析

系统工作原理：

数控车床螺纹加工时，主轴旋转与 Z 轴进给之间进行插补控制，即主轴转一周，Z 轴进给一个螺距或一个导程（多头螺纹加工）。

故障产生的可能原因：

1）如果产生螺距误差是随机的：产生故障的可能原因是主轴编码器不良、主轴编码器内部太脏、主轴编码器与机床固定部件松动及连接编码器的传动带过松。

2）如果产生螺距误差是固定的：产生故障的可能原因是主轴位置编码器与主轴连接传动比参数设定错误或系统软件不良。

3.7 数控机床主轴组件的结构及维修技术

图 3-33 为加工中心主轴组件和主轴刀具自动夹紧结构。

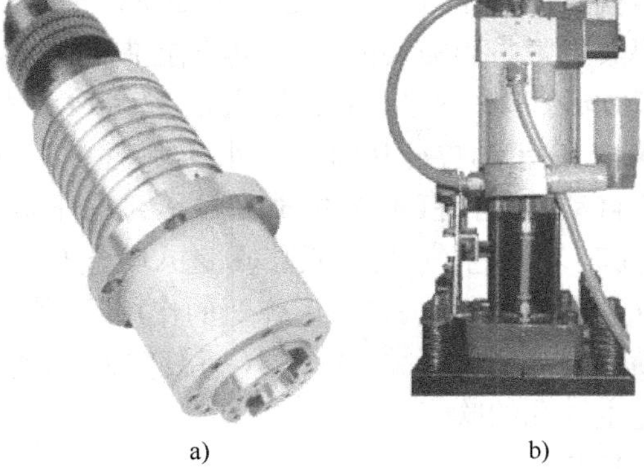

a)　　b)

图 3-33　加工中心主轴组件和主轴刀具自动夹紧结构

a）主轴组件　b）主轴刀具自动夹紧结构

1. **主轴轴承的配置形式**

数控机床主轴轴承的配置形式主要有三种，如图 3-34 所示。

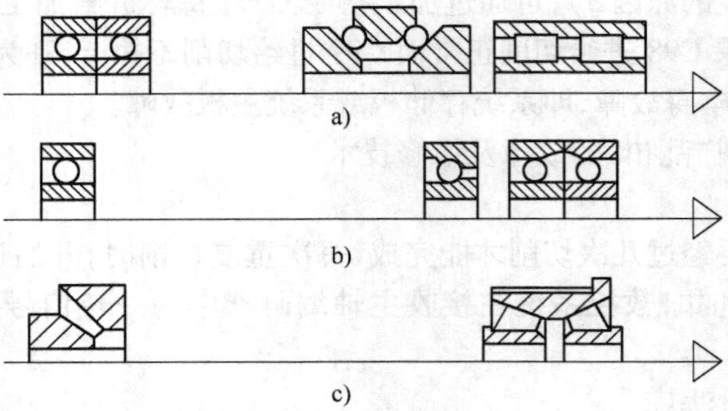

图 3-34　数控机床主轴轴承的配置形式

a）高刚度型　b）高速轻载型　c）低速重载型

1）前支承用双列圆柱滚子轴承来承受径向负荷，用安装在主轴前端的双向角接触球轴承来承受轴向负荷，后支撑采用成对向心推力球轴承，如图 3-34a 所示。这种结构刚性较好，能进行强力切削，适用于中等转速的机床。

2）前支承用向心推力球轴承，背靠背安装，以 2～3 个轴承为一套，用以承受轴向和径向负荷，后支承用单个向心推力球轴承，如图 3-34b 所示。这种结构适应较高转速、较重切削负荷，主轴精度较高，但所承受轴向负载较前一种结构小。

3）前后支承都采用成组角接触球轴承，承受轴向和径向负荷，如图 3-34c 所示。这种轴承径向和轴向刚度好，能承受重载荷，尤其是可承受较强的动载荷。它的安装、调整性能好，但限制主轴转速和精度，所以用于中等精度、低速、重载的数控机床的主轴。

图 3-35 中，立式加工中心主轴的轴承配置是：前支撑轴承采用两个背靠背安装的向心推力球轴承，后支撑轴承采用单个向心推力球轴承。

2. **主轴刀具的自动夹紧控制装置**

主轴内部刀具自动夹紧机构是数控机床特别是加工中心的特有机构。图 3-35 为加工中心主轴结构部件图，其刀具可以在主轴上自动装卸并进行自动夹紧。其工作原理如下：当刀具刀柄 2 装到主轴孔后，其刀柄后部的拉钉 4 便被送到主轴拉杆 9 的前端，在碟形弹簧 6 的作用下，通过弹性拉刀爪 5 将刀具拉紧。当需要换刀时，电气控制指令给气动系统发出信号，使气缸 15 的进气孔 17 进气，气缸活塞 16 下移，通过液压缸（起缓冲和增压作用）19 的活塞 20 下移，液压缸活塞上的通孔螺钉 10 带动拉杆 9 向下移动，当弹性拉刀爪 5 向前伸出一段距离后，在弹性力作用下，拉刀爪 5 自动松开拉钉 4，当主轴松刀具到位开关 12 接通后，机械手便可把刀具取出进行换刀。与此同时，压缩空气从进气孔 11 进入喷气孔 8 喷出，吹掉锥孔内脏物，当机械手把刀具装入之后，气动电磁阀断电，在碟形弹簧的作用下，使拉刀杆退回原处，通过拉刀爪又把刀具拉紧，当主轴锁紧刀具到位开关 13 接通（一般作为主轴旋转的使能信号），完成主轴刀具锁紧控制，同时停止主轴孔的吹气。

3. **主轴的润滑和密封方式**

良好的润滑效果可以降低轴承的工作温度，延长使用寿命。数控机床主轴轴承的润滑方式有油脂润滑、油液循环润滑、油雾润滑和油气润滑等。

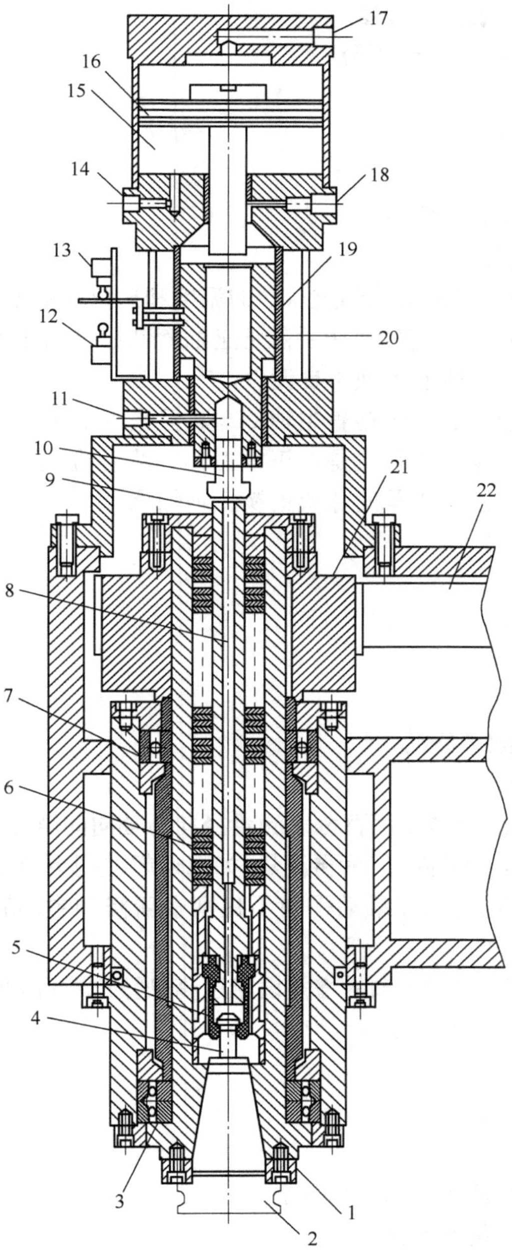

图 3-35　加工中心主轴组件

1—主轴端键　2—刀柄　3—前端轴承　4—刀柄拉丁　5—拉刀爪　6—蝶形弹簧　7—后端轴承　8—喷气孔　9—拉杆　10—通孔螺钉　11—主轴吹气孔　12—刀具松开检测开关　13—刀具锁紧检测开关　14—排气孔　15—气缸　16—气缸活塞　17—气缸进气孔　18—液压缸加油孔(接油杯)　19—液压缸　20—液压缸活塞　21—主轴带轮　22—同步带

主轴密封是为了防止灰尘、切屑和切削液进入,还要防止润滑油的泄漏。主轴的密封有接触式密封和非接触式密封两种。接触式密封主要有油毡圈和耐油橡胶密封圈密封两种;非接触式密封是利用轴承盖与轴的间隙密封,在轴承盖的孔内开槽是为了提高密封效果。

4. 数控机床主轴常见故障及检修

（1）主轴运行过程中出现过热报警

故障的原因可能有：

1）主轴轴承间隙过小。

2）主轴轴承损坏。

3）主轴润滑和冷却控制装置不良。

实际故障的诊断与处理：

主轴过热检测原理是主轴冷却油的进口油的温度和出口油的温度之差超过正常值。

如果监控温度没有超过规定值（或用手感觉进油管和出油管没有多大的温差），则故障为主轴温度监控电路板不良，检查及更换不良元件。

如果温度监控超过规定值，首先检查主轴冷却装置是否正常，比如检查冷却装置的通风道是否畅通、冷却风扇是否正常及压缩机是否正常工作。然后检查主轴轴承间隙调整是否过小或主轴轴承是否良好，调整主轴轴承间隙或更换主轴轴承。

（2）主轴运行中噪声过大

故障的原因可能有：

1）主轴轴承间隙过大或过小。

2）主轴轴承损坏。

3）主轴动平衡不良。

4）主轴电动机参数设定不良。

实际故障的诊断与处理：

1）检查主轴摆动误差，具体是用百分表测量径向与轴向间隙在合理范围内。如果测量误差超差，首先调整主轴轴承的间隙，然后再测量，如果还超差则更换主轴的轴承，并调整好。

2）对主轴进行动平衡实验，如果动平衡不良则重新修调主轴和主轴轴承的配合或更换主轴。

3）主轴参数设定不良，比如主轴的增益设定过高，通过参数初始化进行修复。

（3）主轴加工工件孔时，圆度超差

故障的原因可能有：

1）主轴轴承间隙过大。

2）主轴轴承不良。

3）刀柄和主轴接触不良或主轴锥孔拉毛。

4）主轴刀具夹紧辅助装置不良。

实际故障的诊断与处理：

1）检查主轴摆动误差，具体是用百分表测量径向与轴向间隙在合理范围内。如果测量误差超差，首先调整主轴轴承的间隙，然后再测量，如果还超差则更换主轴的轴承，并调整好。

2）如果刀柄和主轴接触不良或主轴锥孔拉毛，对主轴锥孔进行研磨或更换主轴。

3）加工中心主轴刀具拉不紧。如主轴碟型弹簧损坏，则要更换碟型弹簧；或主轴拉刀不到位，调整主轴组件中的通孔螺钉的位置。

【例】 某立式用精镗刀加工中心在加工工件时出现圆度超差。

分析及处理过程：首先怀疑主轴摆差过大，检测主轴间隙。用百分表测量径向与轴向间隙是否在合理范围内。然后检查刀具的拉紧情况。最简单的办法是：在主轴上夹一把没有中心出水的刀具，在确认配合锥面没有异物后，打开中心出水，观察主轴锥孔与刀具锥柄之间有没有水喷出。有水喷出说明拉刀不紧。拉刀是靠多组碟形弹簧片弹性变形产生强大拉力，通过拉杆及夹头拉住刀柄拉钉的尾部，使刀具锥柄和主轴锥孔紧密配合。拆下拉刀杆，发现碟形弹簧片多数碎裂，更换后故障消除。

（4）立式加工中心换刀时，主轴松刀动作缓慢

分析及处理过程：根据图 3-36 所示的气动回路图进行分析，主轴松刀动作缓慢的原因有：

1）气动系统压力太低或流量不足。

2）气动元件中运动零件的灵敏性下降。

3）主轴松刀气缸内壁拉毛或漏气。

4）机床主轴拉刀系统有故障，如碟型弹簧破损等。

实际故障的诊断与处理：

首先检查气动系统的压力，压力表显示的压力是否正常（正常为 0.6 MPa），如果压力偏低，检查气源调节装置中的减压阀是否正常或气源是否有问题；然后将机床操作转为手动，手动控制主轴松刀，发现系统压力下降是否明显，如果下降明显，则判定气动回路有漏气故障，检查气路是否有漏气及气缸是否有漏气现象（如气缸活塞环老化或气缸壁拉毛）；如果压力不下降，则故障为相关气动零件灵敏度下降，清洗气动零件或更换。

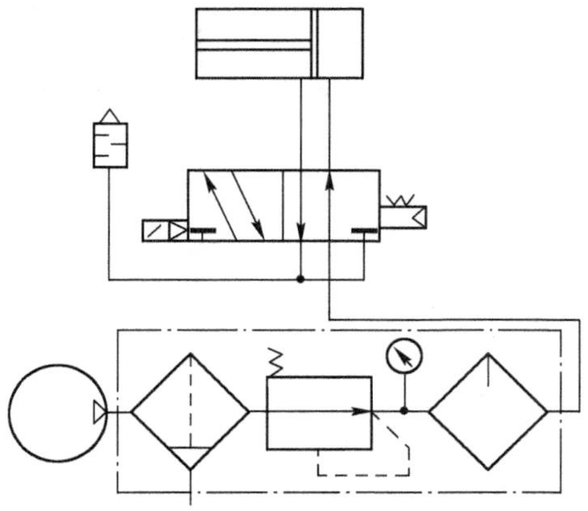

图 3-36　加工中心主轴刀具夹紧气动回路图

3.8　习题

1. 模拟量控制主轴和串行数字控制主轴驱动装置控制原理有何不同？

2. 数控机床主轴电动机已具备了无级调速，但为什么有的数控机床主轴还增设主轴变速齿轮？

3. 采用变频器改造数控车床主轴驱动，CNC 系统与变频器信号有哪些，这些信号的具体作用是什么？

4. 某数控车床采用 FANUC-Oi Mate TC 数控系统，画出 CNC 系统与变频器的信号连接

图,变频器采用富士变频器 FRN-G11S 及三菱变频器 E540。

5. 串行主轴驱动装置的电动机电源相序接错会出现什么现象?解释其原因。

6. 实际中有哪些情况会导致系统串行主轴控制模块出现错误报警(主轴模块黄灯亮),如果出现主轴错误信息时,应如何处理?

7. 某数控龙门铣床主轴在重切削时有时候主轴停转,分析可能的故障原因及如何进行检修?该机床主轴采用两挡自动换挡液压控制。

8. 如果主轴轴承的间隙过大如何进行检测和调整?

9. 某立式数控加工中心系统采用 FANUC-OiMA,主轴增设了三级齿轮变挡,主轴低速挡的齿轮传动比为 11:108,中速挡的齿轮传动比为 11:36,高速挡的齿轮传动比为 11:12。主轴电动机的最低转速为 150 r/min,最高转速为 6000 r/min。根据机械设计要求可知,主轴电动机的最高转速设定为 4500 r/min。如何设定系统主轴参数?

10. 主轴定向准停过程中出现超时报警,如何进行检修?机床为立式加工中心,系统采用 FANUC-OiMC 系统。

11. 主轴运行过程中,主轴箱噪声过大的可能原因有哪些及如何诊断?

12. 图 3-35 为某立式加工中心,主轴换刀时发现主轴刀具不能松开而报警,如何进行检修?

第4章　数控机床进给伺服系统及维修技术

随着自动控制领域的技术飞速发展，特别是微电子和电力技术的不断更新，伺服控制系统从早期的模拟量控制逐步发展到目前大多数数控厂家普遍使用的全数字控制系统。而且随着伺服系统控制的软件化，使伺服系统的控制性能有了更多的提高。从驱动元器件上看，从早期使用的晶闸管 SCR、大功率晶体管 GTR、绝缘栅场效应管 IGBT 发展到目前使用较多的智能型功率模块 IPM。

FANUC 公司 1982 年开发了使用 GTR 的 PWM 交流伺服控制系统，1983 年形成系列产品，先后经历模拟量交流伺服、数字交流伺服 S 系列和全数字交流伺服系统 α 系列，本世纪初 FANUC 公司又成功地开发出高速串行总线（FSSB）控制的全数字交流伺服系统 αi 系列和 βi 系列，实现了数控机床的高精度、高速度、高可靠性及高效节能的控制。

4.1　数控机床进给伺服系统的组成和功能特点

数控机床进给伺服系统一般是由伺服放大器、伺服电动机、机械传动组件和检测装置等组成，如图 4-1 所示。

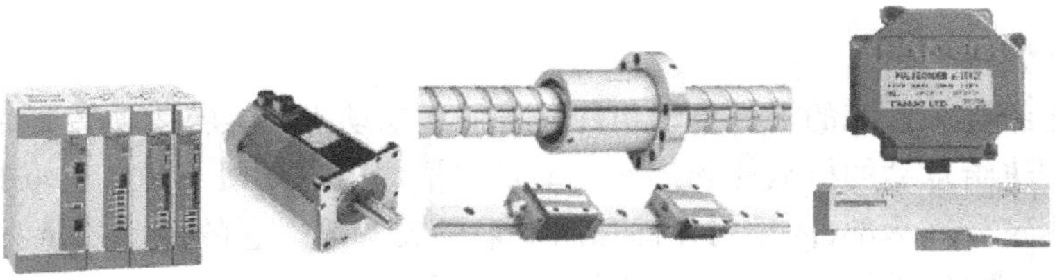

a)　　b)　　c)　　d)

图 4-1　数控机床进给伺服系统组成

a）伺服放大器　b）伺服电动机　c）机械传动组件　d）检测装置

1. 伺服放大器

目前 FANUC 系统常用的伺服放大器有 α 系列伺服单元、β/βiS 系列伺服单元、α/αi 系列伺服模块和 βi/βiS 系列驱动单元，如图 4-2 所示。

伺服放大器的作用是接收系统（伺服轴板）伺服信息传递信号，实施伺服电动机控制，并采集检测装置的反馈信号，实现伺服电动机闭环电流矢量控制及进给执行部件的速度和位置控制。

2. 伺服电动机

伺服电动机是进给伺服系统电气执行部件，现代数控机床进给伺服电动机普遍采用交流永磁式同步电动机，它是由定子部分、转子部分和内装编码器组成，如图 4-3 所示。

FANUC 系统进给伺服电动机一般采用 α/αi 系列伺服电动机和 β/βiS 系列伺服电动机。

a)　　b)　　c)　　d)

图 4-2　FANUC 系统伺服放大器

a) α 系列伺服单元　b) β/βiS 系列伺服单元　c) α/αi 系列伺服模块　d) βi/βiS 系列驱动单元

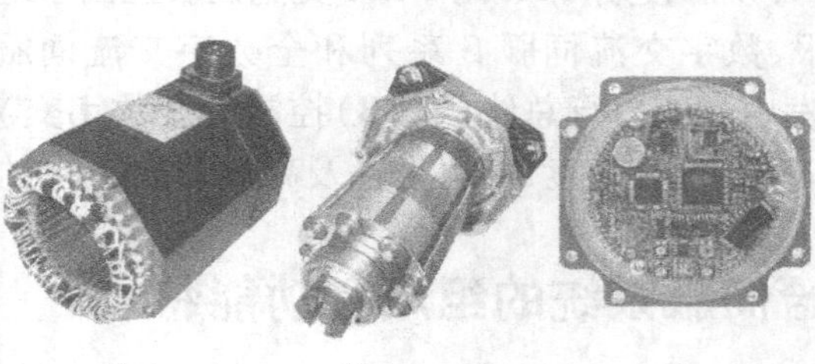

a)　　b)　　c)

图 4-3　FANUC 系列进给伺服电动机内部组成

a) 定子部分　b) 转子部分　c) 内装编码器

3. **机械传动组件**

数控机床进给伺服系统的机械传动组件是将伺服电动机的旋转运动转变为工作台或刀架直线运动以实现进给运动的机械传动部件。主要包括伺服电动机与丝杠的联接装置、滚珠丝杠螺母副及其固定或支承部件、导向元件和润滑辅助装置等。它的传动质量直接关系到机床的加工性能。数控机床进给组件具体组成如图 4-4 所示。

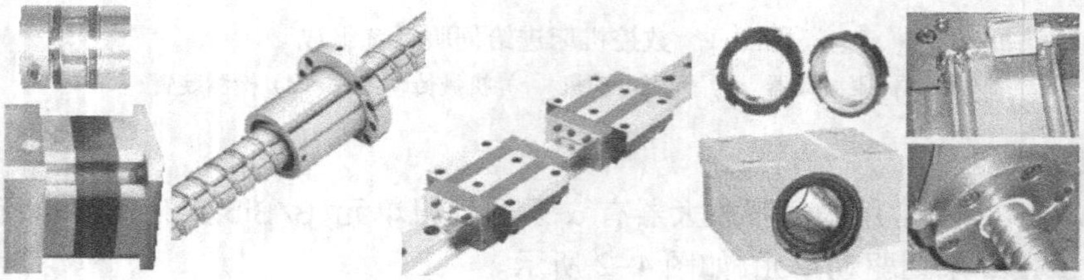

a)　　b)　　c)　　d)　　e)

图 4-4　进给传动部件

a) 电动机与丝杠联接装置　b) 滚珠丝杠螺母副　c) 直线滚动导轨

d) 丝杠固定和支承　e) 导轨和丝杠润滑

(1) 伺服电动机与滚珠丝杠的连接装置

目前,数控机床伺服电动机与丝杠联接形式有通过联轴器与丝杠直联、同步带联接和经过减速器联接三种形式,实际中根据机床的具体要求进行选择。

（2）滚珠丝杠螺母副

滚珠丝杠传动系统是一个以滚珠作为滚动媒介的滚动传动体系，它是在丝杠与螺母间加入钢球，将传统丝杠的滑动磨擦传动以钢球的滚动运动取代，实现旋转运动转换成直线运动或直线运动转换成旋转运动。

滚珠丝杠的特点：

1）高传动效率。它的传动效率达到90% ~96%，是传统丝杠的2 ~4 倍。这就使得它能以较小的力矩得到较大的推力。

2）运动平稳。滚珠丝杠传动系统为点接触运动，工作中摩擦阻力小、灵敏度高、启动时无颤动现象、低速无爬行现象，因此可精密地控制微量进给。

3）传动精度高。滚珠丝杠传动系统运动中温升较小，并可预紧消除轴向间隙和对丝杠进行预拉伸以补偿热伸长，因此可以获得较高的定位精度和重复定位精度。

4）高耐用性。钢球滚动接触处均经硬化（HRC58-63）处理，并经精密磨消，运动过程纯属滚动，相对磨损甚微，故具有较高的使用寿命和精度保持性。

5）高可靠性。与其它传动机械、液压传动相比，滚珠丝杠传动系统故障率很低，维修保养也简单，只需进行一般的润滑和防尘即可。

6）不能自锁。滚珠丝杠副的摩擦角小于1°，因此不能自锁。如果要完成滚珠丝杠驱动升降运动，则必须有制动装置。

数控机床滚珠丝杠螺母副的选择是根据实际机床的进给最高速度、最大负荷及控制精度来决定，数控机床常用滚珠丝杠的类型如表4-1所示。

表4-1　常用滚珠丝杠螺母副

系　　列	结　　构	说　　明
GZ系列滚珠丝杠螺母副 （内循环单螺母）		径向和轴向安装尺寸小 安装简单 单螺母预紧（增大钢球直径） 综合误差小 适用于中、轻负荷的精度定位 因磨损出现了间隙后，一般无法再进行预紧
GD系列滚珠丝杠螺母副 （内循环垫片预紧双螺母）		径向安装尺寸小，安装简便 双螺母预紧（垫片预紧） 适用于各类负荷、各种精度定位 应用范围最为广泛
GL系列滚珠丝杠螺母副 （内循环螺纹预紧双螺母）		径向尺寸最小、轴向尺寸最大 单双母预紧，根据工作情况的需要随时调整预紧力 适用于中低精度定位
CTZ系列滚珠丝杠螺母副 （外循环导珠管凸出式单螺母）		螺母安装外圆尺寸小、轴向尺寸短，丝杠允许的极限速度较高 安装滚珠丝杠副螺母支承座上需要开缺口，以让开导珠管位置 预加负荷不易自调

（续）

系　　列	结　　构	说　　明
CDT 系列滚珠丝杠螺母副 （外循环导珠管凸出式双螺母）	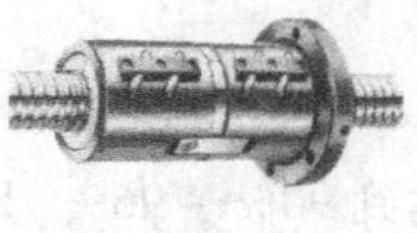	螺母安装外圆尺寸小、轴向尺寸较长，系统刚性较高，丝杠允许的极限速度较高 安装滚珠丝杠副螺母支承座上需要开缺口，以让开导珠管位置 预加负荷易自调
CMZ 系列滚珠丝杠螺母副 （外循环导珠管埋入式单螺母）	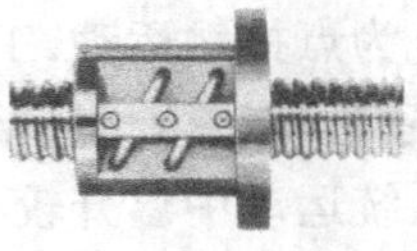	插管不高于螺母安装外圆，螺母支座上不需开缺口 安装外圆尺寸较 CTZ 型结构大，允许极限转速较高 预加负荷不易自调
CZM 系列滚珠丝杠螺母副 （外循环导珠管埋入式双螺母）		插管不高于螺母安装外圆，螺母支座上不需开缺口 安装外圆尺寸较 CTZ 型结构大，轴向尺寸较长 系统刚性较高，允许极限转速较高 预加负荷不易自调

（3）直线滚动导轨

数控机床导轨起导向和支承作用，即支承运动部件并保证其能在外力的作用下准确的沿着规定的方向运动。目前数控机床导轨普遍采用直线滚动导轨，其主要特点是：

1）定位精度高，重现性好

直线导轨的滚动运动方式，摩擦系数特别小，尤其静摩擦力与动摩擦力的差距很小，即使在微量进给时也不会有空转打滑的现象，解析能力与重现性最佳，因此可以实现 μm 级的定位精度。

2）低摩擦阻力，可长时间维持精度

直线导轨的滚动摩擦力可减小至滑动导轨摩擦阻力的 1/20 ~ 1/40，尤其润滑结构简单，润滑容易，润滑效果优良，摩擦接触面的损耗最低，因此可以长时间维持行走精度。

4）可承受四方向的高负荷能力

由于滚动直线导轨副的滑块与导轨上通常有 4 列圆弧滚道，因此能承受四个方向的负荷和翻转力矩。导轨承受能力随滚道中心距增大而加大。不同规格的滚动直线导轨有不同的承载能力，可根据所承受的负荷的大小来选择。

5）适合高速化应用

摩擦阻力小的特性，对设备的驱动电动机转矩需求低，节省能源效果大，尤其运动损耗小，温升效应低，可同时实现机械小型化与高速化需求。

6）组装容易并具有互换特性

直线导轨的安装只要在铣削或研磨加工的安装面上，以一定的组装步骤，即能重现直线导轨的加工密度，可降低传统铲花加工的时间与成本。并且它具有可互换的特性，可以将滑块任意配装在同型号的滑轨上，同时又保持相同的顺畅度与精密度，机台组装最容易，维修保养最简单。

（4）滚珠丝杠副安装方式

1）固定－自由方式：丝杠一端固定，另一端自由。固定端轴承同时承受轴向力和径向力，这种支承方式用于行程小的短丝杠及低速、中精度场合。

2）固定－支承方式：丝杠一端固定，另一端支承。固定端轴承同时承受轴向力和径向力；支承端轴承只承受径向力，而且能作微量的轴向浮动，可以避免或减少丝杠因自重而出现的弯曲，同时丝杠热变形可以自由地向一端伸长，适用于中等转速、高精度场合。

3）固定－固定方式：丝杠两端均固定。固定端轴承都可以同时承受轴向力和径向力，这种支承方式，可以对丝杠施加适当的预拉力，提高丝杠支承刚度，能够部分补偿丝杠的热变形，适用于高转速、高精度场合。

（5）丝杠和导轨的润滑

润滑剂可提高耐磨性及传动效率，润滑剂可分为润滑油和润滑脂两大类。润滑油一般为全损耗系统用油，润滑脂可采用锂基润滑脂。润滑脂一般加在螺纹滚道和安装螺母的壳体空间内，而润滑油则经过壳体上的油孔注入螺母的空间内。数控机床采用润滑脂润滑时，每半年对滚珠丝杠上的润滑脂更换一次，清洗丝杠上的旧润滑脂，涂上新的润滑脂；采用润滑油润滑时，每次开机自动润滑一次，间隔一定时间（用户可调整）或按累计移动行程进行自动间歇润滑。

4. 数控机床进给速度和位置检测装置

数控机床的进给速度和位置检测装置有伺服电动机内装编码器和分离型检测装置（如分离型编码器和光栅尺）两种形式。进给伺服系统的位置控制形式按有无分离型检测装置分为半闭环控制和全闭环控制两种形式。

（1）半闭环控制

所谓半闭环控制是指数控机床的位置（如刀架的移动位置、工作台的移动位置）反馈为间接反馈，即用丝杠的转角作为位置反馈信号，而不是机床位置的直接反馈。图 4-5 为数控机床的半闭环控制，进给伺服电动机的内装编码器的反馈信号即为速度反馈信号，同时又作为丝杠的位置反馈信号。

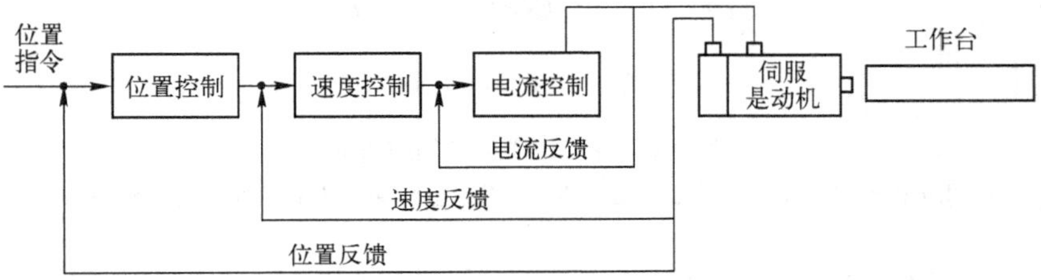

图 4-5　进给伺服的半闭环控制

（2）全闭环控制

如果数控机床采用分离型位置检测装置作为位置反馈信号，则进给伺服控制形式为全闭环控制。在全闭环控制中，进给伺服系统的速度反馈信号来自伺服电动机的内装编码器信号，而位置反馈信号是来自分离型位置检测装置的信号。

分离型位置检测装置有旋转式位置检测装置（如旋转编码器）和直线式位置检测装置（如光栅尺）两种。旋转式位置检测装置的进给伺服控制实质上还属于半闭环控制，而直线式位置检测装置的进给伺服控制才属于全闭环控制。

图 4-6 为采用光栅尺作为分离型位置检测装置的全闭环控制伺服系统。进给伺服电动机的内装编码器信号作为工作台的实际速度反馈信号，光栅尺的信号作为工作台实际移动位置的反馈信号。

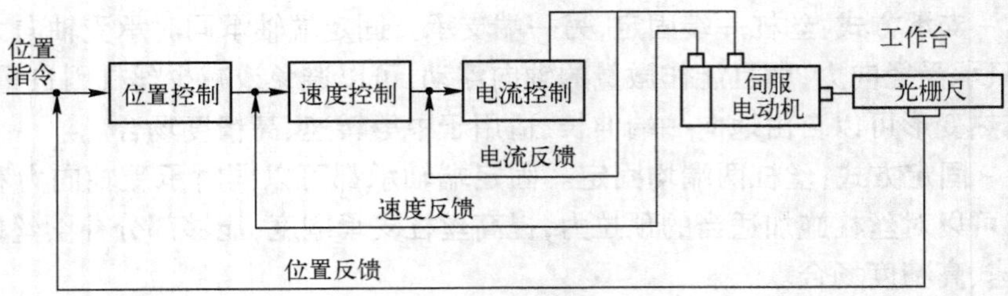

图 4-6　进给伺服的全闭环控制

4.2　伺服单元(SVU)驱动装置及维修技术

按伺服装置主电路电源输入是交流还是直流伺服驱动装置可分为伺服单元(SVU)和伺服模块(SVM)两种。伺服单元的输入电源通常为三相交流电(200 V,50 Hz),电动机的再生能量通过伺服单元的再生放电单元中的制动电阻消耗掉。FANUC 系统的伺服单元有 α 系列、β 系列和 βi 系列。目前主要应用的是 α 系列和 βi 系列,如图 4-7 所示。

a)　　b)　　c)

图 4-7　FANUC 系统伺服单元

a) α 系列伺服单元　b) βi 系列伺服单元(12N · m 及以上)　c) βi 系列伺服单元(8N · m 及以下)

4.2.1　伺服单元端子功能及连接

1. α 系列伺服单元

(1) 伺服单元(SVU)的端子功能

1) 接线端子说明:

L1、L2、L3:三相输入动力电源端子,交流 200 V。

L1C、L2C:单相输入控制电路电源端子,交流 200 V(出厂时与 L1、L2 短接)。

TH1、TH2:过热报警输入端子(出厂时,TH1-TH2 已短接),可用于伺服变压器及制动电阻的过热信号的输入。

RC、RI、RE:外接或内装制动电阻选择端子。

RL2、RL3:MCC 动作确认输出端子(MCC 的常闭点)。

UL、VL、WL:第一轴伺服电动机动力线。

UM、VM、WM:第二轴伺服电动机动力线。

100A、100B：C 型放大器内部交流继电器的线圈外部输入电源（α 型放大器已为内部直流 24 V 电源）。

2）电缆接口说明

JV1B、JV2B：A 型接口的伺服控制信号输入接口。

JS1B、JS2B：B 型接口的伺服控制信号输入接口。

JF1、JF2：B 型接口的伺服位置反馈信号输入接口。

JA4：伺服电动机内装绝对编码器电池电源接口（DC 6V）。

CX3：伺服装置内 MCC 动作确认接口，一般可用于伺服单元主电路接触器的控制。

CX4：伺服紧急停止信号输入端，用于机床面板的急停开关（常闭点）。

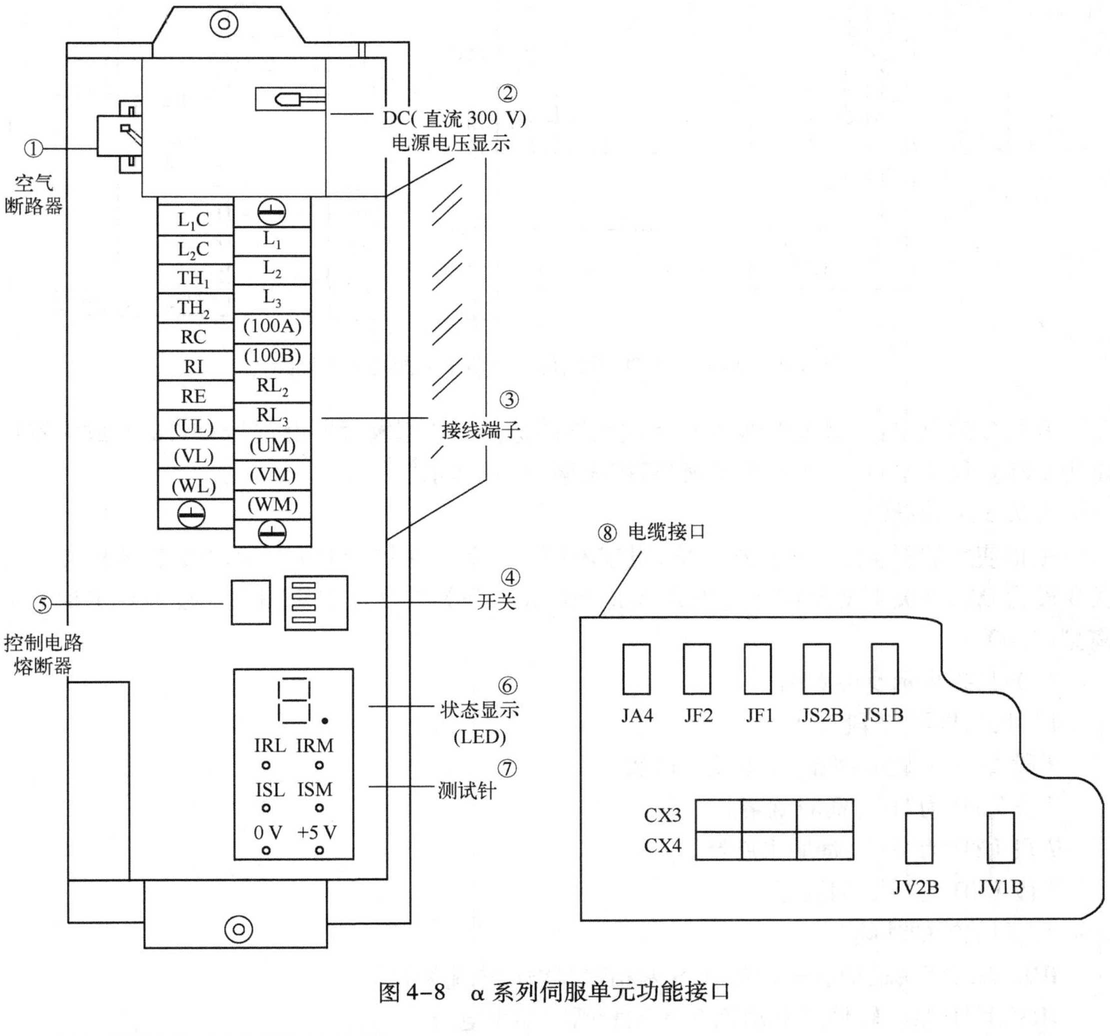

图 4-8　α 系列伺服单元功能接口

（2）伺服单元（SVU）的连接

下面以 FANUC-OTD 系统为例，具体说明伺服单元的连接，如图 4-9 所示。

（3）开关的设定

开关 1 的设定：根据 CNC 与伺服放大器之间接口类型不同，其设定也不同。A 型伺服接口为 OFF,B 型伺服接口为 ON。设定不对时,将出现伺服"401"报警(SVU 显示" - ")。

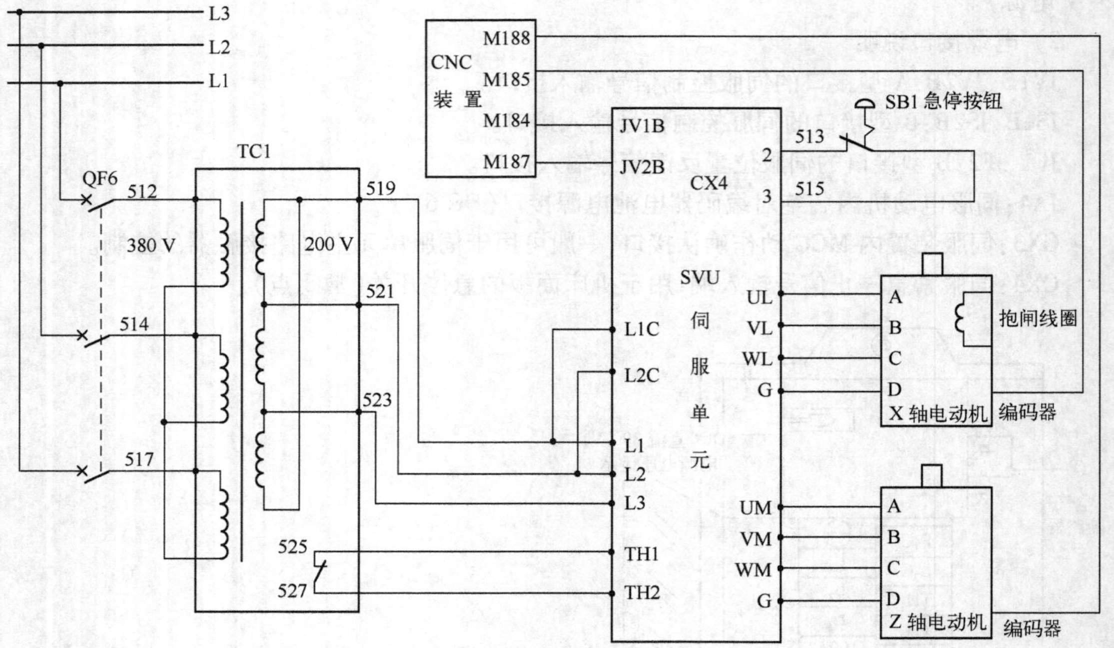

图 4-9　FANUC-OTD 系统与 α 伺服单元的功能连接图

开关 2 的设定:C 型放大器和 α 型放大器的选择。C 型放大器设定为 ON,α 型放大器设定为 OFF。设定不对时,将出现伺服"401"报警(SVU 显示" - ")。

开关 3、4 的设定:

根据使用的再生放电电阻的不同,设定不同。开关 3、4 均为 ON 时为内装型(400 W),开关 3 设为 ON,开关 4 设为 OFF 时为分离型(800 W),开关 3 设为 OFF,开关 4 设为 OFF 时为分离型(1200 W)。

(4) 状态显示及检测端子

1) 状态显示(7 段 LED)

7 段 LED 不显示:控制电源没有接通。

7 段 LED 为"O":伺服就绪。

7 段 LED 为"—":伺服未就绪。

7 段 LED 为"#":伺服报警。

2) 测试针的功能

IRL、ISL:第一轴伺服电动机 R、S 两相瞬时输出电流测试端。

IRM、ISM:第二轴伺服电动机 R、S 两相瞬时输出电流测试端。

5 V、0 V:伺服单元控制电路 +5 V 电源的测试针。

2. βi 系列伺服单元

βi 系列伺服单元是 FANUC 公司推出的最新的高可靠性、性能价格比卓越的进给伺服驱动装置。一般用于小型数控机床的进给轴的伺服驱动(如 FANUC-Oi Mate B/C 中作为 X 轴、Z

轴的伺服驱动)及中、大型加工中心数控机床的附加伺服轴的驱动(I/O Link 伺服单元),如 FANUC-18i MB 卧式加工中心中作为刀库的旋转、机械手的转臂控制等。

(1) βi 系列伺服单元的端子功能

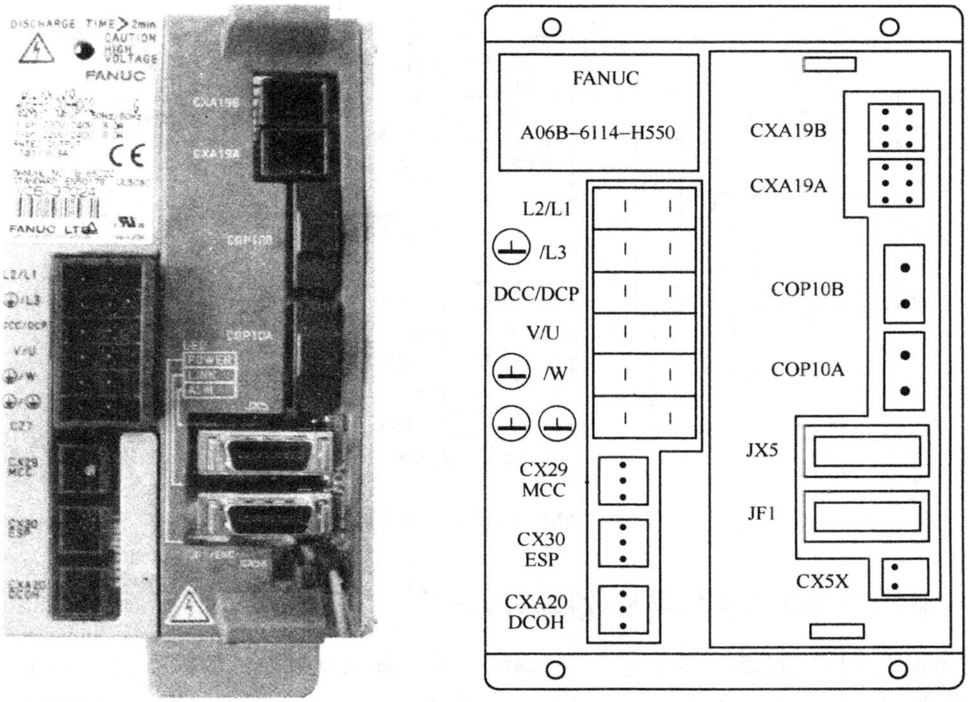

图 4-10 βi 系列伺服单元

L1、L2、L3:主电源输入端接口,三相交流电源 200 V、50/60 Hz。

U、V、W:伺服电动机的动力线接口。

DCC、DCP:外接 DC 制动电阻接口。

CX29:主电源 MCC 控制信号接口。

CX30:急停信号(* ESP)接口。

CXA20:DC 制动电阻过热信号接口。

CXA19A:DC 24V 控制电路电源输入接口,连接外部 24 V 稳压电源。

CXA19B:DC 24V 控制电路电源输出接口,连接下一个伺服单元的 CXA19A。

COP10A:伺服高速串行总线(HSSB)接口,与下一个伺服单元的 COP10B 连接(光缆)。

COP10B:伺服高速串行总线(HSSB)接口,与 CNC 系统的 COP10A 连接(光缆)。

JX5:伺服检测板信号接口。

JF1:伺服电动机内装编码器反馈信号接口。

CX5X:伺服电动机绝对编码器的电池接口。

(2) βi 系列伺服单元的连接

下面以 FANUC-Oi Mate TB 系统的数控车床为例说明 βi 伺服单元的连接,具体连接如图 4-11 所示。

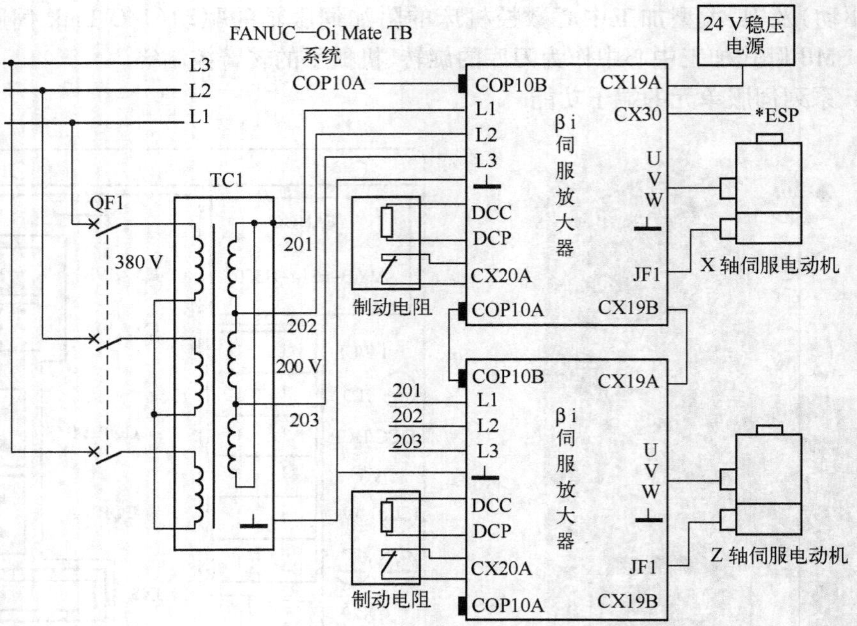

图 4-11　FANUC-0i Mate TB 伺服连接图

4.2.2　伺服单元的报警代码及故障原因分析

当伺服单元出现故障时,系统会出现“4##”报警。如果伺服单元有状态显示窗口(LED),显示窗口将显示相应的报警代码。下面以 α 系列伺服单元为例,说明伺服单元的报警代码含义及故障发生的可能原因。

1. 伺服单元过电压报警“1”

伺服过电压报警是指伺服单元的 DC 300V 超过了规定值。产生的故障原因可能有:

(1) 输入的交流电源电压过高。

(2) 制动电阻损坏或连接不良。

(3) 伺服单元本身不良。

2. 伺服单元控制电压低报警“2”

伺服电压低报警是指伺服单元控制电路电压过低报警。产生的故障原因可能有:

(1) 伺服单元输入的控制电压低。

(2) 伺服单元内部控制电路低电压故障(如内部电器元件短路)。

(3) 伺服单元外部连接有短路故障,如急停开关回路短路或伺服电动机编码器内部短路。

(4) 伺服单元本身不良。

3. 伺服单元主电路低电压报警“3”

伺服单元主电路低电压报警是指伺服单元的 DC 300V 电压低或为 0V 报警。产生的故障原因可能有:

(1) 交流电源输入电压过低。

(2) 伺服单元的断路器跳闸。

（3）伺服单元本身不良。

4. 伺服单元过热报警“5”

伺服单元过热报警是指伺服单元检测出过热输入信号。产生的故障原因可能有：

（1）平均再生放电能量过大。

（2）分离型再生放电单元的热敏开关不良或外接热敏开关不良（如伺服变压器过热）。

（3）伺服单元本身不良。

5. 伺服单元过电流报警“8”、“9”、“b”

伺服单元过电流报警是指伺服单元的第1轴、第2轴及第1、2轴检测出过电流。产生的故障原因可能有：

（1）伺服电动机短路。

（2）伺服单元的逆变块击穿短路。

（3）伺服单元本身不良。

6. 伺服单元的智能功率模块（IPM）报警“8.”、“9.”、“b.”

伺服单元的智能功率模块报警是指智能功率模块过热报警、过电流报警及伺服单元控制电路低电压报警。产生的故障原因可能有：

（1）伺服单元过热（如伺服单元散热风扇损坏）。

（2）伺服单元的逆变块击穿短路或电动机短路。

（3）伺服电动机编码器内部短路。

（4）伺服单元本身不良。

4.3 伺服模块（SVM）驱动装置及维修技术

伺服模块的工作原理与伺服单元基本相同，区别在于伺服单元输入为交流电源（三相200V），伺服电动机的再生能量经过制动单元放电实现快速制动。一般主轴为模拟量控制驱动装置时，采用伺服单元驱动进给轴电动机。伺服模块输入电源为直流电源（标准型为DC 300V，高压型为DC 600V），电动机的再生能量通过电源模块反馈到电网中。一般主轴驱动装置为串行数字控制装置时，进给轴驱动装置采用伺服模块。

4.3.1 伺服模块（α系列和αi系列）的功能接口

1. α系列伺服模块

α系列伺服模块主要用于FANUC-OC/OD/16/18/21/OiA系统伺服驱动装置，一个伺服模块可以用于驱动一台伺服电动机、两台伺服电动机或者三台伺服电动机。图4-12为驱动一台伺服电动机的伺服模块及功能接口图。

DC Link：伺服模块的主电路电源输入接线端子，连接电源模块的DC 300 V输出端子及后续伺服模块的DC Link输入端子。

BATTERY：伺服电动机绝对脉冲编码器的电池盒（DC 6V），与伺服模块的CX5X连接。

状态指示窗口（STATUS）：

7段LED不显示：控制电源没有接通。

7段LED为“O”：伺服就绪。

7 段 LED 为“—”:伺服未就绪。

7 段 LED 为“#”:伺服报警。

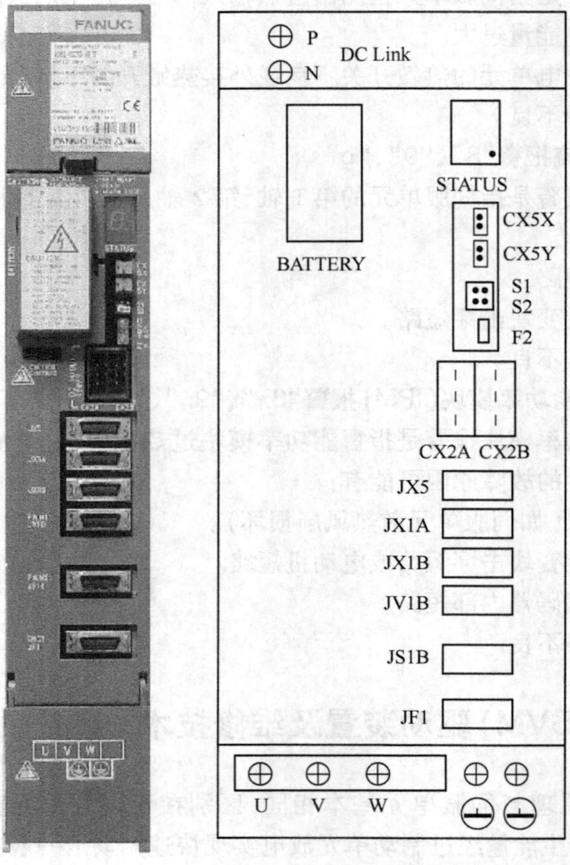

图 4-12　α 系列伺服模块及功能接口

CX5X、CX5Y:伺服电动机绝对编码器电池连接接口,CX5X 为输入,CX5Y 为输出。

S1、S2:伺服接口类型设定开关,S1 短接为 A 型伺服接口,S2 短接为 B 型伺服接口。

F2:控制电路 24V 电源的输入熔断器。

CX2A:DC 24V 及急停信号输入接口。

CX2B :DC 24V 及急停信号输出接口。

JX5:伺服信号检测板连接接口。

JX1A:模块之间信息信号输入连接接口。

JX1B:模块之间信息信号输出连接接口。

JV1B:A 型伺服信号连接接口。

JS1B:B 型伺服信号连接接口。

JF1:B 型伺服接口时,为伺服电动机编码器反馈信号接口。

U、V、W:伺服电动机动力线的接线端子。

2. αi 系列伺服模块

图 4-13 为 αi 系列伺服模块及功能接口，αi 系列伺服模块与 α 系列伺服模块不同的是伺服信息通过高速串行总线 HSSB(光缆)传输，而不是通过串行数据线(信号电缆线)传输。FANUC-16i/18i/21i/OiB/OiC/OiD 系统一般采用 αi 系列伺服模块进行伺服轴的驱动。

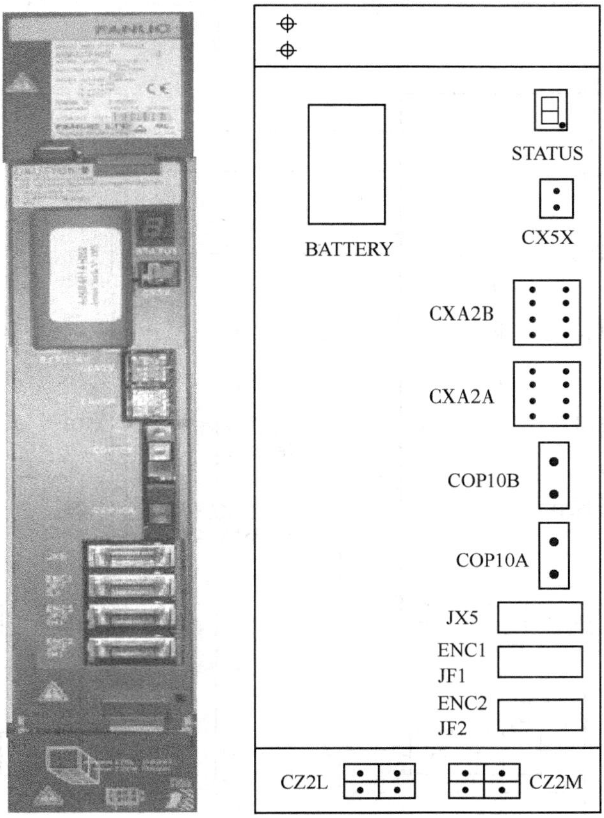

图 4-13　αi 系列伺服模块及功能接口

BATTERY：伺服电动机绝对编码器的电池盒(DC 6V)。

STATUS：伺服模块状态指示窗口。

CX5X：伺服电动机内装绝对编码器电池的接口。

CXA2A：DC 24V 电源、＊ESP 急停信号、XMIF 报警信息的输入接口，与前一个模块的 CXA2B 相连。

CXA2B：DC 24V 电源、＊ESP 急停信号、XMIF 报警信息的输出接口，与后一个模块的 CXA2A 相连。

COP10A：伺服高速串行总线(HSSB)输出接口，与下一个伺服单元的 COP10B 连接(光缆)。

COP10B：伺服高速串行总线(HSSB)输入接口，与 CNC 系统的 COP10A 连接(光缆)。

JX5：伺服检测板信号接口。

JF1、JF2：伺服电动机编码器信号接口。

CZ2L、CZ2M：伺服电动机动力线连接插口。

4.3.2 伺服模块的连接

1. α 系列伺服模块的连接

下面以 FANUV-OiMA 系统为例（带第 4 轴的加工中心数控机床），说明伺服模块的具体连接，如图 4-14 所示。

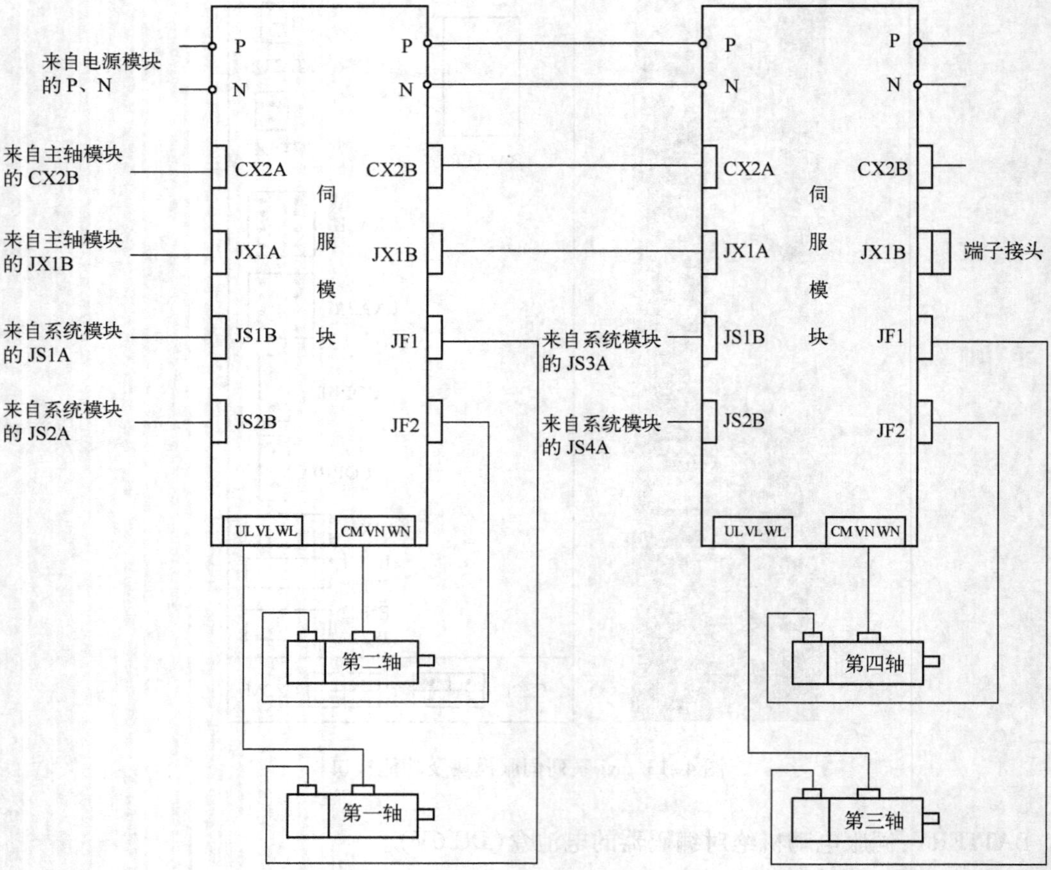

图 4-14　FANUC-0iMA 系统的 α 系列伺服模块连接图

2. αi 系列伺服模块的连接

下面以 FANUV-OiMC 系统为例（数控铣床），说明伺服模块的具体连接，如图 4-15 所示。从 αi 伺服模块的硬件连接可以看出，通过光缆的连接取代了电缆的连接，不仅保证了信号传输的速度，而且保证了传输的可靠性，减少了故障率。各模块之间的信息传递是通过 CXA2A/CXA2B 的串行数据来传递，而不是通过信号电缆 JX1A/JX1B（BCD 代码形式）来传递，从而进一步减少了连接电缆。

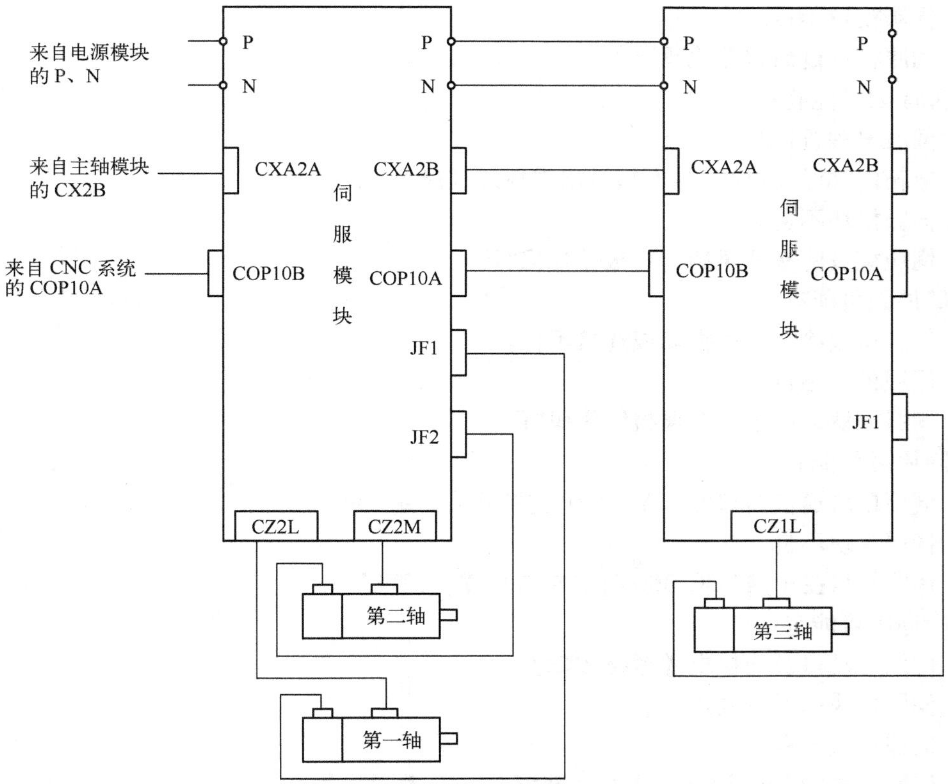

图 4-15　FANUC-0iMC 系统的 αi 系列伺服模块连接图

4.3.3　伺服模块的报警代码及故障原因分析

α 系列伺服模块的报警代码与 α 系列伺服单元的报警代码基本相同。下面介绍 αi 系列伺服模块的报警代码及产生的故障原因。

1. 内部风扇停止报警代码“1”

故障原因可能有：

1）内部风扇故障或风扇连接不良。

2）伺服模块不良。

2. 控制电路电压低报警代码“2”

故障原因可能有：

1）电源模块提供的 DC 24V 电压低。

2）伺服模块的 CX2A/CX2B 连接不良。

3）伺服模块不良。

3. 主电路 DC 300V 电压低报警代码“5”

故障原因可能有：

1）电源模块提供的 DC 300V 电压低。

2）伺服模块内的熔断器熔断。

3）伺服模块不良。

4. 伺服模块过热报警代码“6”

故障原因可能有：

1）伺服电动机过载。

2）电箱内部温度过高（如电箱风扇损坏或通风不良）。

3）伺服模块不良。

5. 伺服模块的冷却风扇停止报警代码“F”

故障原因可能有：

1）伺服模块冷却风扇损坏或连接不良。

2）伺服模块不良。

6. 伺服模块之间通信错误报警代码“P”

故障原因可能有：

1）伺服模块通信接口 CX2A/CX2B 连接不良。

2）伺服模块不良。

7. 伺服模块主电路（DC 300V）过电流报警代码“8”

故障原因可能有：

1）伺服电动机及连接电缆短路故障。

2）伺服模块的逆变块短路。

3）伺服模块不良。

8. 伺服模块的 IPM 过电流报警代码“8.”、“9.”、“A.”

故障原因可能有：

1）伺服电动机及连接电缆短路故障。

2）伺服模块不良。

9. 伺服模块的 IPM 过热报警代码“8.”、“9.”、“A.”

故障原因可能有：

1）伺服电动机过载。

2）周围温度过高。

3）伺服模块不良。

10. 伺服电动机过电流报警代码“b”（第 1 轴）、“c”（第 2 轴）、“d”（第 3 轴）

故障原因可能有：

1）伺服电动机过载或匝间短路。

2）伺服参数设定不良。

3）伺服模块不良。

4.4 进给伺服系统检测装置及维修技术

进给伺服系统检测装置按类型不同分为绝对编码器和相对编码器；按连接形式不同分为伺服电动机内装编码器的检测装置和分离型的检测装置。图 4-16 为伺服电动机内装编码器和分离型检测装置（光栅尺）。

a)　　　　　b)　　　　　c)

图 4-16　数控机床进给伺服检测装置

a）伺服电动机内装增量编码器　b）伺服电动机内装绝对编码器　c）分离型检测装置(光栅尺)

4.4.1　伺服电动机内装编码器报警及维修技术

通过伺服电动机内装编码器实现进给伺服的位置和速度反馈控制，属于半闭控制。内装编码器有增量和绝对两种，采用增量编码器时，系统机床位置是靠系统电池记忆的，但记忆的坐标值是机床断电前的位置。由于增量编码器上电时只是与系统进行通信而不进行数据的交换，不更新机床的坐标值，所以增量编码器数控机床开机时必须返回机床参考点。采用绝对编码器时，系统开机时不仅与编码器进行通信控制，而且实现数据交换，更新机床坐标值，使系统机械坐标值与机床实际位置保持一致，所以绝对编码器数控机床开机可以不需要返回机床参考点操作。

目前伺服电动机内装编码器数据传输采用串行数据传输，当编码器传输出错或异常时，系统相应出现报警号及相关报警信息。

FANUC-OC/OD 系统伺服电动机内装编码器报警为“3n9”（串行编码器通信报警，n 为伺服轴号）；FANUC-16/18/21/OiA 系统报警号为“350”（串行编码器异常报警）和“351”（串行编码器通信异常）。FANUC-16i/18i/21i/OiB/OiC 系统的串行编码器报警号详细内容如表 4-2 所示。从报警表可以看出，FANUC-16i/18i/21i/OiB/OiC 系统串行编码器报警不仅诊断出伺服电动机内装编码器报警，而且还可诊断出分离型编码器报警，系统故障诊断内容更加具体，为维修提供了详细故障信息。

表 4-2　FANUC-16i/18i/21i/OiB/OiC 系统串行编码器报警代码及故障原因

号　码	信　息	故障原因
360	n AXIS：ABNORMAL CHECKSUM (INT)	内置脉冲编码器发生校验错误
361	n AXIS：ABNORMAL PHASE DATA (INT)	内置脉冲编码器发生相位数据错误
362	n AXIS：ABNORMAL REV. DATA (INT)	内置脉冲编码器发生一转速计数错误
363	n AXIS：ABNORMAL CLOCK (INT)	内置脉冲编码器发生时钟错误
364	n AXIS：SOFT PHASE ALARM (INT)	数字伺服软件检测到内置脉冲编码器的无效数据
365	n AXIS：BROKEN LED (INT)	内置脉冲编码器发生 LED 错误
366	n AXIS：PULSE MISS (INT)	内置脉冲编码器发生脉冲错误
367	n AXIS：COUNT MISS (INT)	内置脉冲编码器发生计数错误
368	n AXIS：SERIAL DATA ERROR (INT)	内置脉冲编码器发出的传输数据无法接收
369	n AXIS：DATA TRANS. ERROR (INT)	从内置脉冲编码器接收的数据发生 CRC 或停止位错误

当系统出现报警时,可以通过系统诊断号进行故障原因的判别。FANUC-OC/OD 系统的诊断号为 760 ~ 767、770 ~ 777,FANUC-16/16i/18/18i/21/21i/Oi 系统的诊断号为 202、203。也可以通过系统伺服诊断画面的诊断号 ALM3、ALM4 进行判别。

	#7	#6	#5	#4	#3	#2	#1	#0
系统诊断号 (ALM3)		CSA		PHA	RCA		CKA	SPH

#6(CSA)为"1":发生诊断和报警。

#4(PHA)为"1":发生相位数据异常报警。

#3(RCA)为"1":发生速度计数异常报警。

#1(CKA)为"1":发生时钟报警。

#0(SPH)为"1":发生软相位数据异常报警。

当出现此类故障时,系统断电再重新送电后,如果上述诊断功能检查的诊断数据相同,则串行脉冲编码器可能出故障。如果诊断结果不一样或检测到其它异常情况则可能是某种外部干扰引起的。

	#7	#6	#5	#4	#3	#2	#1	#0
系统诊断号 (ALM4)	DTE	CRC	STB					

#7(DTE)为"1":串行脉冲编码器无响应报警,产生故障的可能原因有信号电缆断线、串行脉冲编码器出故障或串行脉冲编码器的 +5 V 降低。

#6(CRC):产生串行通信错误报警。

#5(STB):产生停止位错误报警。

系统产生故障的可能原因有编码器连接电缆不良、串行脉冲编码器本身故障、编码器控制电路 +5 V 电压不足、伺服放大器控制电路板不良及系统轴板出故障。

故障的具体诊断方法:

1) 对调伺服放大器上的编码器电缆接头,看故障是否转移

如果对调以后故障现象转移到另一个轴,说明故障在编码器侧,原因可能是编码器连接电缆不良或接口插头故障、编码器本身故障(如编码器内部电路 +5 V 电源电压低、控制电路板不良或玻璃板脏等)。

如果对调以后故障现象没有转移到另一个轴(还是该轴报警),说明故障在伺服放大器控制电路板或系统轴板。

2) 对调同规格的伺服放大器控制电路板来判别伺服放大器和系统轴板故障

对调伺服放大器控制电路板后,故障转移到另一个伺服轴,则故障在伺服放大器控制电路板;如果对调后,故障不转移,则故障在系统伺服轴板。

3) 系统主板不良或系统伺服参数存储软件不良

进行伺服参数初始化,故障解除,说明故障为伺服参数存储软件不良;伺服参数初始化后,故障不能消除,则故障为系统主板不良。

4.4.2 绝对位置检测装置(APC)报警及维修技术

系统伺服采用绝对位置检测装置时,系统断电后靠备用电池(标准为 DC 6V)来进行位置记忆。绝对位置检测装置可以是伺服电动机内装编码器、外接独立编码器及光栅尺。表 4-3 为 FANUC 系统绝对位置检测装置的报警信息及报警内容。

1. 数控机床绝对位置丢失故障(报警号为#300)的原因

(1)由于维护不当绝对编码器电池电压不足导致的机床绝对位置丢失。

(2)伺服电动机或放大器故障修复后导致机床绝对位置丢失。

(3)机械故障拆修后导致机床绝对位置丢失。

(4)系统参数覆盖及参数初始化操作导致绝对位置丢失。

2. 数控机床绝对位置丢失故障的处理方法

(1)无挡块返回参考点控制机床出现绝对位置丢失的处理方法

1)修改系统参数 1815#5(FANUC-16/16i/18/18i/21/21i/0i 系统)为"0"(FANUC-OC/OD 系统参数为 21#0#1#2#3),系统为增量编码器方式。

2)系统断电再重新上电。

3)手动移动各轴到机床的参考点位置。

4)把系统参数 1815#5#4(FANUC-16/16i/18/18i/21/21i/0i 系统)设定为"1"(FANUC-OC/OD 系统参数为 22#0#1#2#3)。

5)系统断电再重新上电。

(2)有挡块返回参考点控制机床出现绝对位置丢失的处理方法

1)修改系统参数 1815#5(FANUC-16/16i/18/18i/21/21i/0i 系统)为"0"(FANUC-OC/OD 系统参数为 21#0#1#2#3),系统为增量编码器方式。

2)系统断电再重新上电。

3)手动控制各轴到机床的参考点位置。

4)手动移动各轴离开参考点(电动机一转以上位置)。

5)把系统参数 1815#5(FANUC-16/16i/18/18i/21/21i/0i 系统)设定为"1"(FANUC-OC/OD 系统参数为 21#0#1#2#3)。

6)系统断电再重新上电。

7)手动控制各轴到机床的参考点位置,此时系统参数 1815#4(FANUC-16/16i/18/18i/21/21i/0i 系统)自动变成"1"(FANUC-OC/OD 系统参数为 22#0#1#2#3)。

(3)数控机床绝对位置丢失故障修复过程中的注意事项

1)事先掌握数控机床实际出厂时的机床参考点的具体位置。

2)如果机床参考点位置偏移或与出厂实际位置不符时,调整后要重新进行机床螺距误差补偿和刀具补偿。

3)如果数控机床为加工中心,还要对换刀点进行重新调整,否则容易出现换刀时撞刀故障。

4)更换绝对编码器电池时要求在系统通电状态下进行更换,更换电池后需要断开机床的的电源总开关。

表 4-3 FANUC 系统绝对编码器(APC)报警

号码	信息	内容
300	APC alarm:n-axis origin return	n 轴(1~4 轴)位置丢失报警,进行手动返回参考点
301	APC alarm:n-axis communication	n 轴(1~4 轴)APC 通信错误(数据传送异常)。APC、电缆或伺服接口模块不良
302	APC alarm:n-axis over time	n 轴(1~4 轴)超时错误(数据传送异常)。APC、电缆或伺服接口模块不良
303	APC alarm:n-axis framing	n 轴(1~4 轴)APC 成帧错误(数据传送异常)。APC、电缆或伺服接口模块不良
304	APC alarm:n-axis parity	n 轴(1~4 轴)APC 奇偶错误(数据传送)。APC、电缆或伺服接口模块不良
305	APC alarm:n-axis pulse error	n 轴(1~4 轴)APC 脉冲错误报警(APC 报警)。APC 或电缆不良
306	APC alarm:n-axis battery volatge 0	n 轴(1~4 轴)APC 电池电压已降低到不能保持数据的程度(APC 报警)。电池或电缆不良
307	APC alarm:n-axis battery low 1	n 轴(1~4 轴)APC 电池电压降低到要更换电池的程度(APC 报警)。请更换电池
308	APC alarm:n-axis battery low 2	n 轴(1~4 轴)APC 电池电压已降低到必须更换电池的程度(含电源 OFF 时)

4.4.3 分离型检测装置(光栅尺)报警及维修技术

数控机床光栅尺有两种,一种是直线型光栅尺,另一种是旋转光栅尺。图 4-17 为直线型光栅尺的内部结构,a 为光栅尺盒,起到防护和密封作用;b 为主光栅(标尺光栅),3 米以上为金属材料,3 米以下为玻璃材料;c 为读数头(指示光栅)。

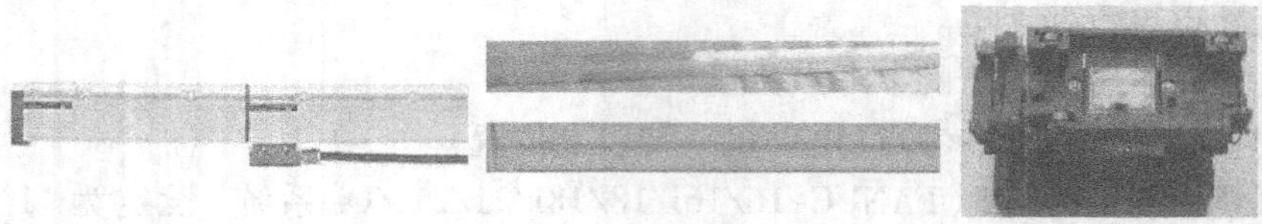

a) b) c)

图 4-17 数控机床光栅尺

a) 光栅尺盒 b) 主光栅(标尺光栅) c) 读数头(指示光栅)

FANUC-16/18/21/OiA 系统把光栅尺的信号直接反馈到系统主板进行处理(通过系统主 CPU 处理),FANUC-16i/18i/21i/OiB/OiC 系统把光栅尺信号反馈到系统的位置模块,通过伺服总线完成与系统轴板的数据交换,表 4-4 为 FANUC-16i/18i/21i/OiB/OiC 系统分离型检测装置报警代码及故障原因。

表 4-4 FANUC-16i/18i/21i/OiB/OiC 系统分离型检测装置报警代码及故障原因

380	n AXIS:BROKEN LED (EXT)	分离型检测器的 LED 错误
381	n AXIS:ABNORMAL PHASE (EXT)	分离型光栅尺发生相位数据错误
382	n AXIS:COUNT MISS (EXT)	分离型检测器发生脉冲错误

（续）

383	n AXIS:PULSE MISS（EXT）	分离型检测器发生计数错误
384	n AXIS:SOFT PHASE ALARM（EXT）	数字伺服软件检测到分离型检测器的无效数据
385	n AXIS:SERIAL DATA ERROR（EXT）	分离型检测器发出的传输数据无法接收
386	n AXIS:DATA TRANS. ERROR（EXT）	从分离型检测器接收的数据发生 CRC 或停止位错误
387	n AXIS:ABNORMAL ENCODER（EXT）	分离型检测器发生错误。详情请与光栅尺制造厂家联系

1. 光栅尺常见故障及处理方法

(1) 由于维护不当或光栅尺密封不良引起的光栅尺脏

采用 3 米以上的光栅尺时，从光栅尺盒抽出主光栅进行清洗；采用 3 米以下的光栅尺时，将读数头卸下，把整个光栅盒（带主光栅）进行清洗。如果光栅尺密封破损则需要更换光栅尺。

(2) 读数头不良

清洗读数头上指示光栅并检查读数头电路板，更换读数头。

(3) 读数头连接电缆不良及读数头电源电压（DC 5V）电压低

检查连接电缆是否有断路或接触不良，位置模块供电电路故障。

(4) 系统位置模块或系统轴板不良（FANUC-16i/18i/21i/OiB/OiC 系统）

检查后更换损坏部件。

(5) 系统主板不良

更换系统主板。

2. 封闭光栅尺的方法及注意事项

实际中进行故障诊断或应急处理时，经常通过封光栅尺的方法进行处理。下面以 FANUC-16i/18i/21i/OiB/OiC 系统为例，说明封光栅尺的方法及具体步骤。

1）系统返回参考点的减速功能（1425）：由原来的 100 mm/min 改为 200 mm/min。

2）系统是否使用反向间隙加速功能（2003#5）：由原来的 1 改为 0。

3）系统双位置反馈功能（2019#7）：由原来的 1 改为 0。

4）系统由全闭控制变成半闭控制（1815#1）：由原来的 1 改为 0。

5）按半闭控制设定伺服参数：包括进给齿轮比 N/M、位置脉冲数、参考计数器容量。

6）振荡抑制系数（2033）：设定为 0。

7）系统下电并重新上电。

实际封光栅尺注意事项：

1）机床的参考点位置发生了变化，加工工件坐标系变化，尤其是有自动换刀、自动对刀器时要重新调整。

2）机床的精度下降后，加工工件的工艺要求是否满足。

3）重新进行机床反向间隙的测量和系统参数的补偿。

4）在封光栅尺前对系统数据进行系列备份，以便对光栅尺的恢复。

4.5 伺服参数的设定及伺服调整

4.5.1 数控系统伺服参数的设定

1. 伺服参数设定的条件

1）CNC 单元的类型及相应软件（功能），如系统是 FANUC-OC/OD 系统还是 FANUC-16/18/21/Oi 系统。

2）伺服电动机的类型及规格，如进给伺服电动机是 α 系列、αi 系列、β 系列还是 βiS 系列。

3）电动机内装的脉冲编码器类型，如编码器是增量编码器还是绝对编码器。

4）系统是否使用分离型位置检测装置，如是否采用独立型旋转编码器或光栅尺作为伺服系统的位置检测装置。

5）电动机一转机床工作台移动的距离，如机床丝杠的螺距是多少，进给电动机与丝杠的传动比是多少。

6）机床的检测单位（例如 0.001 mm），检测装置的分辨率。

7）CNC 的指令单位（例如 0.001 mm）。

2. 伺服参数的设定画面

（1）伺服设定画面的显示参数及操作

FANUC-OC/OD 系统伺服显示参数为 389#0，当设定为“0”时，系统画面显示伺服设定和调整画面。

FANUC-16/18/21/OiA 系统和 FANUC-16i/18i/21i/OiB/OiC 系统伺服显示参数为 3111#0，当设定为“1”时，系统画面显示伺服设定和调整画面。

FANUC-OC/OD 系统伺服显示操作：

系统诊断/参数功能键 DGNOS/PARAM→系统软键[SV-PRM]。

FANUC-16/18/21/OiA 系统和 FANUC-16i/18i/21i/OiB/OiC 系统伺服显示操作：

系统功能键 SYSTEM→系统扩展软键→系统软键[SV-PRM]。

（2）伺服参数设定画面及具体设定

在图 4-18 所示的伺服设定画面中，把光标移动到需要设定的参数项，可直接输入相应数据。

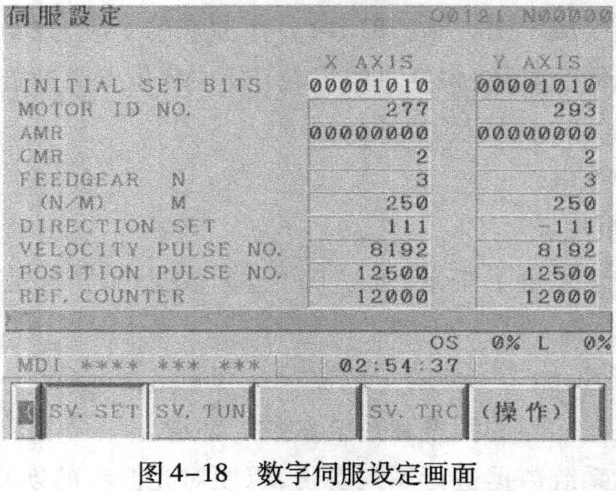

图 4-18 数字伺服设定画面

1）伺服电动机 ID 号(MOTOR ID NO)

选择所使用的电动机 ID 号,按照电动机型号和规格号(中间 4 位:A06B-XXXX-BXXX)列于下面的表 4-5 中。

表 4-5　FANUC 系统常用伺服电动机的 ID 代码

ID 代码	伺服电动机	ID 代码	伺服电动机
7	αC3/2000	176	αC8/2000i
8	αC6/2000	177	α8/3000i
9	αC12/2000	196	αC22/2000i
10	αC22/1500	201	αC30/1500i
15	α3/2000	191	αC12/2000i
16	α6/2000	193	α12/3000i
17	α6/3000	197	α22/3000i
18	α12/2000	203	α30/3000i
19	α12/3000	207	α40/3000i
20	α22/2000	36	β2/3000
22	α22/3000	33	β3/3000
23	α30/3000	34	β6/2000
27	α22/1500	158	β8/3000iS
28	α30/1200	172	β12/3000iS
30	α40/2000	174	β22/3000iS

2）AMR:设定电枢倍增比,α 系列和 αi 系列设定为“00000000”,与电动机编码器类型无关。

3）CMR:设定伺服系统的指令倍率。设定值 =(指令单位/检测单位) ×2。

4）设定柔性进给传动比(N/M)

当不同丝杠的螺距或机床传动有减速齿轮时,为了使位置反馈脉冲数与指令脉冲数相同而设定进给齿轮比(N/M)。由于通过系统参数可以对其进行修改,所以又称柔性进给齿轮比。

半闭环控制伺服系统:

N/M =(伺服电动机一转所需的位置反馈脉冲数/100 万)的约分数

全闭环控制形式伺服系统:

N/M =(伺服电动机一转所需的位置反馈脉冲数/电动机一转分离型检测装置位置反馈的脉冲数)的约分数

【例 4-1】 某数控车床的 X 轴伺服电动机与进给丝杠直连,丝杠的螺距为 6 mm。具体连接如图 4-19 所示。

【例 4-2】 某数控铣床 X、Y 轴伺服电动机与进给丝杠采用 1:2 齿轮比连接,进给丝杠的螺距为 10 mm。具体连接如图 4-20 所示。

【例 4-3】 某数控组合机床分度头采用伺服电动机驱动,伺服电动机通过减速器和同步带传动,其传动比为 1:30,机床的检测单位为 0.001°。具体连接如图 4-21 所示。

图 4-19　伺服电动机与丝杠直连

$N/M = 6000/1000000 = 3/500$

图 4-20　伺服电动机与丝杠经过一级降速比连接

$N/M = 10000 \times 0.5/1000000 = 1/200$

【例 4-4】　某数控车床的 Z 轴伺服电动机与进给丝杠采用 1∶1 齿轮且通过同步齿形带连接，Z 轴丝杠端安装一个独立位置编码器作为 Z 轴的位置检测信号，编码器一转发出 2000 脉冲，丝杠的螺距为 6 mm。具体连接如图 4-22 所示。

图 4-21　伺服电动机与旋转轴经过减速箱连接

$N/M = (360/30 \times 1000)/1000000 = 3/250$

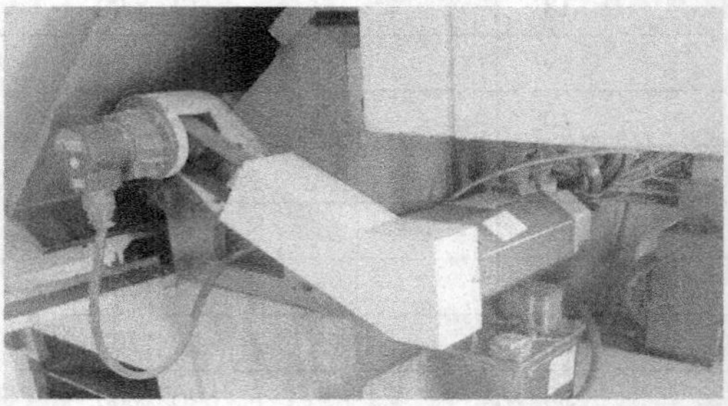

图 4-22　采用独立旋转编码器伺服连接

$N/M = 6000/2000 \times 4 = 3/4$

【例 4-5】　某数控铣床 X、Y、Z 轴伺服电动机与进给丝杠直联，X、Y、Z 轴采用光栅尺作为位置检测，光栅尺的检测精度为 0.5 μm，进给丝杠的螺距为 12 mm。

$$N/M = 12000/(12000 \div 0.5) = 1/2$$

5）电动机的移动方向（DIRECTION SE）：111 为正方向（从脉冲编码器端看为顺时针方向旋转），-111 为负方向（从脉冲编码器端看为逆时针方向旋转）。

6）速度脉冲数（VELOCITY PULSE NO）：串行编码器设定为 8192。

7）位置脉冲数（POSITION PULSE NO）：半闭环控制系统中，设定为 12500；全闭环系统中，按来自分离型检测装置的位置脉冲数设定。

8）参考计数器的设定（REF COUNTER）：参考计数器容量是栅格方式返回参考点控制的栅格宽度。必须按电动机一转所需的位置脉冲数或按该数的整数倍来设定。

3. 数控系统伺服参数的初始化

伺服参数初始化就是将系统的参数按设定条件恢复到系统出厂的标准设定。

（1）伺服初始化设定参数

除了设定上面的伺服参数外，还要正确设定下面的参数。

1）分离型检测装置是否有效的系统参数。

FANUC-OC/OD 系统参数为 37#0、1、2、3（分别为 1-4 轴），FANUC-16/18/21/OiA 系统和 FANUC-16i/18i/21i/OiB/OiC 系统参数为 1815#1，如果系统采用分离型检测装置作为位置检

测装置，则把该位参数设定为“1”，否则设定为“0”。

2）绝对位置检测是否使用参数。

FANUC-OC/OD 系统参数为 21#0、1、2、3（分别为 1-4 轴），FANUC-16/18/21/OiA 系统和 FANUC-16i/18i/21i/OiB/OiC 系统参数为 1815#5，如果系统采用绝对编码器作为位置检测，则把该位参数设定为“1”，否则设定为“0”。

（2）伺服参数初始化的操作

在伺服设定画面中，将伺服初始化设定参数#1 的“1”设定为“0”，然后系统断电再重新上电操作，从而完成数字伺服参数的初始化操作。当伺服初始化结束后，初始化设定位#1 自动变为“1”。

初始化设定位：

#7	#6	#5	#4	#3	#2	#1	#0
				PRMCAL		DGPRM	PLC01

#0（PLC01）：设定为“0”时，检测单位为 1 μm，FANUC-OC/OD 系统使用参数 8n23（速度脉冲数）、8n24（位置脉冲数），FANUC-16/18/21/OiA 系统和 FANUC-16i/18i/21i/OiB/OiC 系统使用参数 2023（速度脉冲数）、2024（位置脉冲数）。设定为“1”时，检测单位为 0.1 μm，把上面系统参数的数值乘 10 倍。

#1（DGPRM）：设定为“0”时，系统进行数字伺服参数初始化设定，当伺服参数初始化后，该位自动变成“1”。

#3（PRMCAL）：进行伺服初始化设定时，该位自动变成“1”（FANUC-OC/OD 系统无此功能）。根据编码器的脉冲数自动计算下列参数：PRM2043、PRM2044、PRM2047、PRM2053、PRM2054、PRM2056、PRM2057、PRM2059、PRM2074、PRM2076。

4.5.2 数控系统伺服调整

图 4-23 为伺服调整画面（通过按 SV. TUN 系统操作软键显示），在该画面中可以进行伺服参数的调整和报警的诊断。

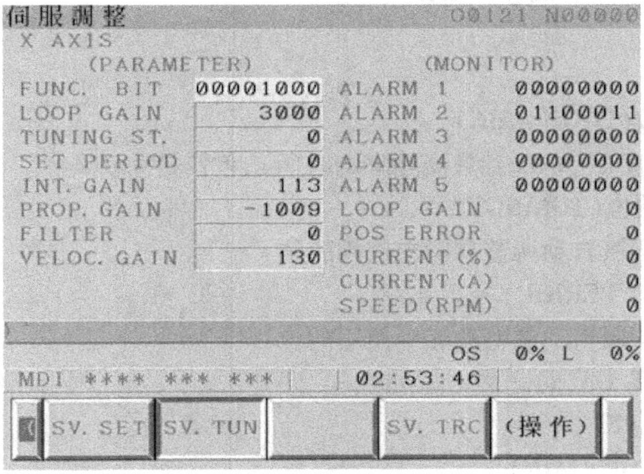

图 4-23 进给伺服调整画面

1. 伺服的参数调整(PARAMETER)

1) 伺服功能设定位(FUNC. BIT)

#7	#6	#5	#4	#3	#2	#1	#0
VOFS	OVSC	BLEN	NPSP	PIEN	OBEN	TGAL	

TGAL(#1):软件断线报警的检测水平

0:标准设定(不能修改系统参数)

1:调低检测标准(可以修改系统)

软件断线报警级别系统参数在FANUC-OC/O系统中为8n64,在FANUC-18i/Oi系统中为2064(标准设定为4)。

OBEN(#2):速度控制观测器功能(消除高频振荡)

0:不使用

1:使用

PIEN(#3):速度控制方式设定

0:I-P控制(数控冲床)

1:P-I控制

NPSP(#4):N脉冲抑制功能

0:不使用

1:使用

BLEN(#5):是否使用反冲加速功能

0:不使用

1:使用

OVSC(#6):是否使用超程补偿功能

0:不使用

1:使用

VOFS(#7):是否使用防过冲计数器

0:不使用

1:使用

2) 回路增益参数(LOOP GAIN)

伺服频率加速时间(从0Hz到最高频率的时间),单位是0.01s。

3) 伺服调整开始位(TUNINGST.)

未使用(在旧的伺服自动调整功能中使用的位)。

4) 设定中期(SET PERIOD)

未使用(在旧的伺服自动调整功能中使用的位)。

5) 积分增益(INT. GAIN)

速度环积分增益PK1。

6) 比例增益(PROP. GAIN)

速度环比例增益PK2。

7）滤波器(FILTER)

转矩指令滤波器(设定采样周期时间)。

8）速度环速度增益(VELOC. GAIN)

整个速度环增益,设定与负载惯性有关。

2. 伺服监控(MONITOR)

1）ALARM1：

#7	#6	#5	#4	#3	#2	#1	#0
OVL	LV	OVC	HCA	HVA	DCA	FBA	OFA

#7(OVL):伺服过载报警(实际为伺服过热报警)。

#6(LV):伺服低电压报警。

#5(OVC):伺服过电流报警。

#4(HCA):伺服异常电流报警。

#3(HVA):伺服高电压报警。

#2(DCA):伺服放电电路报警。

#1(FBA):伺服断线报警。

#0(OFA):伺服溢出报警。

2）ALARM2：

#7	#6	#5	#4	#3	#2	#1	#0
ALD			EXP				

通过#7 和#4 诊断信号状态的变化,可以进行伺服过载和断线报警。

过载报警	0	—	—	—	放大器过热
	1	—	—	—	伺服电动机过热
断线报警	1	—	—	0	内装编码器断线报警(硬件)
	1	—	—	0	分离型检测装置断线报警(硬件)
	0	—	—	0	检测装置断线报警(软件)

3）ALARM3：

#7	#6	#5	#4	#3	#2	#1	#0
	CSA	BLA	PHA	RCA	BZA	CKA	SPH

#6(CSA):串行脉冲编码器的硬件异常。

#5(BLA):电池电压不足(警告)。

#4(PHA):串行编码器或反馈电缆异常,反馈信号的计数器错误。

#3(RCA):脉冲编码器出现计数报警。

#2(BZA):电池的电压已变为零,需更换电池,设定参考点。

#1(CKA):串行脉冲编码器不良,内部程序段停止。

#0(SPH):串行脉冲编码器不良或反馈电缆异常,反馈信号的计数出错。

4) ALARM4:

#7	#6	#5	#4	#3	#2	#1	#0
DTE	CRC	STB	PRM				

#7(DTE):串行编码器通讯异常,通讯没有应答。

#6(CRC):串行编码器通讯异常,传送的数据有错。

#5(STB):串行编码器通讯异常,传送的数据有错。

#4(PRM):数字伺服侧检测的参数不正确。

5) ALARM5:

#7	#6	#5	#4	#3	#2	#1	#0
	OFS	MCC	LDM	PMS			

#6(OFS):数字伺服电流值的 A/D 转换异常。

#5(MCC):伺服放大器的电磁开关触点熔断。

#4(LDM):α 脉冲编码器的 LED 异常。

#3(PMS):α 脉冲编码器或反馈电缆异常,使反馈脉冲不正确。

6) 回路增益:显示实际的回路增益。

7) 位置偏差量:显示实际的位置偏差量。

8) 实际电流(%):显示额定电流的百分比。

9) 实际电流(A):显示额定电流的大小。

10) 实际速度:显示电动机实际转速。

4.6 FANUC 系列伺服总线(FSSB)设定及常见故障分析

4.6.1 FSSB 伺服总线的设定

FSSB 是 Fanuc Serial Servo Bus(发那科系列伺服总线)的缩写,它能够将 1 台主控器(CNC 装置)和多台从控器用光缆连接起来,在 CNC 与伺服放大器间用高速串行总线(串行数据)进行通信。主控器侧是 CNC 本体,从控器则是伺服放大器(主轴放大器除外)及分离型位置检测器用的接口装置。图 4-24 为某立式加工中心,其中从控器为 X、Y、Z 和 A 轴。

1. FSSB 自动设定过程

1) 设定系统的总控制轴数。系统总控制轴数参数为 1010,4 轴数控机床设定为 4。

2) 伺服参数初始化,按实际伺服电动机的连接形式、控制功能及电动机 ID 代码,正确设定伺服参数,执行系统伺服参数初始化操作。

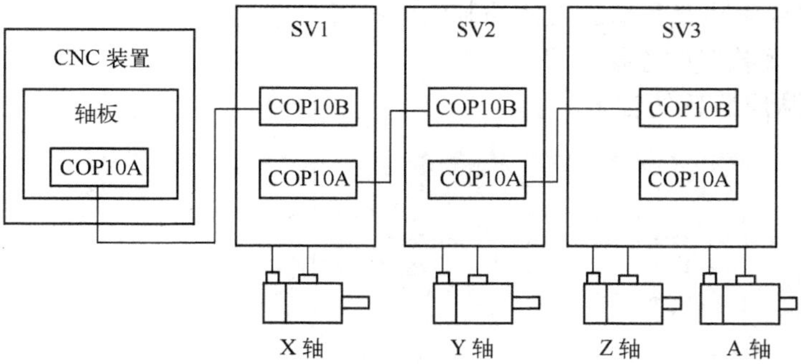

图 4-24　立式数控加工中心(4 轴)伺服放大器和伺服电动机连接图

3）正确设定伺服轴名和伺服轴属性。系统伺服轴名设定参数为 1020,根据实际情况设定(轴名的代码参看表 4-6),伺服轴的属性参数为 1022,具体设定参看表 4-7。

表 4-6　进给伺服轴名设定

轴　名	设定值	轴　名	设定值	轴　名	设定值	轴　名	设定值
X	88	U	85	A	65	E	69
Y	89	V	86	B	66		
Z	90	W	87	C	67		

表 4-7　伺服轴属性的设定

设　定　值	意　义	设　定　值	意　义
0	既不是基本轴也不是平行轴	5	平行轴 U 轴
1	基本轴中的 X 轴	6	平行轴 V 轴
2	基本轴中的 Y 轴	7	平行轴 W 轴
3	基本轴中的 Z 轴		

4）将系统参数 1902#0#1 设定为“0”,执行 FFSB 自动设定。系统参数 1902#0 设定为“0”表示执行自动 FSSB 设定,1902#1 设定为“0”表示系统没有完成 FSSB 功能设定。

5）系统断电再重新上电,完成 FSSB 自动设定功能。

2. 伺服放大器 FSSB 设定

按系统功能键 SYSTEM→系统扩展操作软键(多次)→系统操作软键 FSSB→系统操作软键 AMP 后出现图 4-25 的伺服放大器 FSSB 设定画面。

伺服放大器设定画面中显示的各项内容的意义为:

NO:表示某通道下第几从属装置,如 1-2 表示 1 通道下的第 2 从属装置。

AMP:表示从属装置所接的放大器及第几轴,如 A1-M 表示第 2 从属装置接到第 1 放大器的第 2 轴上。

SERIES:表示放大器的系列,AI 表示伺服放大器为 αi 系列。

UNIT:表示放大器是伺服单元还是伺服模块,如 SVM 表示伺服模块。

CUR：表示该从属装置驱动放大器控制的轴的最大电流。

AXIS：表示从属装置的连接顺序号。

NAME：表示从属装置的轴名。

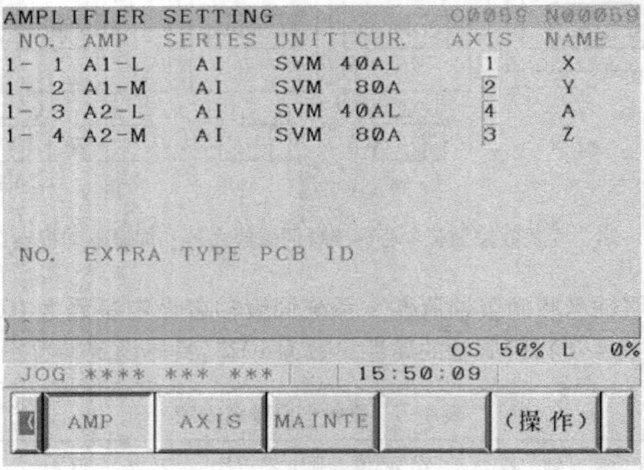

图 4-25 伺服放大器 FSSB 设定画面

3. 伺服轴 FSSB 设定

按系统功能键 SYSTEM→系统扩展操作软键(多次)→系统操作软键 FSSB→系统操作软键 AXIS 后出现图 4-26 的伺服轴 FSSB 设定画面。

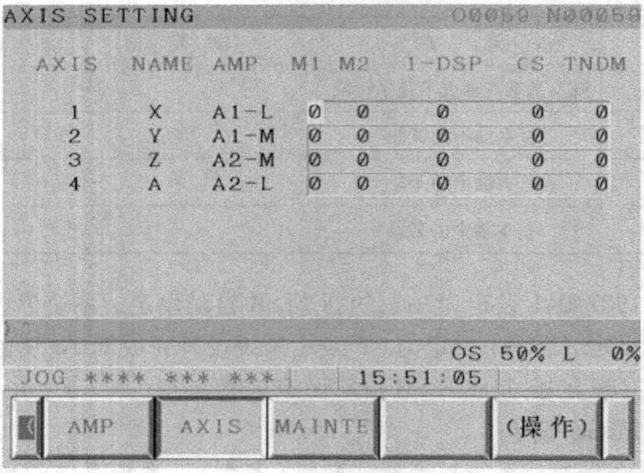

图 4-26 伺服轴 FSSB 设定画面

轴设定画面中显示的各项内容的意义为：

AXIS：被控轴的编号，表明 NC 控制轴的安装位置。

NAME：被控轴的名称。

AMP：各轴所连的放大器的形式。

M1：分离型检测器接口单元 1 的连接器号(在参数#1931 中设定)。

M2：分离型检测器接口单元 2 的连接器号(在参数#1932 中设定)。

1-DSP：参数#1904 第 0 位（1DSP）的设定值。如果某个轴设为 1，表示使用专门的 DSP。通常 1 个 DSP 控制 2 个轴。

CS：Cs 轮廓控制轴（在参数#1933 中设定）。对于 Cs 控制轴，应设为 1。

TNDM（M 系列）：参数#1934 的指定值，Oi 和 Oi Mate 不用。

4.6.2 FSSB 伺服总线设定过程中常见故障的诊断方法

1. 不能自动设定 FSSB

1）检查参数 No.1902。若参数 No.1902 = 00000000，则设定 No.1905 = 00000000 并将 No.1910 到 1919 均设为 0。

2）当参数 No.1815#1 = 1 时，检查参数 No.1910 到 1919 是否设为 16（靠近 CNC 的 第一个分离型检测器接口单元）或 48（远离 CNC 的第二个分离型检测器接口单元）。

3）检查传输是否打开（绿色 LED 亮）。

如果传输没有打开，检查放大器的电源以及光缆连接。

2. 在 FSSB 画面的轴设定上，M1 和 M2 的连接器号码不能设定

查看 FSSB 画面，分离型检测器接口单元的 ID 是否读取正确。如果位置模块 ID 读取不正确，检查分离型检测器接口单元的连接。

3. 电源关机再开机后，FSSB 设定画面被取消

在设定需求的值后，在放大器设定画面和轴设定画面按软键 [SETTING]。

4. 发生放大器/电动机的搭配无效报警（466）

检查 ID 画面上的放大器最大电流值，对应参数 No.2165 的设定。再次检查放大器/电动机的搭配。

1）伺服电动机 ID 代码设定错误，正确设定电动机 ID 代码并进行初始化。

2）进行伺服参数初始化操作。

3）按实际连接重新进行 FSSB 初始化操作。

4）伺服放大器故障。

5）系统轴板故障。

5. 发生 P/S 报警（5138）

FSSB 画面的自动设定没有正常完成。

1）确认 FSSB 放大器设定画面和轴设定画面无误。

2）在两个画面（放大器和轴设定画面）上按软键[SETTING]。

3）系统断电并重新上电。

6. FSSB 放大器数目小报警（5136）

系统检测实际放大器与设定的不符。

1）检查系统参数 1010 和实际轴数是否一致。

2）放大器控制电路电源故障。

3）放大器连接信息光缆不良。

4）按实际连接情况重新进行 FSSB 初始化。

5）伺服放大器本身故障。

6）系统轴板故障。

FSSB 报警及故障原因如表 4-8 所示。

表 4-8 FSSB 报警及故障原因

报警号	报警名称	报警原因
5134	FSSB:OPEN READY TIME OUT	在初始化期间,FSSB 打开未就绪
5135	FSSB:ERROR MODE FSSB	进入了错误方式
5136	FSSB:NUMBER OF AMPS IS SMALL	与被控轴数相比,FSSB 的放大器数不足
5137	FSSB :CONFIGRATION ERROR	FSSB 检查出配置错误,从属轴的地址转换值(ATR)的设定(参数#1910-#1919 和#1970-#1979)与实际连到 FSSB 的从属轴的形式不相符
5138	FSSB:AXI SETTING NOT COMPLETE	在自动设定方式,轴的设定未完成
5139	FSSB:ERROR	伺服初始化未正常完成。可能的原因是:光缆坏或放大器与模块之间的连接错误
5140	FSSB:OPEN TIME OUT	当 CNC 已经允许 FSSB 打开时,FSSB 未打开
5197	FSSB:ID DATA NOT READ	因为临时指定故障,不能读入放大器的初始 ID 信息
5311	FSSB :ILLEGAL CONNECTION	与 FSSB 有关的连接非法。出现下列情况时显示该报警: 1) 2 轴控制时,相邻的伺服轴号(参数#1023)一个是奇数,另一个是偶数,分别赋予了与不同 FSSB 系统相连的放大器。 2) 系统未满足执行 HRV 控制的要求,或使用了两个位置模块,这两个位置模块分别连到了电流控制周期的不同的 FSSB 系统上

4.7 数控机床进给伺服系统报警及维修技术

4.7.1 伺服过热报警和伺服不能就绪报警

1. 伺服过热报警(报警号"400")

(1) 系统检测原理

放大器智能逆变模块(IPM)内的热敏电阻用于检查伺服放大器是否过热。当放大器的逆变模块温度超过规定值时,信号通过伺服通信电缆或伺服总线传递到 CNC 系统,CNC 系统发出伺服过热#400 号报警。

伺服电动机定子绕组的热敏电阻用于检测伺服电动机是否过热。当伺服电动机的温度超过规定值时,电动机的热敏电阻阻值发生变化,信号通过伺服电动机的串行编码器(数字伺服)传递给 CNC 系统,CNC 系统发出伺服过热 400 号报警。

(2) 故障的诊断方法

首先确认 CNC 系统伺服过热报警,可以通过系统显示装置 CRT/LCD 的报警画面或系统诊断号(FANUC-OC/OD 系统为 720 ~ 723,FANUC-16/18/21/OiA 系统为 200 或伺服调整画面的 ALM1)的#7 是否为 1 来判断。然后判别是电动机过热还是伺服放大器过热,可以通过系统诊断号(FANUC-OC/OD 系统为 730 ~ 733,FANUC-16/18/21/OiA 系统为 201 或伺服调整画面的 ALM2)的#7 是 1 还是 0 来判定。如果该位为"1"则为电动机过热,如果该位为"0"则为放大器过热。

FANUC-16i/18i/21i/OiB/OiC 系统的“430”伺服报警为伺服电动机过热，“431”伺服报警为伺服放大器过热报警。

（3）故障产生的原因

电动机过热：

1）机械传动故障引起电动机的过载，如电动机与丝杠连接故障、滚珠丝杠螺母副及滚珠丝杠固定与支撑部件故障等。

2）伺服电动机本身故障引起电动机过载，如伺服电动机绝缘不良（匝间短路）、三相电流不平衡及电动机热敏电阻不良等。

3）伺服电动机额定电流和过载检测参数设定错误，需进行伺服电动机参数初始化设定。

伺服放大器过热：

1）伺服放大器散热条件变差，如散热风扇不良、通风道不畅通。

2）放大器伺服过载检测电路不良，如放大器过热监控电路和热敏电阻不良（可以用同等规格放大器对调法进行判别）。

3）系统伺服参数设定错误或伺服软件不良，需进行伺服参数初始化；

4）伺服放大器智能功率模块（IPM）不良或系统轴板故障。

2. 伺服不能就绪报警（报警号“401”）

当系统还出现其他伺服报警“4××”时，先排除其他的伺服故障（因为其他伺服报警也会导致“401”报警）。

（1）系统检测原理

当系统的轴控制电路（轴卡）正常时，轴控制电路就会向伺服驱动装置发出 PRDY 信号（＊MCON）。当伺服驱动装置接收到该信号后，如果伺服驱动装置工作正常，则伺服装置内部的继电器 MCC 获电动作，一方面接通伺服的主回路，另一方面通过伺服装置向系统发出 DRDY 信号。当系统得到来自伺服装置的 DRDY 信号（伺服就绪）后，系统发出伺服使能信号，此时伺服装置准备接收来自轴卡的控制信号。如果系统轴卡电路发出 PRDY 信号而得不到伺服就绪 DRDY 信号时，系统就会产生“401”报警。

（2）故障产生的原因

当发生该故障时，首先要确认系统急停按钮是否处于释放状态。如果处于急停状态，伺服装置就不能正常工作，这一点请注意。

1）伺服放大器故障：连接电缆或光缆故障；伺服装置的继电器 MCC 控制回路或线圈本身故障；内部控制回路或检测电路故障。

2）系统轴控制电路（轴卡）故障。

（3）故障的诊断方法

1）采用使能信号短接的方法来判别故障的部位。具体的做法是短接 α 系列伺服模块或伺服单元伺服信号接口 JS1B/JV1B 的 8-9 引脚，如果伺服放大器状态指示窗口由“－”变成“0”，则故障为系统轴控制板；如果伺服放大器还是显示“－”，则故障为放大器本身。

【例 4-6】 某数控机床系统为 FANUC-OD，伺服装置采用伺服单元（SVU），系统出现“401”报警，伺服单元的上显示“－”。

根据上面故障诊断方法和故障现象，采用信号短接法来判别故障的部位。具体做法是拆下伺服单元伺服信号接口电缆，把 JV1B（JV2B）的 8-10 短接后，接上电源（三相 200 V），伺服放大器还是显示“-”,则故障为放大器本身。用电压表测量控制电路有电压输出,说明伺服单元的辅助电路和检测电路都正常,故障在继电器 MCC 线圈回路,仔细检查后发现 MCC 线圈的一个焊点虚焊。焊好虚焊点,系统恢复正常,故障排除。

通过该例子的故障分析可以看出,数控机床有些故障可以采用信号短接的方法进行故障的诊断与排除,这样可以比较准确地判断故障发生的具体部位。但要求维修人员必须清楚系统的信号流程及各接头的管脚功能。

2)采用伺服参数屏蔽法判别故障的具体部位。具体做法是通过伺服参数屏蔽伺服放大器或伺服轴,如果故障消失则为放大器故障,如果故障还存在则为系统轴板故障。

采用 FANUC 系统的 αi 和 βi 放大器驱动时,如果一个放大器驱动一台电动机,可以屏蔽伺服放大器,具体做法是将该轴参数的 1023 设定为 -1。如果一个放大器驱动两台电动机,可以屏蔽伺服轴,具体做法是将轴参数 2009#0 设定为“1”,系统参数 2165 设为“0”(放大器最大电流),轴伺服电动机反馈电缆接口 JF1(11-12 脚)短接。

FANUC-OC/OD/16/18/21/OiA 系统采用的伺服放大器为 α 系列放大器,只能进行伺服放大器的屏蔽而不能进行轴的屏蔽。

3)采用同规格伺服放大器对调法进行故障的判别。具体做法是将放大器的控制电路板对调,如果故障消失,则为伺服放大器故障,如果故障还存在则为系统轴卡故障。

【例 4-7】 某 4 轴立式加工中心系统采用 FANUC-18iMB,X 轴和 Y 轴由一个放大器驱动,Z 轴和 A 轴也采用一个放大器驱动,加工中系统出现伺服不就绪报警(#401 A 轴伺服不就绪)。

通过屏蔽伺服轴进行故障的判别,具体做法是将第 4 轴参数 2009#0 设定为“1”,系统参数 2165 设为“0”(放大器最大电流),轴伺服电动机反馈电缆接口 JF2(11-12 脚)短接。系统上电,故障消失,而且 X 轴、Y 轴和 Z 轴都可以移动,说明故障在伺服放大器。更换相同的伺服放大器的控制电路板,并恢复屏蔽的系统参数,机床恢复正常工作。

4.7.2 伺服移动误差过大报警和伺服停止误差过大报警

1. 伺服移动误差过大报警(FANUC-OC/OD 系统为 4n1 报警,FANUC-16/18/21/OiA 系统为 411 报警)

(1)系统检测原理

当系统发出移动指令时,系统的位置偏差计数器(FANUC-OC/OD 系统的诊断号为 800-803,FANUC-16/18/21/OiA 系统的诊断号为 300)偏差值超过了系统参数(FANUC-OC/OD 系统为 504-507,FANUC-16/18/21/OiA 系统为 1828)所设定的数值,系统发出移动误差过大报警。

(2)故障原因及判别方法

如果给出移动指令而机床不移动,则故障原因可能是:

1)机械传动卡死。

2)如果故障发生在垂直轴控制时,则故障为伺服电动机的电磁制动回路。

3)伺服电动机及动力线有断相故障或伺服电动机的动力线连接错误。

4)伺服放大器本身故障。

如果给出移动指令且机床移动后产生的移动误差过大报警,则故障产生的可能原因是:

1）系统软件故障：伺服参数设定不当（移动误差检测标准参数及伺服回路增益设定过低）或伺服软件不良。

2）硬件故障：

① 机械传动间隙过大或导轨润滑不良。

② 伺服电动机编码器及系统有故障。

③ 伺服放大器不良。

2. 伺服停止误差过大报警（FANUC-OC/OD 为“4n0”报警，FANUC-16/18/21/OiA 为“410”报警）

（1）系统检测原理

当系统发出停止移动指令或静止时，系统的位置偏差计数器（FANUC-OC/OD 系统的诊断号为 800-803，FANUC-16/18/21/OiA 系统的诊断号为 300）偏差值超过了系统参数（FANUC-OC/OD 系统为 593-596，FANUC-16/18/21/OiA 系统为 1829）所设定的数值，系统发出停止误差过大报警。

（2）故障原因及判别方法

如果是垂直轴，则故障原因可能是：

1）伺服电动机及动力电缆断相故障或伺服电动机的动力线连接错误。

2）伺服放大器。

3）系统该轴的伺服控制板。

如果不是垂直轴，则故障产生的可能原因是：

1）系统软件故障：伺服参数设定不当（停止误差检测标准参数）或伺服软件不良。

2）系统硬件故障：伺服放大器故障或系统伺服控制板不良。

4.7.3 伺服综合报警

1. 系统报警的诊断方法

伺服系统出现过电流、异常电流、高电压、低电压及 DC 放电回路故障都会导致伺服综合报警（FANUC-OC/OD 系统报警号为#4n4，FANUC-16/18/21/OiA 系统报警号为#414）。当出现伺服综合报警时，首先，通过系统诊断号（FANUC-OC/OD 系统诊断号为 720、721、722、723，FANUC-16/18/21/OiA 系统诊断号为 200，或伺服调整画面 ALM1）来判别故障原因的来源，然后分析故障具体原因及排除故障。

系统诊断号：

#7	#6	#5	#4	#3	#2	#1	#0
	LV	OVC	HCA	HVA	DCA		

系统正常工作时，上面诊断号的各位均为“0”，当系统出现伺服综合报警时，诊断号的某位要变为“1”。LV 为 1 说明伺服低电压引起报警，OVC 为 1 说明伺服过电流引起报警，HCA 为 1 说明伺服异常电流引起报警，HVA 为 1 说明伺服高电压引起报警，DCA 为 1 说明伺服 DC 放电回路异常引起报警。

2. **故障产生原因分析**

● #5(OVC)为"1"

系统检测原理:伺服放大器的实际输出电流值超过伺服电动机的额定电流的1.5倍(时间累计为1分钟)。

故障原因及实际处理方法:

1) 系统参数设定错误或伺服软件不良

进行伺服参数初始化操作,恢复电动机标准参数。

2) 机械传动故障(如配合过紧、润滑不良、丝杠和轴承损坏等)

对机械部件进行重新调整或修理。

3) 切削负载过重或切削参数不合理

加工中故障每次发生在同一程序段,需修改加工工艺。

4) 伺服电动机或连接电缆短路

用钳型电流表测量三相平衡电流或用电桥测量伺服电动机三相平衡电阻,更换电动机或连接电缆。

5) 更换伺服放大器

● #4(HCA)为"1"

系统检测原理:伺服放大器的实际输出电流值超过放大器最大输出电流的2倍以上。

故障原因及实际处理方法:

1) 系统参数设定错误或伺服软件不良

进行伺服参数初始化操作,恢复电动机标准参数。

2) 机械传动卡死故障及垂直轴电动机抱闸控制电路故障

对机械部件进行重新调整或修理,检查垂直轴电动机抱闸控制电路并修复故障部位。

3) 伺服电动机或连接电缆短路

用摇表测量电动机绝缘电阻,更换电动机或连接电缆。

4) 伺服放大器故障

伺服放大器逆变块短路、控制电路及接口短路。可以通过对换电动机指令线和动力线进行控制电路板的判别。

5) 伺服电动机内装编码器 +5 V 电路短路

通过对换编码器反馈电缆线接口进行故障的判别。

● #3(HVA)为"1"

系统检测原理:伺服放大器的 DC 300V 电压超过标准电压(一般为400 V)。

故障原因及实际处理方法:

1) 系统参数设定错误或伺服软件不良

进行伺服参数初始化操作,恢复电动机标准参数。

2) 伺服放大器控制电路板故障

更换伺服放大器控制电路板。

● #6(LV)为"1"

系统检测原理:伺服放大器的 DC 300 V 电压低于标准电压(一般为240 V)。

故障原因及实际处理方法:

1）系统参数设定错误或伺服软件不良

进行伺服参数初始化操作，恢复电动机标准参数。

2）伺服放大器控制电路板故障

更换伺服放大器控制电路板。

● #2(DCA)为“1”

系统检测原理：系统伺服装置为伺服单元(SVU)时，伺服进给电动机减速过程中的再生能量不能快速放电，从而引起直流主回路过电压的报警。

故障原因及实际处理方法：

1）系统参数设定错误或伺服软件不良

进行伺服参数初始化操作，恢复电动机标准参数。

2）外接制动电阻故障或接触不良

更换外接制动电阻。

3）伺服放大器控制电路板故障

更换伺服放大器控制电路板。

4.7.4 伺服反馈断线报警和伺服参数设定错误报警

1. 位置反馈断线报警(FANUC-OC/OD 系统为 4n6 报警，FANUC-16/18/21/OiA 系统为 416 报警)

如果数控机床采用全闭环控制(位置检测装置为光栅尺)或半闭环控制(位置检测装置为独立旋转编码器)，当反馈信号异常时，系统会发生该报警。

(1) 系统检查原理

系统伺服反馈断线故障根据产生的原因不同，分为硬件断线报警和软件断线报警。

硬件断线报警：当使用分离型脉冲编码器时，该故障信息是由硬件检测电路进行检查的。当分离型位置反馈信号异常时，系统就会发生硬件断线报警，如图 4-27 所示。

软件断线报警：系统的连接基本正常，但由于机械传动机构的反向间隙过大，引起伺服电动机侧的反馈脉冲数与分离编码器的反馈脉冲数的偏差超过标准设定值，产生伺服反馈软件断线报警，如图 4-27 所示。

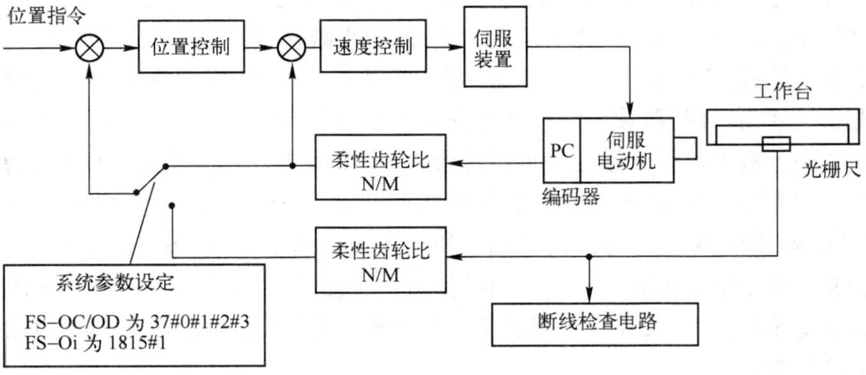

图 4-27 数控系统反馈断线检查原理图

(2) 故障诊断方法

通过系统的诊断功能来判断伺服位置反馈断线是发生硬件断线还是软件断线,具体方法如下。

FANUC-OC/OD 系统反馈断线诊断号为 730、731、732、733(分别是第一轴、第二轴、第三轴、第四轴的诊断号),FANUC-16/18/OiA 系统反馈断线诊断号为 201,伺服调整画面的 ALM2。

	#7	#6	#5	#4	#3	#2	#1	#0
系统诊断号	ALD			ESP				
	1			1 → 硬件断线故障				
	0			0 → 软件断线故障				

(3) 故障原因和处理方法

硬件断线故障产生的可能原因:分离型位置反馈装置的电缆连接线接触不良或断线;分离型位置反馈装置的电源电压偏低或没有;分离型位置反馈装置本身不良;系统轴板(FANUC-OC/OD 系统)或系统伺服模块故障(FANUC-16/18/21/OiA 系统)。

目前,工厂多数采用交换法来判别故障是在分离位置检测装置侧(包括连接电缆)还是系统轴控制板或伺服装置。具体办法是把两个驱动形式相同的进给伺服轴的连接电缆插头对调,看故障报警是否转移到另一个进给轴上。如果故障报警转移,则故障为分离型位置反馈装置侧,故障报警不转移则故障为系统轴控制板或伺服装置。

软件断线故障产生的可能原因:进给伺服电动机与丝杠连接松动;机械传动机构的反向间隙过大。通过调整机械来排除该故障。在精度要求不高的场合,也可以修改系统检测标准的参数使机床工作。如 FANUC-OC/OD 系统将标准参数 8n03#1 设为“1”,标准检查参数 8n64 设定为“8”(标准为 4)。

【例 4-8】 某卧式数控车床,数控系统采用 FANUC-OTD 系列。由于 Z 轴进给电动机与 Z 轴丝杠不是同轴相连,为了提高机床的加工精度,在 Z 轴丝杠的端部安装了独立脉冲编码器(2000p/r)。加工中,机床出现了“426”报警。

根据前面讲过的内容,首先判别系统为硬件断线故障还是软件断线故障。通过系统诊断号 731#7 ~ #4 检查,结果发现#7 和#4 均为“1”,说明系统出现了硬件断线故障。又根据硬件断线的故障原因分析,机床出现“426”报警,可能是独立编码器侧(包括连接电缆)故障和系统轴控制板故障(系统软件问题或断线检查电路本身异常)。为了进一步判别故障部位,采用参数封锁的方法进行检查。具体做法是将系统参数 37#1 改为“0”(原设定为“1”),修改相应的伺服设定参数(Z 轴改为串行编码器作为位置检测),系统断电再送电。如果报警号“426”消失,机床可以运动,则故障在分离编码器侧。如果系统重新上电后,系统还出现“426”报警,此时故障为系统的轴控制板故障。通过上面操作后,发现故障在独立编码器侧,经检查故障为编码器一根信号线虚焊。最后,焊好虚焊点并恢复 Z 轴伺服设定参数,系统断电再重新上电,机床恢复了正常工作。

通过此例故障的分析与诊断可以看出,数控机床某些故障可以采用系统参数封锁的方法进行故障部位的具体诊断,这种方法与交换法相比又省时又省力,但维修者必须清楚系统参数的具体功能(一般机床厂家不允许修改系统参数)。另外,从维修经验上来看,系统出现反馈断线报警原因多数为分离编码器的连接电缆或检测装置内部有脏东西(位置检测为光栅尺)。

2. 数字伺服参数设定异常报警(FANUC-OC/OD 系统为 4n7 报警,FANUC-16/18/21/OiA 系统为 417 报警)

(1)系统检测原理

当数字伺服参数设定超过设定范围、参数与机床设定不符及数字伺服软件不良时,系统通过参数观察器发出数字伺服参数异常报警。

(2)故障产生的原因

1)伺服电动机型号参数设定超过规定范围(FANUC-OC/OD 系统的电动机型号参数为 8n20,FANUC-16/18/21/OiA 系统的电动机型号参数为 2020)。

2)伺服电动机旋转方向参数设定了 111 或 -111 以外的数值(FANUC-OC/OD 系统参数为 8n22,FANUC-16/18/21/OiA 系统参数为 2022)。

3)电动机速度反馈脉冲数参数设定为 0 或小于 0 的数值(FANUC-OC/OD 系统参数为 8n23,FANUC-16/18/21/OiA 系统参数为 2023)。

4)电动机位置反馈脉冲数参数设定为 0 或小于 0 的数值(FANUC-OC/OD 系统参数为 8n24,FANUC-16/18/21/OiA 系统参数为 2024)。

5)伺服柔性进给齿轮 N/M 控制形式设定与实际机床控制不符,如实际机床采用全闭环控制形式,而系统伺服参数 N/M 按半闭环控制形式设定(FANUC-OC/OD 系统的进给齿轮比参数为 8n84 和 8n85,FANUC-16/18/21/OiA 系统的进给齿轮比参数为 2084 和 2085)。

6)在 FANUC-16/18/OiA 系统中伺服轴参数 1023 设定值超过了设定范围,或是不连续的值。

(3)故障处理方法

实际数控机床出现伺服参数设定异常报警时,一般需要重新设定伺服参数,并对系统进行伺服参数初始化操作就可以排除故障。如果经过上面处理后故障仍然存在,则故障为系统伺服放大器故障、系统伺服轴控制板(伺服控制模块)故障。

FANUC-16i/18i/21i/OiB/OiC 系统伺服报警号、信息及报警内容如表 4-9 所示。

表 4-9 FANUC-16i/18i/21i/OiB/OiC 系统伺服报警

号 码	信 息	内 容
401	SERVO ALARM:n-AXIS VRDY OFF	n 轴(1~4 轴)的伺服放大器的准备好信号(DRDY)为 OFF
402	SERVO ALARM:SV CARD NOT EXIST	没有提供轴控制卡
403	SERVO ALARM:CARD/SOFT MISMATCH	轴控制卡与伺服软件的搭配不合适。 可能的原因如下: 1)没有提供正确的轴控制卡 2)快闪存储器中没有安装正确的伺服软件
404	SERVO ALARM:n-AXIS VRDY ON	轴卡的准备好信号(MCON)为 OFF,而伺服放大器的准备好信号(DRDY)为 ON。或者电源接通时 MCON 为 OFF,但 DRDY 仍是 ON。请确认伺服接口模块和伺服放大器的连接
405	SERVO ALARM:(ZERO POINT RETURN FAVLT)	位置控制系统异常。由于返回参考点时 NC 内部,或伺服系统异常,可能未正确返回参考点。需重新用手动返回参考点

（续）

号码	信息	内容
407	SERVO ALARM:EXCESS ERROR	在简易同步控制中，出现以下异常：同步轴之间的位置偏差量超过了参数(No.8314)设定的值
409	TORQUEALM:EXCESS ERROR	伺服电动机出现了异常负载，或Cs方式中主轴电动机出现了异常负载
410	SERVO ALARM:n-AXIS-EXCESS ERROR	发生了以下异常 1) n轴停止中的位置偏差量的值超过了参数(NO.1829)设定的值 2) 简易同步控制中，同步时的最大补偿量超过了参数(No.8325)设定的值。此报警只发生在从动轴
411	SERVO ALARM:n-AXIS-EXCESS ERROR	n轴(1~8轴)移动中的位置偏差量大于设定值
413	SERVO ALARM:n-AXIS-LSI OVERFLOW	n轴(1~8轴)的误差寄存器的内容超出±231的范围。这种错误通常是由于参数设定错误造成
415	SERVO ALARM:n-AXIS-EXCESS SHIFT	在n轴(1~8轴)指定了大于524288000检测单位/sec的速度。此错误是因CMR的设定错误造成的
420	SERVO ALARM:n AXIS SYNC TORQUE	简易同步控制中，主动轴与从动轴力矩指令差超过了参数设定值(No.2031)
421	SERVO ALARM:n AXIS EXECESS ER (D)	使用双位置反馈功能时，半闭环的误差与全闭环的误差的差值过大。请确认双位置变换(参数No.2078,2079)的设定值
422	SERVO ALARM:n AXIS	在PMC轴的力矩控制中，速度超出了允许的范围
417	SERVO ALARM: n-TH AXIS PARAMETER INCORRECT	当第n轴(1-8轴)处在下列状况之一时发生此报警。(数字伺服系统报警) 1) 参数No.2020(电动机形式)设定在特定限制范围以外 2) 参数No.2022(电动机旋转方向)没有设定正确值(111或-111) 3) 参数No.2023(电动机一转的速度反馈脉冲数)设定了非法数据(例如小于0的值) 4) 参数No.2024(电动机一转的位置反馈脉冲数)设定了非法数据(例如小于0的值) 5) 参数No.2084和参数No.2085(柔性齿轮比)没有设定 6) 参数No.1023(伺服轴数)设定了超出范围(1到伺服轴数)的值或是设定了范围内不连续的值，或设定隔离的值(例如只有3轴，而设定4)
423	SERVO ALARM:n AXIS	在PMC轴的力矩控制中，超过了由参数设定的允许的移动累计值
430	n AXIS:SV. MOTOR OVERHEAT	伺服电动机过热
431	n AXIS:CNV. OVERLOAD	1) PSM:发生过热 2) β系列SVU:发生过热
432	n AXIS:CNV. LOWVOLT CON.	1) PSM:控制电源电压降低 2) PSMR:控制电源电压降低 3) β系列SVU:控制电源电压降低
433	n AXIS:CNV. LOWVOLT DC LINK	1) PSM:DC link电压降低 2) PSMR:DC link电压降低 3) α系列SVU:DC link电压降低 4) β系列SVU:DC link电压降低
434	n AXIS:INV. LOWVOLT CONTROL	SVM:控制电源电压降低

（续）

号码	信息	内容
435	n AXIS:INV. LOWVOLT DC LINK	SVM:DC link 电压降低
436	n AXIS:SOFTTHERMAL(OVC)	数字伺服软件检测到过热(OVC)
437	n AXIS:CNV. OVERCURRENT POWER	PSM:输入回路流入高电流
438	n AXIS:INV. ABNORMAL CURRENT	1) SVM:电动机电流过高 2) α 系列 SVU:电动机电流过高 3) β 系列 SVU:电动机电流过高
439	n AXIS:CNV. OVERVOLT POWER	1) PSM:DC link 电压过高 2) PSMR:DC link 电压过高 3) α 系列 SVU:DC link 电压过高 4) β 系列 SVU:DC link 电压过高
440	n AXIS:CNV. EX DECELERATION POW.	1) PSMR:再生放电总量过大 2) α 系列 SVU:再生放电总量过大,或再生放电回路异常
441	n AXIS:ABNORMAL CURRENT OFFSET	数字伺服软件检测到电动机电流检测回路异常
442	n AXIS:CNV. CHARGE FAULT	1) PSM:DC link 的备用放电回路异常 2) PSMR:DC link 的备用放电回路异常
443	n AXIS:CNV. COOLING FAN FAILURE	1) PSM:内部风扇不转 2) PSMR:内部风扇不转 3) β 系列 SVU:内部风扇不转
444	n AXIS:INV. COOLING FAN FAILURE	SVM:内部风扇不转
445	n AXIS:SOFT DISCONNECT ALARM	数字伺服软件检测到某脉冲编码器断线
446	n AXIS:HARD DISCONNECT ALARM	硬件检测到内置脉冲编码器断线
447	n AXIS:HARD DISCONNECT(EXT)	硬件检测到分离型检测器断线
448	n AXIS:UNMATCHED FEEDBACK ALARM	内置脉冲编码器的反馈数据标记与分离型检测器的反馈数据标记不同
449	n AXIS:INV. IPM ALARM	1) SVM:IPM(智能电源模块)检测到一个报警 2) α 系列 SVU:IPM(智能电源模块)检测到一个报警
453	n AXIS:SPC SOFT DISCONNECT ALARM	α 脉冲编码器未连接软件报警 关闭 CNC 电源,然后移动接插脉冲编码器电缆。如果仍发生报警,更换脉冲编码器
456	ILLEGAL CURRENT LOOP	电流控制循环设定(参数 No. 2004,参数 No. 2003 的第 0 位和参数 No. 2013 的第 0 位)不正确。可能的原因如下 1) 对于两个轴,伺服轴号(参数 No. 1023 中设定)为奇数后面跟一个偶数(例如,一对轴 1 和 2,轴 5 和 6),每个轴设定了不同的当前控制循环 2) 设定电流控制循环所必须的伺服设定,包括数量,类型,以及它们之间的连接方式,不满足需要
457	ILLEGAL HI HRV(250US)	即使电流控制循环为 200 μs 仍然指定使用高速 HRV
458	CURRENT LOOP ERROR	电流控制循环设定与实际当前控制循环不匹配
461	n AXIS:ILLEGAL AMP INTERFACE	2 轴放大器的轴被分配到快速类型接口

（续）

号 码	信 息	内 容
459	HI HRV SETTING ERROR	对于两个轴，伺服轴号（参数 No. 1023 中设定）为奇数后面跟一个偶数（例如，一对轴 1 和 2，轴 5 和 6），其中一个轴的 SVM 支持高速 HRV 控制，但是另一个轴的 SVM 不支持。查看 SVM 的规格
460	n AXIS：FSSB DISCONNECT	FSSB 通讯突然中断。可能的原因如下： 1）FSSB 传输电缆未连接或断线 2）放大器电源突然断电 3）放大器发生低电压报警
462	n AXIS：SEND CNC DATA FAILED	由于 FSSB 通讯错误，导致驱动不能接收到正确数据
463	n AXIS：SEND SLAVE DATA FAILED	由于 FSSB 通讯错误，导致伺服系统不能接收到正确数据
464	n AXIS：WRITE ID DATA FAILED	尝试在放大器维修画面写入维修信息，但是失败了
465	n AXIS：READ ID DATA FAILED	开机时，放大器初始 ID 信息不能被读取
466	n AXIS：MOTOR/AMP COMBINATION	放大器的最大电流值与电动机的不匹配
467	n AXIS：ILLEGAL SETTING OF AXIS	在轴设定画面中，当一个轴指定占用一个信号 DSP（通常对应两个轴）时，下列的伺服功能没有打开 1）学习控制（参数 No. 2008 的第 5 位 =1） 2）高速电流环（参数 No. 2004 的第 0 位 =1） 3）高速接口轴（参数 No. 2005 的第 4 位 =1）
468	HI HRV SETTING ERROR（AMP）	一个放大器的某个控制轴指定了使用高速 HRV，但是放大器不支持高速 HRV

4.8 数控机床进给传动间隙的调整与补偿

为了保证进给传动机构的精度和轴向刚度，必须消除轴向间隙。数控机床的轴向间隙主要是指进给传动滚珠丝杠螺母副间隙，并滚珠丝杠固定或支撑的轴承间隙两部分。

4.8.1 滚珠丝杆进给间隙的调整

1. 双螺母副丝杠螺母副间隙的调整

（1）双螺母垫片式调整

双螺母垫片式消隙方法是调整垫片厚度使左、右两个螺母产生相对轴向位移，即可消除间隙，并产生预紧力。用这种方法预紧消除轴向间隙时，预紧力一般应为最大轴向负载的 1/3。当要求不太高时，预紧力可小于此值，如图 4-28 所示。此种形式结构简单可靠、刚度好，应用最为广泛，在双螺母间加垫片的形式可由专业生产厂根据用户要求事先调整好预紧力，使用时装卸非常方便。

（2）双螺母螺纹式调整

如图 4-29 所示，利用一个螺母上的外螺纹，通过圆螺母调整两个螺母的相对轴向位置实现预紧，调整好后用另一个圆螺母锁紧，这种结构调整方便，且在使用过程中，可随时调整，但预紧力大小不能准确控制。

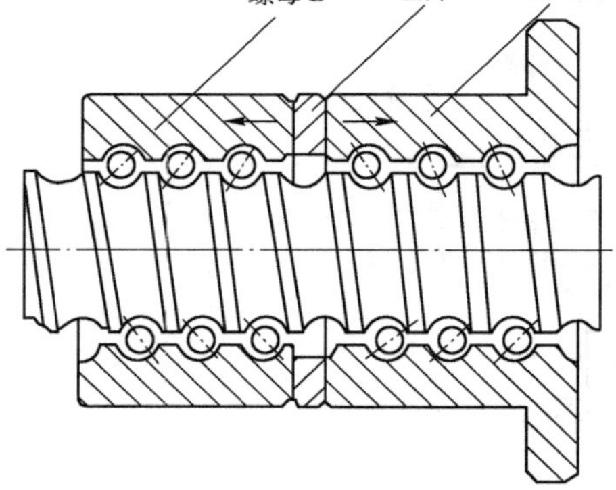

图 4-28　双螺母垫片式调整

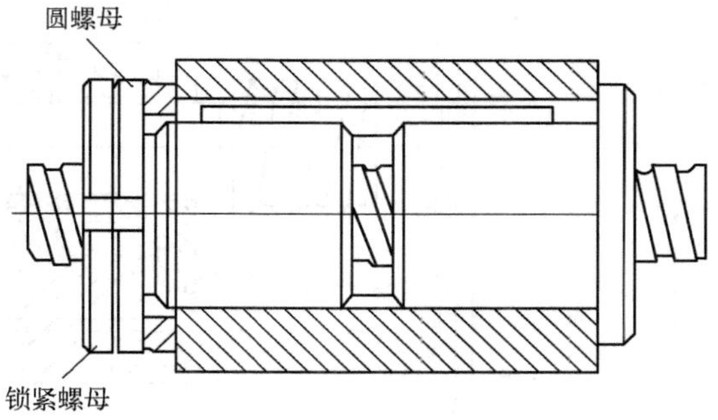

图 4-29　双螺母螺纹式调整

（3）齿差式消隙

如图 4-30 所示，在两个螺母的凸缘上各自有圆柱凸轮，分别与固紧在套筒两端的内齿圈相啮合，其齿数分别为 Z_1、Z_2，并相差一个齿。调整时，先取下内齿圈，让两个螺母相对于套筒同方向都转动一个齿，然后再插入内齿圈，则两个螺母便产生相对角位移，其轴向位移量为：

$$S=\left(\frac{1}{Z_1}-\frac{1}{Z_2}\right)P_h$$

式中，Z_1、Z_2 为齿轮的齿数，P_h 为滚珠丝杠的导程。

例如两个圆柱齿轮的齿数分别为 $Z_1=80$、$Z_2=81$，滚珠丝杠的导程为 6 mm，则 $S=(1/80-1/81)6=0.001$ mm。这种方法可以精确地调整间隙和预紧力，但结构复杂，尺寸较大，适用于高精度传动。

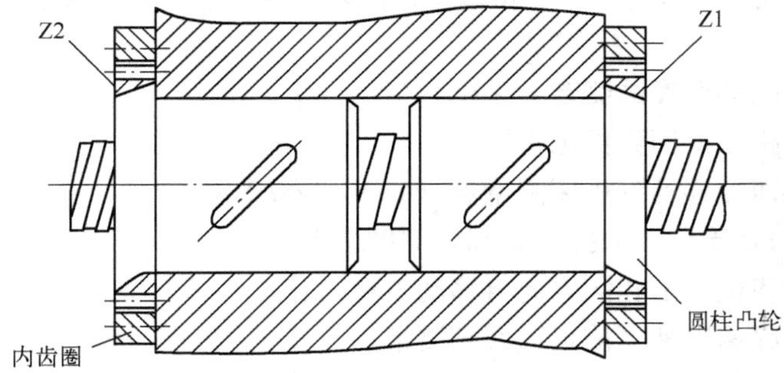

图 4-30　双螺母齿差式调整

2. 滚珠丝杆固定轴承间隙的测量与调整

找一粒滚珠置于滚珠丝杠的端部中心，用千分表的表头顶住滚珠，如图 4-31 所示。将机床操作面板上的工作方式开关置于手动方式（JOG），按正、负方向的进给键，观察千分表偏差值，该偏差值为滚珠丝杠轴向窜动误差，即丝杠固定轴承的间隙。

如果丝杠轴向间隙过大时，首先松开丝杠端部的锁紧螺母，预紧圆螺母，然后再锁紧固定螺母。

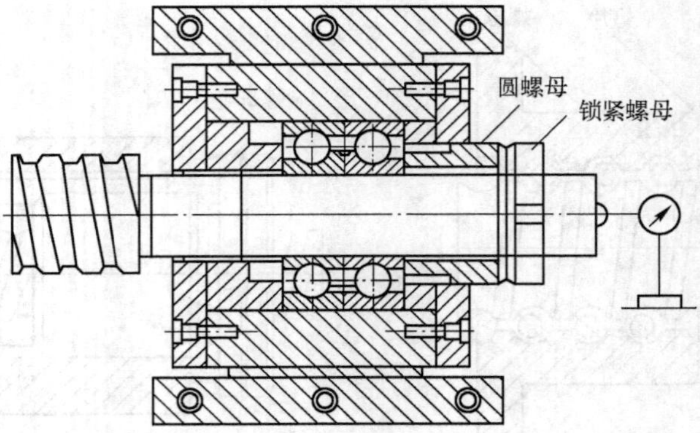

图 4-31　丝杠端部固定轴承间隙的测量和调整

4.8.2　进给传动反向间隙的测量和补偿方法

数控机床进给传动间隙调整后，可以通过系统参数进行补偿，使机床调到最佳状态。切削进给方式与快速进给方式设定不同的间隙补偿量，可以进行更高的精度定位控制。

1. 进给间隙补偿量的测定

1）手动操作使机床返回到机床参考点。

2）用切削进给速度使机床移动到机床测量点，如 G91 G01 X100 F200。

3）安装千分表，将千分表的指针调到 0 刻度位置。

4）用切削进给速度使机床沿相同方向再移动 100 mm。

5）用相同的切削进给速度从当前点返回到测量点。

6）读取千分表的刻度值。

7）分别测量 X 轴的中间及另一端的间隙值，取 3 次测量的平均值，则为进给间隙的补偿值 A。

2. 快速进给间隙补偿量的测定

1）手动操作使机床返回到机床参考点。

2）机床以快移速度移动到机床测量点，如 G91 G00 X100。

3）安装千分表，将千分表的指针调到 0 刻度位置。

4）用快移速度使机床沿相同方向再移动 100 mm。

5）用相同的快移速度从当前点返回到测量点。

6）读取千分表的刻度值。

7）分别测量 X 轴的中间及另一端的间隙值，取 3 次测量的平均值，则为快速进给间隙的补偿值 B。

3. 系统伺服参数的设定

下面以 FANUC-16/18/21/OiA 系统和 FANUC-16i/18i/21i/OiB/OiC/OiD 系统为例，说明间隙补偿量和控制功能的设定。

（1）间隙补偿量控制功能参数的设定

将系统参数 1800#4（RBK）设定为“1”，对系统的切削进给和快速进给的间隙补偿量分别进行控制。

（2）间隙补偿量的参数设定

将上面测量出的间隙补偿量 A、B 按机床的检测单位折算成具体数值，将折算后的数值分别设定在系统参数的 1851（切削进给方式的间隙补偿量）和 1852（快移进给方式的间隙补偿量）中。

4. 使用新的反向间隙补偿功能

反向间隙的存在是影响换向点轮廓精度的最主要因素，因此 FANUC 公司针对性地提出 3 种解决方案。

1）常规反向间隙加速功能。用此功能一般步骤是：①设定反向间隙补偿值，参数 1851（间隙补偿值）的设定值为正值，在半闭环时有效；如果是全闭环，可将此参数设为 1，并将系统参数 2006#0（FCBL）设定为 1。即在全闭环中，反向间隙设定值不起作用。②使用反向间隙加速功能。参数 2048（反向间隙加速范围值）设定为 600，参数 2071（反向间隙加速有效周期）通常设定为 50-100。③如果过切，可加入反向间隙加速停止功能。参数 2009#7（BLST）设为 1，使用反向间隙加速停止功能，参数 2082（反向间隙加速停止时间）设定为 5。

2）采用新反向间隙加速功能，即为适应不同速度的切削条件，以指数形式加入反向间隙加速，效果更好。步骤为：①设定反向间隙补偿（系统参数 1851）。②使用新反向间隙加速功能，在常规反向间隙加速功能的基础上，设置 2009#2（ADLB）为 1，即使新反向间隙加速功能有效。③如果是垂直轴，可调整转矩偏置。参数 2087（转矩偏置）的设定值为 $-830\times(a+b)$，$(a+b)$为带符号的算术值（a、b 为在伺服检测板上检测到的与转矩成比例的电压值，单位为 V）。

3）两级反向间隙加速功能。该功能可以区分来自电动机或机械上的反向间隙带来的延迟，分别予以加速处理。由于此功能调整较为复杂，限于篇幅，这里不做赘述。

4.9 习题

1. 简述数控机床进给伺服系统组成及各部分功能。

2. 简述全闭环控制伺服系统中，电动机内装编码器和光栅尺的作用。

3. 伺服单元和伺服模块有什么不同？

4. α 系列伺服放大器与 αi 系列伺服放大器控制上有何不同？

5. 伺服电动机的动力线相序接错后，系统会出现什么故障现象？解释其原因。

6. 某一卧式数控车床，系统采用 FANUC-0i Mate TC，已知：X 轴丝杠的螺距为 6 mm，且伺服电动机与丝杠 1∶2 连接；Z 轴丝杠的螺距为 8 mm，伺服电动机与丝杠不是直联。为了保证加工精度，在 Z 轴丝杠端部安装了独立位置编码器（每转 2000 脉冲）。如何设定进给齿轮比（N/M）、速度脉冲数、位置脉冲数及参考计数器？

7. 某数控机床采用光栅尺作为位置反馈装置，有时加工中出现伺服位置反馈断线报警，如何进行故障的诊断与排除？

8. 进给伺服电动机过热的故障原因有哪些，如何进行诊断和排除？

9. 某数控铣床的机械重复定位精度满足要求，加工整圆时，误差超过标准值（直线加工正常）。分析故障产生的原因及具体调整方法。

10. 某数控加工中心采用 FANUC-18i 系统，由于维护不当（没有及时更换绝对编码器的电池），节假日休息后，机床开机就出现“300”报警。如何进行修复？

11. 某龙门数控机床系统采用 FANUC-18iMB 系统，X 轴、Y 轴和 Z 轴采用光栅尺实现闭环控制（4 米长的光栅尺），X 轴回零时在回零点 500 mm 出现 382 伺服报警。分析故障产生的原因、具体诊断方法及处理方式。

12. 进给丝杠反向间隙如何测量？如果反向间隙大时，如何调整和参数补偿？

第5章　数控机床PMC控制及应用举例

数控系统除了对机床各坐标轴的位置进行连续控制外，还需要对机床主轴正反转与起停、工件的夹紧与松开、刀具更换、工位工作台交换、液压与气动、切削液开关、润滑等辅助工作进行顺序控制。现代数控系统均采用可编程控制器完成。新型数控机床的可编程控制器还可以实现主轴的 PMC 控制、附加轴（如刀库的旋转、机械手的转臂、分度工作台的转位等）的 PMC 控制。

数控系统中 PLC 的信息交换是指以 PLC 为中心，在 PLC、CNC 和机床三者之间的信息交换。

PLC 与 CNC 之间的信息交换分为两部分，其中 CNC 传送给 PLC 的信息主要包括各种功能代码 M、S、T 的信息，手动/自动方式信息及各种使能信息等；PLC 传送给 CNC 的信息主要包括 M、S、T 功能的应答信息和各坐标轴对应的机床参考点等。所有 CNC 送至 PLC 或 PLC 送至 CNC 的信息含义和地址（开关量地址或寄存器地址）均由 CNC 厂家确定，PLC 编程者只可使用，不可改变和增删。

同样，PLC 与机床之间的信息交换也可分为两部分，其中由 PLC 向机床发送的信息主要是控制机床的执行元件，如电磁阀、继电器、接触器以及各种状态指标和故障报警等；由机床传送给 PLC 的信息主要是机床操作面板输入信息和其上各种开关、按钮的信息，如机床起停、主轴正反转和停止、各坐标轴点动、刀架卡盘的夹紧与松开、切削液的开关、倍率选择及运动部件的限位开关信号等信息。

目前 FANUC 系统中的 PLC 均为内装型 PMC。内装型 PMC 的性能指标（如输入/输出点数、程序最大步数、每步执行时间、程序扫描时间、功能指令数目等）是由所属的 CNC 系统的规格、性能、适用机床的类型等确定的。其硬件和软件都作为 CNC 系统的基本组成，与 CNC 系统统一设计制造，因此系统结构十分紧凑。PMC 常用的规格有 PMC-L/M、PMC-SA1/SA3 及 PMC-SB7 等几种。

图 5-1 为 FANUC 系统 PMC 的信息交换流程图。X 信号为机床到 PMC 的信号，Y 为 PMC 到机床的信号，G 为 PMC 到 CNC 系统的信号，F 为 CNC 系统到 PMC 的信号。

图 5-1　FANUC 系统的信息交换图

5.1　FANUC-OC/OD 系统 PMC

5.1.1　PMC 的性能及规格

FANUC-O 系统的 PMC 规格有标准型 PMC-L 和增强型 PMC-M 两种。FANUC-OD 系统采

用标准型 PMC-L,FANUC-OC 系统可以采用标准型的 PMC-L 或增强型的 PMC-M 两种。

PMC 内部还有中间继电器(R)和保持型存储器(D),共占 400 B,地址分配在编辑梯形图时确定。保持型存储器又分为定时器(5 B 的二进制数)、计数器(5 B 的二进制数)、断电保持继电器及数据表。

PMC-L/M 的性能和规格如表 5-1 所示。

表 5-1 PMC-L、PMC-M 的性能和规格(FANUC-OC/OD 系统)

PMC 型号 PMC 规格	PMC-L	PMC-M	备注
程序方式	助记语言	助记语言	
程序级数	2	3	
第一级执行周期	16 ms	16 ms/8 ms [8 ms 固定]	在 PMC-M 上选择
基本指令的平均处理时间	30 μs/步	6 μs 步	
程序容量	约 3000 步	约 5000 步	PMC-M 系统有 3 种程序容量
基本指令数	12	12	
功能指令数	34	35	
内部继电器	与保持型存储器共用, 400 B	696 B(400 B 与保持型存储器共用)	
保持型存储器	D300 开始 200 B 在保持型存储器区域内可任意使用		
可变定时器	同上(5 B/个)	同左	
计数器	同上(5 B/个)	同左	
数据表	在保持型存储器区域内可任意使用	同左	
固定定时器	与内部继电器共用 400 B (3 B/个)	同左	一个固定定时器使用内部继电器的 3 B
最大输入点数	104	208	
最大输出点数	72	144	

5.1.2 PMC 的地址分配

FANUC-OC/OD 系统的 PMC 多采用 PMC-L 型。PMC-L 的输入/输出点数是由系统 I/O 板的类型决定。I/O 板配置 C5 板(M1、M2)时,输入点数为 40 点,输出点数为 40 点;I/O 板配置 C6 板(M1、M18、M2、M19)时,输入点数为 80 点,输出点数为 56 点;I/O 板配置 C7 板(M1、M18、M2、M19、M20)时,输入点数为 104 点,输出点数为 72 点。系统标准配置为 C6 板。

1. 机床到 PMC 的输入信号地址(MT→PMC)

机床到 PMC 的输入信号的地址为 X00 ~ X22(在使用 I/O 模块时需要此地址,但并非 X0 ~ X22 的 23 个字节全部都用。X1、X5、X7、X9、X13、X15 等奇数地址不能使用,即使在偶数地址中,在 0 ~ 7 位也有不能用的位。)

PMC-L 的输入信号分配地址如图 4-2 所示。图 4-2a 为 I/O 板的 M1 接口端子图,图 4-2b 为 I/O 板的 M18 接口端子图,图 4-2c 为 I/O 板的 M20 接口端子图。

1	0V	19	X21.4	33	X21.3
2	0V	20	X16.3	34	X21.2
3	0V	21	X16.2	35	X21.1
4	0V	22	X17.3	36	X21.0
5	X20.5	23	X17.2	37	X20.6
6	X16.7	24	X18.3	38	X16.5
7	X17.7	25	X18.2	39	X17.5
8	X18.7	26	X21.6	40	X18.5
9	X17.1	27	X21.5	41	X21.7
10	X17.0	28		42	X22.7
11	X16.1	29	+24E	43	X22.6
12	X16.0	30	+24E	44	X22.5
13	X20.7	31	+24E	45	X22.4
14	X20.4	32	+24E	46	X22.3
15	X20.3			47	X22.2
16	X20.2			48	X22.1
17	X20.1			49	X22.0
18	X20.0			50	0V

a)

1	0V	19	X00.1	33	X00.0
2	0V	20	X00.3	34	X00.2
3	0V	21	X00.6	35	X00.4
4	COM1	22	X02.1	36	X00.7
5	X00.5	23	X02.4	37	X02.2
6	X02.0	24	X02.7	38	X02.5
7	X02.3	25	X04.2	39	X04.0
8	X02.6	26	X06.0	40	X04.3
9	X04.1	27	X12.0	41	X04.6
10	X04.4	28	COM_2	42	X06.1
11	X04.7	29	COM_3	43	X06.3
12	X06.2	30		44	X06.5
13	X06.4	31		45	X06.7
14	X06.6	32		46	X08.1
15	X08.0			47	X08.3
16	X08.2			48	X08.5
17	X08.4			49	X08.7
18	X08.6			50	0V

b)

1	0V	19	y84.1	33	y84.0
2	0V	20	y84.3	34	y84.2
3	0V	21	y84.6	35	y84.4
4	0V	22	y86.1	36	y84.7
5	y84.5	23	y86.4	37	y86.2
6	y86.0	24	y86.7	38	y86.5
7	y86.3	25	X19.5	39	x19.2
8	y86.6	26	X10.5	40	x19.7
9	x19.3	27	X12.0	41	x10.6
10	x10.4	28	COM_4	42	x12.1
11	x10.7	29	COM_5	43	x12.3
12	x12.2	30		44	x12.5
13	x12.4	31		45	x12.7
14	x12.6	32		46	x14.1
15	x14.0			47	x14.3
16	x14.2			48	x14.5
17	x14.4			49	x14.7
18	x14.6			50	0V

c)

图 5-2　PMC-L 型输入/输出信号接口端子图

a）M1 接口端子图　b）M18 接口端子图　c）M20 接口端子图

有些输入信号不需要通过 PMC 而直接由 CNC 监控。这些信号的输入地址是固定的,CNC 运行时直接引用这些地址信号。FANUC-OC/OD 系统的固定输入地址及信号功能见表 5-2。

表 5-2 FANUC-OC/OD 系统的固定输入地址

信号		符号	地址
车床(T 系列)	X 轴测定位置到达信号	XAE	X8.0
	Z 轴测定位置到达信号	ZAE	X8.1
	刀具补偿测量值直接输入功能 B:+X 方向信号	+MIT1	X8.2
	刀具补偿测量值直接输入功能 B:-X 方向信号	-MIT1	X8.3
	刀具补偿测量值直接输入功能 B:+Z 方向信号	+MIT2	X8.4
	刀具补偿测量值直接输入功能 B:-Z 方向信号	-MIT2	X8.5
	Z 轴正向超程信号	* +LZ	X18.5
铣床或加工中心(M 系列)	X 轴测定位置到达信号	XAE	X8.0
	Y 轴测定位置到达信号	YAE	X8.1
	Z 轴测定位置到达信号	ZAE	X8.2
	忽略第 4 轴信号	4NG	X4.7
	高速互锁信号	RILK	X8.5
	X 轴正向超程信号	* +LX	X20.0
	Y 轴正向超程信号	* +LY	X20.1
	Z 轴正向超程信号	* +LZ	X20.2
	X 轴负向超程信号	* -LX	X20.3
	Y 轴负向超程信号	* -LY	X20.4
	Z 轴负向超程信号	* -LZ	X20.5
公共(T、M)	系统急停信号	*ESP	X21.4
	跳跃信号(PMC 控制)	ESKIP	X8.6
	跳跃信号	SKIP	X8.7
	第 1 轴返回参考点减速信号	*DEC1	X16.5
	第 2 轴返回参考点减速信号	*DEC2	X17.5
	第 3 轴返回参考点减速信号	*DEC3	X18.5
	第 4 轴返回参考点减速信号	*DEC4	X19.5

2. PMC 到机床侧的输出信号地址(PMC→MT)

PMC 到机床的输出信号的地址为 Y48 ~ Y53 以及 Y80 ~ Y95,这些信号用来控制机床的指示灯、直流继电器线圈(DC 24V)等。PMC-L 输出信号的地址分配如图 5-3 所示,其中图 5-3a 为 I/O 板的 M2 接口端子图,图 5-3b 为 I/O 板的 M19 接口端子图。

3. PMC 到 CNC 的信号地址(PMC→CNC)

PMC 到 CNC 的信号的地址为 G100 ~ G147(用户使用)和 G200 ~ G249(系统专用),这些信号的功能是固定的,用户通过顺序程序(梯形图)实现 CNC 各种功能的控制。如系统急停控制信号为 G121.4、循环起动信号为 G120.2、进给暂停信号为 G121.5、空运转信号为 G118.7、外部复位信号为 G121.7、程序保护钥匙信号为 G112.3、CNC 系统状态信号为 G122.0、G122.1、G122.2 等。

4. CNC 到 PMC 的信号地址(CNC→PMC)

CNC 到 PMC 的信号的地址为 F148 ~ F199(用户使用)和 F250 ~ F299(系统专用),这些信号的功能也是固定的,用户通过顺序程序(梯形图)确定 CNC 系统的状态。如 CNC 系统准备就绪信号为 F149.7、伺服准备就绪信号为 F148.6、系统报警信号为 F149.0、系统电池报警信号为 F149.2、系统复位信号为 F149.1、系统进给暂停信号为 F148.4、系统循环起动信号为 F148.5、T 码选通信号为 F150.3、M 码选通信号为 F150.0、S 码选通信号为 F150.2 等。

5. 中间继电器 R 和保持型存储器 D 的地址

中间继电器 R 和保持型存储器 D 的地址为 D300 ~ R699(400 个字节)。如果编辑顺序程序(梯形图)时,保持型存储器的容量设定为 200 个字节,则保持型存储器的地址为 D300 ~ D499,中间继电器的地址为 R500 ~ R699。

1	0V			33	Y51.7
2	0V	19	Y50.2	34	Y51.6
3	0V	20	Y50.3	35	Y51.5
4	0V	21	Y50.0	36	Y51.4
5	Y48.7	22	Y49.3	37	Y51.3
6	Y48.6	23	Y49.1	38	Y51.2
7	Y48.5	24	Y49.0	39	Y51.1
8	Y48.4	25	Y48.0	40	Y51.0
9	Y50.7	26	Y48.1	41	Y49.4
10	Y50.5	27	Y48.2	42	Y53.7
11	Y52.7	28		43	Y53.6
12	Y52.6	29		44	Y53.5
13	Y52.5	30		45	Y53.4
14	Y52.4	31		46	Y53.3
15	Y52.3	32		47	Y53.2
16	Y52.2			48	Y53.1
17	Y52.1			49	Y53.0
18	Y52.0			50	0V

a)

1	Y80.0	8	Y80.7	14	Y82.5
2	Y80.1	9	Y82.0	15	Y82.6
3	Y80.2	10	Y82.1	16	Y82.7
4	Y80.3	11	Y82.2	17	
5	Y80.4	12	Y82.3	18	0V
6	Y80.5	13	Y82.4	19	0V
7	Y80.6			20	0V

b)

图 5-3 PMC-L 型输出信号接口端子图

a) M2 输出接口图 b) M19 输出接口图

5.2 FANUC-Oi 系统 PMC

5.2.1 PMC 性能及规格

FANUC-Oi 系统有 OiA 系列、OiB 系列和 OiC 系列三种。FANUC-OiA 系统的 PMC 可采用 SA1 或 SA3 两种类型,一般系统配置为 SA3。FANUC-OiB/OiC 系统的 PMC 可采用 SA1 或 SB7 两种类型,系统功能包 A 配置为 SB7,B 包配置 SA1。即使同一类型 PMC 在不同系统中性能也有所不同。

FANUC-Oi 系统的 PMC 与 FANUC-OC/OD 系统的 PMC 相比,其优点如下:

1）系统的 PMC 顺序程序作为系统的用户文件存储在系统的 FROM 中，顺序程序的备份、修改及恢复都非常方便。

2）PMC 信号传递采用 FANUC 系统的 I/O Link BUS 总线（FSSB）控制，不仅增加了输入/输出点数（标准配置为 1024 点输入/1024 点输出），而且大大提高了系统的传输速度和运行的可靠性。

3）PMC 具有丰富的功能指令（PMC-SB7 有 69 条功能指令），可完成数控机床的复杂控制。PMC 增加了信息继电器（PMC-SA3 为 200 个，PMC-SB7 为 2000 个），便于机床厂家编写机床报警信息，也方便用户维修。

4）PMC 具有信号跟踪功能，该功能可检查信号变化的履历（记录了信号状态的变化），便于用户对故障原因分析和处理。

5）系统具有内装 PMC 编辑功能（OiA 系统需要梯形图编辑卡），便于系统梯形图的修改。

6）FANUC-OiB/OiC 系统的 PMC 还增加了“PMC 的强制功能”，通过 PMC 的强制功能（PMC 信号的置“1”或“0”），可很方便地判断数控机床故障的具体部位。

7）利用存储卡或 LADDER-Ⅲ编程软件对系统的梯形图及 PMC 参数进行备份和恢复，把备份的梯形图或修改后的梯形图重新写入到 FROM 中。FANUC-OiB/OiC 系统还可以利用 LADDER-Ⅲ编程软件进行顺序程序的在线（OLIN）传输控制。FANUC-Oi 系统 PMC 的性能和规格如表 5-3。

表 5-3　FANUC-Oi 系统 PMC 的性能和规格

PMC 类型	FANUC-OiA 系统	FANUC-OiB/OiC 系统	
	SA3	SA1	SB7
编程方法	梯形图	梯形图	梯形图
程序级数	2	2	3
第一级程序扫描周期	8 ms	8 ms	8 ms
基本指令执行时间	0.15 μs/步	5.0 μs/步	0.033 μs/步
程序容量 -梯形图 -符号和注释 -信息显示	 最大约 12000 步 1 KB 到 128 KB 8 KB 到 64 KB	 最大约 12000 步 1 KB 到 128 KB 8 KB 到 64 KB	 最大约 64000 步 1 KB—不限制 1 KB—不限制
基本指令数 功能指令数	14 66	12 48	14 69
内部继电器（R） 外部继电器（E） 信息显示请求位（A） 非易失性存储区 - 数据表（D） - 可变定时器（T） 固定定时器（T） - 计数器（C） 固定计数器（C） - 保持型继电器（K） 子程序（P） 标号（L）	1000 B 无 25 B 1860 B 40 个（80 B） 100 个 20 个（80 B） 无 20 B 512 999	1000 B 无 25 B 1860 B 40 个（80 B） 100 个 20 个（80 B） 无 20 B 无 无	8500 B 8000 B 500 B 10000 B 250 个（1000 B） 500 个 100 个（400 B） 100 个（200 B） 120 B 2000 9999
I/O Link 输入/输出 I/O 卡输入/输出	最大 1024 点/最大 1024 点 最大 96 点/最大 72 点	最大 1024 点/最大 1024 点 无	最大 2048 点/最大 2048 点 无
顺序程序存储	Flash ROM 128 KB	Flash ROM 128 KB	Flash ROM 128 ~ 768 KB

5.2.2 内装I/O卡和I/O LINK地址分配

FANUC-Oi系统的输入/输出信号控制有两种形式，一种是来自系统内装I/O卡的输入/输出信号，其地址是固定的；另一种是来自外装I/O卡(I/O Link)的输入/输出信号，其地址是由数控机床厂家在编制顺序程序时设定的，连同顺序程序存储到系统的FROM中，写入FROM中的地址是不能更改的。如果内装I/O卡控制信号与I/O Link控制信号(相同控制功能)同时作用，内装I/O卡信号有效。

1. 机床到PMC的输入信号地址(MT→PMC)

采用I/O Link时，PMC输入信号地址为X0~X127。采用内装I/O卡时，FANUC-OiA系统的输入信号地址为X1000~X1011(96点输入)，FANUC-OiB系统的输入信号地址为X0~X11(96点输入)。

有些输入信号不需要通过PMC而直接由CNC监控。这些信号的输入地址是固定的，CNC运行时直接引用这些地址信号。FANUC-Oi系统的固定输入地址及信号功能如表5-4所示。

表5-4 FANUC-Oi系统的固定输入地址

信号		符号	地址	
			当使用I/O LINK时	当使用内装I/O卡时
T系列	X轴测定位置到达信号	XAE	X4.0	X1004.0
	Z轴测定位置到达信号	ZAE	X4.1	X1004.1
	刀具补偿测量直接输入功能B：+X方向信号	+MIT1	X4.2	X1004.2
	刀具补偿测量直接输入功能B：-X方向信号	-MIT1	X4.3	X1004.3
	刀具补偿测量直接输入功能B：+Z方向信号	+MIT2	X4.4	X1004.4
	刀具补偿测量直接输入功能B：-Z方向信号	-MIT2	X4.5	X1004.5
M系列	X轴测定位置到达信号	XAE	X4.0	X1004.0
	Y轴测定位置到达信号	YAE	X4.1	X1004.1
	Z轴测定位置到达信号	ZAE	X4.2	X1004.2
公共(T、M)系列	跳跃信号	SKIP	X4.7	X1004.7
	系统急停信号	*ESP	X8.4	X1008.4
	第1轴返回参考点减速信号	*DEC1	X9.0	X1009.0
	第2轴返回参考点减速信号	*DEC2	X9.1	X1009.1
	第3轴返回参考点减速信号	*DEC3	X9.2	X1009.2
	第4轴返回参考点减速信号	*DEC4	X9.3	X1009.3

2. 从PMC到机床侧的输出信号地址(PMC→MT)

采用I/O LINK时，其输出信号地址为Y0到Y127。采用内装I/O卡时，FANUC-OiA系统的输出信号地址为Y1000到X1008(72点输入)，FANUC-OiB系统的输入信号地址为Y0到Y8(72点输入)。

图5-4为FANUC-OiA系统I/O模块的接口示意图，图5-5为系统I/O模块(外装I/O卡)的结构示意图。

CB104 端子接口图

1	0V	+24V
2	X1000.0	X1000.1
3	X1000.2	X1000.3
4	X1000.4	X1000.5
5	X1000.6	X1000.7
6	X1001.0	X1001.1
7	X1001.2	X1001.3
8	X1001.4	X1001.5
9	X1001.6	X1001.7
10	X1002.0	X1002.1
11	X1002.2	X1002.3
12	X1002.4	X1002.5
13	X1002.6	X1002.7
14		
15		
16	Y1000.0	Y1000.1
17	Y1000.2	Y1000.3
18	Y1000.4	Y1000.5
19	Y1000.6	Y1000.7
20	Y1001.0	Y1001.1
21	Y1001.2	Y1001.3
22	Y1001.4	Y1001.5
23	Y1001.6	Y1001.7
24	DOCM	DOCM
25	DOCM	DOCM

CB105 端子接口图

1	0V	+24V
2	X1003.0	X1003.1
3	X1003.2	X1003.3
4	X1003.4	X1003.5
5	X1003.6	X1003.7
6	X1008.0	X1008.1
7	X1008.2	X1008.3
8	X1008.4	X1008.5
9	X1008.6	X1008.7
10	X1009.0	X1009.1
11	X1009.2	X1009.3
12	X1009.4	X1009.5
13	X1009.6	X1009.7
14		
15		
16	Y1002.0	Y1002.1
17	Y1002.2	Y1002.3
18	Y1002.4	Y1002.5
19	Y1002.6	Y1002.7
20	Y1003.0	Y1003.1
21	Y1003.2	Y1003.3
22	Y1003.4	Y1003.5
23	Y1003.6	Y1003.7
24	DOCM	DOCM
25	DOCM	DOCM

CB106 端子接口图

1	0V	+24V
2	X1004.0	X1004.1
3	X1004.2	X1004.3
4	X1004.4	X1004.5
5	X1004.6	X1004.7
6	X1005.0	X1005.1
7	X1005.2	X1005.3
8	X1005.4	X1005.5
9	X1005.6	X1005.7
10	X1006.0	X1006.1
11	X1006.2	X1006.3
12	X1006.4	X1006.5
13	X1006.6	X1006.7
14		
15		
16	Y1004.0	Y1004.1
17	Y1004.2	Y1004.3
18	Y1004.4	Y1004.5
19	Y1004.6	Y1004.7
20	Y1005.0	Y1005.1
21	Y1005.2	Y1005.3
22	Y1005.4	Y1005.5
23	Y1005.6	Y1005.7
24	DOCM	DOCM
25	DOCM	DOCM

CB107 端子接口图

1	0V	+24V
2	X1007.0	X1007.1
3	X1007.2	X1007.3
4	X1007.4	X1007.5
5	X1007.6	X1007.7
6	X1010.0	X1010.1
7	X1010.2	X1010.3
8	X1010.4	X1010.5
9	X1010.6	X1010.7
10	X1011.0	X1011.1
11	X1011.2	X1011.3
12	X1011.4	X1011.5
13	X1011.6	X1011.7
14		
15		
16	Y1006.0	Y1006.1
17	Y1006.2	Y1006.3
18	Y1006.4	Y1006.5
19	Y1006.6	Y1006.7
20	Y1007.0	Y1007.1
21	Y1007.2	Y1007.3
22	Y1007.4	Y1007.5
23	Y1007.6	Y1007.7
24	DOCM	DOCM
25	DOCM	DOCM

图 5-4　FANUC-OiA 系统内置 I/O 模块输入/输出信号地址分配图

3. 从 PMC 到 CNC 的输出信号地址(PMC→CNC)

从 PMC 到 CNC 的输出信号的地址为 G0 ~ G255,这些信号的功能是固定的,用户通过顺序程序(梯形图)实现 CNC 各种控制功能。如系统急停控制信号为 G8.4,循环起动信号为 G7.2,进给暂停信号为 G8.5,空运转信号为 G46.7,外部复位信号为 G8.7,程序保护钥匙信号为 G46.3 ~ G46.6,CNC 系统状态信号为 G43.0、G43.1、G43.2、G43.5、G43.7 等。

4. 从 CNC 到 PMC 的输入信号地址(CNC→PMC)

从 CNC 到 PMC 的输入信号的地址为 F0 ~ F255,这些信号的功能也是固定的,用户通过顺序程序(梯形图)确定 CNC 系统的状态。如 CNC 系统准备就绪信号为 F1.7,伺服准备就绪信号为 F0.6,系统报警信号为 F1.0,系统电池报警信号为 F1.2,系统复位信号为 F1.1,系统进给暂停信号为 F0.4,系统循环起动信号为 F0.5,T 码选通信号为 F7.3,M 码选通信号为 F7.0,S 码选通信号为 F7.2 等。

5. 定时器地址(T)

定时器分为可变定时器(用户可以修改时间)和固定定时器(定时时间存储到 FROM 中)两种。可变定时器有 40 个(T01 ~ T40),其中 T01 ~ T08 时间设定最小单位为 48ms,T09 ~ T40 时间设定最小单位为 8ms。固定定时器有 100 个(PMC 为 SB7 时,固定定时器有 500 个),时间设定最小单位为 8ms。

6. 计数器地址(C)

系统共有 20 个计数器,其地址为 C1 ~ C20。

7. 保持型继电器地址(K)

FANUC-OiA 系统的保持型继电器地址为 K0 ~ K19,其中 K16 ~ K19 是系统专用继电器,不能作为他用。FANUC-OiB/OiC(PMC 为 SB7)系统的保持型继电器地址为 K0 ~ K99(用户使用)和 K900 ~ K919(系统专用)。

8. 中间继电器地址

系统中间继电器可分为内部继电器(R)和外部继电器(E)两种。内部继电器的地址为 R0 ~ R999,其中 R900 ~ R999 为系统专用。外部继电器的地址为 E0 ~ E999。只有 PMC-SB7 才有外部继电器。

9. 信息继电器地址(A)

信息继电器通常用于显示报警信息请求,FANUC-OiA/OiB 系统有 200 个信息继电器(占用 25 B),其地址为 A0 ~ A24。FANUC-OiC 有 2000 个信息继电器(500 B)。

10. 数据表地址(D)

FANUC-OiA 系统数据表共有 1860 B,其地址为 D0 ~ D1859,FANUC-OiB/OiC 系统(PMC 为 SB7)共有 10000 B,其地址为 D0 ~ D9999。

11. 子程序号地址(P)

通过子程序有条件调出 CALL 或无条件调出 CALLU 功能指令,系统运行子程序的 PMC 控制程序,完成数控机床辅助功能控制动作,如加工中心的换刀动作。FANUC-OiA 系统(PMC 为 SA3)的子程序数为 512 个,其地址为 P1 ~ P512。FANUC-OiB/OiC 系统(PMC 为 SB7)的子程序数为 2000 个,其地址为 P1 ~ P2000。

12. 标号地址(L)

为了便于查找和控制,PMC 顺序程序用标号进行分块(一般按控制功能进行分块),系统通过 PMC 的标号跳转功能指令(JMPB 或 JMP)随意跳到所指定标号的程序进行控制。

FANUC-OiA 系统（PMC 为 SA3）的标号数有 999 个，其地址为 L1 ~ L999，FAUNC-OiB/OiC 系统（PMC 为 SB7）的标号数有 9999 个，其地址为 L1 ~ L9999。

5.2.3 系统 I/O 单元选型及 I/O LINK 地址设定

1. FANUC 系统 I/O 单元单元的选型

目前 FANUC 系统的 I/O 装置为选择配置，系统选型时，要根据系统的配置和机床的具体要求进行 I/O 装置选择，表 5-5 是 FANUC 系统常用的 I/O 装置。

表 5-5 FANUC 系统常用的 I/O 装置

装置名	说明	手轮连接	信号点数输入/输出
机床操作面板模块	装在机床操作面板上，带有矩阵开关和 LED 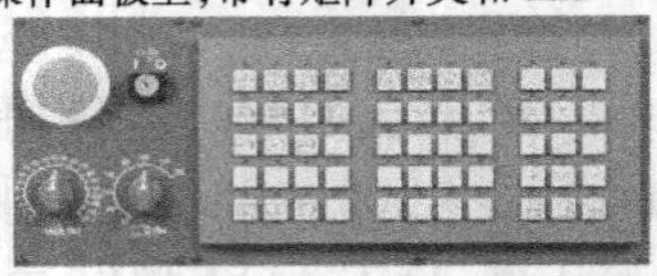	有	96/64
操作盘 I/O 模块	带有机床操作盘接口的装置，Oi 系统上常见 	有	48/32
机床外置 I/O 单元	能适应机床强电电路输入输出信号的任意组合要求 	有	96/64
分线盘 I/O 模块	一种分散型的 I/O 模块，能适应机床强电电路输入输出信号的任意组合要求，由基本单元和三块扩展单元组成 	有	96/64

（续）

装 置 名	说 明	手 轮 连 接	信号点数输入/输出
FANUC I/O UNIT A/B	一种模块结构的 I/O 装置，能适应机床强电输入输出任意组合的要求 	无	最大 256/256
I/O LINK 轴	使用 β 和 βi 系列 SVU（带 I/O LINK），可以通过 PMC 外部信号来控制伺服电动机进行定位 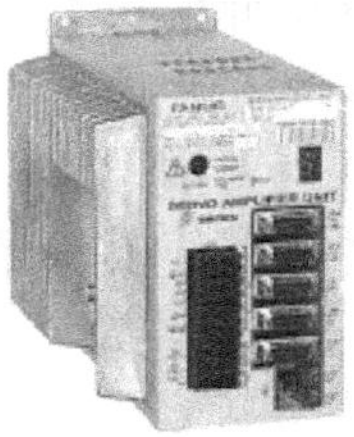	无	128/128

2. I/O 单元的 LINK 地址设定和分配

FANUC 系统是以 LINK 串行总线方式通过 I/O 单元与系统通信的。在 LINK 总线上 CNC 是主控端而 I/O 单元是从控端，多 I/O 单元相对于主控端来说是以组的形式来定义的，相对于主控端最近的为第 0 组，依次类推。一个通道最多可以带 16 组从控端（第 0 组到第 15 组），最大的输入输出点数是 1024/1024。图 5-5 为 FANUC 系统 I/O 装置 LINK 的连接图。

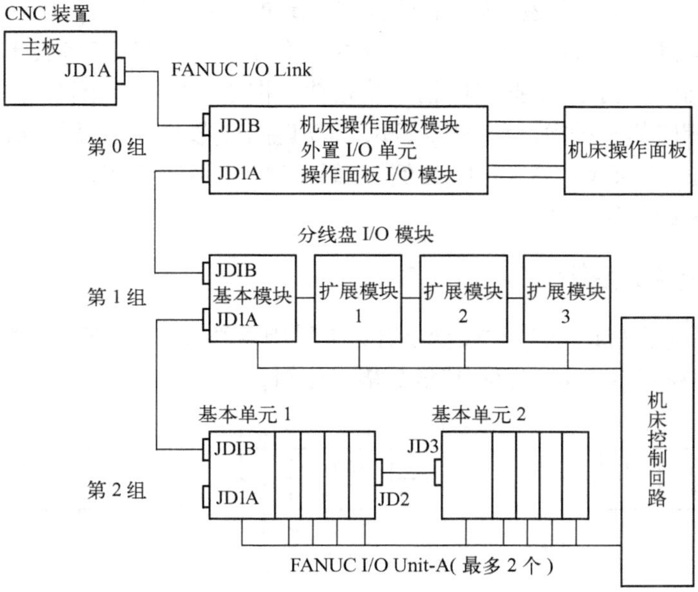

图 5-5 FANUC 系统 I/O 装置 LINK 的连接图

第0组连接的I/O装置可以是FANUC系统标准机床操作面板、外置I/O单元(FANUC-Oi系统专用)及机床面板I/O模块。比如连接FANUC系统标准机床操作面板,其I/O LINK地址设定为0组0座1槽,具体输入形式是:输入模块地址为0.0.1.OCO2I,OCO2I为16个字节的输入模块,输出模块地址为0.0.1.OCO2O,OCO2O为16个字节的输出模块。

第1组连接的I/O装置是机床分线盘I/O模块,配置了一个基本模块和3个扩展模块。基本模块I/O LINK地址设定为1组0座1槽,具体输入形式是:输入模块地址为1.0.1./3,/3为3个字节的输入模块,输出模块地址为1.0.1./3,/3为3个字节的输出模块;扩展模块1的I/O LINK地址设定为1组0座2槽,具体输入形式是1.0.2./3;扩展模块2的I/O LINK地址设定为1组0座3槽,具体输入形式是1.0.3./3;扩展模块3的I/O LINK地址设定为1组0座4槽,具体输入形式是1.0.4./3。

第3组连接的I/O装置是FANUC系统I/O单元模块Unit-A(两个基本单元),基本单元1的I/O LINK地址设定为2组0座1槽,具体输入形式是1.0.1.6,其中6表示为6个字节;基本单元2的I/O LINK地址设定为2组1座1槽,具体输入形式是2.1.1.6。每个基本单元又有分模块(有5槽和10槽两种),对每个分模块还要分别设定,如1槽、2槽、3槽等。

5.3 FANUC系统PMC的功能指令

数控机床用PLC的指令必须满足数控机床信息处理和动作控制的特殊要求。例如CNC输出的M、S、T二进制代码信号的译码(DEC、DECB);机械运动状态或液压系统动作状态的延时确认(TMR、TMRB);加工零件的计数(CTR);刀库、分度工作台沿最短路径旋转和现在位置至目标位置步数的计算(ROT、ROTB);换刀时数据检索(DSCH、DSCHB)和数据变址传送指令(XMOV、XMOVB)等。对于上述译码、定时、计数、最短路径选择,以及比较、检索、转移、代码转换、四则运算、信息显示等控制功能,仅用基本指令编程,实现起来将会十分困难,因此要增加一些专门控制功能的指令,这些专门指令就是功能指令。功能指令都是一些子程序,应用功能指令就是调用相应的子程序。FANUC PMC的功能指令数目视型号不同而不同。本节将以FANUC-Oi系统的PMC-SA1/SA3/SB7为例,介绍FANUC系统常用PMC功能指令的功能、指令格式及数控机床的具体应用。

5.3.1 顺序程序结束指令

FANUC-Oi系统的PMC程序结束指令有第1级程序结束指令END1、第2级程序结束指令END2和总程序结束指令END三种,其指令格式如图5-6所示。

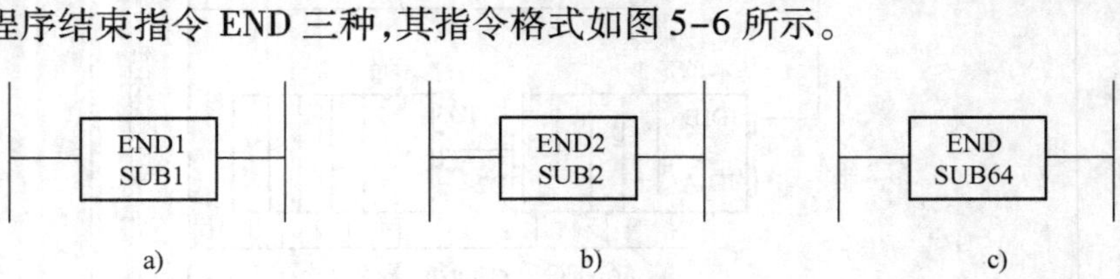

图5-6 程序结束功能指令格式

a)第1级程序结束 b)第2级程序结束 c)总程序结束

1. 第 1 级程序结束指令 END1

第 1 级程序结束指令 END1 每隔 8ms 读取程序，主要处理系统急停、超程、进给暂停等紧急动作。第 1 级程序过长将会延长 PMC 整个扫描周期，所以第 1 级程序不宜过长。如果不使用第 1 级程序时，必须在 PMC 程序开头指定 END1，否则 PMC 无法正常运行。

2. 第 2 级程序结束指令 END2

第 2 级程序用来编写普通的顺序程序，如系统就绪、运行方式切换、手动进给、手轮进给、自动运行、辅助功能（M、S、T 功能）控制、调用子程序及信息显示控制等顺序程序。通常第 2 级的步数较多，在一个 8ms 内不能全部处理完（每个 8ms 内都包括第 1 级程序），所以在每个 8ms 中顺序执行第 2 级的一部分，直至执行第 2 级的终了（读取 END2）。在第 2 级程序中，因为有同步输入信号存储器，所以输入脉冲信号的信号宽度应大于 PMC 的扫描周期，否则顺序程序会出现误动作。

3. 程序结束指令 END

系统 PMC 程序编制子程序时，用 CALL 或 CALLU 命令由第 2 级程序调用。PMC 的梯形图的最后必须用 END 指令结束。

图 5-7 为某一数控立式加工中心应用 PMC 程序结束指令的具体例子。

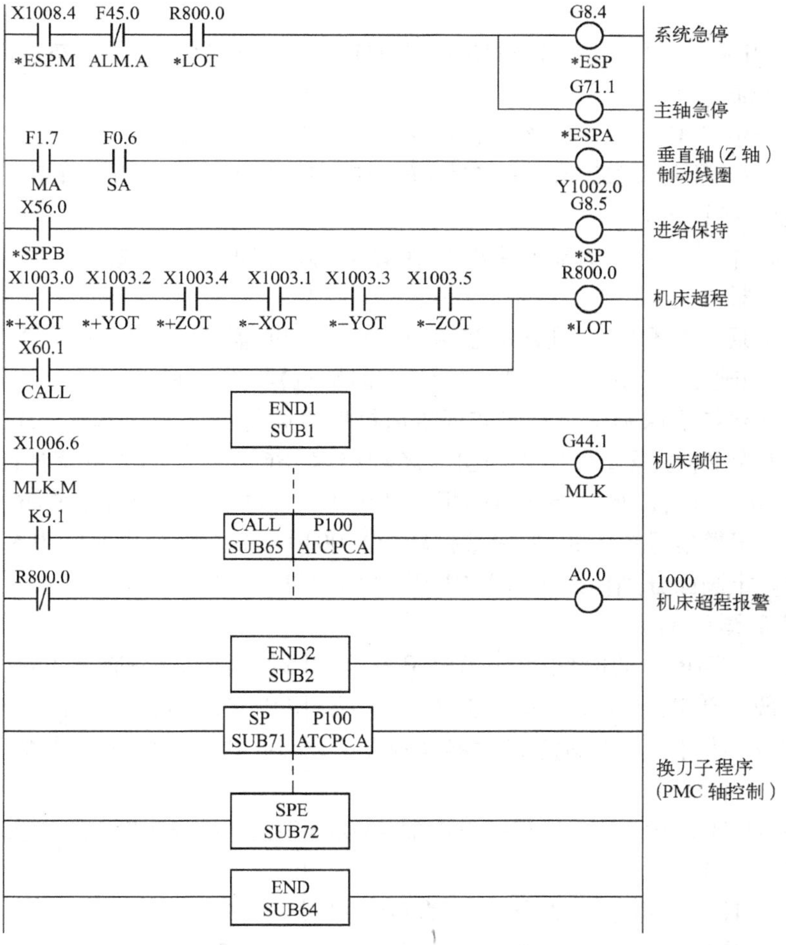

图 5-7　PMC 程序结束指令的应用

5.3.2 定时器指令

在数控机床梯形图编制中，定时器是不可缺少的指令，用于程序中需要与时间建立逻辑关系的场合，功能相当于一种通常的定时继电器（延时继电器）。FANUC 系统 PMC 的定时器按时间设定形式不同可分为可变定时器（TMR）和固定定时器（TMRB）两种。

1. 可变定时器（TMR）

TMR 指令的定时时间可通过 PMC 参数进行更改，指令格式和工作原理如图 5-8 所示。指令格式包括三部分，分别是控制条件、定时器号和定时继电器。

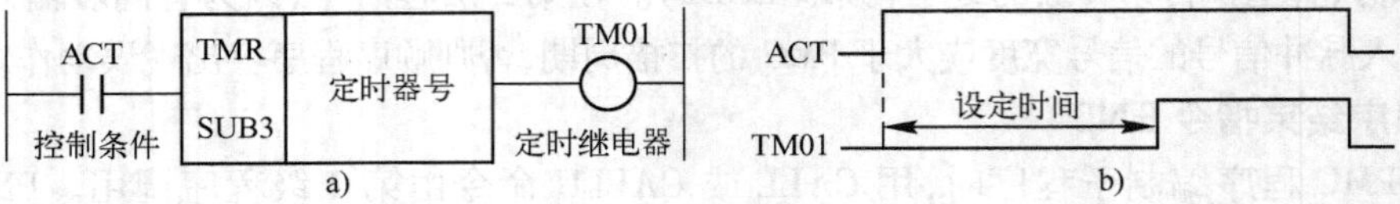

图 5-8 可变定时器的指令格式和工作原理
a）指令格式 b）定时器工作原理

控制条件：当 ACT =0 时，输出定时继电器 TM01 =0。当 ACT =1 时，经过设定延时后，输出定时继电器 TM01 =1。

定时器号：PMC-SA3 为 1 ~40 个，其中 1 ~8 号最小单位为 48ms（最大为 1572.8s），9 号以后最小单位为 8ms（最大为 262.1s）。定时器的时间在 PMC 参数中设定（每个定时器占两个字节，以十进制数直接设定）。

定时继电器：作为可变定时器的输出控制，定时继电器的地址由机床厂家设计者决定，一般采用中间继电器。

定时器工作原理如图 5-8b 所示。当 ACT =1 时，定时器开始计时，到达预定的时间后，定时继电器 TM01 接通；当控制条件 ACT =0 时，定时继电器 TM01 断开。

图 5-9 为某数控机床利用定时器实现机床报警灯闪烁的例子。其中 X1008.4 为机床急停报警，R600.3 为主轴报警，R600.4 为机床超程报警，R600.5 为润滑系统油面过低（润滑油不足）报警，R600.6 为自动换刀装置故障报警，R600.7 为自动加工中机床的防护门打开报警，当上面任何一个报警信号输入时，机床报警灯（Y1000.0）都闪亮（间隔时间为 5 s）。通过 PMC 参数的定时器设定画面分别输入定时器 01、02 的时间设定值（5000 ms）。

2. 固定定时器（TMRB）

固定定时器（TMRB）的时间不是通过 PMC 参数设定的，而是通过 PMC 程序编制的。固定定时器一般用于机床固定时间的延时，不需要用户修改时间。如机床换刀的动作时间、机床自动润滑时间等均由固定定时器来控制。图 5-10 为固定定时器的指令格式和应用实例。

控制条件：当 ACT =0 时，输出定时继电器 TM03 =0；当 ACT =1 时，设定延时时间后，输出定时继电器 TM03 =1。

定时器号：PMC-SA3 共有 100 个，编号为 001 ~100。

设定时间：设定时间的最小单位为 8 ms，设定范围为 8 ~262136 ms。

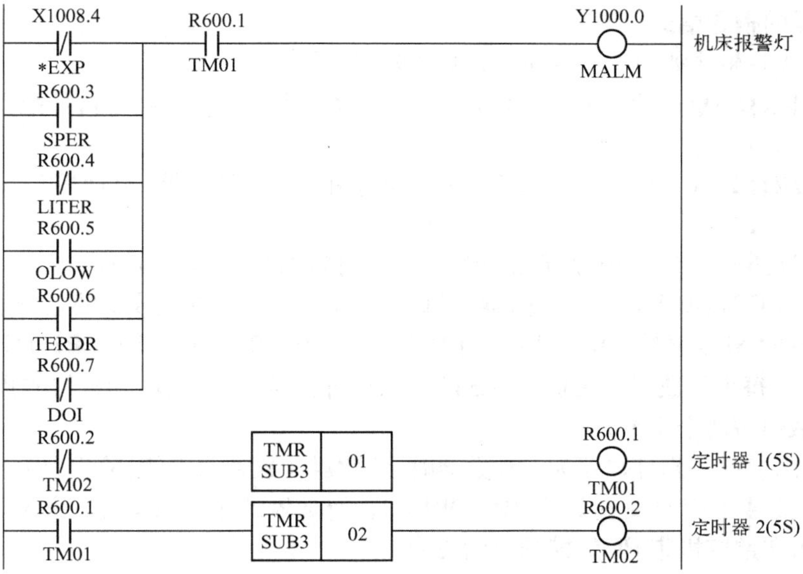

图 5-9　机床报警灯的闪烁电路

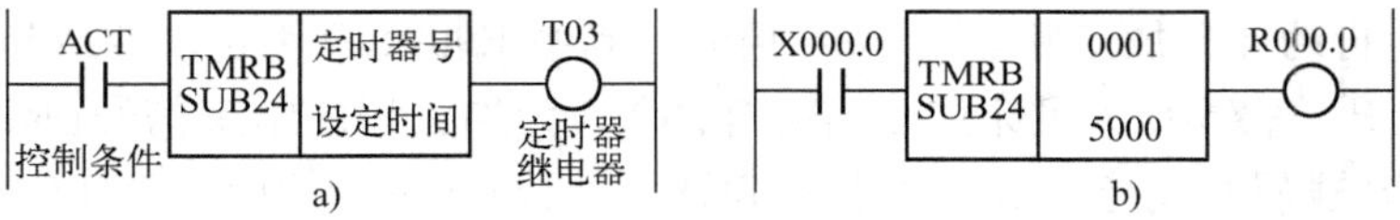

图 5-10　固定定时器的指令格式和应用举例

a）指令格式　b）固定定时器的应用

定时继电器：作为可变定时器的输出控制，定时继电器的地址由机床厂家决定，一般采用中间继电器。

图 5-10b 为应用实例，表示当 X000.0 为 1 时，经过 5000 ms 的延时，定时继电器 R000.0 为"1"。

5.3.3　计数器指令

计数器主要功能是进行计数，可以是加计数，也可以是减计数。计数器的预置形式是 BCD 代码还是二进制代码由 PMC 的参数设定（一般为二进制代码）。

图 5-11 为计数器的指令格式和计数加工工件件数的应用。

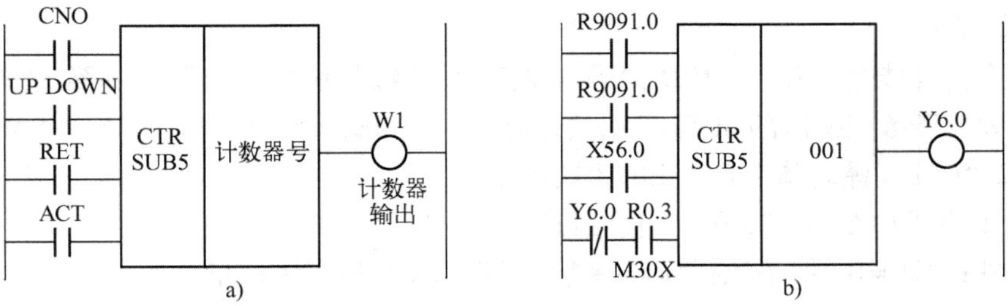

图 5-11　计数器的指令格式和应用举例

a）指令格式　b）计数器用于计数加工工件应用

1. **计数器的指令格式**

计数器的指令格式如图 5-11a 所示，包括如下各项：

指定初始值(CNO)：CNO =0 时，计数器的计数从 0 开始；CNO =1 时，计数器的计数从 1 开始。

指定加或减计数(UPDOWN)：UPDOWN =0 时，指定为加计数器；UPDOWN =1 时，指定为减计数器。

复位(RST)：RST =0 时，解除复位；RST =1 时，计数器复位到初始值。

控制条件(ACT)：ACT =0 时，计数器不执行；ACT =1 时，从 0 变成 1 的上升沿计数。

计数器号：FANUC 系统 PMC-SA3 的计数器有 20 个(00 ~ 19)，PMC-SB7 的计数器有 100 个(000 ~ 099)。每个计数器占用系统内部断电保持寄存器 4 个字节(计数器的预置值占两个字节，当前计数值占两个字节)。

计数器输出(W1)：当计数器为加计数器时，计数器计数到预置值，输出 W1 =1；当计数器为减计数器时，计数器计数到初始值，输出 W1 =1。计数器的输出地址由厂家来设定。

2. **计数器在数控机床 PMC 控制上的应用**

计数器可以自动计算加工工件的数量，能作为分度工作台的自动分度控制及加工中心自动换刀装置中的换刀位置自动检测控制等。

图 5-11b 为自动计数加工件数的 PMC 控制。其中 R9091.0 为逻辑 0，X56.0 为机床面板加工件数的复位开关，Y6.0 为机床加工结束灯，R0.3 为加工程序结束信号(M30)。计数器的初始值 CNO 为 0(逻辑 0 指定)，加工件数从 0 开始计数；加减计数形式 UPDOWN 为 0(逻辑 0 指定)，即指定计数器为加计数。通过 PMC 参数画面设定计数器 1 的预置值为 100(如果加工 100 件)。每加工一个工件，通过加工程序结束指令 M30(R0.3)进行计数器加 1 累计，当加工 100 件时，计数器的计数值累计到 100，计数器输出 Y6.0 为 1，通知操作者加工结束，并通过 Y6.0 的常闭点切断计数器的计数控制。如果重新进行计数，可通过机床面板的复位开关 X56.0 进行复位，当 X56.0 为 1 时，计数器输出 Y6.0 变成 0，计数器重新计数。

5.3.4 译码指令

数控机床在执行加工程序中规定的 M、S、T 功能时，CNC 装置以 BCD 或二进制代码形式输出 M、S、T 代码信号。这些信号需要经过译码才能从 BCD 或二进制状态转换成具有特定功能含义的一位逻辑状态。根据译码形式不同，PMC 译码指令分为 BCD 译码指令(DEC)和二进制译码指令(DECB)两种。

1. **DEC 指令**

DEC 指令的功能是，当两位 BCD 代码与给定值一致时，输出为“1”；不一致时，输出为“0”。DEC 指令主要用于数控机床的 M 码、T 码的译码。一条 DEC 译码指令只能译一个 M 代码。

图 5-12 为 DEC 译码指令格式和应用举例。

DEC 指令格式如图 5-12a 所示，包括以下几部分：

控制条件：ACT =0 时，不执行译码指令；ACT =1 时，执行译码指令。

译码信号地址：指定包含两位 BCD 代码信号的地址。

译码方式：译码方式包括译码数值和译码位数两部分。译码数值为需进行译码的两位 BCD 代码；译码位数为 01 表示只译低 4 位数，为 10 表示只译高 4 位数，为 11 表示为高低位均译。

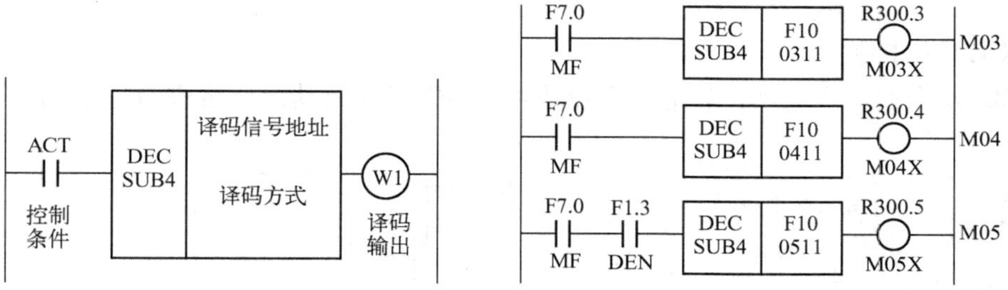

a)　　　　　　b)

图 5-12　DEC 译码指令格式和应用举例

a）指令格式　b）译码指令 DEC 的应用

译码输出：当指定地址的译码数与要求的译码值相等时为 1，否则为 0。

图 5-12b 中，当执行加工程序的 M03、M04、M05 时，R300.3、R300.4、R300.5 分别为 1，从而实现主轴正转、反转及主轴停止自动控制。其中 F7.0 为 M 码选通信号，F1.3 为移动指令分配结束信号，F10 为 FANUC-16/18/Oi 系统的 M 码输出信号地址。

2. DECB 指令

DECB 的指令功能：可对 1、2 或 4 个字节的二进制代码数据译码，所指定的 8 位连续数据中，有一位与代码数据相同时，对应的输出数据位为 1。DECB 指令主要用于 M 代码、T 代码及特殊 S 码的译码，一条 DECB 指令可译 8 个连续 M 代码或 8 个连续 T 代码。

图 5-13 为 DECB 译码指令格式和应用举例。

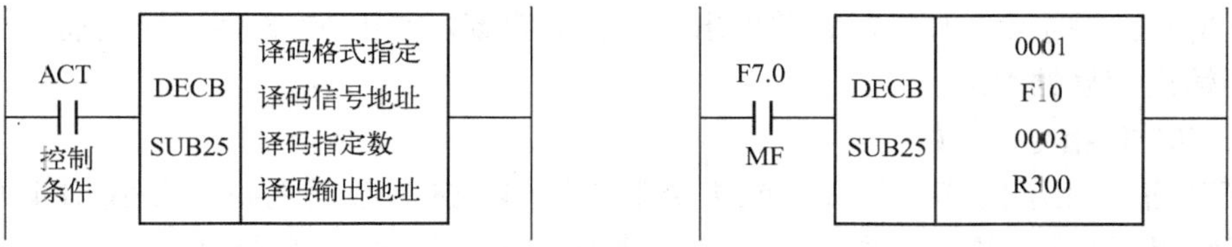

a)　　　　　　b)

图 5-13　DECB 译码指令格式和应用举例

a）指令格式　b）译码指令 DECB 的应用

译码格式指定：0001 表示 1 个字节的二进制代码数据，0002 表示 2 个字节的二进制代码数据，0004 表示 4 个字节的二进制代码数据。

译码信号地址：给定一个存储代码数据的地址。

译码指定数：给定要译码的 8 个连续数字的第一位。

译码结果输出：给定一个输出译码结果的地址。

图 5-13b 中，加工程序执行 M03、M04、M05、M06、M07、M08、M09、M10 时，R300.0、R300.1、R300.2、R300.3、R300.4、R300.5、R300.6、R300.7 分别为 1。

5.3.5　比较指令

比较指令用于比较基准值与比较值的大小，主要用于数控机床编程的 T 码与实际刀号的比较。PMC 比较指令分为 BCD 比较指令(COMP)和二进制比较指令(COMPB)两种。

1. COMP 指令

COMP 指令的输入值和比较值为 2 位或 4 位 BCD 代码,其指令格式与应用例子如图5-14所示。

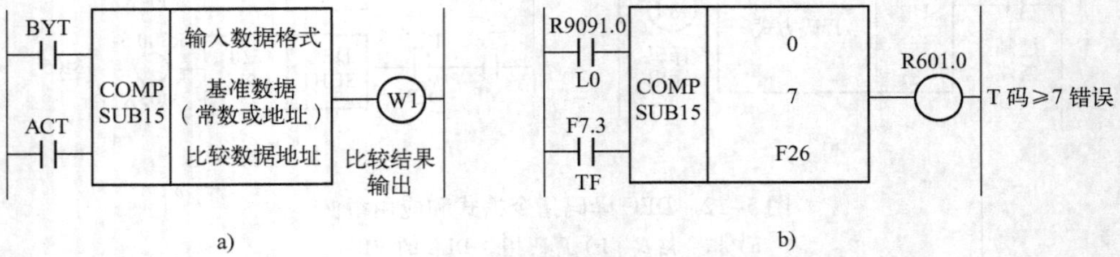

图 5-14 COMP 比较指令格式和应用举例

a) 指令格式 b) 比较指令 COMP 的应用

COMP 指令格式如图 5-14a 所示,包括以下几项:

指定数据大小:BYT=0 时,处理数据(输入值和比较值)为 2 位 BCD 代码;BYT=1 时,处理数据为 4 位 BCD 代码。

控制条件:ACT=0 时,不执行比较指令;ACT=1 时,执行比较指令。

输入数据格式:0 表示用常数指定输入基准数据,1 表示用地址指定输入基准数据。

基准数据:输入的数据(常数或常数存放的地址)。

比较数据地址:指定存放比较数据的地址。

比较结果输出:当基准数据>比较数据时,W1 为 0;当基准数据≤比较数据时,W1 为 1。

图 5-14b 为某数控车床自动换刀(6 工位)的 T 码检测 PMC 控制梯形图。加工程序中的 T 码大于或等于 7 时,R601.0 为 1,并发出 T 码错误报警。其中 F7.3 为 T 码选通信号,F26 为系统 T 码输出信号的地址。

2. COMPB 指令

COMPB 指令用于比较 1 个、2 个或 4 个字节长的二进制数据之间的大小,比较的结果存放在运算结果寄存器(R9000)中,其指令格式和应用例子如图 5-15 所示。

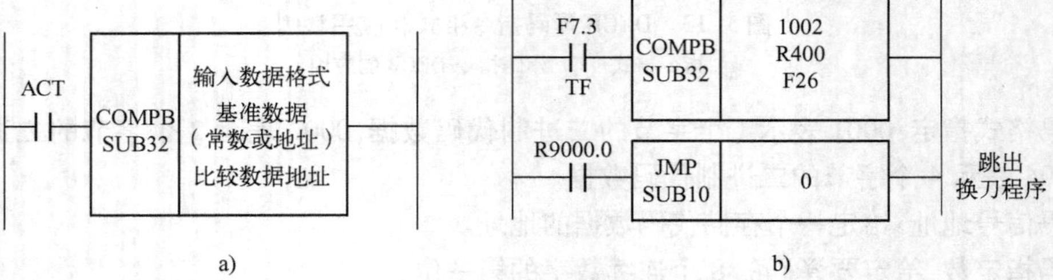

图 5-15 COMPB 比较指令格式和应用举例

a) 指令格式 b) 比较指令 COMPB 的应用

COMPB 指令格式如图 5-15a 所示,主要包括以下几项:

控制条件:ACT=0 时,不执行比较指令;ACT=1 时,执行比较指令。

输入数据格式(＊00＊):首位表示基准数据是常数还是常数所在的地址,0 表示用常数指定输入数据,1 表示用地址指定输入数据;末位表示基准数据的长度,1 表示一个字节,2 表示两个字节,4 表示四个字节。

基准数据:输入的数据(常数或常数存放的地址)。

比较数据地址:指定存放比较数据的地址。

比较寄存器 R9000. 0:当基准数据 = 比较数据时,R9000. 0 =1;当基准数据 < 比较数据时,R9000. 1 =1。

图 5-15b 中,R400 用来存放加工中心的当前主轴刀号,F26 为加工程序的 T 码输出信号地址,JMP 为 PMC 的跳转功能指令,JMP 到 JMPE 之间的程序为自动换刀的动作程序。当加工程序读到 T 码时,如果程序的 T 码与主轴刀号相同,则跳出换刀动作程序,接着执行下面的程序。

5.3.6 常数定义指令

使用功能指令时,有时需要常数,此时,要用常数定义指令来定义常数。数控机床中常数定义指令常用来实现自动换刀的实际刀号定义及换刀装置附加伺服轴(PMC 轴)控制的数据、信息的定义等。

1. NUME 指令

NUME 指令是 2 位或 4 位 BCD 代码常数定义指令,其指令格式和应用例子如图 5-16 所示。

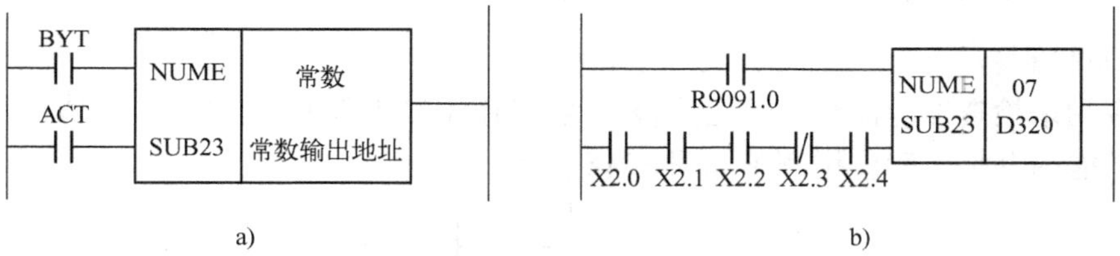

图 5-16 NUME 指令格式和应用例子

a)指令格式 b)NUME 指令的应用

NUME 指令格式如图 5-16a 所示,主要包括以下几项:

常数的位数指定:BYT =0 时,常数为 2 位 BCD 代码;BYT =1 时,常数为 4 位 BCD 代码。

控制条件:ACT =0 时,不执行常数定义指令;ACT =1 时,执行常数定义指令。

常数输出地址:设定所定义常数的输出地址。

图 5-16b 为某数控车床的电动刀盘实际刀号定义,其中,X2. 0、X2. 1、X2. 2、X2. 3 为电动刀盘实际刀号输出信号(8421 码),X2. 4 为电动刀盘的码盘选通信号,D320 为存放实际刀号的数据表。当电动刀盘转到 7 号刀时,刀盘选通信号 X2. 4 接通,同时刀号输出信号 X2. 3、X2. 2、X2. 1、X2. 0 发出 7 号代码(0111),通过 NUME 指令把常数 07(2 位 BCD 代码)输出到实际刀号存放的地址 D320 中,此时,D320 存储的数据为 00000111。

2. NUMEB 指令

NUMEB 指令是 1 个字节、2 个字节或 4 个字节长二进制数的常数定义指令,其指令格式和应用例子如图 5-17 所示。

NUMEB 指令格式如图 5-17a 所示,主要包括以下几项:

控制条件:ACT =0 时,不执行常数定义指令;ACT =1 时,执行常数定义指令。

常数长度指定:0001 表示 1 个字节长度的二进制数;0002 表示 2 个字节长度的二进制数;0004 表示 4 个字节长度的二进制数。

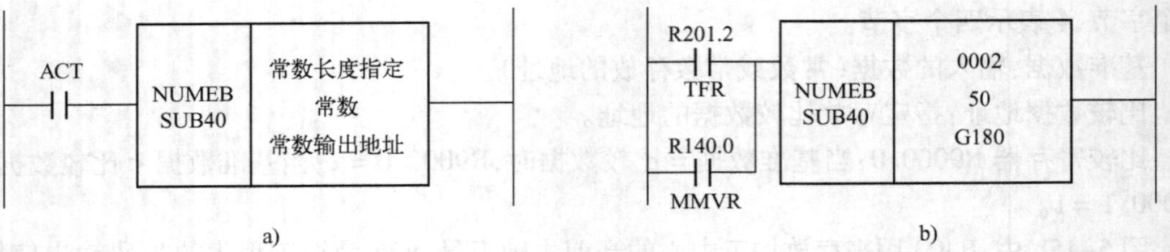

图 5-17　NUMEB 指令格式和应用例子

a）指令格式　b）NUMEB 指令的应用

常数：以十进制形式指定的常数。

常数输出地址：定义二进制数据的输出区域的首地址。

图 5-17b 为某数控加工中心的刀库旋转的速度给定，该刀库旋转轴采用 PMC（附加伺服轴）控制。其中 R201.2 为刀库自动转位信号，R140.0 为刀库手动转位信号，要求刀库旋转速度为 50 mm/min（常数为 50），G180、G181 为系统 PMC 轴控制的进给速度给定信号地址。通过 NUMEB 指令后，G180 地址的数据为 00110010。

5.3.7　判别一致指令和逻辑与后传输指令

1. COIN 指令

此指令用来检查参考值与比较值是否一致，可用于检查刀库、转台等旋转体是否到达目标位置等。功能指令格式和应用例子如图 5-18 所示。

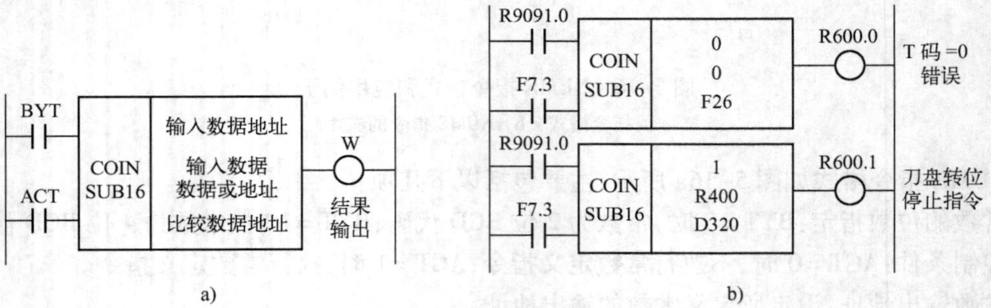

图 5-18　COIN 指令格式和应用例子

a）指令格式　b）COIN 指令的应用

COIN 指令格式如图 5-18a 所示，主要包括以下几项：

指定数据的大小：BYT = 0 时，数据大小为 2 位 BCD 代码；BYT = 1 时，数据大小为 4 位 BCD 代码。

控制条件：ACT = 0 时，不执行 COIN 指令；ACT = 1 时，执行 COIN 指令。

输入数据格式：0 表示常数指定输入数据，1 表示地址指定输入数据。

输入数据：基准数据的常数或基准数据常数所在的地址（常数或常数所在地址由输入数据格式决定）。

比较数据地址：比较数据所在的地址。

结果输出：W = 0，表示基准数据不等于比较数据；W = 1，表示基准数据等于比较数据。

图 5-18b 中，F26 为系统 T 码输出地址，R400 为所选刀具的地址，D320 为刀库换刀点的地

址。当 R600.0 为 1 时,说明程序中输入了 T00 的错误指令(因为换刀号是从 1 开始的)。当 R600.1 为 1 时,说明刀库中选择的刀具转到了换刀位置,停止刀库的旋转且可以执行换刀。

2. MOVE 指令

该指令的作用是把比较数据(梯形图中写入的)和处理数据(数据地址中存放的)进行逻辑“与”运算,并将结果传输到指定地址,也可用于将指定地址里不需要的 8 位信号位屏蔽。指令格式和应用例子如图 5-19 所示。

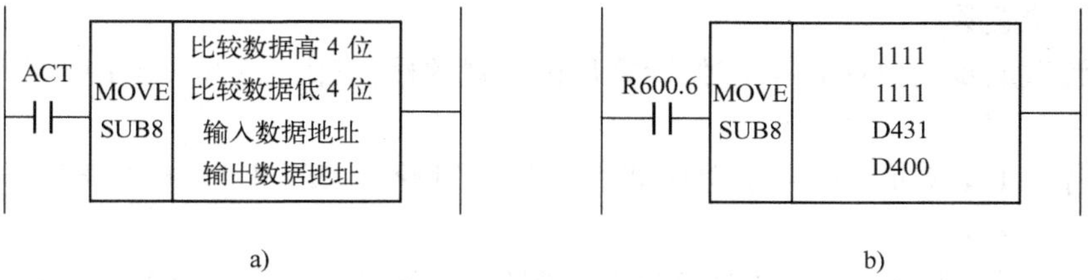

图 5-19　MOVE 指令格式和应用例子

a）指令格式　b）MOVE 指令的应用

MOVE 指令格式如图 5-19a 所示,主要包括以下几项:

当 ACT = 0 时,MOVE 指令不执行;当 ACT = 1 时,MOVE 指令执行。输入数据(1 个字节)与比较数据的高、低 4 位数据(0 或 1)进行逻辑与运算,把逻辑与后的结果数据传送到输出数据的地址中。

图 5-19b 中,D431 为刀库中当前要换刀所在的地址,D400 为主轴刀所在的地址,R600.0 为换刀结束信号。加工中心执行自动换刀控制时,系统接收到换刀结束信号后,把当前刀库的换刀刀号写到主轴刀号所在的地址中,从而实现随机换刀的自动控制。

5.3.8　旋转指令

1. ROT 指令

此指令用来判别回转体的下一步旋转方向,计算出回转体从当前位置旋转到目标位置的步数或计算出到达目标位置前一位置的位置数,一般用于数控机床自动换刀装置的旋转控制。功能指令格式和应用例子如图 5-20 所示。

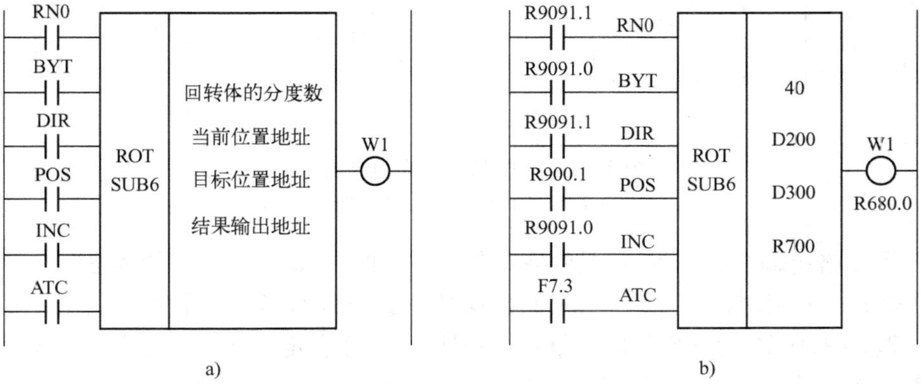

图 5-20　ROT 指令格式和应用例子

a）指令格式　b）回转控制指令 ROT 的应用

应用 ROT 指令格式如图 5-20a 所示，主要包括以下几项：

指定起始位置数：RNO = 0 时，旋转起始位置数为 0；RNO = 1 时，旋转起始位置数为 1。

指定处理数据（位置数据）的位数：BYT = 0 时，指定两位 BCD 码；BYT = 1 时，指定 4 位 BCD 码。

选择最短路径的旋转方向：DIR = 0 时，不选择，按正向旋转；DIR = 1 时，选择。

指定计算条件：POS = 0 时，计算现在位置与目标位置之间的步距数；POS = 1 时，计算目标前一个位置的位置数。

指定位置数或步距数：INC = 0 时，计算目标位置的号（表内号）；INC = 1 时，计算到达目标的步数。

控制条件：ATC = 0 时，不执行 ROT 指令，W1 不变化；ACT = 1 时，执行 ROT 指令，并有旋转方向输出。

旋转方向输出：选择较短路径时有方向控制信号，该信号输出到 W1。当 W1 = 0 时旋转方向为正，当 W1 = 1 时旋转方向为负（反转）。若转子的位置数是递增的则为正转，反之则为反转。W1 地址可以任意选择。

图 5-20b 中，R9091.0 为逻辑 0，R9091.1 为逻辑 1，F7.3 为 T 码选通信号（程序中读到了 T 码），40 为刀库容量 40 把刀，D200 为当前要换刀的刀具所在地址，D300 为刀库换刀点的刀具所在地址。执行该指令后，把刀库的当前刀具转到换刀位置的前一位置的地址存储到的 R700 中，以便进行刀库接近换刀点的减速控制或预分度到位控制。通过 R680.0 输出是否为“1”来控制刀库是否反转。

2. ROTB 指令

ROTB 指令与 ROT 指令的功能基本相同，但 ROTB 指令可用地址指定回转体的分度数，处理数据的形式均为二进制数形式。功能指令格式和应用例子如图 5-21 所示。

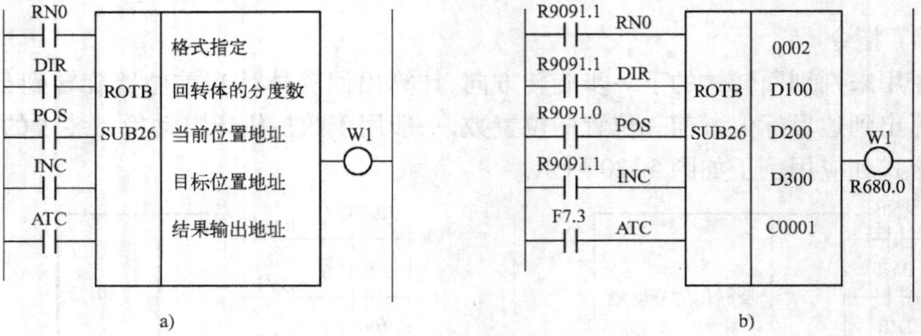

图 5-21 ROT 指令格式和应用例子

a）指令格式 b）回转控制指令 ROTB 的应用

ROTB 指令格式如图 5-21a 所示，其中格式指定意义如下：0001 表示处理的数据为 1 个字节二进制数，0002 表示处理的数据为 2 个字节二进制数，0004 表示处理的数据为 4 个字节二进制数。

图 5-21b 中，D100 为存储刀库容量数据的地址，这样设定的好处是梯形图不变，用户就可以通过修改 D100 的数据来改变刀库的容量。执行该指令后，把刀库当前要换的刀具到换刀点位置的步距数存储到计数器的 C0001 中，以便刀库旋转位置的步数控制。通过 R680.0 输出是否为“1”来控制刀库是否反转。

5.3.9 数据检索指令

1. DSCH 指令

该指令的功能是在数据表中搜索指定的数据（2 位或 4 位 BCD 代码），并且输出其表内号，常用于刀具 T 码的检索。功能指令格式和应用例子如图 5-22 所示。

DSCH 指令格式如图 5-22a 所示，主要包括以下几项：

指定处理数据的位数（BYT）：BYT =0 时，指定 2 位 BCD 码；BYT =1 时，指定 4 位 BCD 码。

复位信号（RST）：RST =0 时，W1 不进行复位（W1 输出状态不变）；RST =1 时，W1 进行复位（W1 =0）。

执行命令（ACT）：ACT =0 时，不执行 DSCH 指令，W1 不变；ACT =1 时，执行 DSCH 指令，没有检索到数据时，W1 输出 1。

数据表数据数：指定数据表的大小。如果数据表的表头为 0，数据表的表尾为 n，则数据表的个数为 n+1。

数据表起始地址：指定数据表的表头地址。

检索数据地址：指定检索数据所在的地址。

检索结果输出地址：把被检索数据所在的表内号输出到该地址。

图 5-22b 为加工中心自动换刀的 T 码检索的应用，图中 11 表示加工中心的刀库为 12 工位（12 把刀），D420 表示数据表的首地址，F26 为程序中的 T 码，D431 用于存储检索到刀号所在的地址（刀库中所要用刀的刀座号）。F7.3 为 T 码选通信号。具体的检索过程如图 5-22c 所示。

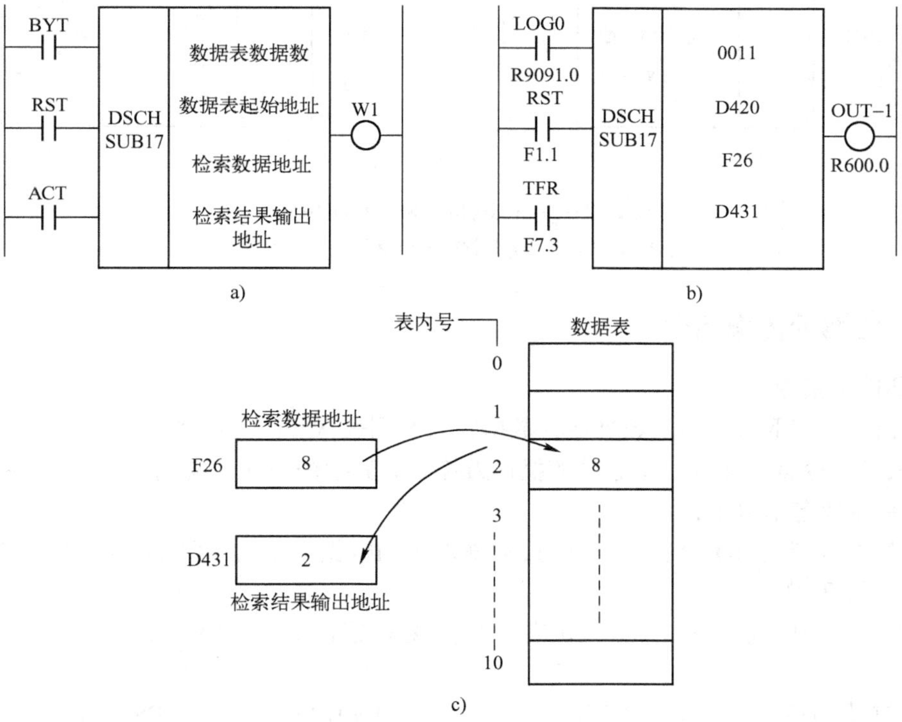

图 5-22 DSCH 指令格式和应用例子

a）指令格式 b）数据检索指令 DSCH 的应用 c）数据检索指令 DSCH 的检索过程

2. DSCHB 指令

该指令的功能与 DSCH 一样，也是用来检索指定的数据，但与 DSCH 指令有两点不同：该指令中处理的所有数据都是二进制形式；数据表的数据数（数据表的容量）用地址指定。功能指令格式和应用例子如图 5-23 所示。

形式指定：用来指定数据的长度。0001 表示数据的长度为 1 个字节二进制数据；0002 表示数据的长度为 2 个字节二进制数据；0004 表示数据的长度为 4 个字节二进制数据。

数据表数据地址：指定数据表容量存储地址。

数据表起始地址：指定数据表的表头地址。

检索数据地址：指定检索数据所在的地址。

检索结果输出地址：把被检索数据所在的表内号输出到该地址。

图 5-23b 中的 D100 用来存储数据表的容量（如果是 10 把刀的刀库，则数据表容量为 11），数据表的表头是 D420。如果从数据表中检索到程序所需要的刀号，则把该刀号所在的地址（表内号）传送到地址 D431 中。如果在数据表中没有检索到程序的刀号，则 R600.1 为“1”，并发出 T 码错误报警信息。

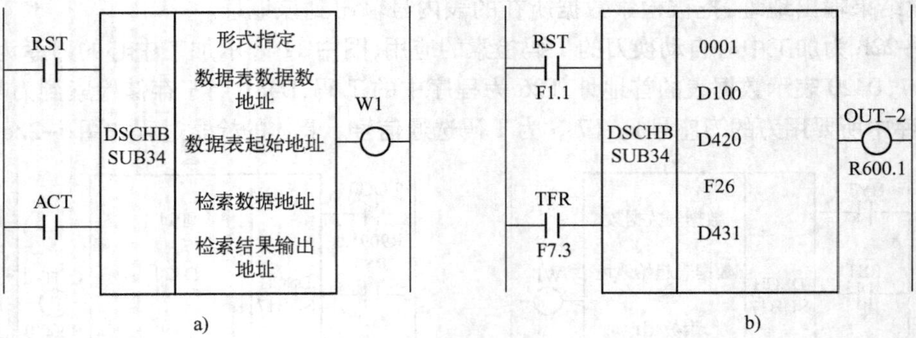

图 5-23 DSCHB 指令格式和应用例子
a）指令格式 b）数据检索指令 DSCHB 的应用

5.3.10 变地址传输指令

1. XMOV 指令

用该指令可读取数据表的数据或将数据写入数据表，处理的数据为 2 位 BCD 代码或 4 位 BCD 代码，该指令常用于加工中心的随机换刀控制。其指令格式和应用例子如图 5-24 所示。XMOV 指令主要包括以下几项：

数据的位数指定（BYT）：BYT = 0 时，数据表中的数据为 2 位 BCD；BTY = 1 时，数据表中的数据为 4 位 BCD。

读取/写入的指定（RW）：RW = 0 表示从数据表读出数据；RW = 1 表示向数据表写入数据。

复位信号（RST）：RST = 0 时，W1 不进行复位（W1 输出状态不变）；RST = 1 时，W1 进行复位（W1 = 0）。

执行命令（ACT）：ACT = 0 时，不执行 XMOV 指令，W1 不变；ACT = 1 时，执行 XMOV 指

令，没有检索到数据时，W1 输出 1。

数据表的数据数：指定数据表的大小，即数据表的开头为 0 号，数据表的最后单元为 n 号，则数据表的大小为 n+1。

数据表起始地址：指定数据表的表头地址。

输入/输出数据地址：当读取数据时，把表内号存储地址的数据输出到该地址中；当写入数据时，指定数据表中要传输数据的地址。

表内号存储地址：当读取数据时，把指定数据从数据表的表内号地址输出；当写入数据时，把指定数据写入数据表的表内号地址。

图 5-24b 为数控加工中心的自动换刀 PMC 控制。其中，刀库共有 10 把刀，数据表头为 D420（存储主轴当前的刀号），数据表 D421～D430 分别为刀库的刀座号（1～10号刀座），D431 为程序 T 码所检索到的刀号地址（要换刀的刀座号），D432 用来存储 D431 地址内的数据（要换刀所在刀座的刀号）。如图 5-25 所示，通过 XMOV 指令后，把刀库中 2 号刀座的 8 号刀输出到 D432 中。

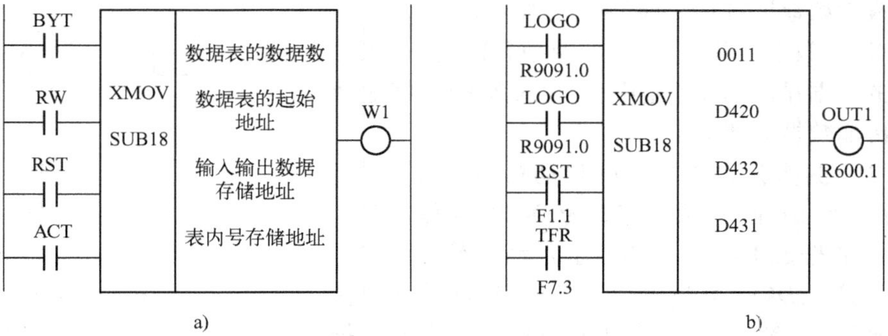

图 5-24 XMOV 指令格式及应用例子
a）指令格式 b）变地址传输指令 XMOV 的应用

2. XMOVB 指令

该指令的功能与 XMOV 一样，也是用来读取数据表的数据或将数据写入数据表，但与 XMOV 指令有两点不同：该指令中处理的所有数据都是二进制形式；数据表的数据数（数据表的容量）用地址形式指定。功能指令格式和应用例子如图 5-26 所示。

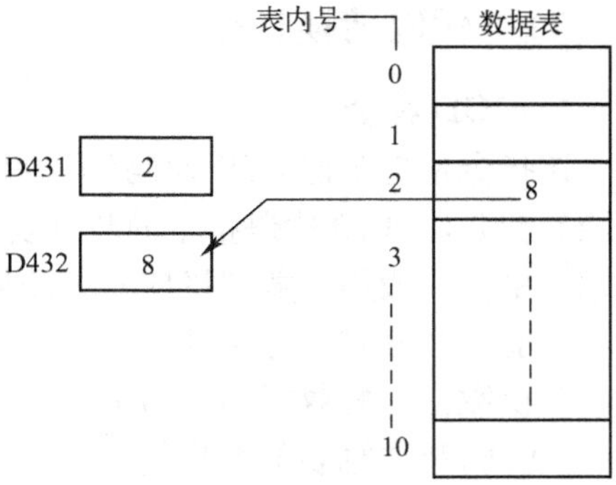

图 5-25 XMOV 指令用于读取数据表内指定数据的过程

读取/写入的指定（RW）：RW=0 表示从数据表读出数据；RW=1 表示向数据表写入数据。

复位信号（RST）：RST=0 时，W1 不进行复位（W1 输出状态不变）；RST=1 时，W1 进行复位（W1=0）。

执行命令（ACT）：ACT=0 时，不执行 XMOVB 指令，W1 不变；ACT=1 时，执行 XMOVB 指令，没有检索到数据时，W1 输出 1。

数据格式指定：0001 表示数据形式为 1 个字节的二进制数，0002 表示数据形式为 2 个字节的二进制数，0004 表示数据形式为 4 个字节的二进制数。

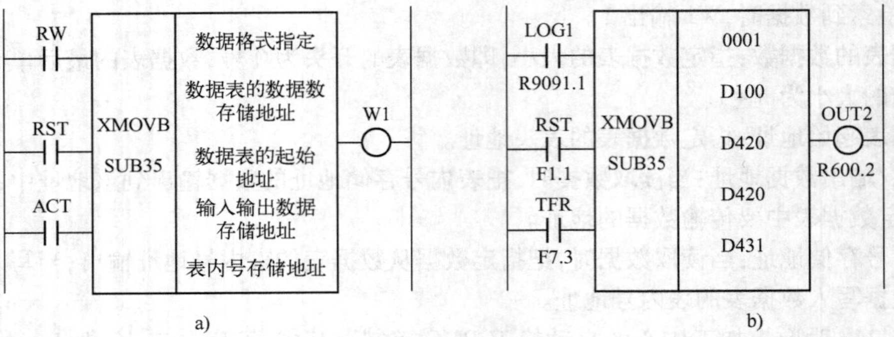

图 5-26　XMOVB 指令格式及应用例子

a）指令格式　b）变地址传输指令 XMOVB 的应用

数据表的数据数存储地址：指定数据表的大小（以地址形式存储）。

数据表起始地址：指定数据表的表头地址。

输入/输出数据存储地址：当读取数据时，把表内号存储地址的数据输出到该地址中；当写入数据时，指定数据表中要传输数据的地址。

图 5-26b 为数控加工中心的自动换刀 PMC 控制。其中，刀库共有 10 把刀，数据表头为 D420（存储主轴当前的刀号），数据表 D421 ~ D430 分别为刀库的刀座号（1 ~ 10号刀座），D431 为与主轴交换的刀号地址（要换刀的刀座号）。如图 5-27 所示，通过 XMOVB 指令后，把主轴的 5 号刀（D420 存储的刀号）写入到 D431 指定数据表的表内号的地址中，即把主轴刀号写入到刀库中与主轴交换刀具的刀座中（如 2 号刀座中）。

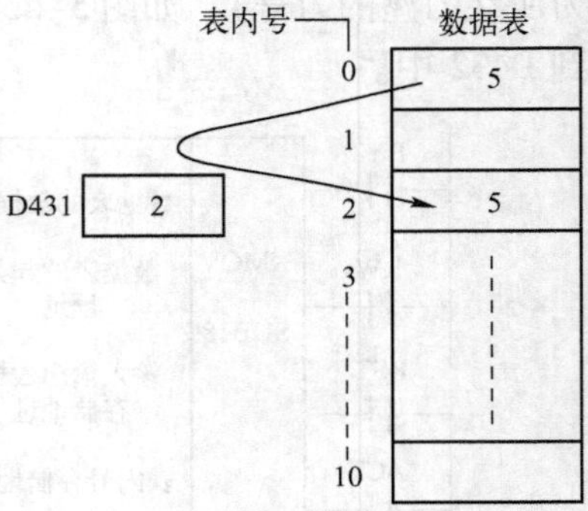

图 5-27　XMOVB 指令用于写入数据表内指定数据的过程

5.3.11　代码转换指令

1. COD 指令

该指令是把 2 位 BCD 代码（0 ~ 99）数据转换成 2 位或 4 位 BCD 代码数据的指令。具体功能是把 2 位 BCD 代码指定的数据表内号数据（2 位或 4 位 BCD 代码）输出到转换数据的输出地址中。一般用于数控机床面板的倍率开关的控制，比如进给倍率、主轴倍率等的 PMC 控制。功能指令格式和应用例子如图 5-28 所示。

转换数据表的数据形式指定（BYT）：BYT = 0 时，将数据表的数据转换为 2 位 BCD 代码；BYT = 1 时，将数据表的数据转换为 4 位 BCD 代码。

错误输出复位（RST）：RST = 0 时，取消复位（输出 W1 不变）；RST = 1 时，转换数据错误，输出 W1 为 0（复位）。

执行条件（ACT）：ACT = 0 时，不执行 COD 指令；ACT = 1 时，执行 COD 指令。

数据表的容量：指定转换数据表的范围（0 ~ 99），数据表的开头为 0 号，数据表的最后单元为 n 号，则数据表的大小为 n + 1。

转换数据输入地址：指定转换数据所在数据表的表内号地址，一般可通过机床面板的开关来设定该地址的内容。

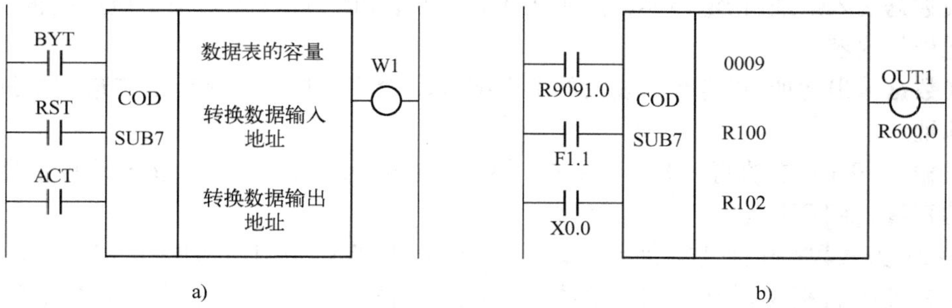

图 5-28　COD 代码指令格式及应用例子
a ）指令格式　b ）转换指令 COD 的应用

转换数据输出地址：将数据表内指定的 2 位或 4 位 BCD 代码转换成数据输出的地址。

错误输出（W1）：在执行 COD 指令时，如果转换输入地址出错（如转换地址数据超过了数据表的容量），则 W1 为 1。

图 5-28b 把指定数据表的 2 位 BCD 代码数据输出到地址 R102 中，其中 R100 是由机床面板进给倍率开关指定的倍率值（如 0%、10%、20%、30% 等）的地址。当进给倍率开关在 30% 位置时，通过 COD 指令就把数据表的 20（2 位 BCD 代码）输出到 R102 地址中，然后再把 R102 的数据传送到 CNC 系统中实现进给倍率的控制。具体转换过程如图 5-29 所示。

2. CODB 指令

该指令是把 2 个字节的二进制代码（0～255）数据转换成 1 个字节、2 个字节或 4 个字节的二进制数据指令。具体功能是把 2 个字节二进制数指定的数据表内数据（1 个字节、2 个字节或 4 个字节的二进制数据）输出到转换数据的输出地址中。一般用于数控机床面板的倍率开关的控制，比如进给倍率、主轴倍率等的 PMC 控制。指令格式如图 5-30 所示。

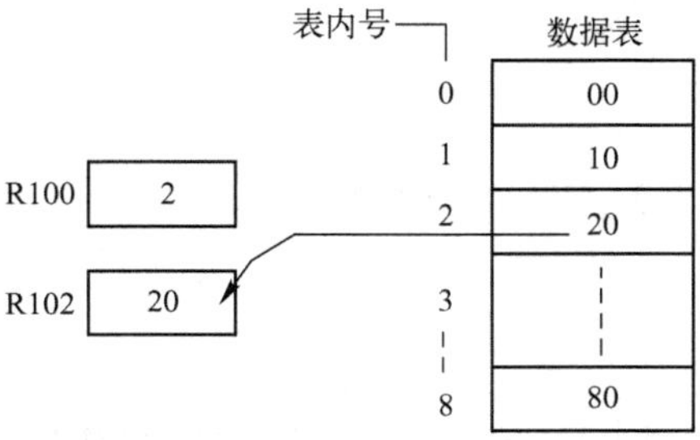

图 5-29　COD 指令转换数据的过程

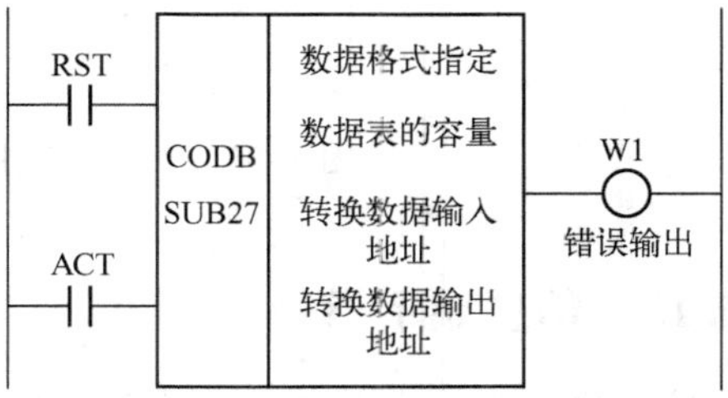

图 5-30　CODB 功能指令格式

错误输出复位（RST）：RST＝0 时，取消复位（输出 W1 不变）；RST＝1 时，转换数据错误，输出 W1 为 0（复位）。

执行条件（ACT）：ACT＝0 时，不执行 CODB 指令；ACT＝1 时，执行 CODB 指令。

数据格式指定：指定转换数据表中二进制数据的字节数，0001 表示 1 个字节二进制数；0002 表示 2 个字节二进制数；0004 表示 4 个字节二进制数。

数据表的容量：指定转换数据表的范围（0～255），数据表的开头为 0 号，数据表的最后单元为 n 号，则数据表的大小为 n+1。

转换数据输入地址：指定转换数据所在数据表的表内地址，一般可通过机床面板的开关来设定该地址的内容。

转换数据输出地址：指定数据表内的 1 个字节、2 个字节或 4 个字节的二进制数据转换后的输出地址。

错误输出（W1）：在执行 CODB 指令时，如果转换输入地址出错（如转换地址数据超过了数据表的容量），则 W1 为 1。

图 5-31 为某数控机床主轴倍率（50% ~200%）的 PMC 控制的梯形图。其中 X1005.0 ~ X1005.3 是机床面板主轴倍率开关的输入信号（4 位二进制代码格式输入控制），G30 为 FANUC-Oi 系统的主轴倍率信号（二进制形式指定）。

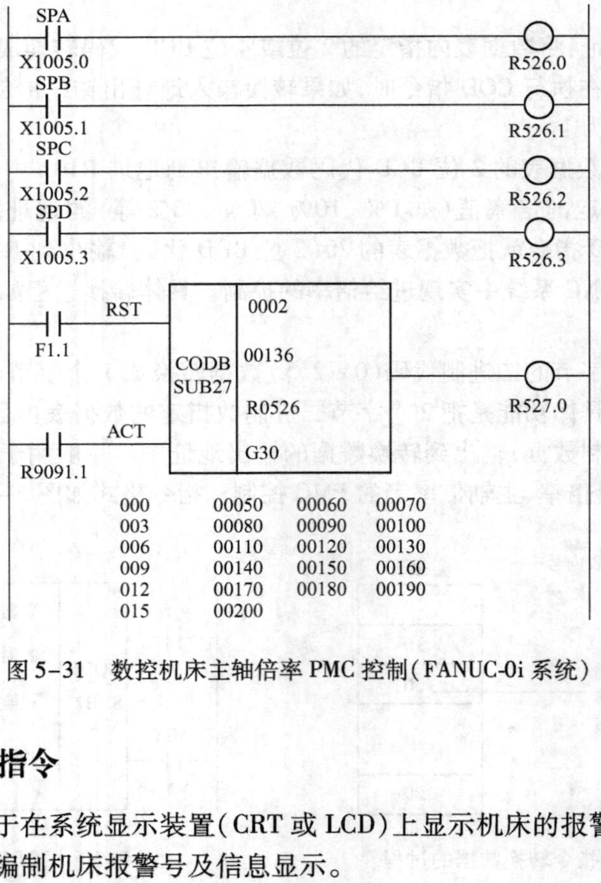

图 5-31 数控机床主轴倍率 PMC 控制（FANUC-Oi 系统）

5.3.12 信息显示指令

信息显示指令用于在系统显示装置（CRT 或 LCD）上显示机床的报警内容，机床厂家根据机床的具体工作情况编制机床报警号及信息显示。

FANUC 系统信息显示指令有两种，一是 DISP 指令，二是 DISPB 指令。FANUC-Oi 系统都采用 DISPB 指令，DISPB 指令格式如图 5-32 所示。

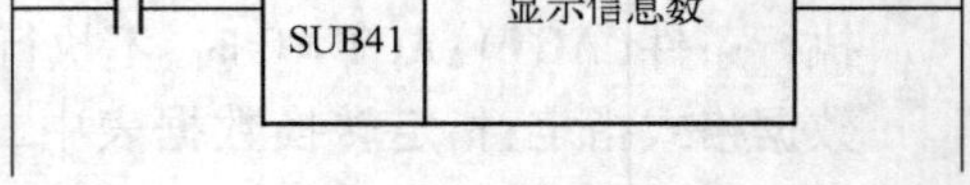

图 5-32 DISPB 指令格式

信息显示条件：当 ACT=0 时，系统不显示任何信息，当 ACT=1 时，依据各信息显示请求地址位（如 A0 ~ A24）的状态，显示信息数据表中设定的信息，每条信息最多为255个字符，在此范围内编制信息。

显示信息数：设定显示信息的个数。FANUC-OiA系统最多可编制200条信息，FANUC-OiB/OiC系统最多可编制2000条信息（系统PMC类型为PMC-SB7时）。

信息显示功能指令的编制方法如下：

1）编制信息显示请求地址。从信息继电器地址A0～A24（共200位）中编制信息显示请求位，每位都对应一条信息。如果要在系统显示装置上显示某一条信息，将对应的信息请求位置为"1"，如果将该信息请求位置为"0"，则清除相应的显示信息。

2）编制信息数据表。信息数据表中每条信息数据内容包括信息号和存于该信息号中的信息。信息号为1000～1999时，在系统报警画面显示信息号和信息数据；信息号为2000～2999时，在系统操作信息画面只显示信息数据而不显示信息号。信息数据表与PMC梯形图一起存储到系统的FROM中，FANUC-OiA系统需要插入梯形图编辑卡才能查看信息数据表的内容，而FANUC-OiB/OiC系统不需要梯形图编辑卡就可以在PMC画面查看信息数据表的内容。

下面通过实例介绍数控机床厂家报警信息的编制。图5-33为某数控机床机床厂家报警信息显示的PMC梯形图，表5-6为该机床报警信息数据表。

表5-6 机床报警信息表

信息号	信息数据
A0.1	1001 EMERGENCY STOP!
A0.2	1002 DOOR NEED CLOSE!
A0.3	1003 TOOL LIFE EXGAUST!
A0.4	2000 PLEASE CHECK GEAR LUBE OIL LEVEL!

图5-33中，X1008.4为机床面板的急停开关的常闭点，X1001.2为机床的防护门开关，F9.4为系统程序结束指令（M30），F9.5为系统结束指令（M02），F7.3为系统T码选通信号，F64.0为系统刀具寿命管理信号，F1.1为系统复位信号，X1001.4为机床润滑系统的液面检测开关。

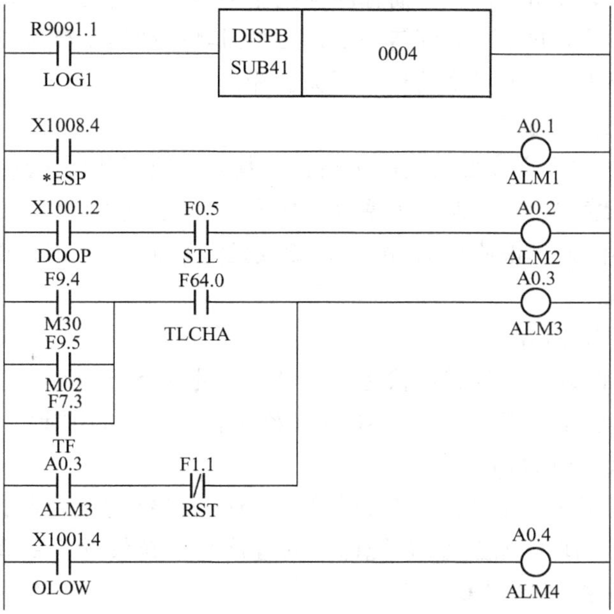

图5-33 机床报警信息显示PMC控制梯形图

5.4 数控机床 PMC 控制应用举例

5.4.1 数控机床工作状态开关 PMC 控制

1. 系统的工作状态

(1) 编辑状态(EDIT)

在此状态下,编辑存储到 CNC 内存中的加工程序文件。编辑操作包括插入、修改、删除和字的替换。编辑操作还包括删除整个程序和自动插入顺序号。扩展程序编辑功能包括拷贝、移动和程序的合并。

(2) 存储运行状态(MEM)

又称自动运行状态(AUTO),在此状态下,系统运行的加工程序为系统存储器内的程序。当选择了这些程序中的一个并按下机床操作面板上的循环起动按钮后,起动自动运行,并且循环起动灯点亮。存储器运行在自动运行状态中,当机床操作面板上的进给暂停按钮被按下后,自动运行被临时中止。当再次按下循环起动按钮后,自动运行又重新进行。

(3) 手动数据输入状态(MDI)

在此状态下,通过 MDI 面板可以编制最多 10 行的程序并被执行,程序格式和通常程序一样。MDI 运行适用于简单的测试操作(在此状态下还可以进行系统参数和各种补偿值的修改和设定)。

(4) 手轮进给状态(HND)

在此状态下,刀具可以通过旋转机床操作面板上的手摇脉冲发生器微量移动。使用手轮进给轴选择开关选择要移动的轴。手摇脉冲发生器旋转一个刻度时刀具移动的最小距离与最小输入增量相等。手摇脉冲发生器旋转一个刻度时刀具移动的距离可以放大 1 倍、10 倍、100 倍或 1000 倍最小输入增量(通过手轮倍率开关选择)。

(5) 手动连续进给状态(JOG)

在此状态下,持续按下操作面板上的进给轴及其方向选择开关,会使刀具沿着轴的所选方向连续移动。手动连续进给最大速度由系统参数设定,进给速度可以通过倍率开关进行调整。按下快速移动开关会使刀具快速移动(由系统参数设定),而不管 JOG 倍率开关的位置,该功能叫做手动快速移动。

(6) 机床返回参考点(REF)

机床返回参考点即确定机床零点状态(ZRN)。在此状态下,可以实现手动返回机床参考点的操作。通过返回机床参考点操作,CNC 系统确定机床零点的位置。

(7) DNC 运行状态(RMT)

在此状态下,可以通过阅读机(加工纸带程序)或 RS-232 通信口与计算机进行通信,实现数控机床的在线加工。DNC 加工时,系统运行的程序是系统缓冲区的程序,不占系统的内存空间,是目前数控机床的基本配置。

数控机床的工作状态开关常用的操作面板如图 5-34 所示。

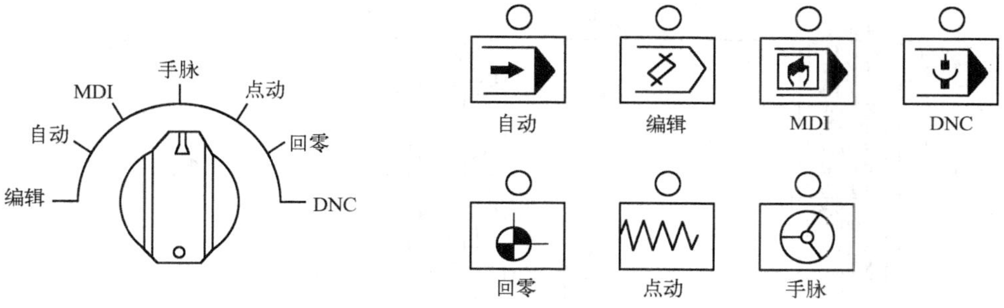

图 5-34　数控机床工作状态开关(机床操作面板)

a) 机床厂家操作面板　b) 系统标准机床操作面板

2. 系统工作状态信号

系统的工作状态由系统的 PMC 信号通过梯形图指定。系统工作状态与信号的组合如表 5-7 所示。表中的“1”为信号接通,“0”为信号断开。

表 5-7　系统工作状态与信号的组合

工作状态	系统及系统状态显示		ZRN	DNC1	MD4	MD2	MD1
		FS-OC/OD	G120.7	G127.5	G122.2	G122.1	G122.0
	FS-16/18/21/Oi FS-16i/18i/21i		G43.7	G43.5	G43.2	G43.1	G43.0
程序编辑	EDIT	EDIT	0	0	0	1	1
存储器运行	MEM	AUTO	0	0	0	0	1
手动数据输入	MDI	MDI	0	0	0	0	0
手轮进给	HND	HND	0	0	1	0	0
手动连续进给	JOG	JOG	0	0	1	0	1
返回参考点	REF	ZRN	1	0	1	0	1
DNC 运行	RMT	RMT	0	1	0	0	1

3. 系统工作状态的 PMC 控制

下面以 FANUC-16/18/21/OiA 系统或 FANUC-16i/18i/21i/OiB/OiC 系统为例,设计 PMC 梯形图,机床操作面板采用标准操作面板,如图 5-35 所示。

状态开关信号的输入/输出地址是由系统 I/O LINK 模块进行分配的。

编辑状态:输入信号(面板操作开关)地址为 X4.1,输出信号(指示灯)地址为 Y4.1。

存储运行(又称自动运行):输入信号(面板操作开关)地址为 X4.0,输出信号(指示灯)地址为 Y4.0。

远程运行(又称 DNC):输入信号(面板操作开关)地址为 X4.3,输出信号(指示灯)地址为 Y4.3。

手轮进给(又称手脉进给):输入信号(面板操作开关)地址为 X6.7,输出信号(指示灯)地址为 Y6.7。

手动数据输入:输入信号(面板操作开关)地址为 X4.2,输出信号(指示灯)地址为 Y4.2。

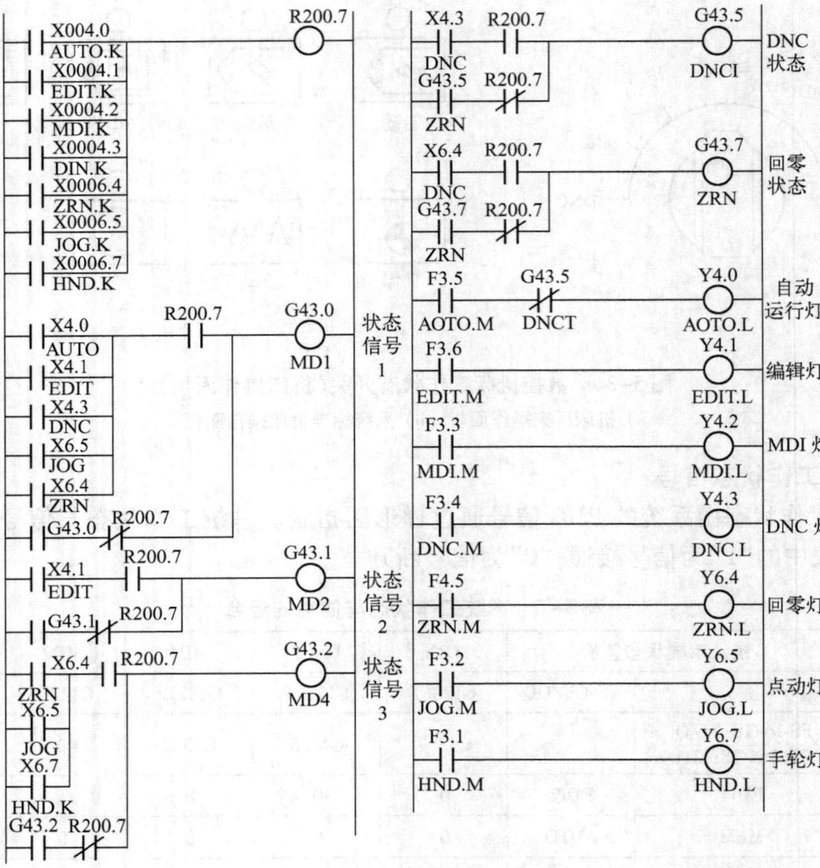

图 5-35　系统工作状态的 PMC 控制梯形图(FANUC-Oi 系统)

手动连续进给(又称点动进给):输入信号(面板操作开关)地址为 X6.5,输出信号(指示灯)地址为 Y6.5。

返回参考点(又称回零):输入信号(面板操作开关)地址为 X6.4,输出信号(指示灯)地址为 Y6.4。

信号 F3.6 表示系统处于编辑状态;信号 F3.5 表示系统处于自动运行状态;信号 F3.3 表示系统处于手动数据输入状态;信号 F3.4 表示系统处于 DNC 状态;信号 F3.2 表示系统处于手动连续进给状态;信号 F3.1 表示系统处于手轮控制状态;信号 F4.5 表示系统处于返回参考点状态。

5.4.2　数控机床加工程序功能开关 PMC 控制

1. 数控机床加工程序功能开关的用途及典型操作面板

(1) 机床锁住

在自动运行状态下,按下机床操作面板上的机床锁住开关,执行循环起动时,刀具不移动,但是显示器上每个轴运动的位移在变化,就像刀具在运动一样。系统有两种类型的机床锁住:所有轴的锁住(停止所有轴的运动)和指定轴的锁住(如立式数控铣床或立式加工中心是 Z 轴锁住)。在机床锁住的状态下,可以执行 M、S、T 和 B 指令。FANUC-OC/OD 系统的机床所有轴锁住信号(MLK)为 G117.1,机床每个轴锁住信号(MLK1 ~ MLK4)为 G128.0、G128.1、

G128.2、G128.3。机床所有轴锁住状态信号(MMLK)为 F176.6。FANUC-Oi 系统的机床所有轴锁住信号(MLK)为 G44.1,机床每个轴锁住信号(MLK1 ~ MLK4)为 G108.0、G108.1、G108.2、G108.3。机床所有轴锁住状态信号(MMLK)为 F4.1。

(2) 程序辅助功能的锁住

程序运行时,禁止执行 M、S、T 指令。一般与机床锁住功能一起使用,用于检查程序是否编制正确。M00、M01、M02、M30、M98 和 M99 指令即使在辅助功能锁住的状态下也能执行。FANUC-OC/OD 系统的辅助功能锁住信号(AFL)为 G103.7,FANUC-Oi 系统的辅助功能锁住信号(AFL)为 G5.6。

(3) 程序的空运转

在自动运行状态下,按下机床操作面板上的空运行开关,刀具按参数(各轴快移速度)中指定的速度移动,而与程序中指定的进给速度无关。快速移动倍率开关也可以用来更改机床的移动速度。该功能用来在机床不装工件时检查刀具的运动,或通过坐标值的偏移功能(车床是 X 轴坐标值的偏移、数控立式铣床或立式加工中心是 Z 轴坐标值的偏移)来检查刀具的运动。FANUC-OC/OD 系统的程序空运转信号(DRN)为 G118.7,程序空运转状态信号(MDRN)为 F176.7。FANUC-Oi 系统的程序空运转信号(DRN)为 G46.7,程序空运转状态信号(MDRN)为 F2.7。

(4) 程序单段运行

按下单程序段方式开关进入单程序段工作方式。在单程序段方式中按下循环起动按钮后,刀具在执行完一段程序后停止。通过单段方式一段一段地执行程序,可仔细检查程序。FANUC-OC/OD 系统的程序单段信号(SBK)为 G116.1,程序单段状态信号(MSBK)为 F176.5。FANUC-Oi 系统的程序单段信号(SBK)为 G46.1,程序单段状态信号(MSBK)为 F4.3。

(5) 程序再启动运行

该功能用于加工中刀具出现断裂或者公休后重新启动程序。程序的重新启动有两种方法:P 型和 Q 型(由系统参数设定)。P 型操作可以在任意地方重新起动,这种方法用于刀具破裂时的重新起动;Q 型操作时,重新起动之前刀具必须移动到程序的起始点(加工起始点)。FANUC-OC/OD 系统的程序再启动信号(SRN)为 G130.0,程序再启动状态信号(SRNMV)为 F188.4。FANUC-Oi 系统的程序再启动信号(SRN)为 G6.0,程序再启动状态信号(SRNMV)为 F2.4。

(6) 程序段跳过

在自动运行状态下,当操作面板上的程序段选择跳过开关接通时,有斜杠(/)的程序段将被忽略。FANUC-OC/OD 系统的程序段跳过信号(BDT1)为 G116.0,程序段跳过状态信号(MBDT1)为 F176.4。FANUC-Oi 系统的程序段跳过信号(BDT1)为 G44.0,程序段跳过状态信号(MBDT1)为 F4.0。

(7) 程序选择停

在自动运行时,当加工程序执行到 M01 指令的程序段后也会停止。这个代码仅在操作面板上的选择停止开关处于通的状态时有效。

(8) 程序循环启动运行

在存储器方式(MEM)、DNC 运行方式(RMT)或手动数据输入方式(MDI)下,若按下循环起动开关,则 CNC 进入自动运行状态并开始运行,同时机床上的循环起动灯点亮。系统循环起动信号为下降沿触发(信号 ST 从 1 变 0)。FANUC-OC/OD 系统的循环起动信号 ST 为 G120.2,循环起动状态信号(STL)为 F148.5。FANUC-16/18/21/OiA 系统和 FANUC-Oi 系统的循环起动信号(ST)为 G7.2,循环起动状态信号(STL)为 F0.5。

(9) 程序进给暂停

自动运行期间按下进给暂停开关时,CNC 进入暂停状态并且停止运行。同时,循环起动灯灭。如再重新起动自动运行时,需按下循环起动按钮开关。FANUC-OC/OD 系统的进给暂停信号(＊SP)为 G121.5,进给暂停状态信号(SPL)为 F148.4。FANUC-Oi 系统的进给暂停信号(＊SP)为 G8.5,进给暂停状态信号(SPL)为 F0.4。

数控机床操作面板上的加工程序功能开关如图 5-36 所示。

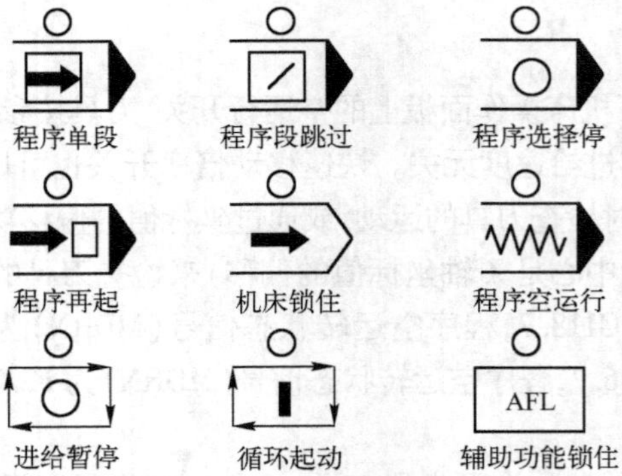

图 5-36　数控机床操作面板的加工程序功能开关(标准面板)

2. 数控机床加工程序功能开关的 PMC 控制

输入/输出信号地址通过系统的 I/O LINK 模块进行分配。程序循环起动按钮的输入地址为 X6.1,程序循环起动指示灯的输出地址为 Y6.1。程序进给保持按钮的输入地址为 X6.0,程序进给保持指示灯的输出地址为 Y6.0。机床锁住按钮的输入地址为 X5.1,机床锁住指示灯的输出地址为 Y5.1。程序单段按钮的输入地址为 X4.4,程序单段指示灯的输出地址为 Y4.4。程序段跳过按钮的输入地址为 X4.5,程序段跳过指示灯的输出地址为 Y4.5。程序再起动按钮的输入地址为 X5.0,程序再起动指示灯的输出地址为 Y5.0。程序空运行按钮的输入地址为 X5.2,程序空运行指示灯的输出地址为 Y5.2。程序辅助功能锁住按钮的输入地址为 X5.3,程序辅助功能锁住指示灯的输出地址为 Y5.3。程序选择停按钮的输入地址为 X4.6,程序选择停指示灯的输出地址为 Y4.6。

图 5-37 中,循环起动按钮开关按下(X6.1 为 1)时,系统循环起动信号 G7.2 为 1,当松开循环起动按钮(X6.0 为 0)时,系统循环起动信号由 1 变成 0(信号的下降沿),系统执行自动加工,同时系统的循环起动状态信号 F0.5 变为 1。程序自动运行中,按下进给暂停按钮(X6.0 常闭点断开),系统进给暂停信号 G8.5 变为 0,程序停止运行,同时系统进给暂停状态信号 F0.4 为 1,当系统暂停状态信号为 1 时,系统的循环起动状态信号为 0。机床锁住、程序单段、程序段跳过、程序再起动、程序空运行、辅助功能锁住及程序选择停功能开关的 PMC 控制逻辑关系是相同的,只是信号的地址不同。下面以机床锁住功能开关为例,分析程序功能开关的 PMC 具体控制过程。当机床锁住功能开关 X5.1 按下,通过继电器 R200.0 和 R200.1 获得一个扫描周期的脉冲信号(R200.0),继电器 R200.0 的常开点闭合机床锁住信号 G44.1 和机床锁住状态指示灯 Y5.1 为 1 并自保(松开机床锁住按钮时信号

维持 1 不变）。当再次按下机床锁住按钮时，通过继电器 R200.0 的常闭点拉断机床锁住状态信号 G44.1 的自保回路，机床解除轴锁住状态，松开按钮后，机床锁住状态信号 G44.1 保持不变，仍然维持 0 状态。

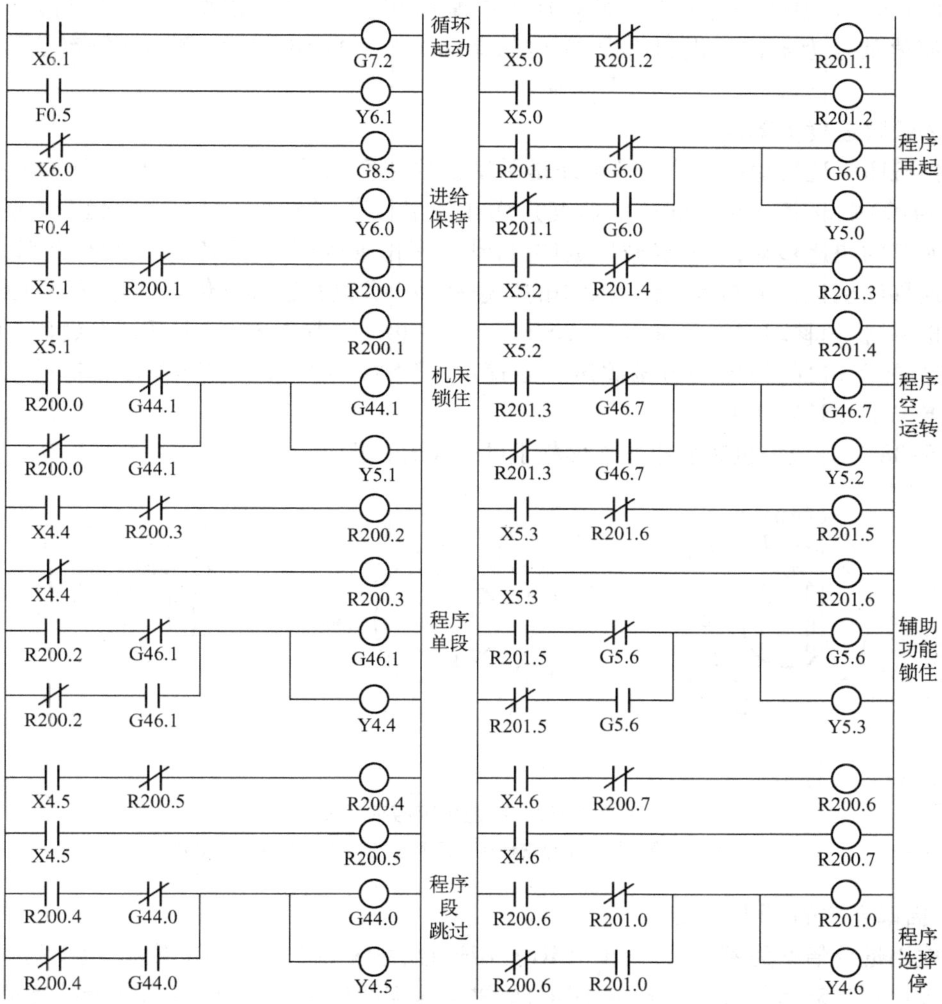

图 5-37　数控机床加工程序功能开关的 PMC 控制梯形图（FANUC-Oi 系统）

5.4.3　数控机床倍率开关 PMC 控制

1. 数控机床面板上倍率开关的功能及信号地址

（1）进给速度倍率信号

用户可以通过进给倍率开关选择百分比（%）来增加或减少编程进给速度，一般用于程序检测。例如，当在程序中指定的进给速度为 100 mm/min 时，将倍率设定为 50%，使机床以 50 mm/min 的速度移动。切削进给速度倍率信号共有 8 个二进制编码信号（倍率值在范围 0%~254% 内以 1% 为单位倍率进行选择），进给倍率信号为负逻辑信号（即为 0）有效。FANUC-Oi 系统进给倍率信号地址为 G12。

(2) 主轴倍率信号

主轴速度倍率信号是加工程序中指令的主轴速度 S 值乘以 0% ~254% 的倍率。例如,当在程序中指定主轴速度为 1000 r/min 时,将主轴倍率开关选择在 50%,使主轴的实际转速为 500 r/min。但在进行攻螺纹循环加工或螺纹切削时,主轴倍率无效(强制为 100%)。主轴倍率值信号为 8 位二进制信号,单位倍率为 1%,FANUC-Oi 系统主轴倍率信号的地址为 G30。

(3) 快移速度倍率信号

数控机床无论自动运行快移速度还是手动快移速度都是在系统参数(如 FANUC-Oi 系统参数为 1420)中设定(倍率 100% 的速度),而在加工程序中无需指定。自动运行中的快速移动包括所有的快速移动,如固定循环定位、自动参考位置返回等,而不仅仅是 G00 移动指令。手动快速移动也包含了参考位置返回中的快速移动。通过快速移动倍率信号可为快速移动速度施加倍率,快速移动速度倍率为 F0、25%、50% 和 100%,其中 F0 是由系统参数(如 FANUC-Oi 系统参数为 1421)设定的各轴固定进给速度。FANUC-Oi 系统快移速度倍率信号地址为 G14.0(ROV1)、G14.1(ROV2)。

图 5-38 为某数控机床机床操作面板上的倍率开关图。

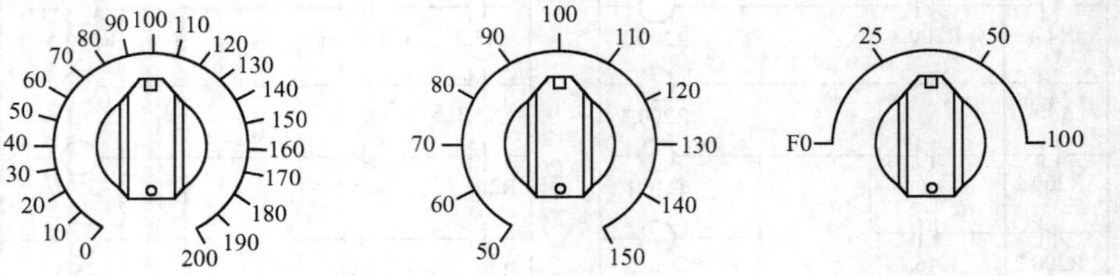

图 5-38　数控机床倍率开关

a) 进给速度倍率开关　b) 主轴速度倍率开关　c) 快移速度倍率开关

2. 倍率开关的 PMC 控制

下面以进给倍率为例,分析系统 PMC 控制过程,系统为 FANUC-Oi 系统,机床的进给倍率开关不仅控制自动运行(MEM、MDI、DNC)的进给速度的倍率(程序中进给速度的百分比),而且同时控制点动连续进给(JOG)的速度(手动连续进给速度为 mm/min)。具体 PMC 控制梯形图如图 5-39 所示。

倍率开关的输入信号地址为 X40.0、X40.1、X40.2、X40.3、X40.4(以二进制代码形式组成 21 种状态),通过逻辑与传输指令 MOVE 发送到继电器 R100 中。F3.2、F3.3、F3.4、F3.5 分别为系统的点动连续进给、手动数据输入(MDI)、在线加工(DNC)及自动运行(MEM)状态信号,该类信号作为功能指令的选通条件。通过代码转换指令 CODB 把开关位置指定表格的数据转换成二进制数值,分别传送到继电器 R102(进给速度倍率)、R104(点动连续进给速度)中。由于系统的进给倍率和点动进给速度信号(二进制代码)为负逻辑控制,所以还需要通过逻辑非指令 NOT 分别把继电器 R102、R104 数值转换后输送到系统进给倍率信号 G12 和系统点动连续进给速度信号 G10 中,从而完成系统 PMC 控制。

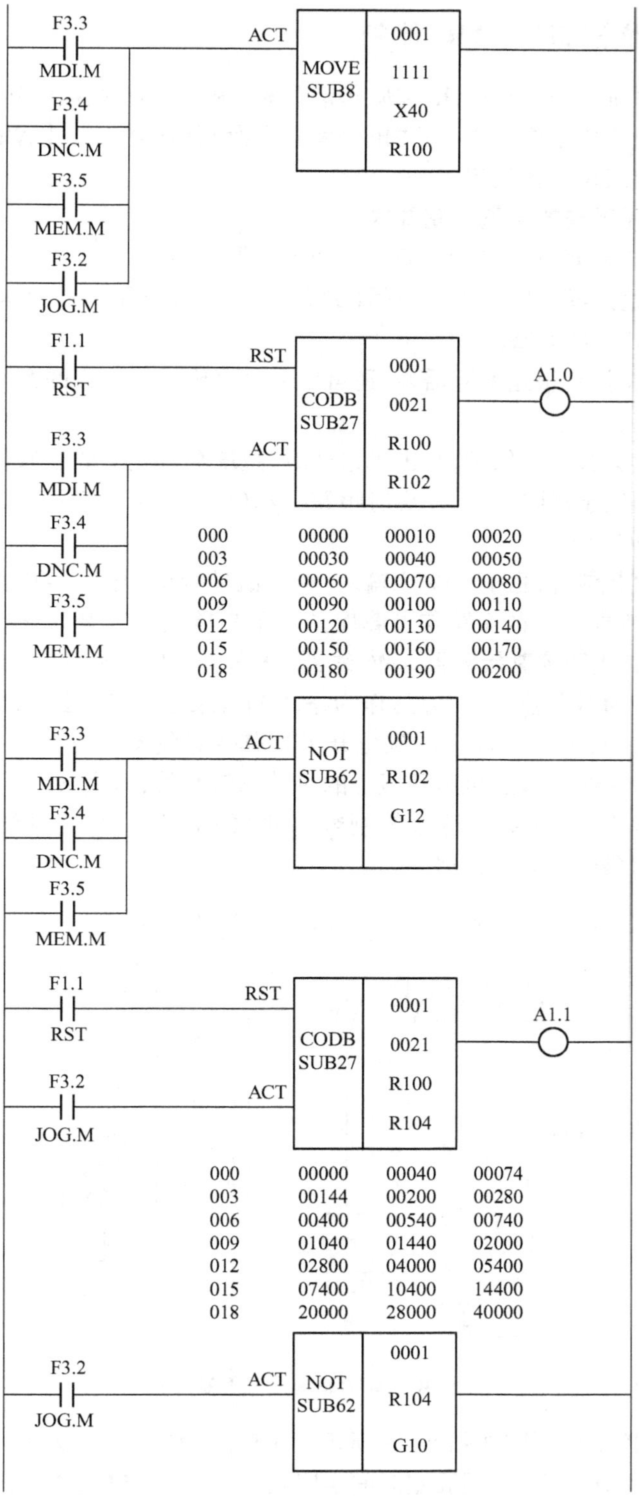

图 5-39 数控机床进给速度倍率和点动速度的 PMC 控制梯形图

5.4.4 数控机床润滑系统 PMC 控制

数控机床润滑系统主要包括机床导轨、传动齿轮、滚珠丝杠及主轴箱等润滑，其形式有电动间歇润滑泵和定量式集中润滑等，其中电动间歇润滑泵用得较多，其润滑时间和每次泵油量可根据要求进行调整或用参数设定。

1. 数控机床润滑系统的电气控制要求

- 首次开机时，自动润滑 5s(2.5 s 打油、2.5 s 关闭)。
- 机床运行时，达到润滑间隔固定时间(如 30min)自动润滑一次，而且润滑间隔时间用户可以通过 PMC 参数调整。
- 加工过程中，操作者根据实际需要，还可以通过机床操作面板的润滑手动开关进行手动润滑。
- 润滑泵电动机具有过载保护，当出现过载时，系统会有相应的报警信息。
- 润滑油箱油面低于极限时，系统会有报警提示(此时机床可以运行)。

2. 润滑系统 PMC 控制

润滑系统的电气控制原理图和 PMC 输入/输出信号接口如图 5-40 所示。QF7 为润滑泵电动机的短路器，实现电动机的短路与过载保护。用户通过系统 PMC 控制输出继电器 KA6，继电器 KA6 常开控制线路控制接触器 KM6 线圈，从而实现机床润滑自动控制。系统 PMC 输入/输出信号中，QF7 为短路器的常开点，作为系统润滑泵过载与短路保护的输入信号；SL 为润滑系统油面检测开关(润滑油面下限到位开关)，作为系统润滑油过低报警提示(需要添加润滑油)的输入信号；SB5 为数控机床面板上的手动润滑开关，作为系统手动润滑的输入信号；KA1 为机床就绪继电器(如机床液压泵控制继电器)的常开点，作为系统机床就绪的输入信号；HL 为机床润滑报警灯的输出信号。

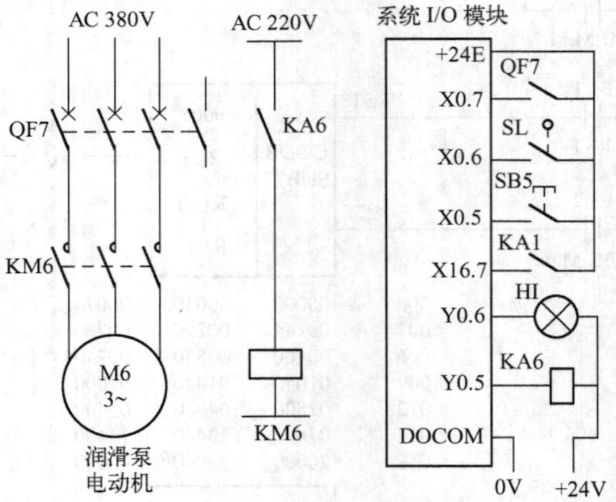

图 5-40 润滑系统电气控制线路

润滑系统 PMC 控制梯形图如图 5-41 所示。机床自动润滑时间和每次润滑的间歇时间不需要用户修改，所以系统 PMC 采用固定时间定时器 12、13 来控制每次润滑的间歇时间(2.5 s 打油、2.5 s 关闭)，固定定时器 14 来控制自动运行时的润滑时间(15 s)，固定定时器 15 用来控制机床首次开机的润滑时间(15 s)。自动润滑的间隔时间根据机床实际加工情况不同，用户有时需要进行调整,所以自动润滑的间隔时间控制采用可变定时器,且采用两个可变定时器(TMR01 和 TMR02)的串联,来扩大定时的时间,用户可通过 PMC 参数界面的定时器界面进行设定或修改,来改变自动润滑的间隔时间。

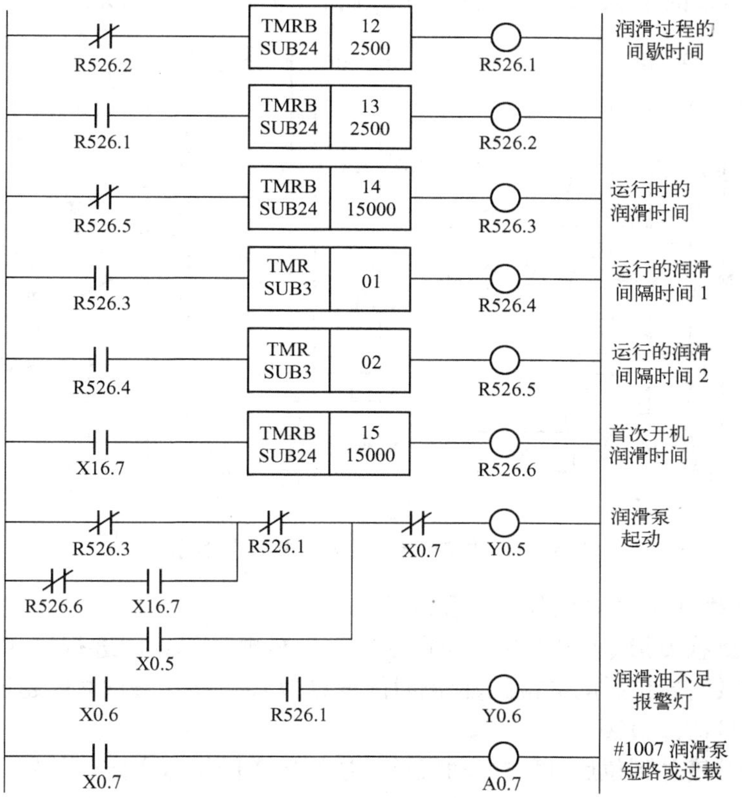

图 5-41　润滑系统 PMC 控制梯形图

当机床首次开机时,机床准备就绪信号 X16.7 为 1,起动机床润滑泵电动机(Y0.5 输出),同时起动固定定时器 15,机床自动润滑 15 s(2.5 s 打油、2.5 s 关闭)后,固定定时器 15 的延时断开常闭点 R526.6 切断自动润滑回路,机床停止润滑,从而完成机床首次开机的自动润滑操作。机床运行过程中,通过可变定时器 TMR01 和 TMR02 设定的延时时间,机床自动润滑一次,润滑的时间由固定定时器 14 设定(15 s),通过固定定时器 14 的延时断开常闭点 R526.3 切断运行润滑控制回路,从而完成一次机床运行时润滑的自动控制,机床周而复始地进行润滑。当润滑系统出现过载或短路故障时,通过输入信号 X0.7 切断润滑泵输出信号 Y0.5,并发出润滑系统报警信息(#1007:润滑系统故障)。当润滑系统的油面下降到极限位置时,机床润滑系统报警灯闪亮,提示操作者需加润滑油。

5.4.5　数控车床自动换刀 PMC 控制

数控车床应用最多的是转塔式刀架(又称电动刀塔)。转塔式刀架是用转塔头刀座安装或夹持各种不同用途的刀具,通过转塔的旋转分度定位来实现机床的换刀动作。下面以常州电动刀架 BWD40-1 为例,分析数控车床自动换刀的 PMC 控制过程(系统采用 FANUC-Oi TB)。

常州 BWD40-1 电动刀塔为6工位,采用蜗杆蜗轮传动,定位销进行粗定位,端齿啮合进行精定位。电动机正转实现松开刀塔并进行分度操作,电动机反转进行锁紧和定位,电动机的正反转由接触器 KM3、KM4 控制,刀塔的松开和锁紧是靠微动行程开关 SQ 进行检测。电动刀塔的分度由刀塔主轴后端安装的角度编码器进行检测和控制的。具体控制电路如图 5-42 所示。

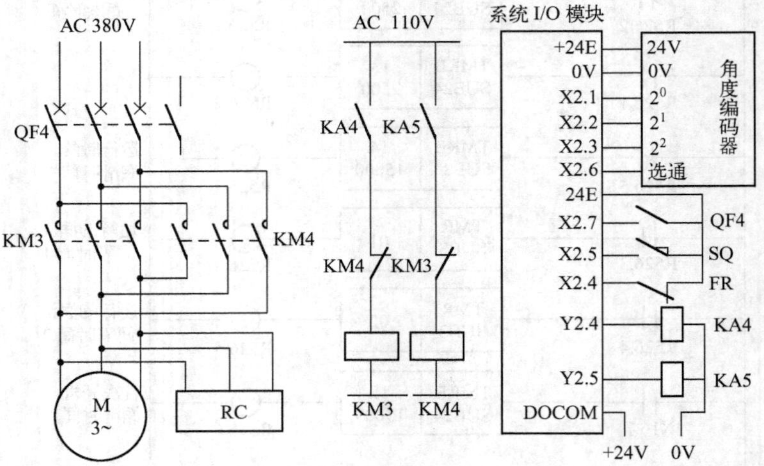

图 5-42 数控车床电动刀塔电气控制线路

BWD40-1 电动刀塔 PMC 控制的要求如下。

- 机床接收到换刀指令(程序的 T 码指令)后,转塔电动机正转进行松开和分度控制,分度过程中要有转位时间的检测,检测时间设定为 10 s,每次分度时间超过 10 s 系统就发出转塔分度故障报警。
- 转塔进行分度并到位后,通过电动机反转进行转塔的锁紧和定位控制。为了防止反转时间过长导致电动机过热,要求转塔电动机反转控制时间不得超过 0.7 s。
- 转塔电动机正反转控制过程中,还要求有正转停止延时时间控制和反转开始的延时时间控制。
- 自动换刀指令执行后,要进行转塔锁紧到位信号的检测,只有检测到该信号,才能完成 T 码功能结束。
- 自动换刀控制过程中,要求有电动机过载、短路及温度过高保护,并有相应的报警信息显示。自动运行中,程序的 T 码错误(T=0 或 T≥7)时有相应报警信息显示。

图 5-43 为 SSCK-20 数控车床电动刀塔 PMC 控制梯形图。图 5-43 中的 X2.1、X2.2、X2.3 为角度编码器的实际刀号检测输入信号地址,X2.6 为角度编码器位置选通输入信号(每次转到位就接通)地址,通过常数定义指令(NUME)把转塔当前实际位置的刀号写入到地址 D302 中。通过判别一致指令(COIN)把当前位置的刀号(D302 中的数值)与程序的 T 码选刀刀号(F26 中的数值)进行判别,如果两个数值相同,则 T 码辅助功能结束(说明程序要的刀号与当前实际刀号一致);如果两个数值不相同,则进行转塔的分度控制。通过判别指令(COIN)和比较指令(COMP)将 T 码与数字 0 和数字 7 进行比较,如果程序指令的 T 码为 0 或大于等于 7 时,系统要有 T 码错误报警信息显示,同时停止转塔分度指令的输出。当程序指令的 T 码与转塔实际刀号不一致时,系统发出转塔分度指令(继电器 R0.3 为 1),转塔电动机正

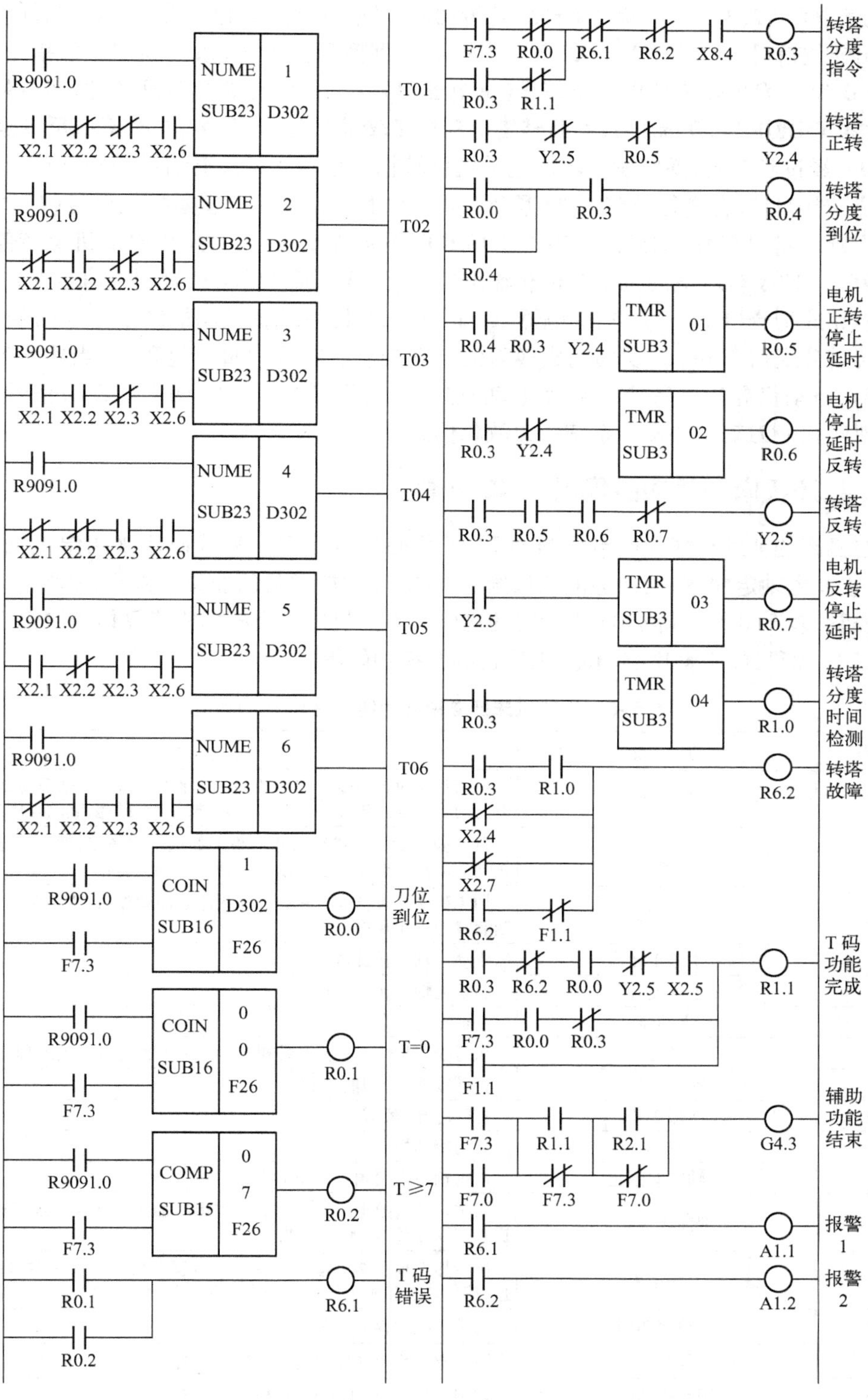

图 5-43　SSCK-20 数控车床电动刀塔 PMC 控制梯形图

转(输入继电器 Y2.4 为 1),通过蜗杆蜗轮传动松开锁紧凸轮,凸轮带动刀盘转位,同时角度编码器发出转位信号(X2.1、X2.2、X2.3),当转塔转到换刀位置时,系统判别一致指令(COIN)信号 R0.0 为 1,发出转塔分度到位信号(继电器 R0.4 为 1),转塔电动机经过定时器 01 的延时(定时器 TMR01 为 50 ms)后,切断转塔电动机正转输出信号 Y2.4,同时接通反转运行开始定时器 02,经过延时后,系统发出转塔电动机反转输出信号 Y2.5,电动机开始反转,定位销进行粗定位、端齿盘啮合进行精定位,锁紧凸轮进行锁紧并发出转塔锁紧到位信号(X2.5),经过反转停止延时定时器 03 的延时(定时器 TMR03 设定为 0.6 s)后,发出电动机反转停止信号(R0.7 为 1),切断转塔电动机反转运转输出信号 Y2.5。通过转塔锁紧到位信号 X2.5 接通 T 辅助功能完成指令(R1.1 为 1),继电器 R1.1 为 1 后,使系统辅助功能结束指令信号 G4.3 为 1,切断转塔分度指令 R0.3,从而完成换刀的自动控制。在换刀整个过程中,当换刀过程超时(TMR04)、电动机温升过高(X2.4)及电动机过载/短路保护断路器 QF4(X2.7)信号动作时,系统立即停止换刀动作并发出系统换刀故障信息。

5.4.6 数控机床辅助功能代码 PMC 控制

数控机床的辅助功能代码包括 M 代码、T 代码及 S 代码。M 代码用来指定主轴的正转、反转、停止及主轴定向停止,冷却液的供给和关闭,工件或刀具的加紧和松开,刀具自动更换等功能的控制,表 5-8 为国际标准 M 代码的功能。当然机床厂家根据机床具体控制情况编写了辅助功能 M 代码,如主轴换挡功能、工作台的交换功能等。

表 5-8 数控机床标准辅助功能代码 M 码的功能

M 代码	功 能	用 途
M00	程序停	中断程序执行指令。程序段内的动作完成后,主轴及冷却停止。这以前的状态信息被保护,按循环起动按钮时可重新起动程序运行
M01	程序选择停	只要操作者接通机床操作面板上的选择停按钮,就可进行与程序停相同的动作。选择停按钮断开时,此指令被忽略
M02	程序结束	加工程序结束指令。在完成该程序段的动作后,主轴及冷却停止,控制装置和机床复位
M03	主轴正转	驱动主轴正转旋转指令
M04	主轴反转	驱动主轴反转旋转指令
M05	主轴停	主轴停止指令
M06	换刀	执行换刀指令。有的数控机床为调换刀执行的指定宏程序
M07	冷却 1 开	打开冷却(冷却液)指令
M08	冷却 2 开	打开冷却(喷雾)指令
M09	冷却关	关闭冷却指令
M19	主轴定向停止	使主轴在预定角度停止的指令
M29	刚性攻螺纹	用主轴和进给电动机进行插补攻螺纹加工。在攻螺纹循环(G84)或逆攻螺纹循环(G74)之前指令
M30	程序结束	指示加工程序结束指令。在完成该程序段的动作后,主轴及冷却停止,控制装置和机床复位。程序自动回到程序的头
M98	子程序调用	调用系统内存的子程序
M99	子程序结束	回到调用系统内存子程序的程序段的下一个程序段
M198	子程序调用	调用系统外设(如外接计算机)的子程序
M199	子程序结束	回到调用系统外设子程序的程序段的下一个程序段

1. M 代码使用说明

通常，在1个程序段中只能指定1个M代码。但是，在某些情况下，对某些类型的机床最多可指定3个M代码。在1个程序段中指定的多个M代码（最多3个，如FANUC-Oi系统参数3404#7设定为“1”）被同时输出到机床，这意味着与通常的一个程序段中仅有一个M指令相比较，在加工中可实现较短的循环时间。系统通过PMC的译码后（第1个、第2个、第3个M代码输出的信号地址是不同的）同时输出到机床侧执行。

在一个程序段中同时指定了移动指令和辅助功能代码M码时，系统处理有两种情况：第一种是移动指令与M代码指令同时被执行，如G00 X0 Y0 Z50. M03 S800。第二种是移动指令结束后才能执行M代码指令，如G01 X100. Y50. F200 M05。两种情况的具体控制选择是由系统编制M代码译码或执行M代码（PMC控制梯形图）时分配结束信号（DEN）决定的。

即使机床辅助功能锁住信号（AFL）有效，辅助功能M00，M01，M02和M30也可执行，所有的代码信号、选通信号和译码信号按正常方式输出。辅助功能M98和M99仍按正常方式执行，但在控制单元中执行的结果不输出。

2. M 代码控制时序

系统读到程序中的M码指令时，就输出M代码指令的信息，FANUC-OC/OD系统M代码信息输出地址为F151（两位BCD代码），FANUC-16/18/21/Oi系统M代码信息输出地址为F10～F13（4个字节二进制代码）。通过系统读M代码的延时时间TMR（系统参数设定，标准设定时间为16 ms）后系统输出M代码选通信号MF，FANUC-OC/OD系统M代码选通信号为F150.0，FANUC-16/18/21/Oi系统M代码选通信号为F7.0。当系统PMC接收到M代码选通信号（MT）后，执行PMC译码指令（DEC、DECB），把系统的M代码信息译成某继电器为1（开关信号），通过是否加入分配结束信号（DEN）实现移动指令和M代码是否同时执行，FANUC-OC/OD系统分配结束信号（DEN）为F149.3，FANUC-16/18/21/Oi系统分配结束信号（DEN）为F1.3。M功能执行结束后，把辅助功能结束信号（FIN）送到CNC系统中，FANUC-OC/OD系统辅助功能结束信号（FIN）为G120.3，FANUC-16/18/21/Oi系统辅助功能结束信号（FIN）为G4.3。当系统接收到PMC发出的辅助功能结束信号（FIN）后，经过辅助功能结束延时时间TFIN（系统参数设定，标准设定时间为16 ms），切断系统M代码选通信号MF。当系统M代码选通信号MF断开后，切断系统辅助功能结束信号FIN，然后系统切断M代码指令输出信号，系统准备读取下一条M代码指令。具体M代码控制时序如图5-44所示。

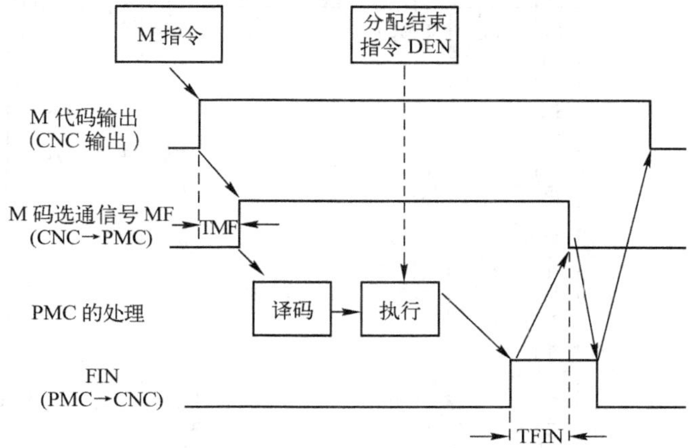

图5-44 系统M代码控制时序图

3. M 代码 PMC 控制

图5-45为某数控铣床（系统采用FANUC-Oi系统）的M码辅助功能执行的PMC控制。二进制译码指令DECB把程序中的M码指令信息（F10）转换成开关量控制，程序执行到M00时，R0.0为1；程序执行到M01时，R0.1为1；程序执行到M02时，R0.2为1；程序执行到M03时，R0.3为1；程序执行到M04时，R0.4为1；程序执行到M05时，R0.5为1；程序执行到M08时，

R1.0 为 1；程序执行到 M09 时，R1.1 为 1。G70.5 为串行数字主轴正转控制信号，G70.4 为串行数字主轴反转控制信号，F0.7 为系统自动运行状态信号（系统在 MEM、MDI、DNC 状态），F1.1 为系统复位信号。当系统在自动运行时，程序执行到 M03 或 M04，主轴按给定的速度正向或反向旋转，程序执行到 M05 或系统复位（包括程序的 M02、M30 代码），主轴停止旋转。在执行 M05 时，加入了系统分配结束信号 F1.3，如果移动指令和 M05 在同一程序段中，保证执行完移动指令后执行 M05 指令，进给结束后主轴电动机才停止。当程序执行到 M08 时，通过输出信号 Y2.0 控制冷却泵电动机，打开机床冷却液，程序执行到 M09 时，关断机床冷却液，同理执行 M09 时也需要加入系统分配结束信号 F1.3。当程序执行到 M02 或 M30 时，系统外部复位信号 G4.3 为 1，停止程序运行并返回到程序的开头。当程序执行到 M00 或 M01（同时选择停输出信号 Y2.2 为 1），系统执行程序单段运行（G46.1 为 1）。图中 F45.3 为主轴速度到达信号，F45.1 为主轴速度为零的信号，R100.0 为 M 码完成信号，R100.1 为 T 码完成信号。

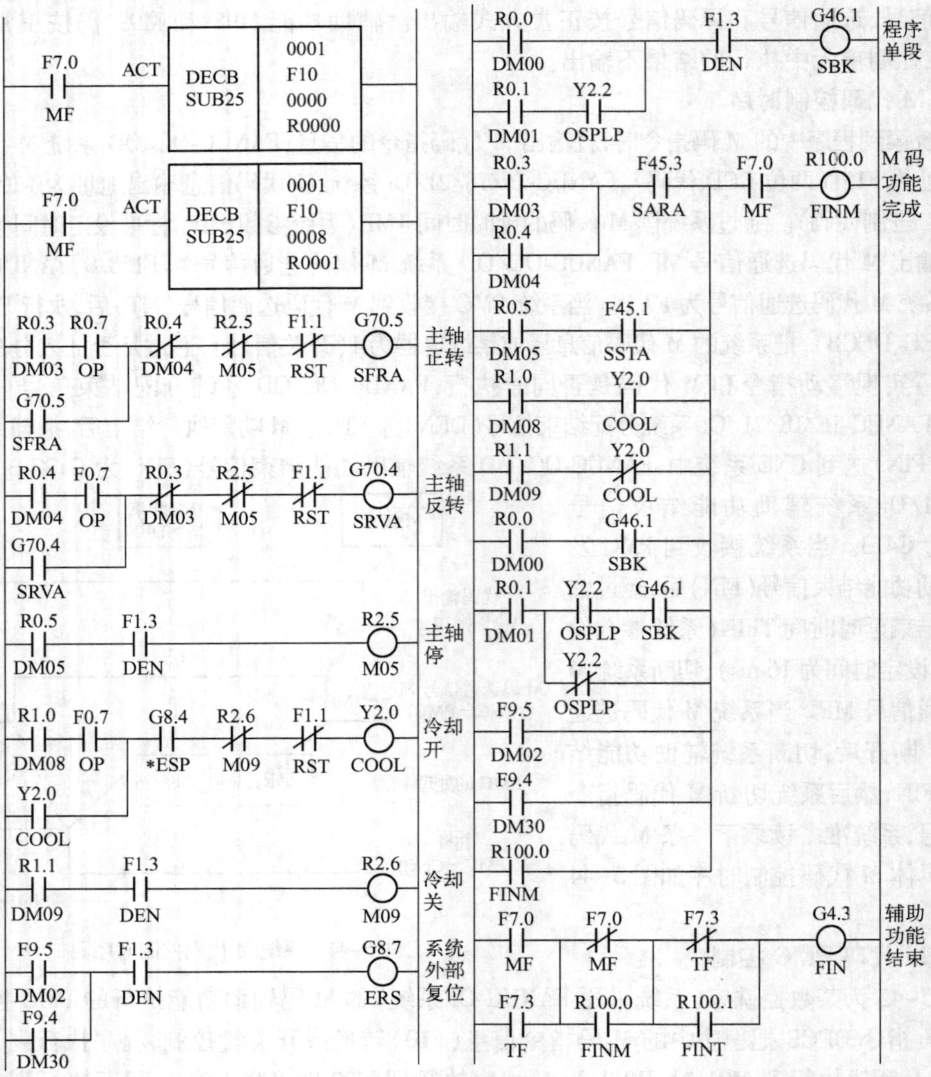

图 5-45　辅助功能 M 代码 PMC 控制（FANUC-0i 系统）

5.5　数控机床系统 PMC 画面及具体操作

本节以 FANUC-Oi 系统为例，介绍系统 PMC 画面的功能及具体操作。FANUC-OiA 系统的 PMC 类型为 SA3，FANUC-OiB/OiC 系统的 PMC 类型为 SA1 或 SB7。

按系统功能键 SYSTEM，再按系统操作软键[PMC]就会显示如图 5-46 所示的系统 PMC 功能画面。PMCLAD 为系统梯形图显示画面，PMCDGN 为系统 PMC 诊断画面，PMCPRM 为系统 PMC 参数画面，RUN/STOP 为起动或停止系统 PMC 运行操作画面，EDIT 为编辑系统梯形画面，I/O 为系统梯形图和 PMC 参数输入/输出操作画面，SYSPRM 为系统参数设定画面（设定计数器形式是二进制数还是 BCD 代码）。通过系统操作软键来选择相应的 PMC 画面。FANUC-OiA 系统需插入梯形图编辑卡才能显示 EDIT 的系统 PMC 编辑画面。如果 FANUC-OiB/OiC 系统的 PMC 类型为 SB7，还会有 PMC 在线监控画面 MONIT（在线传输和在线监控）。

```
PMC DIAGNOSIS FUNCTIONS              MONIT RUN

 SELECT ONE OF FLLOWING SOFT KEYS

  PMCLAD   :DYNAMIC LADDER DISPLAY
  PMCDGN   :DIAGNOSIS FUNCTION
  PMCPRM   :PARAMETER(T/C/K/D)
  RUN/STOP:RUN/STOP SEQUENCE PROGRAM
  EDIT     :EDIT SEQUENCE PROGRAM
  I/O      :I/O SEQUENCE PROGRAM
  SYSPRM   :SYSTEM PARAMETER

[PMCLAD] [PMCDGN] [PMCPRM] [       ] [       ]
```

图 5-46　系统 PMC 功能画面

1. 系统梯形图显示画面（PMCLAD）

按下系统操作软键[PMCLAD]就会显示如图 5-47 所示的系统梯形图画面。如果系统显示装置为单色显示器 CRT，梯形图显示画面中，信号接通为亮线显示，信号断开为暗线显示。如果系统显示装置为彩色液晶显示器 LCD，FANUC-OiA 系统梯形图显示中，信号接通为白色线显示，信号断开为绿色线显示；FANUC-OiB/OiC 系统信号接通和断开显示可由用户通过系统显示颜色对比调整来设定。

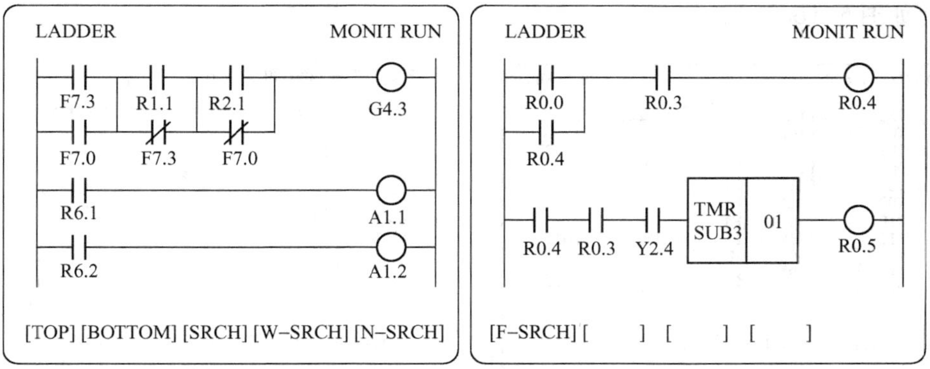

图 5-47　系统梯形图显示画面

图 5-47 中系统软键[TOP]为返回梯形图开头的操作软键。[BOTTOM]为返回梯形图末尾的操作软键。[SRCH]为搜索梯形图中信号触点的操作软键，如要搜索信号 F7.3 时，输入 F7.3 再按[SRCH]软键，系统就会把信号 F7.3 当前梯形图显示出来。[W-SRCH]为搜索梯形图中信号线圈的操作软键，如果搜索 R6.0 信号的线圈，输入 R6.0，然后按系统[W-SRCH]软键，系统就会把 R6.0 信号线圈所在的梯形图画面显示在当前画面上。[N-SRCH]为搜索系统梯形图的行号的操作软键。[F-SRCH]（需要按系统扩展键）为搜索系统梯形图中功能指令的操作软键，如果搜索梯形图中的可变定时器 01，输入 3，然后按系统软键[F-SRCH]，系统就会把定时器 01 所在的梯形图显示在当前画面上。

2. 系统梯形图的诊断画面(PMCDGN)

按下系统操作软键[PMCDGN]就会显示如图 5-48 所示的系统 PMC 诊断画面。

[TITLE]显示 PMC 的标题画面，该画面可以显示系统梯形图的名称、PMC 的类型、存储器的使用空间、梯形图程序所占的空间、信号注解所占的空间及信息注解所占的空间。[STATUS]显示系统 PMC 输入/输出信号的状态，如果 PMC 类型为 SB7，在该画面中还可以实现信号的强制功能（使系统的信号置 1 或置 0 的操作）。[ALARM]为系统 PMC 报警显示画面。[TRACE]为系统 PMC 信号的跟踪画面显示。

```
PMC TITLE DATA # 1                        MONIT RUN

PMC PROGRAM NO.  :1234
EDITION NO.      :12
PMC CONTROL PROGRAM
    SERIES:4063 EDITION:08
   (SERIES:4065 EDITION:08)
PMC  TYPE CONTROL:SA3 PROGRAM:SA3
    MEMORY USED  :007.8KB
    LADDER       :007.0KB
    SYMBOL       :000.0KB
    MESSAGE      :000.8KB

[TITLE] [STATUS] [ALARM] [TRACE] [      ]
```

图 5-48　PMC 诊断画面

3. PMC 参数画面(PMCPRM)

(1) 定时器设定画面(TIMER)

该画面显示 PMC 控制中的可变定时器的设定时间，定时器的时间设定单位为 ms（十进制形式显示），每个定时器占用系统内部两个字节（系统内部为二进制形式控制）。系统在 MDI 状态下，并且参数保护 PWE =1，就可以直接对定时器的设定时间进行修改。具体操作画面如图 5-49 所示。

(2) 计数器画面(COUNTR)

该画面显示 PMC 控制中的计数器号、计数器的存储地址（每个计数器占用系统内部 4 个字节）、计数器的预制值和当前计数器的数值（因为计数器的数值具有断电保护功能）。系统在 MDI 状态下，并且参数保护 PWE =1，就可以直接对计数器的预制值进行设定或修改。具体操作画面如图 5-50 所示。

PMC PRM (TIMER) #001　　MONIT RUN

NO.	ADDRESS	DATA	NO.	ADDRESS	DATA
01	T00	2016	11	T20	1000
02	T02	48	12	T22	8
03	T04	960	13	T24	0
04	T06	1008	14	T26	32
05	T08	0	15	T28	0
06	T10	0	16	T30	0
07	T12	96	17	T32	2000
08	T14	0	18	T34	0
09	T16	8	19	T36	8
10	T18	16	20	T38	10000

[TIMER] [COUNTR] [KEEPRL] [DATA] [   ]

图 5-49　系统 PMC 的定时器画面

PMC PRM (COUNTER) #001　　MONIT RUN

NO.	ADDRESS	PRESET	CURRENT
01	C00	4	1
02	C04	4	2
03	C08	4	3
04	C12	5	4
05	C16	4	5
06	C20	545	6
07	C24	5	3
08	C28	6	2
09	C32	6	1
10	C36	6	4

[TIMER] [COUNTR] [KEEPRL] [DATA] [   ]

图 5-50　系统 PMC 计数器画面

(3) 保持型继电器画面

FANUC-OiA 系统的 PMC 保持型继电器有 160 个，其中 K00 ~ K15 为用户使用，机床厂家可根据机床的具体要求来设定，如机床是否使用第 4 轴控制、机床自动排削功能的选择等控制。K16 ~ K19 为系统专用区，用户不能作为他用，如 K17.0 为系统梯形图显示选择(设定为 0 时，表示显示系统梯形图)，K17.1 为系统内装编辑功能是否有效(设定为 1 时，表示有效)。FANUC-OiB/OiC 系统采用 SB7 类型 PMC 时，保持型继电器 K900 以上为系统专用区。具体操作画面如图 5-51 所示。

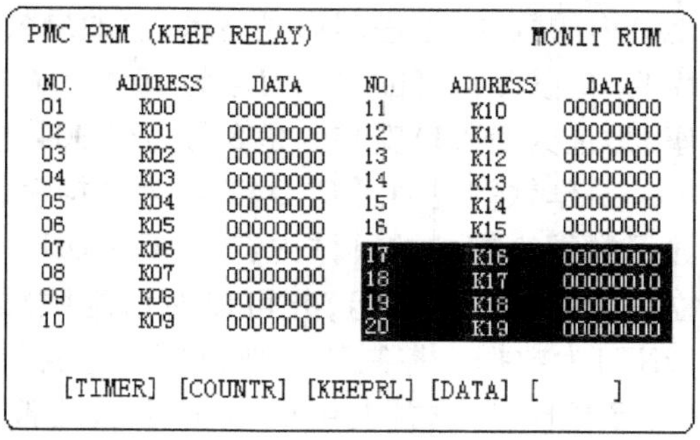

图 5-51 系统 PMC 保持型继电器画面

(4) 数据表画面

系统 PMC 的数据表用于刀具号记忆、主轴转速的记忆(此时主轴控制为 PMC 控制)、分度工作台分度角度的记忆等。按不同的用途进行分组(称为数据表组)，组数最大为 100。数据表包括数据表组控制画面和数据表数据画面两种。

在数据表组控制画面中，可以指定数据表组的首地址、数据表数据的格式及类型、设定每组数据表数据的个数，如图 5-52a 所示。

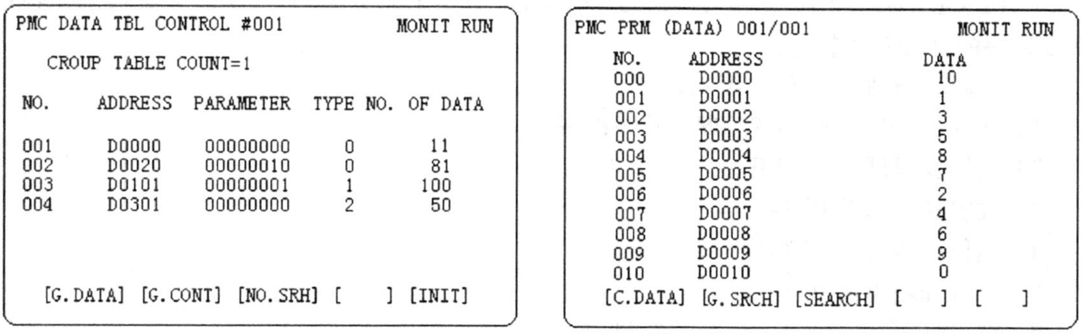

a) b)

图 5-52 系统 PMC 数据表画面

a) 数据表组控制画面 b) 数据表数据画面

ADDRESS(地址)：设定各组数据表的首地址，如数据表组 1 的首地址为 D0000、数据表组 2 的首地址为 D0020，输入 D0000 或 D0020 数据表首地址，然后按下系统 INPUT 功能键，完成数据表首地址的指定。

PARAMETER(参数)：完成对数据表中数据格式的指定和输入保护的设定。该参数的#0 为数据格式指定：设定“0”表示数据格式为二进制形式(系统内部为二进制数记忆，但画面显示为 10 进制显示)，设定“1”表示数据格式为 BCD 代码形式。该参数的#1 为输入数据的保护功能：设定“0”表示没有输入保护(可以修改数据)，设定“1”表示有输入保护(不可以修改数据)。该参数的#2 为数据格式选择：设定“0”表示数据格式为二进制或 BCD 代码，设定“1”表示数据格式为 16 进制。

TYPE(类型)：设定数据的类型(如二进制数据的长度指定)。设定“0”表示数据长度为 1 个字节，设定“1”表示数据长度为 2 个字节，设定“2”表示数据长度为 4 个字节。

NO. OF DATA（数据个数）：设定每组数据表的数据个数。如数据表组 1 中数据的个数为 11，分别存储在 D0000 ~ D0010 中。

图 5-52 为数据表数据画面，显示每组数据表中的具体数据，可以显示该组数据的地址及地址内的数据（十进制形式显示）。如果数据表组 1 的数据为加工中心自动换刀的刀具号（刀库为 10 把刀），当前主轴刀号为 10 号刀（主轴刀号地址为 D0000，表内号为 0）、刀库中 4 号刀座（地址为 D004）安装的是 8 号刀（D004 地址内的数据为 8）。

操作软键说明：[G. DATA] 为数据表组内数据的显示操作，如输入 1 后，按该软键就会显示数据表组 1 的具体内容。[G. CONT] 为数据表组设定操作，如输入 005 后，按该键就建立一个新的数据表组，并可以对该组数据进行设定。[NO. SRH] 为数据表组的搜索操作。[INT] 为数据表控制数据画面的初始化操作。[C. DATA] 为数据表组控制画面显示操作。[G. SRCH] 为数据表组的数据显示的搜索操作。[SEARCH] 为该组数据表数据的搜索操作。

5.6 数控机床 PMC 程序的传输软件

5.6.1 FANUC-LADDER 传输软件的功能及使用方法

FAPT LADDER-III 是在 Windows 95/98，Windows2000，WindowsXP 环境下运行的 FANUC PMC 程序的开发系统软件。

1. LADDER-Ⅲ软件的主要功能

1）输入、输出、显示、编辑 PMC 顺序程序。

2）监控及调试 PMC 程序。

3）设定和显示 PMC 参数。

4）运行或停止 PMC 程序。

5）输入和输出 PMC 程序。

6）把 PMC 程序写入到 CNC 系统 Flash Rom 中。

7）打印 PMC 程序。

2. FAPT LADDER-III 的工作方式

（1）离线方式

在与 PMC 不通信的状态下编辑程序。包括顺序程序的制作和编辑，顺序程序 PMC 的传送，顺序程序的打印等。FANUC-16/18/21/OiA 系统只能在离线方式下进行 PMC 的传送。

（2）在线方式

在与 PMC 通信的同时进行程序的编辑和监视。包括顺序程序的监视，顺序程序的在线编辑，PMC 诊断功能（信号状态显示、扫描、报警显示等），顺序程序写入 Flash Rom。FANUC-16i/18i/21i/OiB/OiC/OiD 既可以在离线工作方式下传送 PMC 程序，也可以在在线方式下传送 PMC 程序。

3. FAPT LADDER-Ⅲ的使用方法

（1）新建一个 PMC 程序

打开 LADDER-Ⅲ软件，在新建文件中，建立一个新文件名（如 FANUC-OiMA），选择与系统相同的 PMC 类型（如 PMC-SA3/RA3），然后按确定键，如图 5-53 所示。

(2) 传输形式的确定

通过工具菜单(TOOL)来确定传输形式,如果传输形式是系统 PMC 传送到计算机,则选择 Load;如果传输形式是计算机的 PMC 程序传送到 CNC 系统,则选择 Store。具体操作如图 5-54 所示。

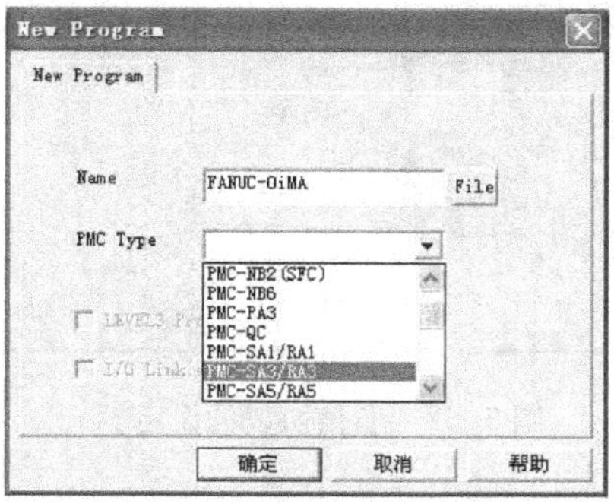

图 5-53　新建一个 PMC 程序

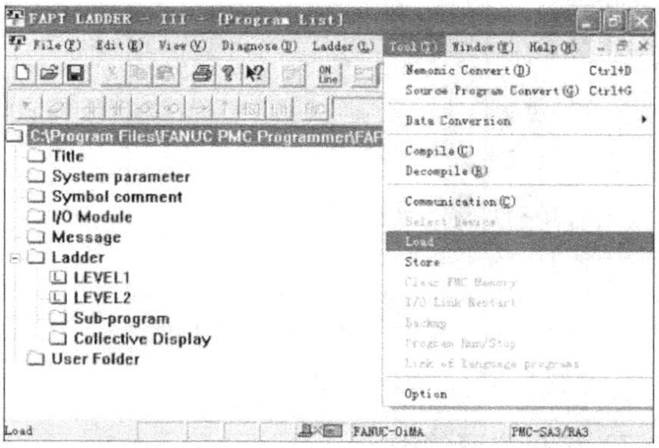

图 5-54　传输形式的确定

(3) LADDER-III 工作方式的确定

选择离线方式传输时,选定 I/O by "I/O" key operation,如图 5-55 所示。选择在线传输方式时,选定 I/O by MONIT-ONLINE function。

(4) PMC 程序装载方式的确定

把系统的 PMC 程序装载到计算机中时,选择 Load from PMC,如图 5-56 所示。把计算机的 PMC 程序装载到系统中时,选择 Store to PMC。

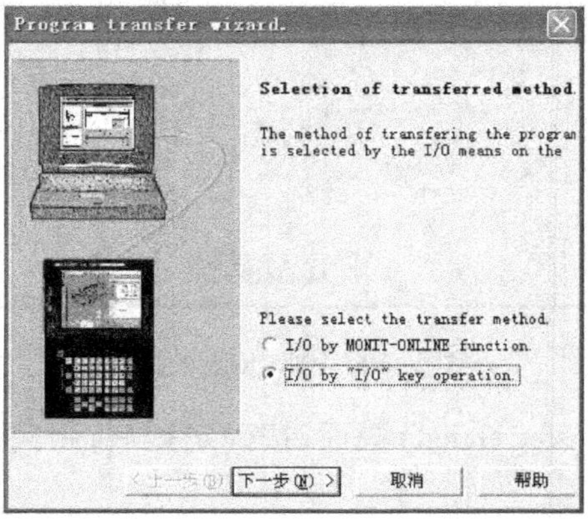

图 5-55　LADDER-III 工作方式的确定

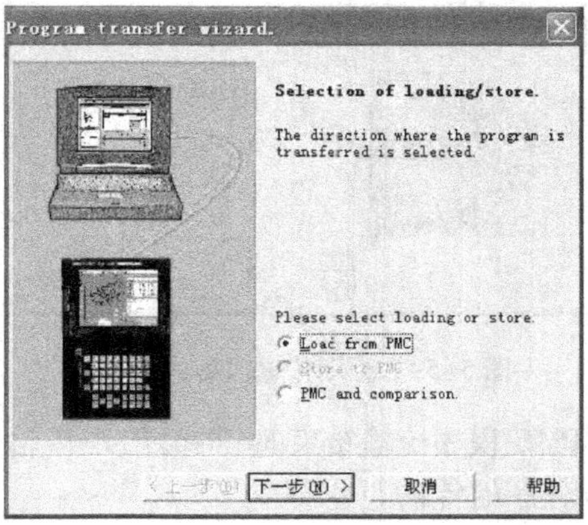

图 5-56　PMC 程序装载方式确定

(5) PMC 传输程序的确定

只传输 PMC 梯形图程序时,选择 LADDER,如图 5-57 所示。传输 PMC 梯形图程序和 C 语言时,选择 ALL。

(6) 通信协议的设定

设定计算机通信接口(Port)、传输的波特率(Baud-rate)、奇偶校验(Parity)和停止位(Stopbit)。具体设定如图 5-58 所示。

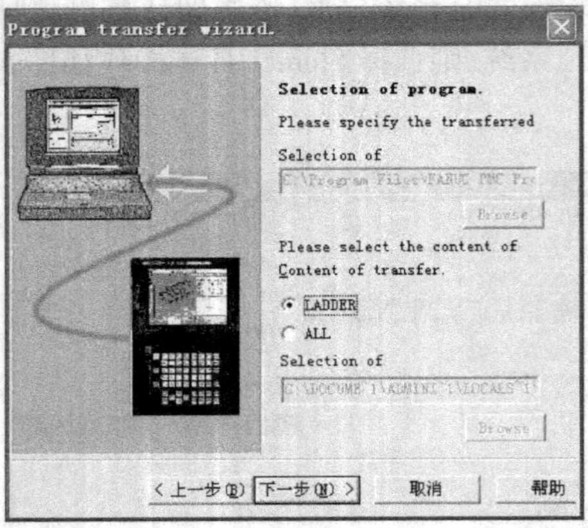

图 5-57　PMC 程序内容确定

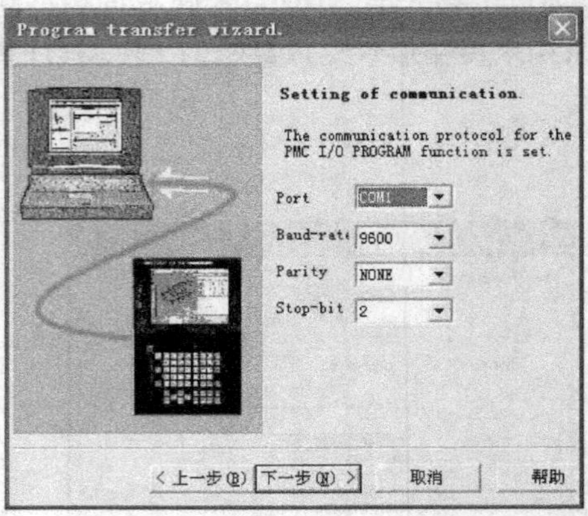

图 5-58　通信协议的设定

(7) 选择内容的确定

选择传输内容的确定用于检查传输内容是否正确,包括 LADDER-III 工作方式(Transfer)、传输方向(Direction)、传输的内容(Content),如图 5-59 所示。如果处理内容不符合要求,可通过上一步返回操作进行重新确定,如果处理内容符合要求,可按完成键,出现图 5-60 画面,此时可进行 PMC 程序的传输。

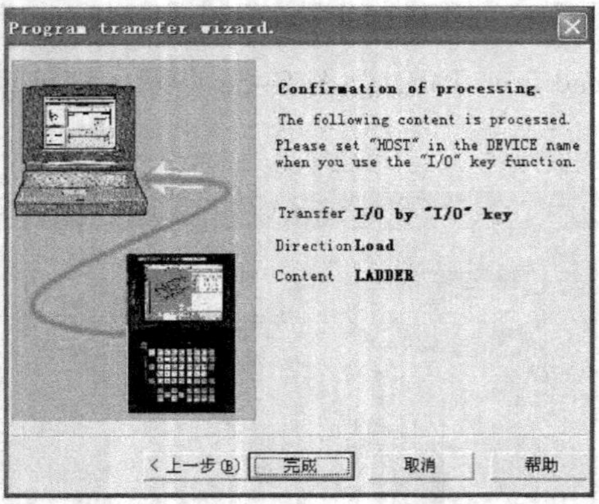

图 5-59　程序传输内容的确定

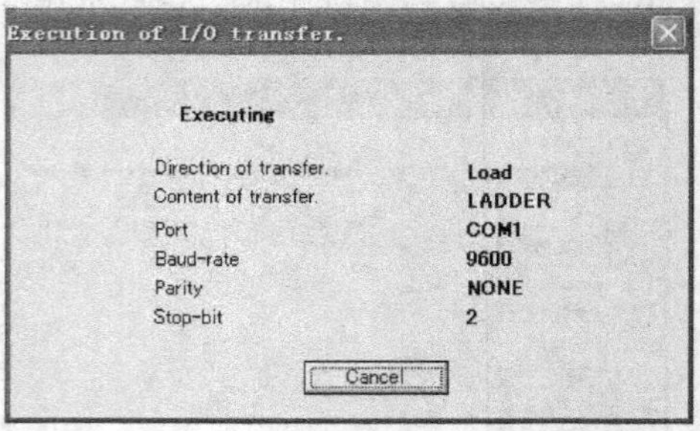

图 5-60　PMC 传输的执行

PMC 程序传输结束时,将会出现传输成功(Transfer ended)画面,按确定键后,则完成了 PMC 程序的传输。

5.6.2　FANUC-16/18/21/OiA 系统的 PMC 程序传输操作

1. 系统 PMC 程序传输参数的设定

(1) PMC 程序传输参数画面显示的操作

功能键 SYSTEM→软键[PMC]→系统扩展键→软键[I/O]→扩展键→[SPEED],出现如图 5-61 的画面。

传输的波特率(BAUD RATE):设定为"3",表示传输的波特率为 9600。

传输的奇偶校验位(PARITY BIT):设定为“0”,表示不进行奇偶校验位检查。

传输的停止位(STOP BIT):设定为“1”,表示传输的停止位为2位。

2. PMC程序传输操作

(1) 系统PMC程序的输出操作

功能键SYSTEM→系统软键[PMC]→系统扩展键→软键[I/O],出现如图5-62所示的画面。

```
PMC SPEED OTHERS        MONIT  RUN

BAUD RATE = 3
 (0: 1200, 1: 2400, 2: 4800, 3: 9600,
    4: 19200)
PARITY BIT = 0
 (0: NONE, 1: ODD, 2: EVEN)
STOP BIT = 1
 (0: 1BIT, 1: 2BIT)
 [INPUT]  [   ]  [   ]  [   ]  [INT]
```

图5-61 PMC程序传输参数设定

```
PMC  I/O PROGRAM        MONIT  RUN

 CHANNEL   = 1
 DEVICE    = OTHERS
 FUNCTION  = WRITE
 DATA KIND = LADDER

 [EXEC] [CANCEL] [(NO)]  [   ]  [   ]
```

图5-62 PMC程序输出的操作

传输通道(CHANNEL):选择PMC程序传输的系统通道号,设定“1”时,选择系统JD5A作为PMC程序的传输通道。

驱动软件(DEVICE):传输程序采用其他软件(OTHERS)。

功能(FUNCTION):系统的PMC程序传输到计算机(WRITE)。

数据类型(DATA KIND):传输为PMC程序(LADDER)。

计算机侧就绪后,按系统软键[EXEC],就可以把系统的PMC程序传送到计算机。

(2) PMC程序的输入操作

功能键SYSTEM→系统软键[PMC]→系统扩展键→软键[STOP]→软键[I/O],出现如图5-63所示的画面。

首先,通过系统PMC菜单使PMC停止运行,然后进行PMC程序的传入操作。

传输通道(CHANNEL):选择PMC程序传输的系统通道号,设定“1”时,选择系统JD5A作为PMC程序的传输通道。

驱动软件(DEVICE):传输程序采用其他软件(OTHERS)。

```
PMC  I/O PROGRAM        MONIT  STOP

 CHANNEL   = 1
 DEVICE    = OTHERS
 FUNCTION  = READ
 DATA KIND = LADDER

 [EXEC] [CANCEL] [(NO)]  [   ]  [   ]
```

图5-63 PMC程序输入的操作

功能(FUNCTION):计算机存储的PMC程序传输到系统(READ)。

数据类型(DATA KIND):传输为PMC程序(LADDER)。

系统侧就绪后,按系统软键[EXEC],通过计算机侧的操作就可以将计算机存储的PMC程序传送到系统,再把系统接收到的PMC程序存储到系统的FROM中。

最后,通过系统的PMC软键起动PMC运行,数控机床就可以正常运行控制。

5.6.3 FANUC-16i/18i/21i/OiB/OiC系统的PMC程序传输操作

FANUC-16i/18i/21i/OiB/OiC系统的PMC类型为SB7,可以通过PMC的在线传输功能进行传输操作,不仅操作简单,而且可以实现在线监控。

1. 系统在线传输画面及操作

（1）在线监控画面的显示操作

功能键 SYSTEM→系统软键[PMC]→系统扩展键→软键[I/O]→软键[MONIT]，出现如图 5-64 的画面。

（2）在线传输参数的设定

在图 5-64 中可以直接设定 PMC 的在线传输参数。

CPU 模块(CPU ID)：系统的默认值。

RS-232-C：用 RS-232-C 接口进行通信时，把“RS-232-C”置于使用(USE)。

CHANNEL：传输通道的选择，用系统的 JA5A 或 JD36A 时，设定为“1”。

BAUD RATE：传输波特率设定，如设定为 9600。

PARITY：传输奇偶校验的检查，如不进行奇偶效验检查时，选择“NONE”。

STOP BIT：传输的停止位，如选择停止位为 2 位(2 BIT)。

HIGH SPEED I/F：高速通信接口是否使用，如果采用以太网(Ethernet)进行通信时，把高速接口置于使用“USE”。

2. 在线传输 PMC 程序的操作

1）打开系统的 PMC 在线监控画面，设定相应传输参数。

2）打开 LADDER-Ⅲ软件，在新建文件中，建立一个新文件名(如 FANUC-18i)，选择与系统相同的 PMC 类型(如 PMC-SB7)，然后按确定键。

3）确定 PMC 程序的工作方式，是在线传输方式还是离线传输方式。如果选择在线传输方式，则选定 I/O by MONIT-ONLINE fuction，然后按下一步，如图 5-65 所示。

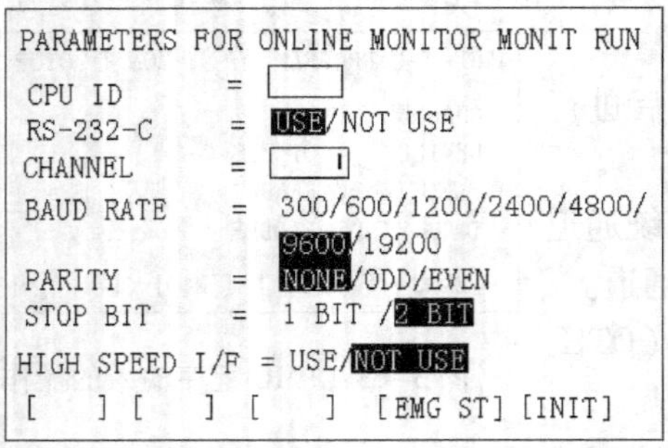

图 5-64 系统 PMC 的监控

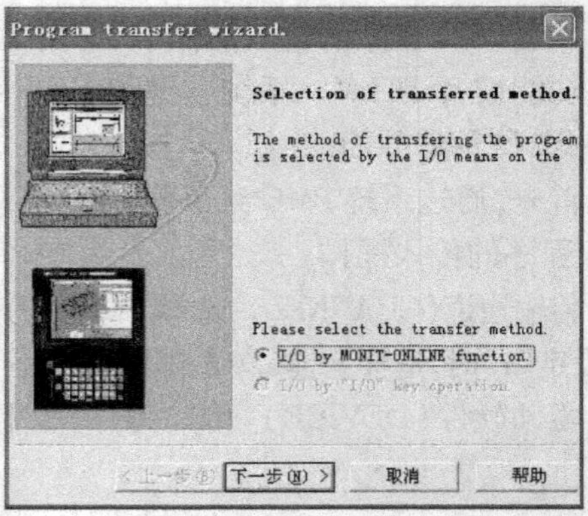

图 5-65 PMC 程序在线传输确定

4）如果首次与系统的 PMC 进行通信，还要进行通信设备的选择设定(通过 Setting 采单进行选择)。

5）如果采用以太网(Ethernet)进行通信时，还要进行网络参数的设定(通过 Network Address 采单进行设定)。

6）在通信设备和通信参数正确设定后，就可以进行计算机和系统的通信连接(Connect)。如果系统通信电缆的连接和在线通信设定正确，则会出现如图 5-66 的动态连接画面。若不出现动态连接画面，则需要检查通信连接的电缆并重新设定通信参数。

7）PMC 程序传输方式的选择，如果把系统的 PMC 程序传输到计算机时，则选择 Load from PMC，如图 5－67 所示。如果把计算机存储的 PMC 程序传输到系统时，则选择 Story to PMC。

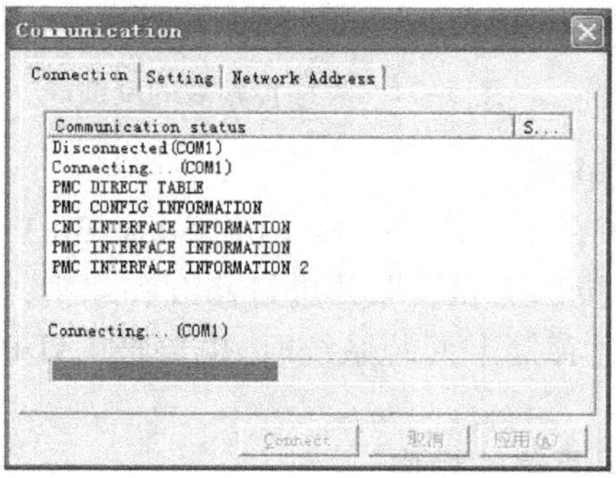

图 5－66　系统和计算机通信建立

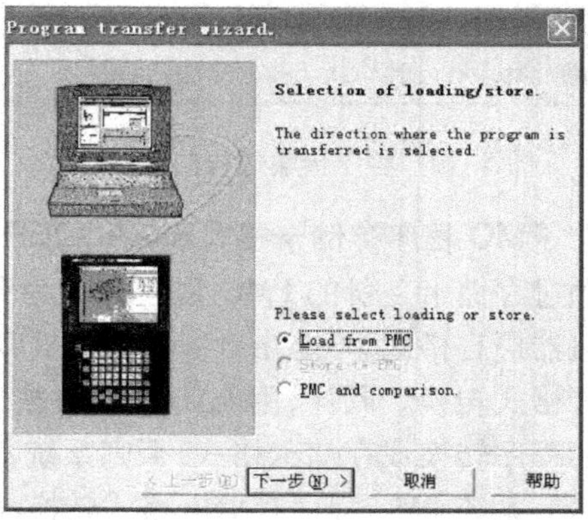

图 5－67　PMC 程序传输方式的确定

8）PMC 传输程序内容的确定，如图 5－68 所示。如果 PMC 传输的内容是梯形图时，则选择 Ladder。如果 PMC 传输的内容是 PMC 参数时，则选择 PMC Parameter。如果 PMC 传输的内容是 C 语言编写的 PMC 程序时，则选择 Language Program。

9）PMC 程序传输内容和方式的确定画面，如图 5－69 所示。PMC 工作方式为在线传输方式（I/O by MONIT-ONLINE），PMC 传输方式为系统到计算机的传输方式（Load），传输的内容为系统的梯形图（Ladder）。

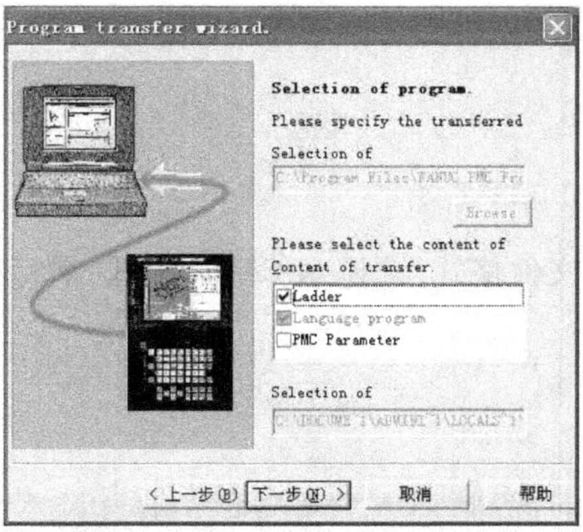

图 5－68　选择通信内容画面

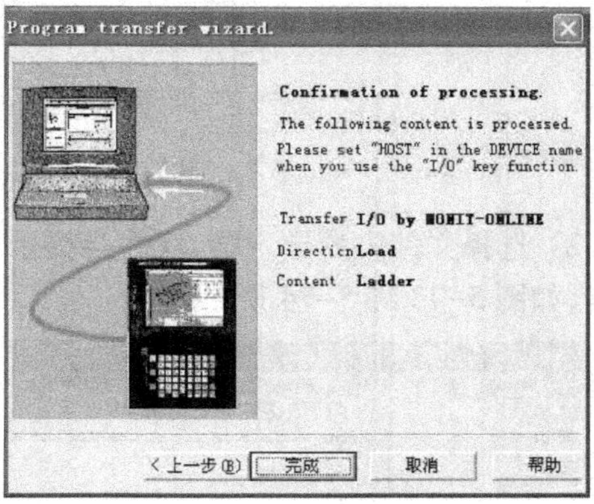

图 5－69　程序传输内容的确定

10）如果确定在线传输设定后，就可以按完成键，则会出现图 5－70 的动态在线传输画面。

11）在线传输 PMC 程序后，出现图 5－71 的程序反编译画面，选择是否使用源文件或目标码中的符号和注释。第一项为不选择：表示将现存的源文件的内容全部抹掉，写上目标码的内容。第二项为源数据有效：表示只对符号和注释进行操作，把源程序和目标码合并，符号相同时按源程序的定义。第三项为存储卡数据有效：表示只对符号和注释进行操作，把源程序和目标码合并，符号相同时按源程序的定义。

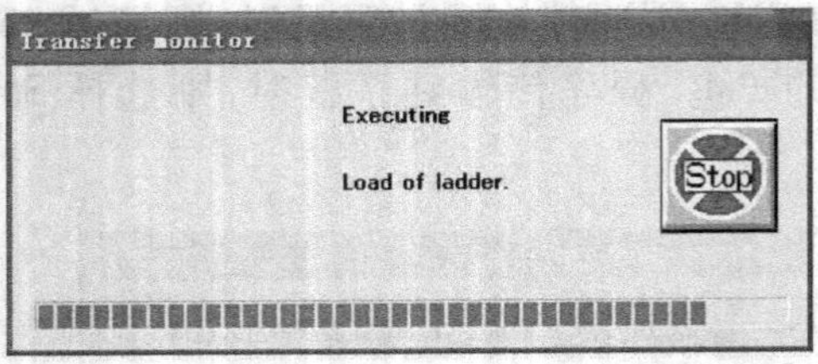

图 5-70　程序传输过程的监控

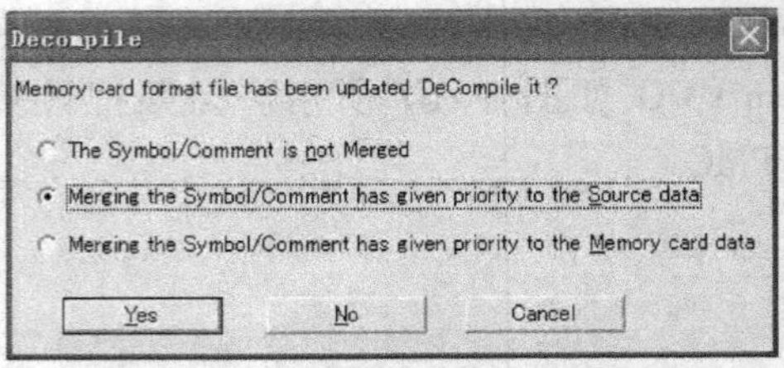

图 5-71　程序传输后的反编译

3. PMC 程序存储卡格式和 LADDER-Ⅲ格式的转换

通过存储卡备份的 PMC 程序称之为存储卡格式的 PMC(Memory card format file)。由于其为机器语言格式,不能由计算机的 LADDER-Ⅲ 直接识别和读取并进行修改和编辑,所以必须进行格式转换。同样,用 LADDER-Ⅲ格式程序通过存储卡回装系统时,也要把 LADDER-Ⅲ格式的程序转换成存储卡格式,否则系统不识别。

(1) 系统 PMC 程序存储卡格式转换成 LADDER-Ⅲ格式操作

1) 启动 LADDER-Ⅲ软件,在该软件下新建一个类型与需备份的 M-CARD 格式的 PMC 程序类型相同的空文件,如图 5-72 所示。

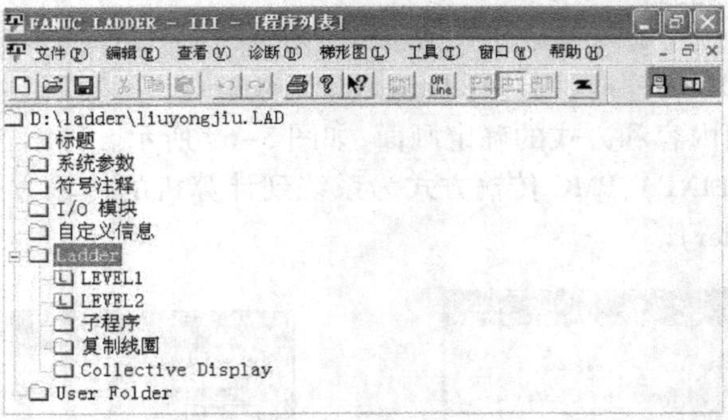

图 5-72　启动一个新的 LADDER-Ⅲ文件

2) 选择文件中的导入项,软件会提示导入的源文件格式,选择 M-CARD 格式,然后按下一步,如图 5-73 和 5-74 所示。

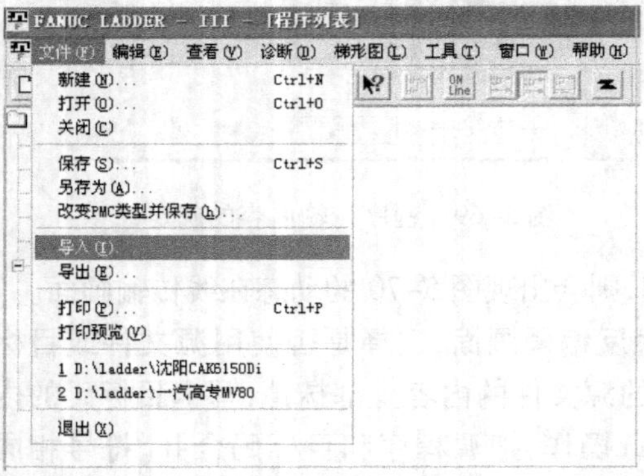

图 5-73　格式转换方式的选择

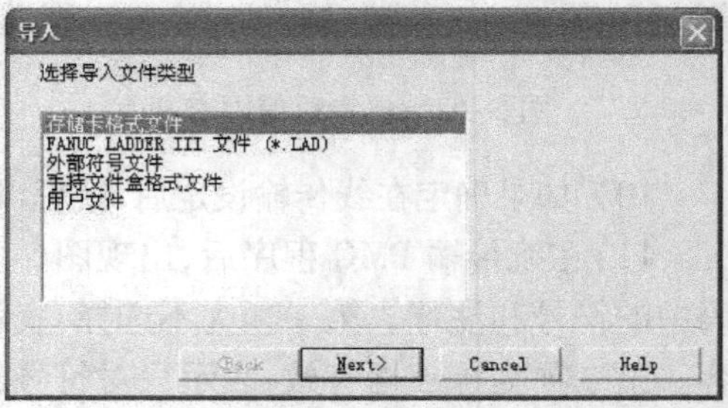

图 5-74　存储卡格式转换成 LADDER-Ⅲ格式的确定

3）通过浏览窗口选择所要转换文件的路径及具体的文件，如图 5-75 所示。按打开键，最后确定和保存，即可将 M-CARD 格式的 PMC 程序转换成计算机可直接识别的 LADDER-Ⅲ格式文件，这样就可以在计算机上进行修改和编辑操作了。

（2）系统 PMC 程序 LADDER-Ⅲ格式转换成操作存储卡格式

1）打开一个 LADDER-Ⅲ格式的 PMC 程序，选择文件的转换方式为导出方式，即 LADDER-Ⅲ格式转换成存储卡格式，如图 5-76 所示。

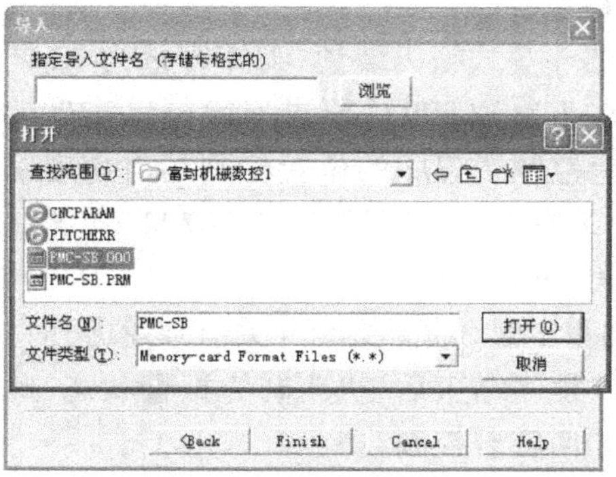

图 5-75　存储卡转换文件的打开

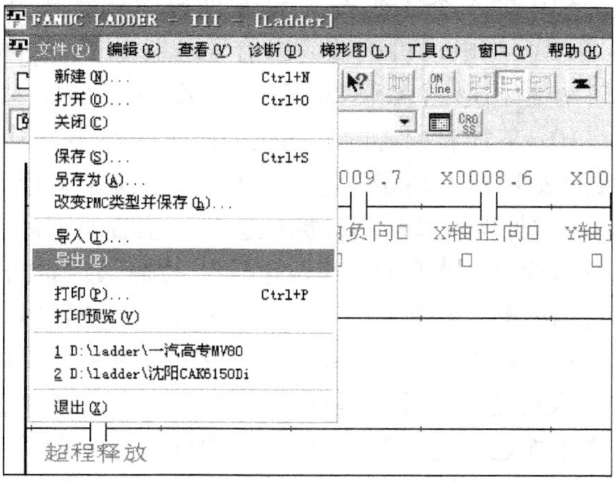

图 5-76　PMC 程序格式转换方式确定

2）确定输出格式为存储卡格式，即在导出菜单中选择存储卡文件格式，如图 5-77 所示。

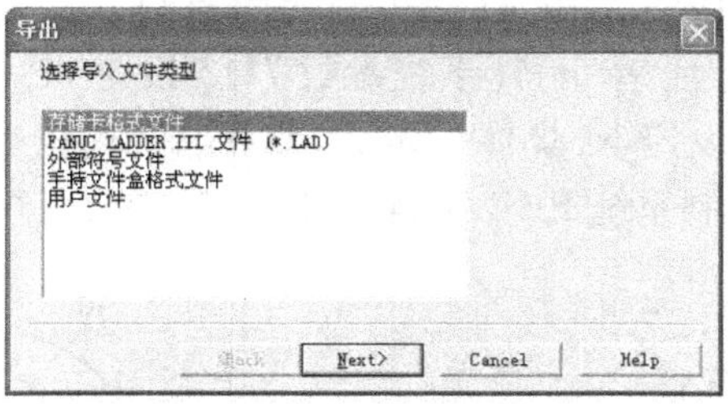

图 5-77　LADDER-Ⅲ格式转换成存储卡格式的确定

5.7　习题

1. 举例说明系统 PMC 在数控机床的控制功能。
2. 说明 FANUC 数控系统的 PMC 特点及类型。
3. 说明 FANUC 系统中，CNC 系统、系统 PMC 及数控机床侧信号地址的区别。
4. 在 FANUC-OiA 系统中，画出一个接近开关（三根线）与系统 I/O 模块（输入地址为 X1000.3）的接线图。
5. 说明可变定时器 TMR 与固定定时器 TMRB 的区别及各自的使用场合。
6. 说明 PMC 功能指令 XMOVB、DSCHB、ROTB 的功能及应用。
7. 简述常用的几种系统工作状态及其具体作用。

8. 如果机床状态转换开关采用8421 码波段开关,机床状态有系统编辑状态(EDIT)、系统自动运行状态(MEM)、系统手动数据输入(MDI)状态、系统手轮状态(HND)、系统手动连续进给(JOG)状态、系统返回参考点状态(REF)和系统在线加工(RMT)状态。编制系统 PMC 控制梯形图,系统采用 FANUC-OiMC 系统。

9. CK6136 数控车床采用4 工位的电动刀架自动换刀装置,电动机正转松开刀架并开始转位,当刀架转到位置后,电动机反转锁紧刀架,完成自动换刀控制。换刀位置检测是由安装在刀架内的 4 个霍尔开关元件进行检测和控制的,其信号的输入地址分别为 X4. 1、X4. 2、X4. 3、X4. 4,电动机正转输出信号地址为 Y2. 1,电动机反转输出信号地址为 Y2. 2。编制系统 PMC 控制梯形图,CK6136 系统采用 FANUC-Oi Mate TC 系统。

10. 某加工中心的自动换刀装置采用不带机械手的斗笠式换刀装置,刀库容量为 12 把刀(数据表 D0001-D0012 记忆刀座号,主轴刀座号记忆地址为 D0000),要求刀库可以实现就近选刀控制,当刀库转到目标位置前一位置时刀库有减速控制。刀库的位置检测是由角度编码器进行检测和控制的,其转位信号的输入地址分别为 X1002. 0、X1002. 1、X1002. 2、X1002. 3,选通信号输入地址为 X1002. 4,该机床系统采用 FANUC-OiA 系统。

11. 某数控机床自动润滑控制中,当润滑装置中油量不足(油面检测开关信号发出)时,要求机床只是报警提示,机床可以继续运行。当加工工件程序结束后,机床转为报警状态,此时机床不能运行,直到加入机床润滑油为止。PMC 程序如何实现控制?

12. 某数控机床采用手持式脉冲编码器控制,手轮控制轴选择开关和手轮倍率选择开关如图 5-53 所示。系统采用 FANUC-OiC 系统,系统的第 1 轴至第 4 轴的手轮控制轴选择信号分别为 G18. 0、G18. 1、G182. 、G18. 3,开关控制输入信号地址分别为 X2. 0、X2. 1、X2. 2、X2. 3。系统手轮倍率选择信号为 G19. 5、G19. 4(二进制代码控制形式),信号“00”为倍率 ×1,信号“01”为倍率 ×10,信号“10”为倍率 ×M(系统参数 7113 设定 M,具体设定为 100),信号“11”为倍率 ×N(系统参数 7114 设定 N,具体设定为 1000),手轮倍率开关输入信号地址分别为 X2. 4、X2. 5、X2. 6、X2. 7。编制系统 PMC 控制梯形图。

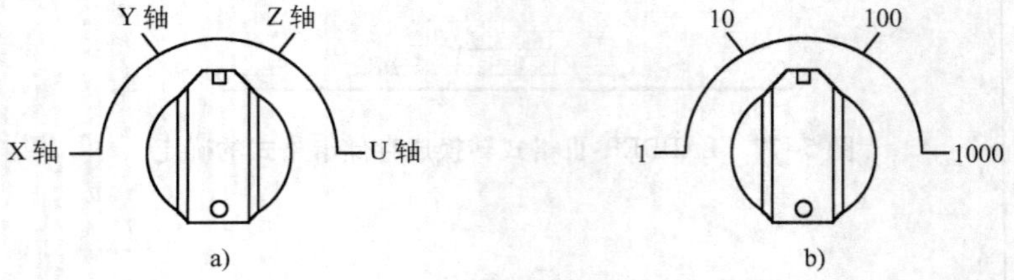

图 5-78 手持脉冲编码器面板控制开关

a) 手轮控制轴选择 b) 手轮倍率选择

13. 编制数控铣床自动换挡控制的 PMC 执行程序,主轴换挡为高速和低速两挡换挡。

14. 如何把编制好的 PMC 程序(LADDER-Ⅲ格式)通过存储卡装在到系统中?具体如何操作,系统为 FANU-OiC 系统。

第 6 章　数控机床故障诊断与维修实例

6.1　数控机床返回参考点控制及常见故障维修

6.1.1　数控机床返回参考点的必要性

数控机床原点是机床厂家调整的基准点，具体机床原点的位置是由机床厂家设定的。数控系统通过机床返回机床参考点来确定机床的原点的具体位置，从而建立一个正确的机床坐标系。这就是数控机床返回机床参考点的目的。

数控机床位置检测装置为绝对编码器时，系统断电后靠编码器电池提供电源，记忆机床断电后的位置变化，系统上电时系统与位置检测装置进行数据交换，系统进行数据刷新，使机床坐标系的坐标值与机床实际位置一致。所以位置检测装置为绝对编码器时，机床开机可以不用返回机床参考点。如果位置检测装置为增量编码器时，由于系统记忆的坐标值是机床断电前的位置，与机床实际位置有可能不一致，所以增量编码器位置检测装置的数控机床开机必须返回机床参考点操作。

下面以 SSCK-20 数控车床为例，说明数控机床通过返回参考来建立机床坐标系的过程。该机床的原点设在主轴卡盘前端面的轴心上，机床的参考点设在电动转塔当前装有镗孔刀座端面的轴心上，参考点与机床原点的 Z 方向距离为 500 mm、X 轴方向距离为 130 mm（直径为 260 mm），如图 6-1 所示。

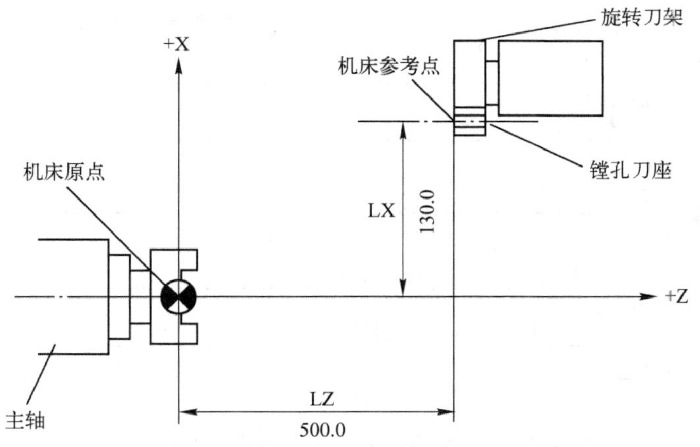

图 6-1　SSCK-20 数控车床的原点和参考点

图 6-2 是 SSCK-20 数控车床返回参考点后的坐标值。相对坐标值是指以机床原点为坐标原点的坐标系下，机床参考点从机床的原点移动到机床参考点的增量坐标值（各轴坐标偏移值为 0）；绝对坐标值是指以机床原点为坐标原点的坐标系下，机床参考点在该坐标系的绝

对值(各轴坐标偏移值为0)。机械坐标值是指以机床参考点为坐标原点的坐标系下,机床参考点在该坐标系的绝对坐标值。当然,不同的机床厂家坐标系的定义有所不同,实际使用中应根据机床厂家的机床说明书来操作。

绝对坐标	相对坐标
X 260.000	X 260.000
Z 500.000	Z 500.000
机械坐标	
X 0.000	
Z 0.000	
[绝对]　[相对]　[综合]	

图 6-2　SSCK－20 数控车床返回参考点后的坐标画面

6.1.2　数控机床返回参考点控制原理

数控机床返回参考点的控制形式有三种,一是增量编码器有挡块控制,二是绝对编码器无挡块控制,三是绝对编码器有挡块控制。下面分析增量编码器有挡块返回参考点的控制原理。

有减速挡块的栅格法返回机床参考点控制,通过接收安装在机床上的减速开关送出的减速信号(＊DEC),系统检取 CNC 内部产生的电动机每转的栅格信号使伺服电动机停止,将该位置定为机床的参考点。图 6-3 中的 b 为系统的栅格宽度,a 为系统的栅格偏移量。

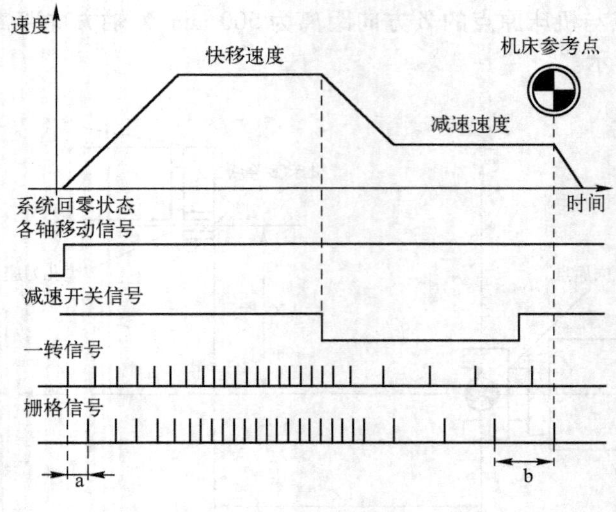

图 6-3　有挡块栅格法返回参考点控制原理图

系统在返回参考点状态(REF)下,按下各轴点动按钮(＋J),机床以快移速度向机床参考点方向移动,当减速开关(＊DEC)碰到减速挡块时,系统开始减速,以低速向参考点方向移动。当减速开关离开减速挡块时,系统开始找编码器一转信号,系统接收到一转信号后,按系统参数设定方向移动到栅格信号位置停止,该位置为机床的参考点位置。

6.1.3 数控机床返回参考点的系统参数设定与调整

1. 数控机床返回参考点控制相关系统的参数

1）栅格偏移量

FANUC-18/18i/21/21i/Oi/Oi Mate 系统:1850

FANUC-OC/OD 系统:508 ~ 511

2）手动返回参考点的移动方向

FANUC-18/18i/21/21i/Oi/Oi Mate 系统:1006#5

FANUC-OC/OD 系统:3#3

3）手动返回参考点同时控制的轴数

FANUC-18/18i/21/21i/Oi/Oi Mate 系统:1002#0

FANUC-OC/OD 系统:49#4

4）第 1、2 参考点的坐标显示

FANUC-18/18i/21/21i/Oi/Oi Mate 系统:1240、1241

FANUC-OC/OD 系统:708 ~ 711、735 ~ 738

5）栅格宽度

FANUC-18/18i/21/21i/Oi/Oi Mate 系统:1821

FANUC-OC/OD 系统:570 ~ 573

6）手动返回参考点各轴快移速度

FANUC-18/18i/21/21i/Oi/Oi Mate 系统:1420

FANUC-OC/OD 系统:518、519、520、521

7）返回参考点的减速速度(全轴)

FANUC-18/18i/21/21i/Oi/Oi Mate 系统:1425

FANUC-OC/OD 系统:534

2. 数控机床返回参考点的调整

1）减速挡块长度的选择

减速挡块的长度按如下公式计算:

$$\text{挡块的长度} = \frac{\text{快速进给速度} \times (30 + \text{快速进给时间常数}/2 + \text{伺服加速时间})}{60 \times 1000} \times 1.2$$

式中,30 为经验得出的时间补偿量,单位为 ms;1.2 指计算值中包含 20% 的裕量。

例如:快速进给速度为 12000 mm/min,快速进给直线加减速时间常数为 100 ms,伺服加速时间(伺服增益设定为 3000)为 33 ms。

$$\text{挡块的长度} = \left[\frac{12000 \times (30 + 100/2 + 33)}{60 \times 1000} \times 1.2\right]\text{mm} = 27\ \text{mm}$$

上式计算出的理论长度为 27 mm,但实际中往往取 30 mm。所以减速挡块的长度为 30 mm。

2）减速挡块的位置调整

返回参考点减速开关从 OFF 到 ON 第 1 个栅格之间的距离应该为 1/2 栅格的宽度。

具体调整过程中,可以通过系统的诊断号判别挡块位置。系统诊断号为:

FANUC-OC/OD 系统诊断号 956

FANUC-16/16i/18/18i/21/21i/0i 系统为 302

3）参考点位置的调整

第 1 步：手动把机床调整到机床的基准位置（机床厂家设定的基准点）。

第 2 步：把系统位置坐标的相对坐标清零。

第 3 步：执行机床返回参考点控制，并记录相对坐标值。

第 4 步：检查记录的数据和规定的数据是否相同。

第 5 步：如果数据误差超过半个栅格时，调整挡块的位置。如果误差不超过半个栅格，修改系统栅格偏移量参数（FANUC-16/16i/18/18i/21/21i/0i/31i 为 1850，FANUC-0C/0D 系统为 508～511）。

第 6 步：再次机床返回参考点操作，记录实际参考点的位置数据。

第 7 步：进行微调（栅格偏移量系统参数）。

机床返回参考点调整中注意事项：

- 事先掌握数控机床实际出厂时机床参考点的具体位置。
- 如果机床参考点位置与出厂实际位置不符时，调整后要重新进行机床螺距误差补偿和重新对刀进行刀具补偿。
- 如果数控机床为加工中心，还要对换刀点进行重新调整，否则会出现换刀时撞刀故障。

6.1.4 数控机床返回参考点的 PMC 程序的编制

1. 数控机床返回参考点时的 PMC、CNC 及机床的信号

（1）系统回零状态和各轴点动控制信号

FANUC-0C/0D 系统的系统回零状态信号为 G120.7，各轴点动控制信号分别为 G116.2（第 1 轴正向移动信号）、G116.3（第 1 轴负向移动信号）、G117.2（第 2 轴正向移动信号）、G117.3（第 2 轴负向移动信号）、G118.2（第 3 轴正向移动信号）、G118.3（第 3 轴负向移动信号）、G119.2（第 4 轴正向移动信号）、G119.3（第 4 轴负向移动信号）。

FANUC-18/18i/21/21i/0i/0i Mate 系统的系统回零状态信号为 G43.7，各轴点动控制信号分别为 G100.0（第 1 轴正向移动信号）、G102.0（第 1 轴负向移动信号）、G100.1（第 2 轴正向移动信号）、G102.1（第 2 轴负向移动信号）、G100.2（第 3 轴正向移动信号）、G102.2（第 3 轴负向移动信号）、G100.3（第 4 轴正向移动信号）、G102.3（第 4 轴负向移动信号）。

（2）机床减速开关的信号地址

FANUC-0C/0D 系统的各轴减速开关信号地址分别为 X16.5（第 1 轴）、X17.5（第 2 轴）、X18.5（第 3 轴）、X19.5（第 4 轴）。

FANUC-18/18i/21/21i/0i/0i Mate 系统 I/O Link 控制的各轴减速开关信号地址分别为 X9.0（第 1 轴）、X9.1（第 2 轴）、X9.2（第 3 轴）、X9.3（第 4 轴）；FANUC-18/21/0iA 系统内置 I/O 模块的各轴减速开关信号地址分别为 X1009.0（第 1 轴）、X1009.1（第 2 轴）、X1009.2（第 3 轴）、X1009.3（第 4 轴）。

当 FANUC-18/18i/21/21i/0i/0i Mate 系统参数 3006#0 设定为“1”时，返回参考点减速信号由 PMC 程序 G196#0#1#2#3 控制（通过系统外部减速开关控制）。

（3）机床返回参考点的结束信号

FANUC-0C/0D 系统的机床返回参考点（第 1 参考点）结束信号为 F148.0、F148.1、

F148. 2、F148. 3，分别为第 1 轴到第 4 轴的第一参考点的结束信号。

FANUC-18/18i/21/21i/Oi/Oi Mate 系统的机床返回参考点（第 1 参考点）结束信号为 F94. 0、F94. 1、F94. 2、F94. 3，分别为第 1 轴到第 4 轴的第一参考点的结束信号。

2. 数控车床返回参考点的 PMC 程序的编制

下面以 FANUC-OTD 系统的数控车床 SSCK-20 为例，说明数控车床返回机床参考点的 PMC 程序的编制。X 轴外部减速开关地址为 X16. 5，Z 轴外部减速开关地址为 X17. 5（FANUC-OTD 系统专用输入地址）。图 6-4 中，X20. 6、X20. 7、X21. 0、X21. 1 分别为机床面板上的 X 轴、Z 轴正反方向点动按钮的地址；X0. 7、X0. 6、X0. 5、X0. 4 分别为机床 X 轴、Z 轴正反方向硬件行程限位开关的地址；G120. 7 为系统回参考点状态信号；F149. 1 为系统复位信号；G116. 2、G116. 3、G117. 2、G11. 73 分别为系统的 X 轴、Z 轴各进给轴方向选择信号；F148. 0、F148. 1 分别为系统的 X 轴、Z 轴返回参考点结束信号；Y80. 1、Y80. 2 分别为 X 轴、Z 轴的返回参考点结束指示灯。

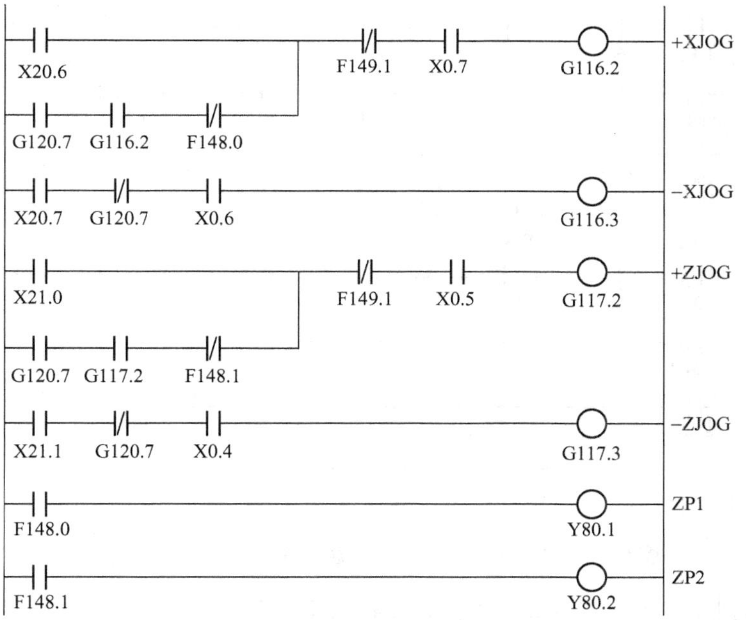

图 6-4　SSCK-20 数控车床返回参考点的 PMC 梯形图

3. 数控铣床和加工中心返回参考点的 PMC 程序的编制

以 FANUC-OiMC 系统的数控加工中心 MV-80 为例，说明数控加工中心参考点的 PMC 程序的编制。X 轴外部减速开关地址为 X9. 0，Y 轴外部减速开关地址为 X9. 1，Z 轴外部减速开关地址为 X9. 2（FANUC - Oi 系统专用输入地址）。图 6-5 中，X60. 1、X60. 2、X60. 3、X60. 4、X60. 5、X60. 6 分别为机床面板上的 X 轴、Y 轴、Z 轴正方向和反方向点动按钮的地址；X50. 1、X50. 2、X50. 3、X50. 4、X50. 5、X50. 6 分别为机床 X 轴、Y 轴、Z 轴正方向和反方向硬件行程限位开关的地址；F4. 5 为系统回参考点状态信号；F3. 2 为系统点动状态信号；F1. 1 为系统复位信号；G100. 0、G100. 1、G100. 2 分别为系统的 X 轴、Y 轴、Z 轴各进给轴正方向选择信号；G102. 0、G102. 1、G102. 2 分别为系统的 X 轴、Y 轴、Z 轴各进给轴反方向选择信号；F94. 0、F94. 1、F94. 2 分别为系统的 X 轴、Y 轴、Z 轴返回参考点结束信号；Y60. 1、Y60. 3、Y60. 5 分别为 X 轴、Y 轴、Z 轴的返回参考点结束指示灯。

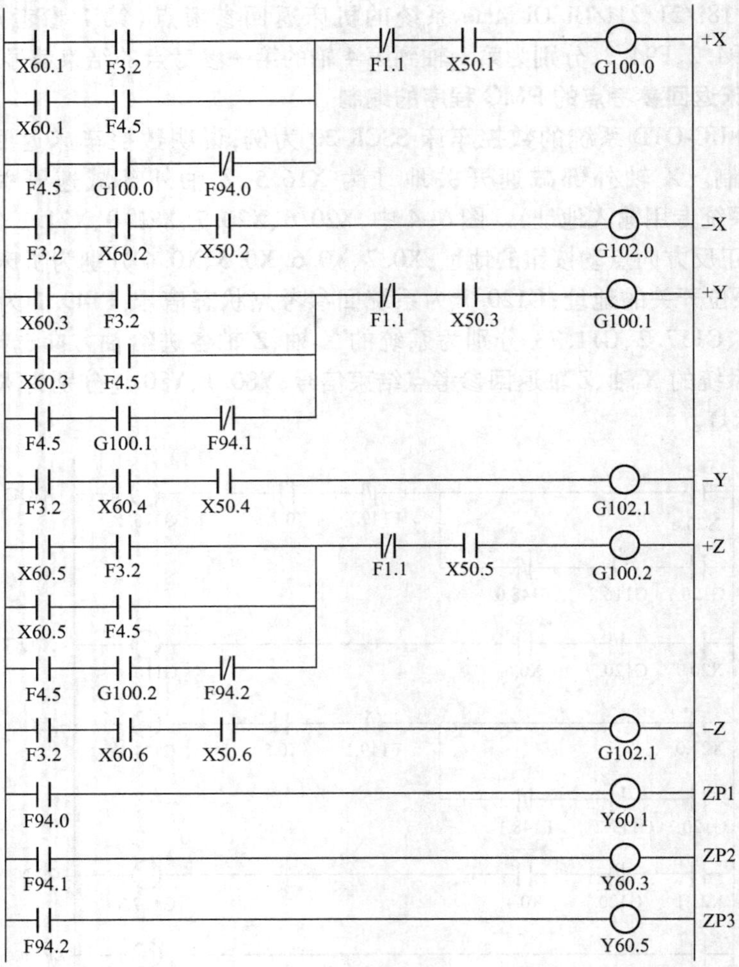

图 6-5　MV-80 立式加工中心返回参考点的 PMC 梯形图

当执行 X 轴返回参考点控制时，系统状态在返回参考点状态，此时系统状态信号 F4. 5 为 1；按下 X 轴正方向开关，即 X60. 1 为 1，系统 X 轴正方向移动信号 G100. 0 信号为 1，机床以快速移向 X 轴参考点，同时 G100. 0 长开点闭合完成自锁控制；当 X 轴移动到机床的参考点后，X 轴参考点结束信号 F94. 0 为 1，一方面拉断 X 轴移动控制信号 G100. 0，机床 X 轴移动立即停止，另一方面机床 X 轴返回参考点指示灯亮（Y60. 1 为 1），表示机床 X 轴返回参考点结束。

6. 1. 5　数控机床返回参考点常见故障分析

数控机床返回参考点控制过程中，常见的故障主要有两方面，一方面是不能正确执行返回参考点控制，往往出现报警（如超程报警）；另一方面是能够执行返回参考点控制，但参考点位置不准（往往出现随机偏差）。

1. 机床执行返回参考点控制中出现超程报警

（1）机床返回参考点过程中无减速动作或一直以减速移动

故障原因：

1）减速开关及接线不良。

2）减速开关与挡块位置不当。

3）减速开关信号系统的 I/O 接口故障。

4）系统本身不良。

故障的诊断：

通过系统 PMC 状态监控画面，检查机床在返回参考点控制过程中信号是否正常，如果信号不变化，则为减速开关不良。如果信号变化正常，则为系统本身故障。

FANUC-OC/OD 系统的减速开关的地址分别为 X16.5、X17.5、X18.5、X19.5。

FANUC-18/18i/21/21i/Oi 系统的减速开关的地址分别为 X9.0、X9.1、X9.2、X9.3。

（2）机床返回参考点过程中有减速动作

故障原因：

1）机床离参考点位置太近。

2）减速挡块与机床超程保护开关太近。

3）系统一转信号不良。

故障的诊断与处理：

若机床离参考点太近，只要在点动状态下，把机床刀架或工作台离开机床参考点一段距离，再重新执行返回参考点操作即可。

如果减速开关位置不当，按机床返回参考点调整原理，重新调整挡块位置即可。

对系统一转信号不良，故障原因有来自伺服电动机编码器或光栅尺的一转信号不良、伺服放大器或位置模块不良及系统轴板不良。

具体诊断方法是：如果是光栅尺全闭环控制系统，可以采用封闭光栅尺的方法来判别一转信号是否是光栅尺的故障；伺服电动机编码器还是放大器控制电路板故障，可以用对调的方法来判别，即把伺服放大器的电缆接线对调看故障是否转移来判别；系统轴板不良可以采用替换轴板的方法来判别。

【例 6-1】 某一数控车床（系统为 FANUC-TD）回零时，X 轴回零动作正常（先正方向快速运动，碰到减速开关后，能以慢速运动），但机床出现 X 轴硬件超程而急停报警。此时 Z 轴回零控制正常。

根据故障现象和返回参考点控制原理，可以判定减速信号正常，故障为系统一转信号不正常。产生该故障的原因可能是来自 X 轴进给电动机的编码器故障（包括连接的电缆线）、伺服放大器控制电路板不良或系统轴板故障。因为此时 Z 轴回零动作正常，所以可以通过采取交换方法来判断故障部位，把伺服放大器的伺服电动机电缆对调，进行机床返回参考点操作，发现故障转移到 Z 轴上（X 轴回零操作正常而 Z 轴回零出现报警），则判定故障在伺服放大器侧，最后更换伺服放大器，机床恢复正常工作。

【例 6-2】 日本进口加工中心的数控系统采用 FANUC-18i 系列，该加工中心采用光栅尺作为位置检测装置（4 米反射光栅尺），机床返回参考点操作时，出现 X 轴超程报警。

进行 X 轴返回参考点操作，机床有返回参考点减速动作，观察机床减速开关正常，说明故障是系统一转信号不良。首先封闭光栅尺，再次执行 X 轴返回参考点操作，机床正常动作，故障是来自光栅尺。然后拆开光栅尺并抽出长光栅，发现长光栅上有油污，清洗长光栅，把长光栅装回原来光栅尺上，再恢复系统全闭环参数，机床恢复正常工作。

2. 机床能够正常执行返回参考点操作，但参考点位置出现随机偏差

通过测量进给传动部件的定位精度、重复定位精度及反向间隙是否超差，判别是机械方面故障还是电气系统方面故障。

出现上述测量超差的原因及处理方法：

1）伺服电动机与丝杠联结松动，紧固伺服电动机与丝杠的联轴节。

2）丝杠螺母副间隙过大，调整丝杠螺母副的间隙或更换整套丝杠螺母副。

3）丝杠两端固定或支撑的轴承间隙过大或不良，调整丝杠两端的轴承间隙或更换轴承。

如上述测量的值在规定范围内，说明：

1）减速开关及接线不良，更换减速开关或重新接线。

2）减速挡块位置不正确，重新调整减速挡块。

3）进给伺服电动机内装编码器不良，拆开伺服电动机内装编码器进行清洗，检查连接电缆及电缆的插座是否良好。

4）全闭环（带光栅尺）检测装置不良或有灰尘及油污，清洗光栅尺的长光栅。

5）如果只是每天早上首次开机出现，则更换系统的备份电池。

6）伺服放大器或系统主板不良，更换不良部件。

3. 机床参考点绝对位置丢失报警（#300）

数控机床采用绝对编码器时，如果系统参考点位置丢失，将会出现 300 号报警（FANUC-31i/32i/OiD 系统为 DS300 报警），产生绝对位置丢失的原因和诊断方法在 4.4.2 阐述过。

【例 6-3】 日本进口加工中心 SH5000/40 的数控系统采用 FANUC-18i 系列，该加工中心采用光栅尺作为位置检测装置而且为绝对编码器，系统的连接如图 6-6 所示。该加工中心经过节假日休息后，首次开机时出现“#300 报警（绝对位置丢失）”的故障。

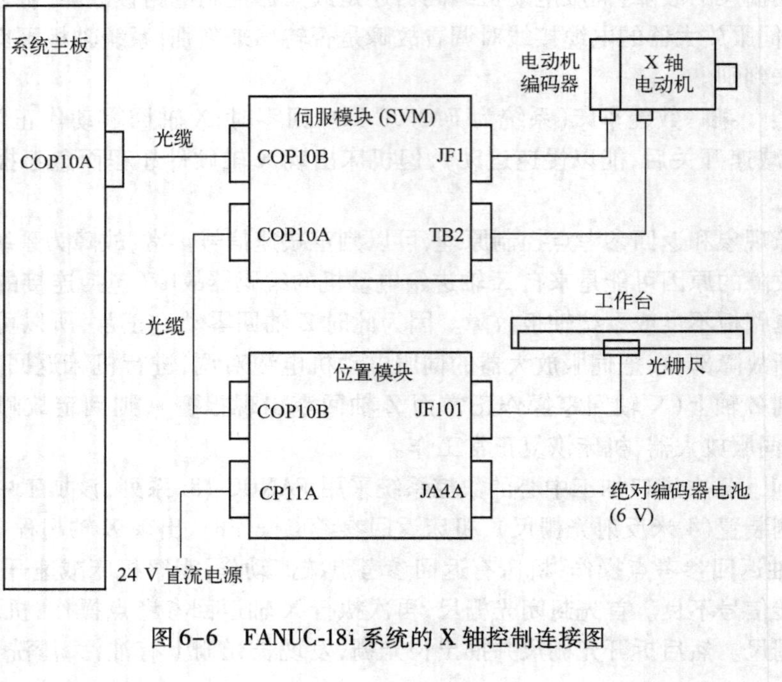

图 6-6 FANUC-18i 系统的 X 轴控制连接图

由于该机床采用绝对编码器，所以机床开机时，不需要回零操作。只有系统绝对位置数据丢失时，才会出现报警。产生该报警的故障原因可能有系统和位置检测装置故障或绝对编码器电池故障。根据故障现象看，最大可能原因是绝对编码器的电池电压下降导致。经实际检测，电池电压不到 3 V（标准电压为 6 V），更换电池并手动操作返回参考点后，机床恢复正常工作。

该机床装有自动对刀器，通过执行对刀器的操作查看参考点位置是否正确。该例子说明数控机床经常维护是十分必要的，要定期检查电池的电压并及时更换（包括系统电池和回转台的电池）。

6.2 数控车床自动换刀装置控制及常见故障分析

数控车床自动换刀装置按结构形式不同可以分为立式和卧式两种，按驱动控制原理不同分为动力型刀架、液压刀架、电液组合驱动刀架、伺服驱动刀架。随着数控车床的发展，数控车床自动换刀装置开始向快速换刀、电液组合驱动和伺服驱动方向发展。目前在普通型数控车床中，自动换刀装置多采用动力型的电动刀架；普及型和多功能数控车床中，自动换刀装置多采用电动转塔式刀架。

6.2.1 电动刀架自动换刀装置

在普通型数控车床中，自动换刀装置采用电动刀架，有 4 工位和 6 工位两种形式，机床标准配置为 4 工位，如图 6-7 所示。

a)　　b)

图 6-7　数控车床电动刀架自动换刀装置

a）4 工位电动刀架　b）6 工位电动刀架

1. 电动刀架的结构和工作原理

图 6-8 为 4 工位电动刀架的结构示意图。该电动刀架采用蜗杆传动，上下齿盘啮合，螺杆夹紧的工作原理，具有转位快，定位精度高，切向力矩大的优点，同时采用无触点霍尔开关发信，使用寿命长。该系列电动刀架是用户普通采用的经济型产品，其工作过程包括刀架抬起、刀架转位、刀架定位和夹紧刀架 4 个过程。

（1）刀架抬起

当数控系统发出换刀指令后，刀架电动机 10 起动正转，通过联轴器使刀架蜗杆轴转动。从而带动蜗轮丝杠 2 转动，刀架体 4 的内孔加工有螺纹，与丝杠轴连接，蜗轮与丝杠为整体结构。当蜗轮开始转动时，由于刀架底座 1 和刀架体 4 上的端面齿在啮合状态，且蜗轮丝杠轴向固定，因此这时刀架体 4 抬起，从而完成刀架抬起动作。

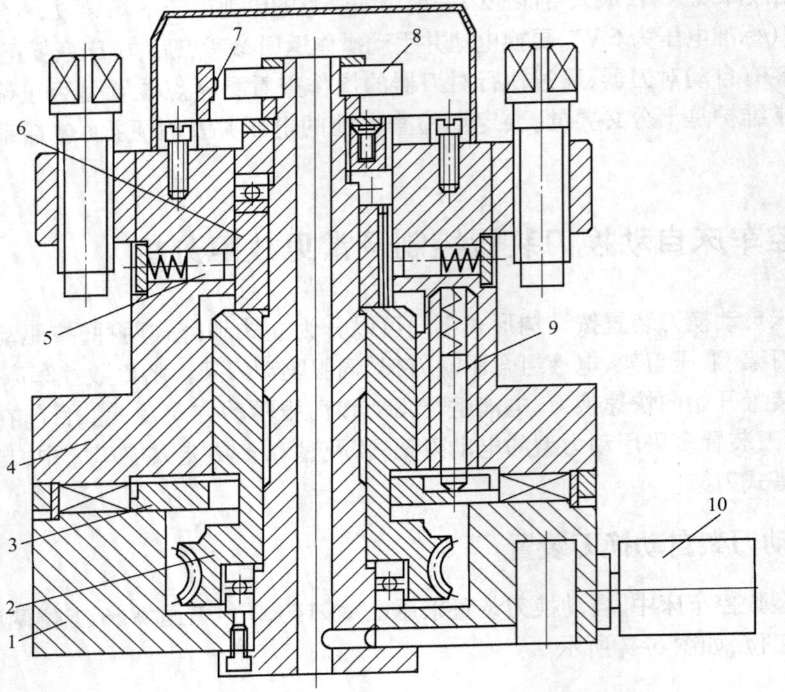

图 6-8　四工位电动刀架结构示意图

1—刀架底座　2—涡轮丝杠　3—粗定位盘　4—刀架体　5—球头销　6—转为套　7—磁缸　8—刀位检测盘（霍尔开关）　9—粗定位销　10—刀架电动机

（2）刀架转位

当刀架体抬起到一定距离后，端面齿脱开，转位套 6 用销钉与蜗轮丝杠 2 连接，随蜗轮丝杠一同转动，当端面齿完全脱开时，球头销 5 在弹簧力的作用下进入转位套 6 的槽中，带动刀架体转位，刀架体转位的同时带动磁缸 7 也转位，与刀号转位盘 8（4 个霍尔开关控制电路板）配合进行刀号的检测。

（3）刀架的定位

当系统程序的刀号与实际刀架检测刀号一致时，刀架电动机立即停止，并开始反转，球头销从转位套的槽中被挤出，使粗定位销 9 在弹簧的作用下进入粗定位盘 3 的凹槽中，由于粗定位销的限制，刀架体 4 能转动，使其在该位置垂直落下，刀架体 4 和刀座 1 上的端面齿啮合实现精确定位。

（4）夹紧刀架

电动机继续反转（反转时间由系统 PLC 程序控制），此时蜗轮停止转动，蜗杆轴自身转动，当两个端面齿增加到一定夹紧力时，刀架电动机 10 立即断电停止。

2．电动刀架刀位信号检测的 PMC 控制

图 6-9 为数控车床电动刀架刀号检测的 PMC 程序，该机床采用 FANUC-OiMateTC 系统，通过 PMCK 参数的设定实现不同功能的选择，可以适用于多个厂家的数控车床。

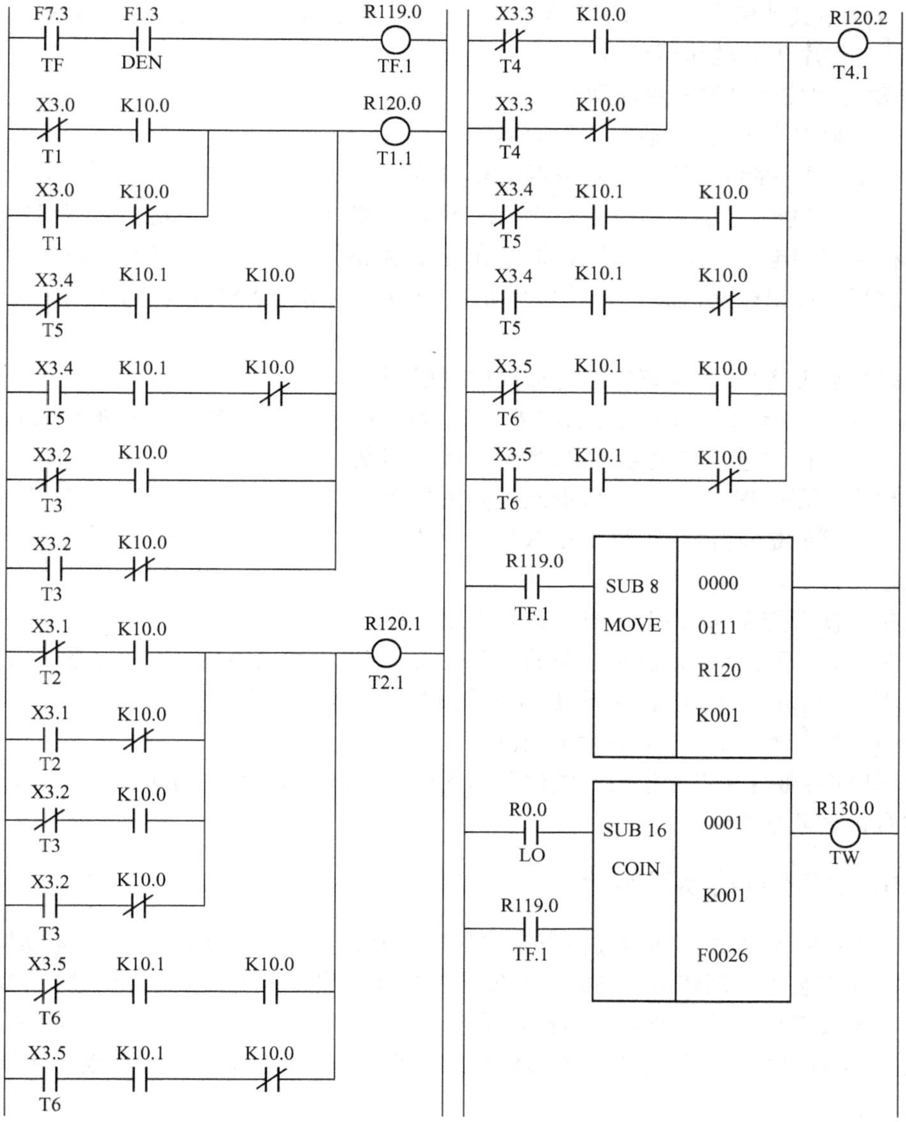

图 6-9　四和六工位电动刀架刀号检测 PMC 梯形图

图中实际刀号检测信号的输入地址:1 号刀是 X3. 0,2 号刀是 X3. 1,3 号刀是 X3. 2,4 号刀是 X3. 3,5 号刀是 X3. 4,6 号刀是 X3. 5。当 K10. 1 为“1”表示六工位刀架控制,为“0”表示四工位刀架控制;当 K10. 0 为“0”时,实际刀号检测开关为正逻辑控制,当 K10. 0 为“1”时,实际刀号检测开关为反逻辑控制。实际检测的刀号信号为三位二进制数形式,当 1 号刀到位时,中间继电器 R120 为“001”, 当 2 号刀到位时,中间继电器 R120 为“010”, 当 3 号刀到位时,中间继电器 R120 为“011”, 当 4 号刀到位时,中间继电器 R120 为“100”, 当 5 号刀到位时,中间继电器 R120 为“101”, 当 6 号刀到位时,中间继电器 R120 为“110”。然后把实际检测刀的刀号传到断电保持继电器 K1 中,与程序的 T 码指令进行判别,程序的 T 码输出信号地址是 F26,当加工程序所选的刀号转到位置时,中间继电器 R130. 0 为“1”,发出刀号刀位信号。

PMC 程序中其他信号的含义:F7.3 为程序 T 码选通信号,F1.3 为移动指令分配结束信号,R119.0 为程序 T 码的执行信号。

3. 电动刀架控制中的常见故障

(1) 执行换刀指令时,电动刀架不动作

首先检查 PMC 控制中 T 码信号是否正常,如果不正常,故障可能的原因有:霍尔开关元件或电路板不良;刀号信号输入接口损坏或接线不良;系统本身不良(系统没有 T 码输出)。

然后检查刀架电动机是否旋转,如果不旋转,故障的可能原因有:电动机本身故障;电动机控制电路故障。如果电动机旋转而刀架不动作,故障为电动刀架机械故障,如蜗轮 - 蜗杆副故障等。

(2) 执行换刀指令时,系统发出电动机过载报警

故障原因有:电动机本身短路;电动刀架机械损坏导致卡死;电动机保护开关(一般采用短路器实现电动机的过载和短路保护)本身或接线不良。

(3) 执行换刀过程中,某个刀号不能执行正常换刀控制

故障原因可能是:检测该刀号的霍尔开关元件不良;控制电路板或引出线不良;该刀号信号的输入接口损坏。

(4) 执行换刀控制时,刀架一直转或发出超时报警

故障原因有:刀号检测板控制电路的电源没有(DC 24V)或电源线不良;磁缸和刀号检测开关位置不正确;刀号检测电路板不良;系统的 PMC 控制电路板故障。

(5) 每次执行换刀时,刀架夹紧不到位

故障原因有:磁缸和刀号检测开关位置不正确;刀架电动机反转控制时间调整不到位;电动刀架本身机械调整不到位。

6.2.2 电动转塔自动换刀装置

在普及型数控车床和多功能数控车床的自动换刀装置中,多采用电动转塔自动换刀装置。转塔式自动换刀装置是用转塔头各刀座来安装或夹持各种不同用途的刀具,通过转塔头的旋转分度定位来实现机床的自动换刀动作。转塔自动换刀装置的工位常用的有 6 工位、8 工位和 12 工位。电动转塔换刀装置有电动转塔换刀装置、伺服转塔换刀装置和动力头转塔三种,如图 6-10 所示。

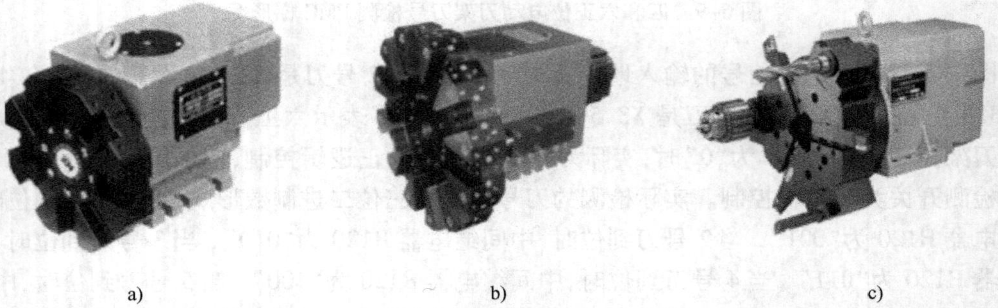

a) b) c)

图 6-10 数控车床电动刀架自动换刀装置

a) 电动转塔 b) 伺服转塔 c) 动力头电动转塔

伺服电动转塔是用伺服电动机（附加伺服轴电动机）进行分度，靠压力油松开和制动，并且刀盘无需抬起就可实现转位的一种新型刀架。它以端齿（三联齿盘）进行精密定位，可实现双向转位和任意刀位就近选刀，具有定位精度高，结构紧凑，可承受较大的切削力，适用范围广等特点，主要应用于普及型和多功能数控车床的自动换刀控制。

动力头电动转塔在全功能数控转塔刀架技术性能的基础上增加了动力输出功能，可多刀夹持，变相转位和任意刀位就近选刀，实现了加工程序的自动化、高效化。它采用端齿盘作为分度定位元件，分度工位由二进制绝对值编码器识别。刀架定位与锁紧由接近开关发出信号，接近开关与编码器均可直接与PLC（可编程控制器）联机。其结构简单，性能可靠，配合主机可完成车、铣、钻、镗等工序，特别适宜全功能数控车床和车削中心。

下面以意大利BARUFFALDI TS200/12电动转塔刀架为例，分析数控车床自动换刀装置的控制原理及常见故障。

1. 意大利BARUFFALDI TS200/12电动转塔结构和动作原理

该系列电动刀塔的特点：

1）该刀架采用行星轮系传动的减速机构，结构紧凑、传动效率高。

2）刀盘无需抬起就能实现转位松开和制动控制。这样可以防止机床切削过程中切屑、灰尘、切削液等影响精定位端齿盘，从而保证刀架的高定位精度。

3）可双向回转和任意刀位就近选刀，最大限度地减少刀架转位的辅助时间。

4）分度工位由二进制绝对值编码器识别，刀架定位与锁紧由接近开关发出信号，到位控制时通过系统PMC程序编制，安全可靠。

意大利BARUFFALDI TS200/12电动转塔结构简图如图6-11所示。

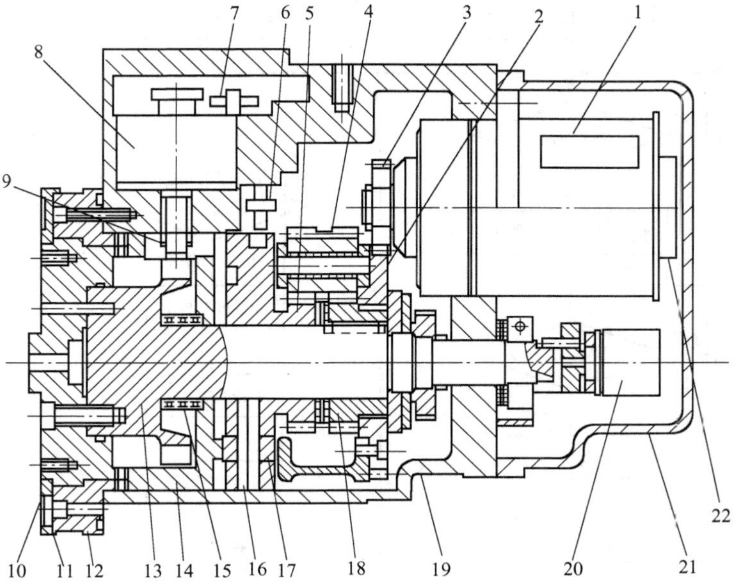

图6-11　意大利BARUFFALDI TS200/12电动转塔结构简图

1—电动机　2—齿轮　3—电动机齿轮　4—行星齿轮　5—空套齿轮　6—锁紧接近开关　7—预分度到位接近开关　8—电磁铁　9—插销　10—动齿盘　11—挡圈　12—定齿盘　13—分度主轴　14—双联齿盘　15—弹簧　16—滚轮架　17—滚轮　18—驱动齿轮　19—箱体　20—角度编码器　21—后盖　22—电动机制动装置

本刀塔采用三联齿盘作为分度定位元件，由电动机驱动后，通过一对齿轮和一套行星轮系进行分度传动。工作过程为：CNC 系统发出转位信号后，刀架上的电动机制动器松开（制动器线圈获电），电动机开始按规定方向旋转，通过齿轮 2、3 带动行星轮系 4 旋转，这时分度主轴 13 由于端齿盘还未脱开而处于锁紧状态，驱动齿轮 18 不旋转，行星轮 4 带动空套齿轮 5 旋转，空套齿轮带动滚轮架 16 转过预分度角度，使端齿盘后面凸轮松开，弹簧 15 使双联齿盘 14 向右移动，从而使三联齿盘相互脱开。滚轮架 16 受到端齿盘后面的键槽的限制停止转动，这时空套齿轮 5 成为定齿轮，行星齿轮 4 通过齿轮 18 带动主轴 13 旋转，实现转位分度。当刀塔转到预选位置前一位置时，角度编码器 20 发出信号，电磁铁 8（获电动作）将插销 9 压入主轴 13 的凹槽中，预分度接近开关 7 给电动机发出信号，电动机停转，主轴 13 停止转动，电动机（经过延时）开始反向旋转。通过齿轮 2 和 3，行星齿轮 4 和空套齿轮 5 带动滚轮架 16 反转，滚轮压紧凸轮，使端齿盘向前移动，端齿盘重新啮合，这时锁紧接近开关 6 发出信号，切断电动机电源，制动器获电制动电动机，电磁铁断电，插销 9 被弹簧弹回，转位工作结束。其动作流程图如图 6-12 所示。

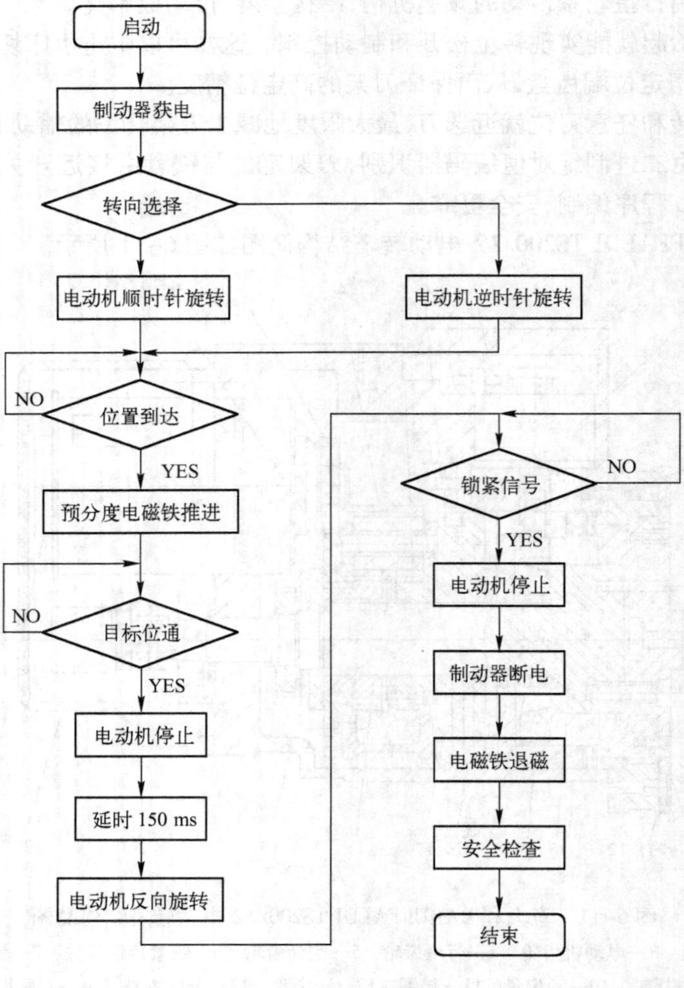

图 6-12　意大利 BARUFFALDI TS200/12 电动转塔动作流程图

2. 电动刀塔的电气控制线路

电动刀塔电动机是由电动机、制动器、热保护开关组成一体的三相力矩电动机，制动器安装在电动机后端盖上，制动器的线圈为 DC 24V 直流线圈，热保护开关在电动机绕组内，电气控制线路如图 6–13 所示。

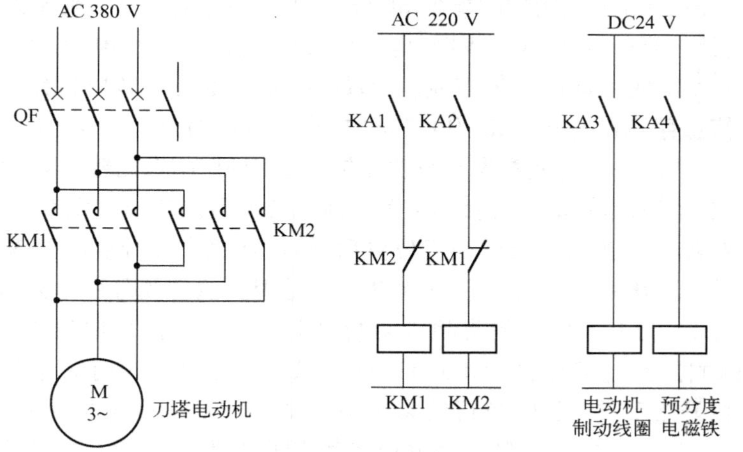

图 6–13　电动刀塔电气控制线路图

接触器 KM1 控制电动机正转，接触器 KM2 控制电动机反转，接触器 KM1、KM2 分别由继电器 KA1、KA2 控制。断路器 QF 实现电动机的短路和过载保护。继电器 KA3 控制电动机的制动器线圈，当 KA3 闭合，电动机后端的制动器线圈获电动作，电动机处于松开状态，当 KA3 断开，制动器线圈断电，电动机处在锁紧状态。当电动刀塔转到目标位置的前一位置时，继电器 KA4 获电动作，预分度电磁铁线圈获电，当刀塔转到换刀位置时，电磁铁推动插销移动，分度到位检测接近开关 SQ1 发出信号，停止电动机转动，电动机开始反转进行锁紧。锁紧到位后，接近开关 SQ2 发出信号，继电器 KA3 获电动作，电动机制动，完成换刀控制后，KA4、KA3 断电。

3. 电动刀塔的 PMC 控制

（1）系统 PMC 输入/输出信号地址分配

图 6–14 为系统 PMC 输入/输出信号地址分配图，X20. 0、X20. 1、X20. 2、X20. 3 为来自角度编码器的刀塔分度位置（实际刀号位置）检测信号，X20. 4 为编码器的选通信号，24 V、0 V 为来自系统 24E、0 V 的编码器输入电源。X21. 0 为电动机短路和过载保护信号，X21. 1 为预分度电磁铁动作检测信号，X21. 2 为刀塔锁紧到位检测信号，X21. 3 为电动机过热保护检测信号。Y50. 1 为刀塔电动机正转输出信号，Y50. 2 为刀塔电动机反转输出信号，Y50. 3 为电动机制动线圈输出信号，Y50. 4 为刀塔预分度电磁铁线圈输出信号。

（2）PMC 控制梯形图

当程序执行 T 码指令时，系统 T 码选通信号 F7. 3 为 1。如果移动指令结束（T 码和移动指令在同一程序段时，移动指令结束后，系统分配结束状态信号 F1. 3 为 1）和刀塔正常，系统就发出换刀指令（R5. 0 为 1）。通过定时器 TMR01 延时后，产生一个换刀开始指令 R5. 1，再经过继电器 R5. 2、R5. 3 转换成换刀开始的脉冲信号。逻辑与后传输功能指令 MOVE 分别把程序的 T 码指令信息(F26)传送到继电器 R500,并把编码器检测到的实际刀号信息(X20)传送到继电器 R510 中;数据转换功能指令 DCNV 把二进制数据形式的 T 码指令信息和实际刀号信息转换成 2 位 BCD 代码分别存储在继电器 R505 和 R515 中;2 位 BCD 代码数据判别一致指令 COIN 是用来判别程序中的 T 码和刀塔的实际刀号是否相符,转塔转到换刀位置时,继电器 R5.6 为 1;二进制旋转控制功能指令 ROTB 是用来判定电动机的旋转方向和刀塔转到目标位置的前一位置。继电器 R5.4 为 1 时,电动机反转分度选刀,继电器 R5.4 为 0 时,电动机正转分度选刀,从而实现就近选刀的控制。ROTB 功能指令还把转塔转到目标位置(换刀位置)前一位置的信息存储在继电器 R520 中,其中 D200 数据为刀塔分度数(刀具数量),本机床设定数据为 12(12 把刀);二进制数据比较功能指令 COMPB 用来比较实际刀号位置和目标位置的前一位置是否相等,当转塔转到目标位置的前一位置后,继电器 R5.5 为 1,预分度电磁铁线圈获电(Y50.4 为 1)。当转塔转到换刀位置后,转塔插销在预分度电磁铁的作用下插入主轴的凹槽中,通过接近开关 SQ1 检测预分度电磁铁是否到位。预分度电磁铁到位后(转塔分度到位),信号 X21.1 为 1,X21.1 的常闭点切断电动机旋转控制使电动机立即停止。X21.1 同时接通 2 号定时器,经过定时器 TMR02 的延时(02 定时器的设定时间为 150 ms)后,继电器 R6.0 为 1,电动机开始反方向旋转进行锁紧转塔控制。当刀塔锁紧到位后,锁紧到位接近开关发出信号使 X21.2 为 1,电动机制动器输出信号 Y50.4 为 1,电动机立即制动停止,同时继电器 R5.7 为 1,T 码完成信号 R100.1 为 1,系统辅助功能结束信号 G4.3 为 1,换刀指令及换刀开始指令信号 R5.0、R5.1、R5.2 为 0,预分度电磁铁断电,插销在弹簧作用下弹回,电动机制动器线圈断电,完成整个换刀控制。具体 PMC 控制梯形图如图 6-15 所示。

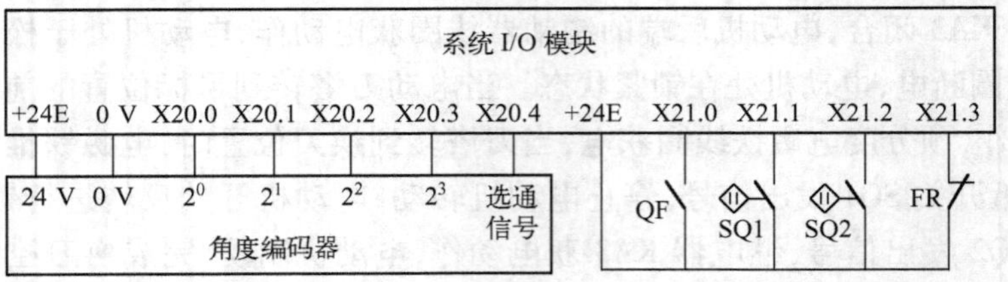

a)

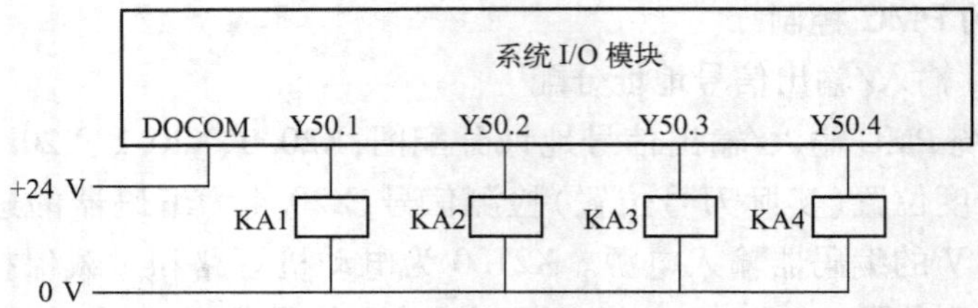

b)

图 6-14 系统 PMC 输入/输出信号地址分配图

a) 系统 PMC 的输入信号地址　b) 系统 PMC 的输出信号地址

4. 电动刀塔常见故障及维修

(1) 正常工作中,出现刀塔未锁紧报警

通过系统梯形图(如图 5-9)查到是由于锁紧到位信号 X21.2 未接通产生的报警(信息继电器 A0.1 为 1)。故障原因可能是接近开关损坏、接近开关调整位置不当、刀塔机械传动故障。

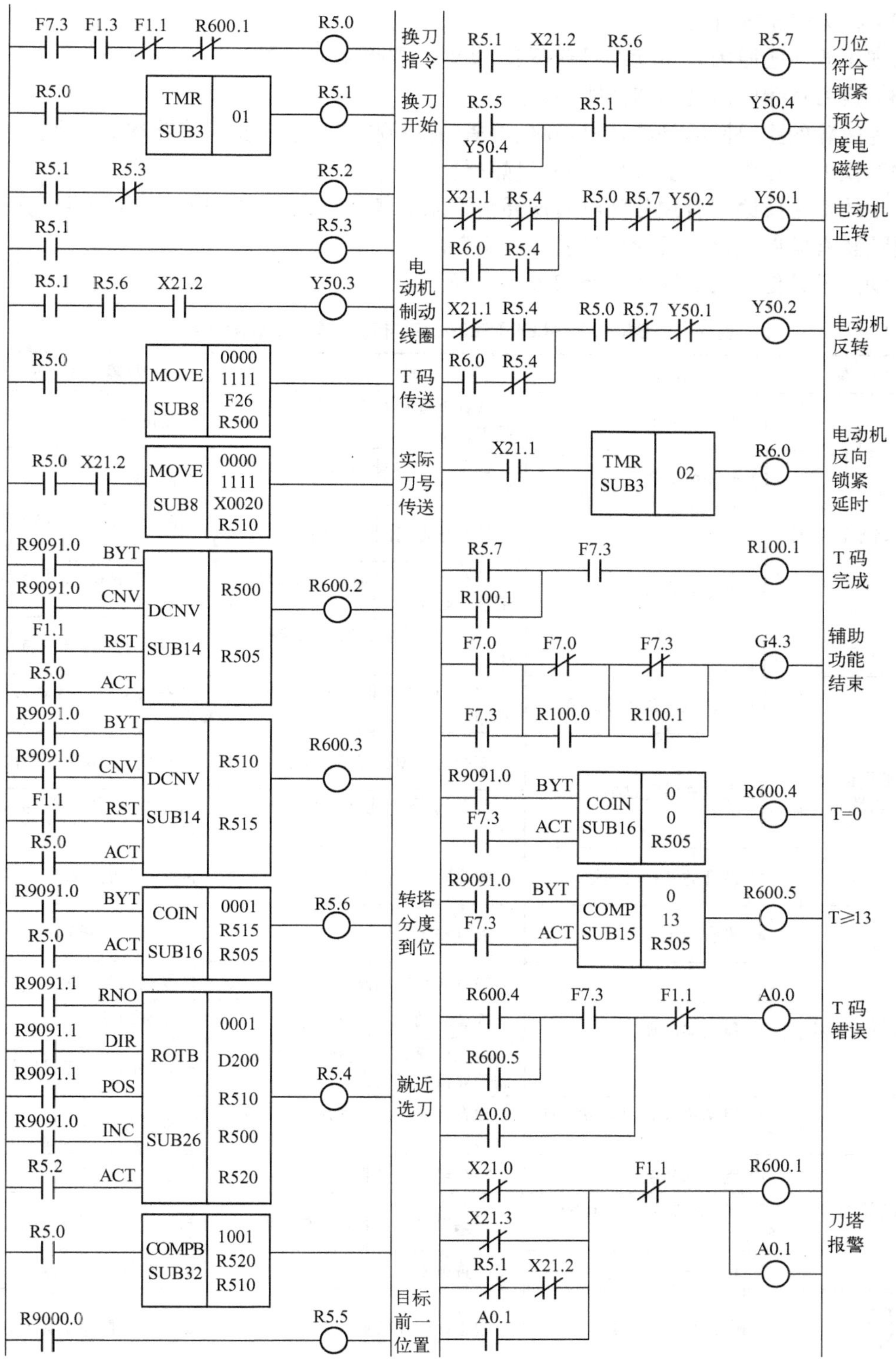

图 6-15　数控车床自动换刀装置（12 把刀）PMC 控制梯形图

(2) 换刀时出现乱刀现象

出现该故障的原因是角度编码器不良，此时需要更换编码器。

(3) 换刀过程中出现断路器跳闸现象

产生故障的主要原因是电动机短路、刀塔内部机械传动卡死及断路器本身不良。

(4) 换刀过程中，系统发出电动机过热报警

产生故障主要原因有预分度电磁铁插销不能准确动作、电动机缺相或匝间短路、角度编码器位置调整有偏差及电动机内装热偶开关不良。

电动刀塔其他常见故障及维修如表 6-1 所示。

表 6-1 BARUFFALDI TS200/12 电动刀塔常见故障及维修

故障现象	故障原因	检查	故障处理方法
刀塔不转	1）电动机断电故障	检查电动机端子板上的电压是否正常	恢复正确电源
	2）电动机击穿	检查电动机绝缘电阻和相间阻值	更换电动机
	3）发出温度检测信号	检查是否超出许可温度	当温度下降时等待检测信号恢复
		检查当电磁铁断电时电磁铁衔铁是否受阻	润滑电磁铁衔铁且移去阻碍物
		当刀塔开始旋转时电磁铁断电	按照时序图恢复正确的动作
刀塔不能达到指定位置	1）电动机运转故障而停止	保护电动机的断路器是否动作	更换电动机或检修刀塔机械部件
	2）电磁铁供电过早	按照时序图检查工作动作	按照时序图恢复正确的动作
		检查编码器输出信号是否正确	恢复编码器工作或更换编码器
	3）循环的停顿时间短	按照时序图检查此时间	恢复正确的时间
刀塔不能锁紧	1）没有预定位信号	检查预定位开关	更换预定位开关
	2）制动器故障	检查制动器电源	恢复制动器电源
		检查制动器本身不工作	更换制动器
		在工作循环中检查电动机和制动器供电时间	按时序图更正正确时间
	3）电动机反转时刀盘不能锁紧	检查当锁紧时电动机的旋转方向	手动锁紧刀盘
刀盘越过正确位置	1）电磁铁断电	检查电磁铁是否通电	恢复电源
	2）电磁铁通电时有相位延迟	根据时序图检查延迟最大值	根据时序图恢复正确时间
	3）电磁铁本身故障	检查电磁铁	更换或维修电磁铁
刀塔连续旋转不停止	编码器无输出信号	检查编码器的输入输出	更换编码器并使其正确工作
刀塔经过较长时间运转才到达一个新位置	电动机的相序接反	检查电动机的相序	更正相序

(续)

故障现象	故障原因	检　查	故障处理方法
当刀盘在检索旋转时强烈振动	1）电动机在反向旋转时暂停时间不正确	检查暂停时间	按照建议值恢复该时间
	2）转动惯量比所承担的大	检查转动惯量的值	恢复转动惯量到允许的范围内
	3）动平衡超出允许值	检查动平衡值	使动平衡值限制在允许值内

6.3 加工中心自动换刀装置控制及常见故障分析

为了进一步提高数控机床的加工效率,数控机床正向着工件在一台机床一次装夹即可完成多道工序或全部工序加工的方向发展,因此出现了各种类型的加工中心机床,如车削中心、镗铣中心、钻削中心等等。加工中心机床加工过程中要使用多种刀具,因此必须有自动换刀装置,以便选用不同刀具,完成不同工序的加工工艺。常用刀库形式有斗笠式换刀装置(不带机械手)、圆盘式凸轮机械手换刀装置和链式刀库换刀装置,如图 6-16 所示。

a)　　　　b)　　　　c)

图 6-16　加工中心自动换刀装置

a）斗笠式换刀装置　b）圆盘式凸轮机械手换刀装置　c）链式刀库换刀装置

6.3.1 自动换刀装置机械结构和工作原理

1. 斗笠式自动换刀装置

斗笠式自动换刀装置结构简单,无需机械手交换刀具,可提供可靠快速的刀具交换方式,目前常用的刀库容量有 16、20、24 和 30 把,图 6-17 为刀库结构图。

(1) 自动换刀指令格式

T X X M06

T 码为加工程序所需要的刀具号,M06 刀具交换指令(目前多为调换刀的宏程序)。T 码和换刀指令不能分开,否则机床产生报警。

(2) 自动换刀动作原理

1）系统得到换刀信息后,主轴(刀具)自动返回到换刀点,且实现主轴定向准停控制。

2）刀盘从原位自动进刀(气缸 4 活塞移动),当刀盘到位开关接通后刀盘立即停止,作好准备接刀动作。

图 6-17 斗笠式换刀装置的结构图

1— 刀盘 2—刀柄卡簧 3—防护罩 4—气缸 5—磁环开关(两个) 6—刀库支架
7—电动机接线盒 8—刀盘驱动电动机 9—接近开关 10—槽轮套 11—马氏槽轮

3) 主轴自动松刀并进行吹气控制,当主轴松刀到位开关接通后,完成刀盘接刀控制动作(把当前主轴上的刀具放回刀库)。

4) 主轴上移(一般返回机床的参考点)。

5) 根据程序的 T 码指令进行就近选刀(刀盘电动机 8 正转或反转)控制,即电动机通过槽轮套 10 驱动马氏槽轮 11 带动刀盘 1 间歇运动(刀盘分度),同时刀盘计数开关 9 计数,当选刀到位(计数器为 0),刀盘电动机立即停止。

6) 主轴再次下移到换刀点,进行主轴接刀控制。

7) 主轴到达换刀点后,实现主轴锁紧刀具控制。

8) 当主轴锁紧到位开关接通后,刀盘 1 退回到原位(气缸 4 活塞移动)。

9) 当刀盘 1 原位开关 5 接通,完成自动换刀的控制。

```
换刀宏程序(M06):
O9001          (系统参数 6701 设定为 6,即调用程序 O9001 的 M 代码)
M05;           (主轴停止)
G4 X0.2 ;      (延时 0.2 s)
IF[#1000EQ1]GOTO100;(如果所选择的刀具在主轴上调出换刀程序)
#3003 = 1;     (自动换刀时机床面板的程序单段功能无效)
#23 = #4003;   (通过变量#23 设定是绝对坐标还是增量坐标)
#26 = #4006;   (通过变量#26 设定是公制还是英制)
G91 G30 Z0;    (Z 轴返回机床第 2 参考点,即换刀点)
M19;           (主轴定向准停控制)
N20 M81;       (刀盘前进到接刀位置控制)
G4X1. ;        (延时 1 s)
M71;           (主轴松刀和主轴吹气控制)
G91 G28 Z0;    (Z 轴返回机床第 1 参考点,即机床原点)
M79;           (实现 T 码控制,即把选择的刀就近转到换刀位置)
G91 G30 Z0;    (Z 轴返回机床第 2 参考点,即换刀点)
```

M72;　　　　　（主轴锁紧刀具控制）
M82;　　　　　（刀盘后退到原位控制）
#23 =0;　　　　（为绝对坐标 G90）
#26 =0;　　　　（坐标单位为公制 G20）
#3003 =0;　　　（自动换刀结束后机床面板的程序单段功能有效）
N100 M99　　　（换刀程序结束）

2. 圆盘刀库凸轮机械手自动换刀装置

自动换刀装置由圆盘式刀库、凸轮机械装置和机械手组成，如图 6-18、6-19 所示。

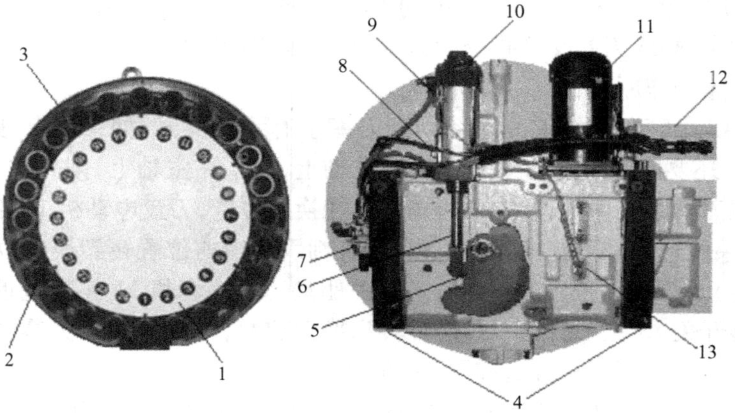

图 6-18　圆盘刀库结构图

1—刀号码盘　2—刀套　3—防护罩　4—凸轮机械装置连接架　5—偏心凸轮　6—活塞杆　7—气动控制阀　8—刀套翻上到位开关　9—刀套翻下到位开关　10—气缸　11—刀盘驱动电动机　12—刀盘接线盒　13—计数器开关

图 6-19　凸轮机械装置内部结构图

1—机械手　2—端面凸轮　3—机械手电动机　4、7—锥齿轮　5—凸轮滚子　6—圆柱凸轮　8—花键轴套　9—花键轴　10、11、12—滚针轴承　13—摇臂

（1）自动换刀指令格式

指令格式 1

T X X M06;

T 码为当前加工程序所需要的刀具号，M06 刀具交换指令（目前多为调换刀的宏程序）。

指令格式 2

T X X;

加工程序;

M06;

T 码为当前加工程序下道工序所需要的刀具号，即可实现预选刀的控制，从而进一步提高了自动换刀的效率，M06 刀具交换指令（目前多为调换刀的宏程序）。

（2）自动换刀动作原理

1）当程序执行到 T 码时，首先系统判别刀库里有无此刀号，如果没有，则系统发出报警（如 T 码错误）。还要判别所选的刀具是否在主轴上，如果在主轴上，则完成 T 码控制。然后判别所选刀号在刀库的具体位置，如果所选刀具在换刀位置，刀盘电动机 11 不动作，等待机械手交换刀具，如果所选刀号不在换刀点位置，系统判别从当前位置转到换刀位置的路径（刀盘是正转还是反转）及到换刀位置的步距数。最后驱动刀盘电动机 11 实现就近选刀控制，通过刀盘上的计数器开关 13 控制所选刀具是否转到换刀位置，如果计数器为零，立即使刀盘电动机制动停车，完成程序的 T 码控制，如图 6-20a 所示。

2）程序执行到换刀指令 M06 后，主轴（刀具）自动返回到换刀点且实现主轴定向准停控制。

3）通过气动电磁阀 7 控制气缸活塞 6 上移，带动偏心凸轮旋转，刀盘把所选择的刀套翻下 90°。刀套翻下 90°后，刀套翻下到位开关 9 接通，完成所选刀套翻下控制，如图6-20b所示。

4）机械手电动机 3 第 1 次起动，电动机通过锥齿轮 4、8 带动凸轮滚子 6 旋转，凸轮滚子上的圆柱凸轮槽 7 控制花键轴套 9 旋转，机械手由原位逆时针旋转 65°或 75°，进行机械手扣刀控制，当机械手扣刀到位开关接通时，机械手电动机立即制动停止，完成机械手扣刀控制，如图 6-20c 所示。

5）主轴自动完成刀具松开控制（气动控制），并发出主轴松开到位信号。

6）机械手电动机 3 第 2 次起动，通过凸轮滚子上的凸轮槽 2 控制摆杆 4 运动，从而控制花键轴 10 上下运动，实现机械手上下移动；通过凸轮滚子上的圆柱凸轮槽 7 控制花键轴套 9 转动，实现机械手的旋转控制，从而完成机械手拔刀、旋转 180°及插刀控制，当扣刀到位开关再次接通后，机械手电动机立即制动停止，如图 6-20d、e 所示。

7）主轴自动完成刀具夹紧控制（气动或液动控制），并发出主轴夹紧到位信号。

8）机械手电动机 3 第 3 次起动，通过凸轮滚子上的圆柱凸轮槽 7 控制花键轴套 9 转动，机械手顺时针旋转 65°或 75°。当机械手回到原位后，原位开关信号接通，机械手电动机立即制动停车，完成机械手返回原位控制，如图 6-20f 所示。

9）通过电磁阀 7 控制气缸活塞 6 下移，刀盘把刀套翻上 90°。刀套翻上 90°时，刀套翻上到位开关 8 接通，完成刀套翻上控制，如图 6-20g、h 所示。

（3）换刀宏程序（M06）

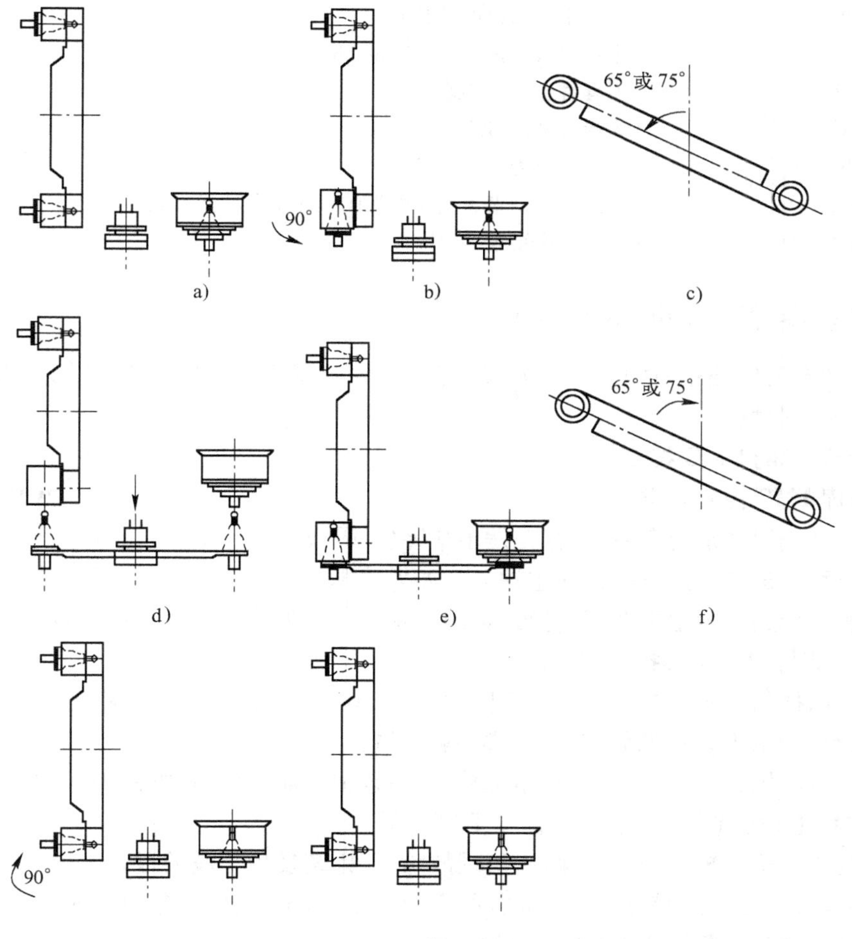

图 6-20　机械手换刀动作分解图

O9001	（系统参数 6701 设定为 6，即调用程序 O9001 的 M 代码）
M05；	（主轴停止）
G4 X0.2；	（延时 0.2 s）
IF[#1000EQ1]GOTO100；	（如果所选择的刀具在主轴上调出换刀程序）
#3003 = 1；	（自动换刀时机床面板的程序单段功能无效）
#23 = #4003；	（通过变量#23 设定是绝对坐标还是增量坐标）
#26 = #4006；	（通过变量#26 设定是公制还是英制）
G91 G30 Z0；	（Z 轴返回机床第 2 参考点，即换刀点）
M19；	（主轴定向准停控制）
N20 M81；	（刀套翻下 90°控制）
M76；	（机械手扣刀控制）
M71；	（主轴松刀和主轴吹气控制）
M77；	（机械手拔刀、旋转 180°及插刀控制）
M72；	（主轴锁紧刀具控制）

```
M78;          (机械手返回原位控制)
M89;          (主轴刀具号传给中间变量 D80)
M82;          (刀套翻上 90°控制)
#23 =0;       (为绝对坐标 G90)
#26 =0;       (坐标单位为公制 G20)
#3003 =0;     (自动换刀结束后机床面板的程序单段功能有效)
N100 M99      (换刀程序结束)
```

6.3.2 自动换刀装置的 PMC 控制

下面以圆盘刀库凸轮机械手自动换刀装置(刀库容量为 24 把)为例,分析自动换刀装置中刀库 PMC 控制过程。

1. 圆盘刀库的 PMC 控制过程

圆盘刀库 PMC 控制要求:

1) 查寻系统刀号是否存在,不存在发出报警(T 码错误)。

2) 检查程序选择的刀号是否在主轴上。如果选择的刀号在主轴上,则结束换刀程序。

3) 检查选择的刀号是否在当前换刀点的刀座中。如果选择的刀号在换刀点的刀座中,程序 T 码结束,等待刀具交换指令 M06。

4) 如果选择的刀号不在换刀点的刀座中,计算出从选择的刀号的刀座转到换刀点刀座的步距数,并判别刀盘电动机的旋转方向,实现就近选刀。

5) 刀盘电动机旋转时,计数器开始记数,当刀盘记数器到位(选择的刀号的刀座转到换刀点位置),刀盘电动机制动停止,完成程序 T 码控制。

6) 刀盘电动机有短路和过载保护,出现故障时,系统发出相应的报警。

7) 当刀盘旋转的时间超过规定的时间,系统发出 T 码执行时间超时报警。

2. 凸轮机械手装置的 PMC 控制过程

凸轮机械手 PMC 控制要求:

1) 当程序执行换刀指令 M06 时,主轴立即停止,主轴快速返回到机床换刀点,并实现主轴定向准停控制。

2) 刀套气缸翻下电磁阀获电,刀套翻下 90°,并发出刀套翻下到位信号。

3) 机械手从原位进行扣刀动作(第 1 次启动机械手电动机)。当扣刀到位开关接通时,机械手电动机立即制动停车。

4) 主轴实现刀具松开控制,同时进行主轴锥孔的吹气。当主轴刀具松开到位开关接通时,完成主轴松刀控制。

5) 机械手进行拔刀、旋转 180°及插刀控制(第 2 次启动机械手电动机)。当机械手扣刀到位开关再次接通时,机械手电动机立即制动停车。

6) 主轴实现刀具锁紧控制,主轴锁紧到位开关接通,完成主轴刀具锁紧控制。

7) 机械手回到原位(第 3 次启动机械手电动机),当机械手原位开关接通时,机械手电动机立即制动停车。

8) 刀库所选的刀座翻上,当刀座翻上到位开关接通时,完成刀具交换控制。

9) 刷新系统换刀控制的数据表,使数据表的数据和实际机床刀号相对应。

加工中心自动换刀控制的PMC程序如图6-21所示。

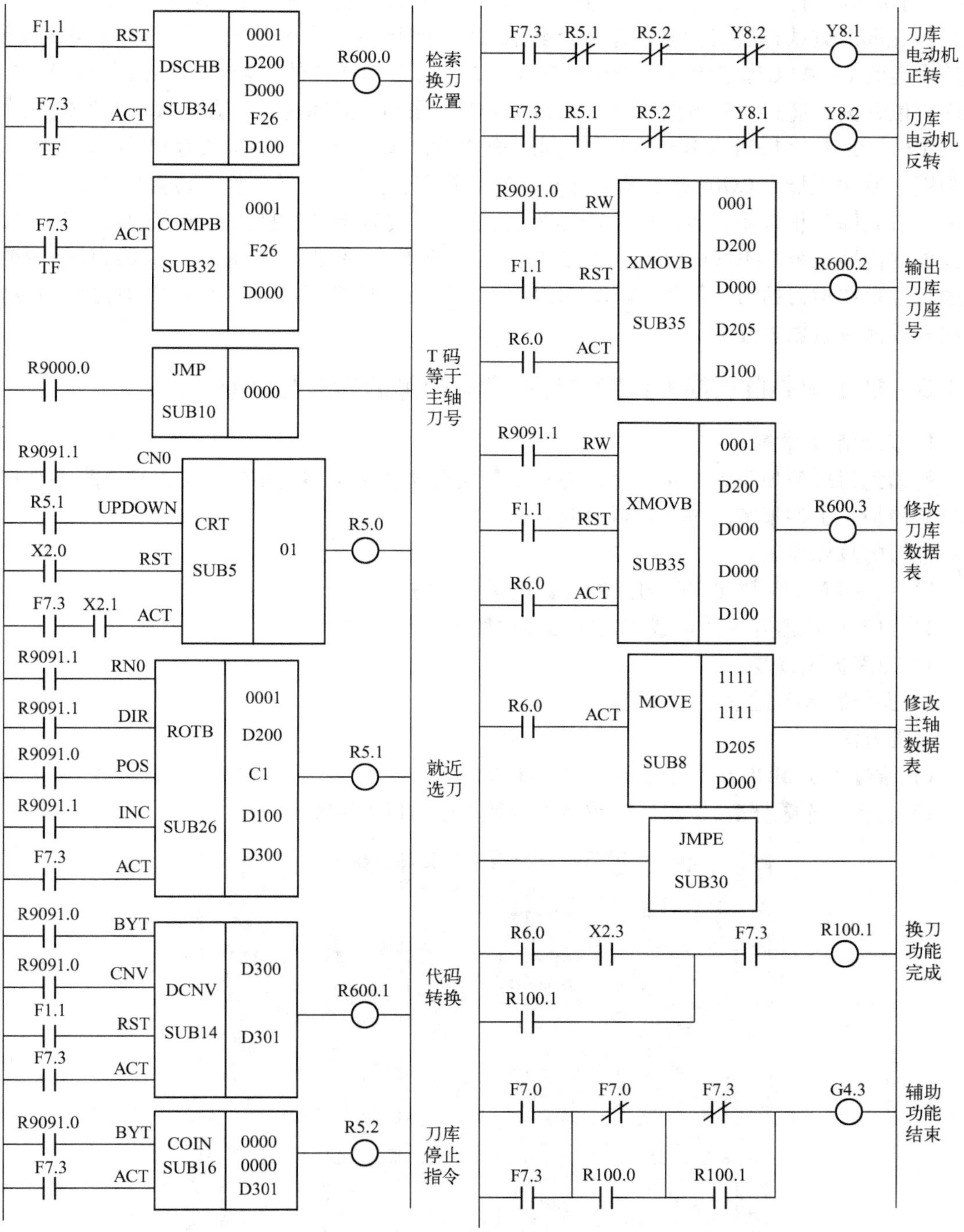

图6-21　加工中心随机换刀PMC控制梯形图(刀库控制)

通过执行数据检索功能指令DSCHB把检索到的数据所在数据表的地址号存储在D100中,即把选刀的刀库中刀座号存储在D100中。其中D200为存储数据表个数的地址,本机床设定为25(刀库为24把刀)。通过比较指令COMPB来判别选择的刀号是否与主轴当前刀号相同,如果相同(即要的刀已在主轴锥孔中)则跳出换刀控制程序(通过跳转功能指令JMP实现),不相同时则执行换刀控制程序。计数器C1用来计算刀库选刀的位置到换刀点的步数,初始设定为24(按刀库最大容量设定),其中X2.1为刀库转位的计数开关输入信号,X2.0为刀库定位开关。通过旋转方向判别功能指令ROTB来判定刀库旋转的方向,R5.1为0,刀库电动机正转,R5.1为1,刀库电动机反转,同时把选刀位置到换刀点的步数存储到D300中。通过判别一致功能指令COIN来判定刀库是否转到换刀位置,如果转到换刀位置(R5.2为1),刀库电动机立即停止转动。当刀库旋转结束后,机械手实现自动交换刀具控制(R6.0为1),通过读数据传输指令XMOVB把选刀的刀号存储到D205中,写数据传输指令XMOVB把主轴当前的刀号写在换刀的刀座位置,逻辑与传输指令MOVE把换刀的刀号写在主轴刀号的位置,从而完成修改数据表任务。

6.3.3 加工中心自动换刀控制过程中常见故障的诊断与维修

1. 刀库乱刀故障

所谓乱刀故障现象就是指指令的刀具不是实际选择的刀具,如果出现乱刀故障将会损坏刀具并使加工工件报废,严重时将损坏机床。

乱刀的故障原因:

1) 系统PMC参数和实际刀库的刀具记忆值不符。

2) 刀库计数器开关故障或与实际刀库位置不一致。

3) 刀库拆装修复。

4) 操作者装刀过程中刀具混乱。

处理方法:

1) 通过系统MDI方式把刀库中的刀具卸下。

2) 刷新刀库数据表,按出厂时重新设定数据表,如图6-22所示。

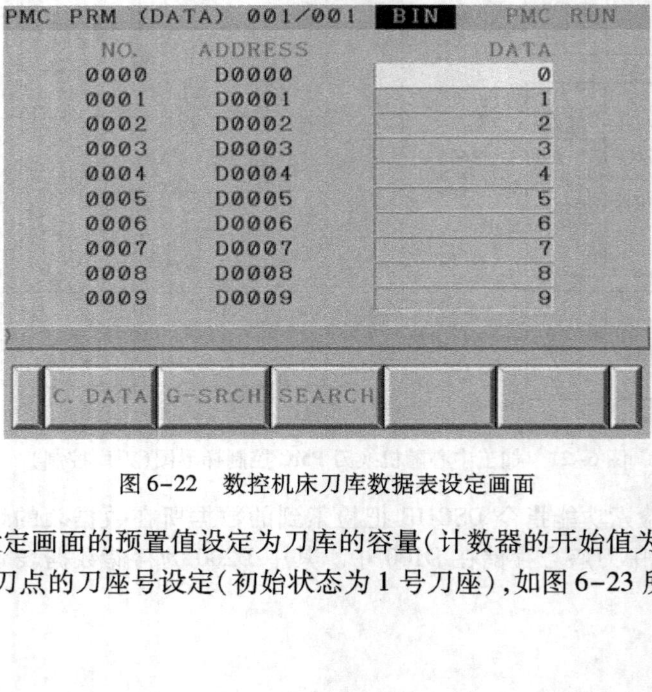

图6-22 数控机床刀库数据表设定画面

3) 把计数器设定画面的预置值设定为刀库的容量(计数器的开始值为1),计数器的当前值按当前刀库在换刀点的刀座号设定(初始状态为1号刀座),如图6-23所示。

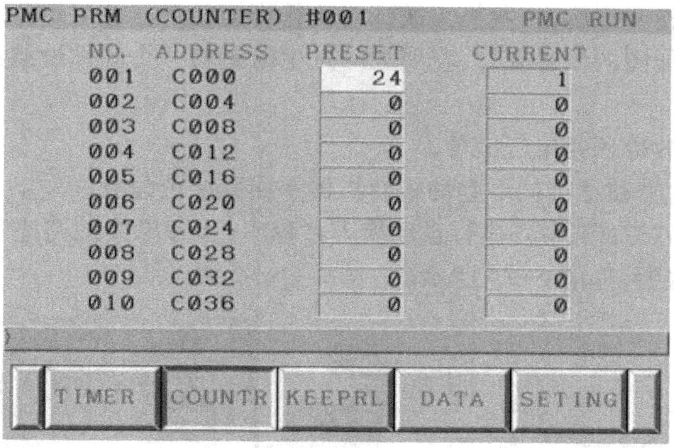

图 6-23　数控机床计数器的设定画面

4）通过系统 MDI 状态把刀具按实际刀号装在刀库刀座中。

2. 换刀过程中出现撞刀故障

撞刀的故障原因：

1）主轴换刀点位置不正确。

2）主轴准停位置不正确。

3）机械手位置精度和主轴出现偏差。

处理方法：

（1）主轴换刀点位置不正确引起的故障处理

1）机床手动返回到机床换刀点（一般为机床第二参考点）。

2）手动机械手电动机，使机械手转到扣刀位置。

3）调整主轴到换刀点，并记下机床坐标系的坐标值。

4）把主轴换刀点的坐标值输入到系统第二参考点的参数中。

（2）主轴准停角度不正确引起的撞刀故障

1）首先查出主轴一转信号不稳的原因，并排除故障。

2）重新调整主轴准停角度，使主轴端面的键与机械手上的键槽相对应。

（3）机械手位置偏差引起的撞刀故障

1）调整刀库支架的调整螺钉来调整机械手的上下、左右、前后位置。

2）调整机械手臂的位置来保证刀库刀柄翻下位置和主轴刀柄位置在同一水平位置。

3. 换刀过程出现掉刀故障

故障原因：

1）机械手扣刀位置出现偏差。

2）机械手的刀具锁紧弹簧损坏。

故障的处理：

1）调整机械手的位置与机械手位置检测开关位置相对应。

2）更换机械手锁紧弹簧。

4. 自动换刀过程没有完成故障（一般是超时报警）

故障的诊断过程及处理方法：

1）根据换刀动作时序图，查明换刀故障时执行到第几步。

2）借助系统梯形图的信号变化，查明故障发生时是前一个动作没结束还是后一个动作没开始。

3）判断是机械故障还是电气故障。

4）排除故障后，手动盘机械手电动机使机械手回到原位位置。

【例 6-4】 某立式加工中心执行自动换刀过程中，当刀库中的刀座翻下后机械手没有执行扣刀动作而超时报警，如图 6-24 所示。

图 6-24　刀库中刀座翻下而机械手不动作故障

通过自动换刀原理分析可知，机械手没有执行扣刀动作而超时报警。PMC 程序的时序要求机械手扣刀动作执行的条件是：①所选择的刀具的刀座翻下到位开关接通，②机械手原位开关接通，③机械手电动机电路控制正常。通过实际检查故障是哪个条件没满足。

（1）刀座翻下到位开关信号没有接通

1）刀座动作机械故障引起的刀座翻下不到位，修复机械部件。

2）刀座检测开关不良或位置不当，更换检测开关或重新调整开关位置。

3）刀座翻下到位开关接线不良或 PMC 输入接口故障，修复开关接线或修改 PMC 程序信号的输入地址。

（2）机械手原位开关信号未接通

1）机械手没有在原位，调整机械手到原位。

2）机械手原位开关损坏或位置不良，更换开关或调整机械手使机械手和开关位置一致。

3）机械手原位开关信号输入接口故障，修理系统 I/O 板或修改 PMC 程序。

（3）机械手电动机运行条件不满足

1）PMC 输出继电器不动作。检查系统 PMC 输出电路、继电器控制回路及继电器线圈是否正常。

2）控制机械手电动机的接触器控制电路故障。检查接触器控制电路和接触器线圈是否正常。

3）机械手电动机本身故障。修理或更换电动机。

【例 6-5】 某立式加工中心执行自动换刀过程中，当刀库中的刀座翻下后，机械手执行扣刀动作后超时报警，如图 6-25 所示。

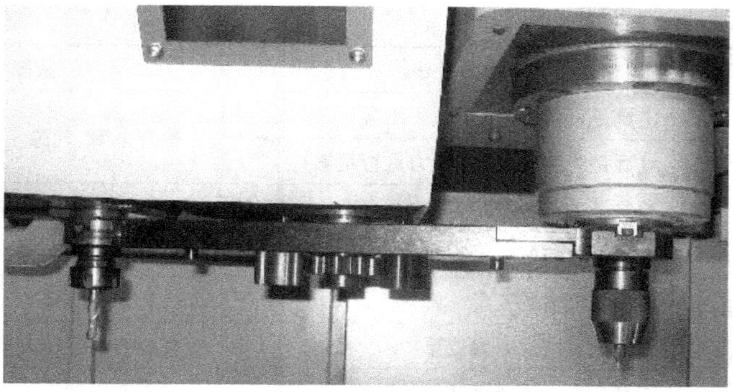

图 6-25　机械手执行扣刀动作后超时报警

通过自动换刀原理分析可知，机械手执行扣刀动作而超时报警。下个动作是主轴松开刀具和机械手交换刀具控制。

（1）主轴松刀到位开关未接通

1）主轴没有松刀动作，其原因是机床气压不正常、主轴松刀电磁阀未动作、松刀气动回路漏气及主轴松刀拉杆不到位。

2）主轴松刀到位开关动作信号未接通，原因是开关本身或 PMC 接口电路故障。需更换开关或修理 PMC 信号输入接口电路。

（2）主轴松刀到位开关信号接通（机械手电动机未启动控制）

1）机械手电动机控制电路故障。

2）机械手电动机本身故障。

5．主轴松刀和锁紧动作不执行或动作缓慢

1）主轴刀具控制气压不正常，气源气压减压阀不良。

2）主轴气缸漏气或气路漏气，修复漏气故障部位。

3）主轴气动电磁阀及控制电路故障，检查并修理损坏部件。

4）主轴组建中碟形弹簧不良，更换碟形弹簧。

5）主轴气缸控制拉杆的螺钉位置不当，重新调整螺钉位置。

BT50-24T00L 圆盘式刀库自动换刀装置常见故障及维修参考表 6-2。

表 6-2　BT50-24T00L 圆盘式刀库自动换刀装置常见故障及维修

故障现象	原因分析	故障处理方法
刀套破裂	装刀时，被撞击	转动刀库把破裂的刀移到左右旁，然后使用六角扳手把固定螺钉松开以便更换
	刀套未定位之前有倒刀动作	
刀库电动机过热烧坏	检查电动机接线	关闭电源后，取下配线，检查并排除阻碍点后更换新电动机
	刀具的重量是否过大	
	刀库是否有阻碍而过载	
刀套在准备好后要下降时却不能正常降落	气压是否正常	检查气压、气缸
	气缸是否漏气	
	螺钉是否松动	紧固螺钉
	刀具是否过重（15 kg）或过长（300 mm）	确认刀具重量

（续）

故障现象	原因分析	故障处理方法
刀库无法运转	电源是否良好（电压是否正常）	检查电源、气源
	气源是否供应良好（压力是否足够）	
	检测开关是否正常工作	检查每一个开关是否正常发信号
	电线是否接好	检查电线是否掉
调刀时，刀掉落，而且有拉刀的情况发生	刀臂被撞击并变形	换新刀臂并修正
	刀具太重造成刀臂变形	在换刀前先检查其重量
	刀套内的夹紧压缩弹簧的弹性已疲劳	调整并更换弹簧
	刀臂及刀具的夹刀点的校正不正确	再校正
倒刀时刀掉落	刀具超过所规定的限制	检查总量
	刀套内的弹簧夹力不够	调整或更换
	倒刀块及刀套没有定位好（即刀没有倒90°）	调整螺钉
换刀时无法回归	刀臂弯曲	先用扳手旋转ATC来确认是否夹刀位置正确，如果高度已修正仍不能回归则更换刀臂
	电线接触不良	先用换刀命令来换刀，如果刀没被卡住，表示电线故障
	夹刀及释刀的信号无法被传递	调整感应器的感应装置

6.4 数控机床操作中的常见故障及诊断方法

本节以FANUC-Oi系统为例，分析数控机床操作中的常见故障产生的原因及诊断方法。

6.4.1 机床手动和自动操作均无法执行

当手动操作和自动操作均无法执行时，要查看CRT（LCD）的位置坐标是否变化。

1. 位置坐标显示（相对、绝对、机械坐标）不变时

故障原因可能是：

（1）系统工作的状态不对

可以通过CRT（LCD）显示（是否为JOG或MEM）或系统状态信号G43.0、G43.1、G43.2显示的状态是否正确来判断，如果显示不变化则为状态开关或系统故障。多数原因为状态开关及接线故障。

（2）系统处于急停状态（CRT显示“EMG”）

不同的数控厂家系统急停信号的编制方法有所不同，可以通过系统动态梯形图查看导致G8.4为“0”（正常为“1”）的原因。

（3）系统复位信号接通

原因可能是外部复位信号G8.7为“1”或系统MDI键盘的RESET键起作用（系统信号

F1.1 为“1”）。

（4）系统轴互锁信号接通

可以通过系统诊断号005 INTERLOCK/START LOCK 是否为“1”进行判断，若该信号为1，则说明系统输入了轴互锁（禁止轴移动）起动信号。具体可以利用动态梯形图的信号 G8.0（系统所有轴互锁）G130.0、G130.1、G130.2、G130.3（分别为第1、2、3、4 轴互锁）是否为“0”来确定，若为0则说明系统输入了相应的互锁信号。当然必须系统参数 3003#0（系统所有轴）3003#2（系统每个轴）设定为“0”时，系统互锁信号才有效。

（5）系统进给倍率为0

可以通过系统诊断号013 JOG FEEDRATE OVERRIDE 0% 是否为“1”来判断。若为1则系统的进给倍率为0，原因可能是倍率开关位置不对或系统故障。

（6）系统伺服故障

有关伺服故障参考第4章系统伺服故障的处理方法。

2. 位置坐标显示（相对、绝对、机械坐标）变化时

故障原因是机床输入了进给轴的机床锁住信号，可以通过系统动态梯形图信号 G44.1（机床所有轴锁住信号），G108.0、G108.1、G108.2、G108.3（分别为第1、2、3、4 轴锁住信号）是否为“1”来进行判断。若为1，则说明机床输入了轴锁住信号。

6.4.2 机床手动（JOG）或手脉（MPG）不正常而自动正常

1. 机床手动（JOG）操作无效

（1）系统状态选择未在手动状态

可以通过系统动态梯形图的信号 G43.0、G43.1、G43.2 来判定系统是否在手动状态，原因可能是状态开关位置不对、状态开关及接线故障。

（2）进给轴和方向选择信号未输入

通过系统动态梯形图可以判定哪一个轴进给方向选择信号未输入，即信号 G100.0、G100.1、G100.2、G100.3（分别为第1、2、3、4 轴的正方向选择信号），G102.0、G102.1、G102.2、G102.3（分别为第1、2、3、4 轴的负方向选择信号）。

（3）进给速度参数设定不正确

检查系统 JOG 进给速度参数 1423（各轴 JOG 速度参数）是否设定为“0”。

2. 手脉操作无效

（1）系统状态未在手脉状态（MPG）

可以通过系统动态梯形图的信号 G43.0、G43.1、G43.2 来判定系统是否在手脉状态，原因可能是状态开关位置不对、状态开关及接线故障。

（2）手脉轴选择信号未输入

通过系统动态梯形图诊断手脉轴选择信号 G18.0、G18.1、G18.2、G18.3（分别为手脉第1、2、3、4 轴选择信号）是否接通来判断，若未接通则可能原因为手脉轴选择开关及接线故障。

（3）手脉本身及接线故障

可以通过图6-26 所示手摇脉冲发生器的接线和输出脉冲信号关系，检查控制信号是否正确及编码器接线是否良好。

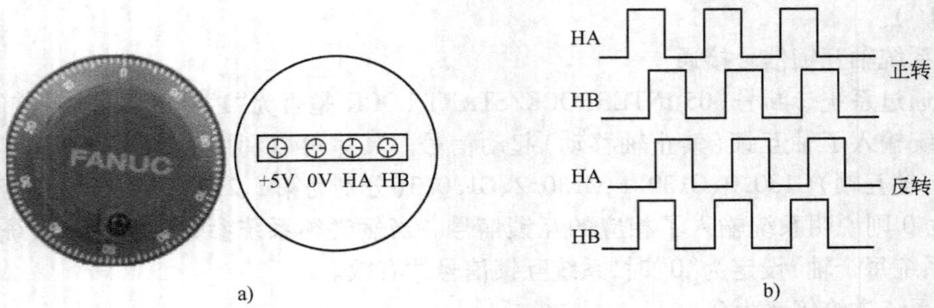

图 6-26 手摇脉冲发生器

a）手摇脉冲发生器和接线端子 b）输出的脉冲信号

6.4.3 自动操作无效而手动操作正常

当按下机床循环起动按钮时，查看循环指示灯是否亮来判定故障原因。

1. 自动操作无效（循环起动指示灯不亮）

（1）系统状态选择信号不正确

通过系统动态梯形图查看系统状态信号 G43.0、G43.1、G43.2 是否在 MEM（或 MDI、RMT）状态，若状态信号不正确则为状态开关本身、接线或系统故障。

（2）系统循环起动信号未被输入

通过系统动态梯形图或系统诊断号 G7.2 是否输入（循环起动信号为下降沿触发）来判断，若未输入则为机床循环起动按钮本身及接线或系统 I/O 接口故障，如果系统循环起动信号输入则为系统本身故障。

（3）系统进给暂停信号被输入

通过系统动态梯形图查看信号 G8.5 是否为“0”。若信号为 0 则说明系统输入了进给暂停信号。故障原因可能是机床进给暂停按钮开关本身及接线故障。

2. 自动操作无效（循环指示灯亮）

（1）机床进给倍率为零

通过系统诊断号 004 是否为“1”来判别，当诊断号 004 为“1”则为该故障。

故障原因可能是进给倍率开关本身及接线不良或系统接口电路故障，如果前面故障排除后问题还存在，则需要更换系统轴板。

（2）系统输入了轴互锁信号

通过系统诊断号 005 是否为“1”来判别，当诊断号 005 为“1”则为该故障。

故障可能原因是机床轴互锁信号开关接通或是系统参数设定错误（机床梯形图没有设计互锁控制而互锁功能参数设定为有效），系统轴互锁功能参数为 3003#0、#1、#2（一般设定为“0”）。

（3）系统等待主轴速度到达信号（程序中只是插补移动指令不执行）

通过系统诊断号 006 是否为“1”来判别，当诊断号 006 为“1”则为该故障。

产生故障的可能原因有主轴位置编码器不良、系统参数设定错误（机床梯形图中没有设计主轴速度到达信号 G29.4，而系统参数 3708#0 设定为检测主轴速度到达信号）。

6.5 数控机床超程故障诊断及处理方法

数控机床的超程报警有两种情况，一种是硬件超程，即机床运动部件碰到硬限位开关（行程开关）的超程报警；另一种是软件超程报警，即超过机床坐标极限值（系统参数设定）的报警。

1. 数控机床硬件超程控制及处理方法

数控机床硬件超程控制有两种形式，一种是利用系统提供的专用硬件超程信号地址的超程保护。另一种是机床厂家根据 PMC 输入信号编制机床硬件超程保护。

FANUC-OC/OD 系统中，T 系列系统的专用输入信号地址 X18.5（＊LZ）为 Z 轴硬限位保护信号接口（系统参数 15#2 设定 0 时该信号有效）；M 系列系统的专用输入信号地址 X20.0（＊＋LX）、X20.1（＊＋LY）、X20.2（＊＋LZ）、X20.3（＊－LX）、X20.4（＊－LY）、X20.5（＊－LZ）分别为机床的 X 轴、Y 轴和 Z 轴的正向和负向超程保护信号接口（系统参数 57#5 设定为 0 时该信号有效）。FANUC－Oi 系统中，系统的专用硬件超程信号输入地址为 G114.0（＊＋L1）、G114.1（＊＋L2）、G114.2（＊＋L3）、G114.3（＊＋L4）、G116.0（＊－L1）、G116.1（＊－L2）、G116.2（＊－L3）、G116.3（＊－L4），系统参数 3004#5 设定为 1 时该信号有效。

下面以 FANUC-Oi 系统为例，说明系统硬件超程保护的 PMC 控制及故障处理方法。

（1）专用信号地址的硬件超程保护

图 6－27 中，信号 X2.0、X2.1、X2.2、X2.3、X2.4 和 X2.5 分别为机床的 X 轴正向超程行程开关输入信号、Y 轴正向超程行程开关输入信号、Z 轴正向超程行程开关输入信号、X 轴负向超程行程开关输入信号、Y 轴负向超程行程开关输入信号和 Z 轴负向超程行程开关输入信号。当机床各轴正向出现超程时，系统会发出 506 系统超程报警号；当机床各轴负向出现超程时，系统会发出 507 系统超程报警号。

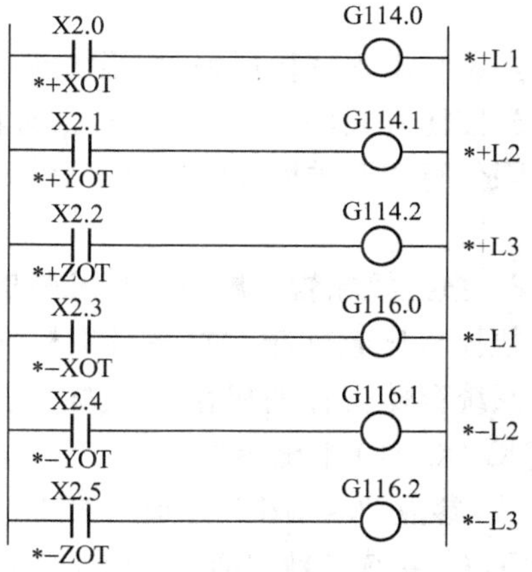

图 6–27 专用信号地址的硬件超程保护梯形图

当系统出现超程报警时，系统状态开关工作在手动连续进给状态（JOG），按下超程报警轴的反方向按钮开关，使机床反方向退出硬件超程范围，超程限位行程开关恢复常闭状态，然后按下系统复位键 RESET 使系统复位，一般就可以解除机床超程报警。如果反方向点动时机床不动，系统处于死机状态时，首先把系统硬件超程保护有效参数 3004#5 设定为 0（该功能无效），系统断电再重新上电，点动机床反方向移动，使机床退出超程。然后把系统参数 3004#5 设定为 1，就解除了该报警。

（2）厂家编制的硬件超程保护

图 6–28 中，X8.4 为机床面板上的急停开关输入信号，G8.4 为系统急停信号，X20.0 为机床面板的超程释放开关输入信号。当机床出现超程故障时，系统就会产生厂家超程报警信息（如#1001 OVER TRAVEL：＋X 轴）及系统处于急停状态。

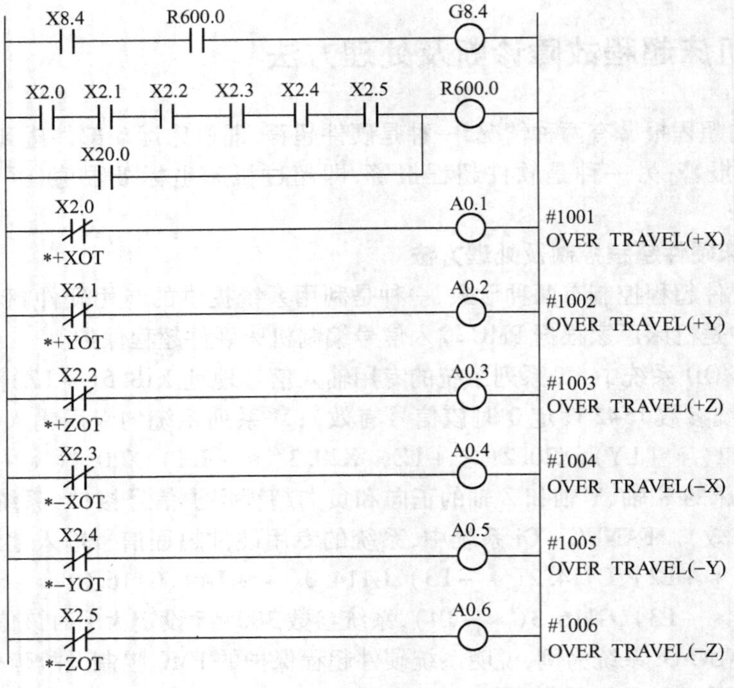

图 6-28　机床厂家超程保护及报警梯形图

当系统出现超程报警时，系统状态开关工作在手动连续进给状态（JOG），同时按下机床超程释放按钮开关（X20.0）和超程报警轴的反方向按钮开关，使机床反方向退出硬件超程范围，超程限位行程开关恢复常闭状态，然后按下系统复位键 RESET 使系统复位，就可以解除机床超程报警。

2. 数控机床软件超程报警及处理方法

数控机床软件超程报警是指机床运动坐标值超过系统参数设定的存储行程极限值而报警。系统存储行程的极限值坐标是指机床坐标系中的坐标值，该值通过系统参数来设定。FANUC-OC/OD 系统参数 700 ~ 703 分别为第 1 轴、第 2 轴、第 3 轴和第 4 轴正向存储行程极限值参数，参数 704 ~ 707 分别为第 1 轴、第 2 轴、第 3 轴和第 4 轴负向存储行程极限值参数。FANUC-Oi 系统参数 1320 为各轴正向存储行程极限值参数，参数 1321 为各轴负向存储行程极限值参数。系统正向存储行程极限值设定范围为 0 ~ 99999999 系统的检测单位（设定 99999999 表示软件超程保护无效），系统负向存储行程极限值设定范围为 -99999999 ~ 0 系统的检测单位（设定 -99999999 表示软件超程保护无效）。

下面以 FANUC-Oi 系统为例，说明系统软件超程保护的存储行程极限值的设定方法及故障处理方法。

（1）系统存储行程极限值的设定方法

图 6-29 为数控铣床 X 轴带动工作台运动建立的机床坐标系，其中 SQ1、SQ2 为机床 X 轴方向的硬限位保护行程开关，SQ3 为机床 X 轴正向返回机床参考点的减速开关。系统存储行程极限值的设定不能超过机床的硬限位保护范围，否则机床的软件限位功能不起作用。如果按图 6-29 所示设定存储行程极限坐标值，就把 A、B（A 为正值、B 为负值）值转换

成系统的检测单位后，分别输入到系统参数的 1320 和 1321 中，从而完成了系统存储行程极限值的设定。

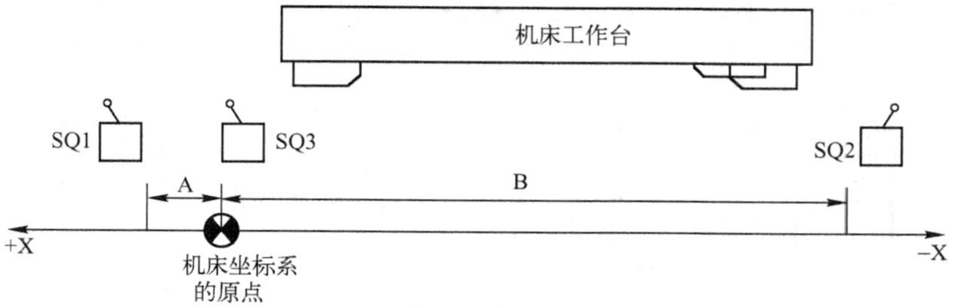

图 6-29　系统存储行程极限值的设定

（2）系统软件超程报警的处理方法

当机床运动坐标值超过了系统存储行程极限值时，系统就会产生软件超程报警。各轴正向出现超程时，系统会发出 500 系统超程报警号；各轴负向出现超程时，系统会发出 501 系统超程报警号。

当系统出现软件超程报警时，系统状态开关工作在手动连续进给状态（JOG），按下超程报警轴的反方向按钮开关，使机床反方向退出超程范围，然后按下系统复位键 RESET 使系统复位，就可以解除系统软件超程报警。

如果机床出现软件超程而系统处于死机状态时，首先把存储行程极限参数设定为无效，即参数 1320 设定为 99999999，参数 1321 设定为 −99999999，然后系统断电并重新上电，进行机床返回参考点操作后，再设定系统的存储行程极限参数。如果机床还出现超程报警或系统死机，则需要把系统参数全部清除，重新恢复系统参数方法来解决。

如果系统存储行程极限值设定在机床返回参考点之前（为了避免加工时刀具超过指定范围的需要），此时机床首次开机时，返回机床参考点操作就会出现超程报警。解决办法是：同时按下系统 MDI 键盘的 P 和 CAN 后，系统上电。这样操作的目的是：系统开机首次返回参考点不进行存储行程极限值的检测，机床返回参考点后，系统存储极限值检测才有效。

6.6　数控机床全闭环振荡消除方法

为了提高数控机床的加工精度，全闭环控制在越来越多的机床上得到应用。在全闭环控制系统中，位置环的反馈信息来自光栅尺等分离型位置检测装置的机械位置信息，根据位置信息系统控制机床的机械位置。但全闭环控制的共性问题是机床易发生振荡，当接入全闭环后各坐标轴都有不同程度的振荡现象，有的在停止时出现，有的在加/减速过程中出现，尤其以转台和 Z 轴较为明显。全闭环控制时消除振荡的方法可按下面步骤进行（以 FANUC-0i 系统为例）。

（1）降低位置环增益

参数为 1825，设定时在标准设定值的基础上适当降低并观察。一般情况下，先用此法，如不见效，再采取以下对策。

（2）采用双位置反馈功能

如果机床在半闭环时是平稳的，而在全闭环时有振荡，可用此功能，该功能的原理框图见

图 6-30。

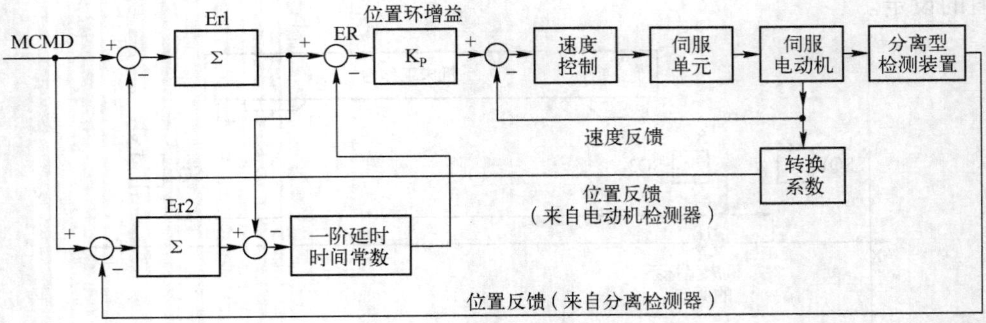

图 6-30　系统双位置反馈功能原理图

图 6-30 中，Er1 为系统半闭环控制的误差计数器，Er2 为系统全闭环控制的误差计数器，ER 为系统的误差计数器，一阶延时时间常数 $=1/(1+\tau S)$。当 $\tau=0$（停止过程）时，ER = Er1 + (Er2 − Er1) = Er2，即系统误差为全闭环控制的计数误差；当 $\tau=\infty$（加减速过程）时，ER = Er1，即系统误差为半闭环控制的误差。采用该功能最主要就是调整一段时间常数，使之在过渡过程中位置误差按半闭环控制，而在停止时按全闭环控制。设定参数主要有 2078（双环反馈折合系数的分子）、2079（双环反馈折合系数的分母）、2080（双环反馈一阶延时时间常数）和 2081（双环位置反馈的零点幅度）。例如：丝杠螺距为 8 mm，脉冲编码器每脉冲为 1 μm 时，设定 2078 = 1，2079 = 125。而参数 2080 的设定范围为 10 ~ 300 ms，正常情况下设定为 100 ms，如果在加减速期间有振荡，可每次增加 50 ms 进行尝试，如已消除，可在该基础上减少 20 ms。需注意的是，联动轴需要设定同样数据。参数 2081（双环位置反馈的零点幅度），最初设定为 0，如果停止中出现振荡时，可稍加大此设定值。

（3）采用机械速度反馈功能

当电动机与机床之间的扭转变化和机床传动间隙等比较大时，机床机械的速度与电动机速度在加/减速过程中将会出现较大的差异，这样很难确保高的位置增益。机械速度反馈功能就是通过在全闭环系统中把机床自身的速度加入速度控制中，以稳定整个位置环的功能，其原理方框图见图 6-31。

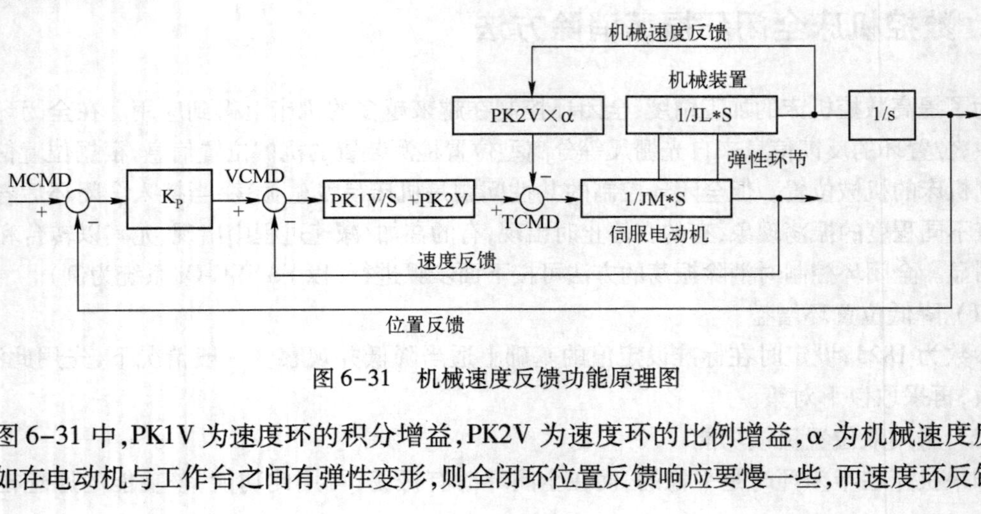

图 6-31　机械速度反馈功能原理图

图 6-31 中，PK1V 为速度环的积分增益，PK2V 为速度环的比例增益，α 为机械速度反馈增益。如在电动机与工作台之间有弹性变形，则全闭环位置反馈响应要慢一些，而速度环反馈是直

接取自电动机上的编码器，这时会产生振荡，按图 6-31 中所示，如加入机械速度反馈环节来补偿转矩指令，使机械速度滞后的情况得到改善，从而消除振荡。当参数 2012#1（MSFE）设定为 1 时，该功能有效；参数 2088（机械速度反馈增益）的标准设定为 30（设定范围为 30～100）。

（4）加入静摩擦补偿控制功能

由于机床的静摩擦大或间隙较大等原因，机床由停止状态起动时，机械速度上升存在滞后现象，而引起机床起动时的振荡。该功能是在速度指令上增加补偿数据来减小机床的起动延迟，其控制原理方框图如图 6-32 所示。它与机械速度反馈功能的原理一样，只对电动机编码器的速度反馈的提前量进行阻尼控制，而达到抑制振动的目的。

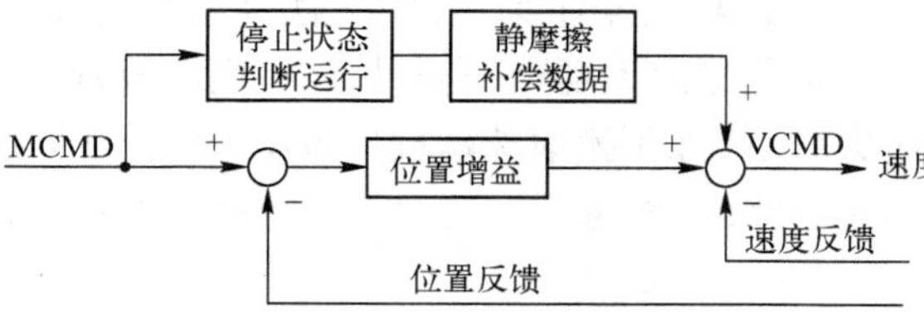

图 6-32　静摩擦补偿控制功能原理图

系统参数 2005#7（SFCM）设定为 1，使系统静摩擦补偿控制功能有效，补偿次数参数 2071 标准设定为 10（设定范围为 0～32767），静摩擦补偿量参数 2072 设定为 100（设定范围为 0～32767），停止判定时间参数 2073（停止判定时间 = 设定值 ×8 ms）。

6.7　数控机床加工中出现尺寸不稳定故障的诊断与维修

影响数控机床加工尺寸不稳定的因素很多，包括机械方面、电气方面、系统参数及数控机床的辅助控制部分等。

1. 进给机械传动方面

从数控机床进给系统机械组成可以看出，主要影响加工精度的因素有下面几项，如图 6-33 所示。

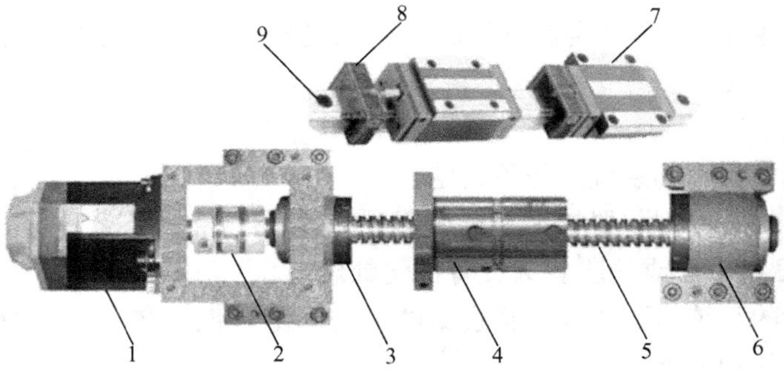

图 6-33　引起加工精度下降的进给机械传动方面因素

1—伺服电动机　2—联轴节　3—丝杠前端轴承　4—丝杠螺母　5—丝杠

6—丝杠后端轴承　7—滑块　8—密封垫片　9—导轨

（1）伺服电动机轴与丝杠之间的连接松动，致使丝杠与电动机不同步，出现尺寸误差

检测时只需在伺服电动机与丝杠的联轴节上作好记号，用较快倍率来回移动工作台（或

刀架),由于工作台(或转塔)的惯性作用,将使联轴节的两端出现明显相对移动。此类故障通常表现为加工尺寸只向一个方向变动,只需将联轴节螺钉均匀紧固即可排除。

(2) 滚珠丝杠螺母副间隙大或丝杠螺母副磨损

通过调整进给丝杠螺母副的间隙或整套更换丝杠螺母副就可排除故障

(3) 滚珠丝杠固定轴承磨损或调整不当,造成运动阻力过大

该故障现象通常表现为尺寸在几十微米范围内无规则变动,只需将磨损轴承更换并认真调整,故障即可排除。

(4) 滚珠丝杠与螺母之间、滑块与导轨润滑不良

由于润滑不良使工作台(或刀架)运动阻力增加,无法完全准确执行移动指令,此类故障通常表现为零件尺寸在几十微米范围内无规则变动,只需将润滑改善即可排除故障。

(5) 机床进给传动系统大修后(如更换滚珠丝杠螺母副)引起的误差

主要是丝杠的安装不到位引起的,要重新调整丝杠的等高和等母线,即调整丝杠端部的固定轴承装置的垫片。

2. 电气控制方面

(1) 伺服电动机编码器不良

1) 编码器的电源电压(标准为 +5 V)过低或过高都会造成输出信号的失真,影响反馈质量,造成加工不稳定。如果低于 4.75 V 时,检查编码器的电源 +5 V 的电源线是否有断线(正常是两根)、编码器插头针是否有开焊的,否则为系统提供的电源控制电路板故障。

2) 由于电动机内装编码器未能进行良好密封,使油污或灰尘进入光栅副而造成信号失真或丢失,应拆开编码器对旋转光栅和指示光栅的玻璃板进行清洗。

3) 编码器内部电路板不良。修理或更换编码器。

(2) 伺服电动机不良

伺服电动机转子的轴承不良,需要更换电动机轴承或电动机。

(3) 光栅尺位置检测装置不良

主要原因是光栅尺内部有油污和灰尘,需清洗或更换光栅尺。

(4) 伺服放大器不良

可以用相同规格的放大器更换来判别故障,如果是放大器不良,更换放大器或送厂家维修。

(5) 系统轴板不良

更换相同轴板。

(6) 系统受到干扰引起系统工作不稳定

主要因素有系统及控制装置接地不良或不合理、信号线布线不合理等。

3. 系统参数设定不当或伺服参数没有优化处理

影响加工精度的系统参数主要包括进给的反向间隙补偿参数、进给丝杠的螺距误差补偿参数及电动机控制的功能参数。

(1) 反向间隙参数补偿不当引起

重新进行机床反向间隙的测量,修改系统参数。

(2) 螺距误差补偿参数设定不当或未设定

用数控激光干涉仪进行机床螺距误差的补偿与调整。

(3) 电动机相关控制参数设定不当

伺服电动机控制参数主要是伺服位置环的增益参数、速度环的机械负载惯性比参数及电动机规格及功能参数等。

a) b) c) d) e)

图 6-34 引起加工精度下降的电气控制方面因素
a）电动机内装编码器 b）光栅尺和读书头 c）伺服电动机 d）伺服放大器 e）系统和伺服轴板

处理方法：首先按电动机的具体规格进行伺服参数的设定并初始化，然后进行伺服的优化处理。现在的数控机床都是采用计算机辅助软件进行优化，如 FANUC 公司的伺服调整软件 SERVO GUIDE，使机床达到最佳状态。

4. 数控机床辅助控制装置方面

数控机床辅助控制装置不良引起的加工精度不稳定的因素包括：主轴组件（主要是轴承的精度下降）、车床自动换刀装置的重复定位精度下降、机床导轨和滚珠丝杠螺母副润滑不足等。

（1）主轴组件不良引起的加工精度下降

首先检查主轴的的轴向和径向的偏差，然后调整主轴轴承或更换损坏部件。

（2）车床自动换刀装置重复定位精度下降

拆开自动换刀装置进行清洗或修理磨损部件。

（3）机床润滑不足引起的加工精度下降

检查润滑管道是否堵塞、打油时间过短、润滑系统控制故障等。

综上所述，引起数控机床加工尺寸不稳定的原因是多方面的，实际中先对机床进给传动系统进行定位精度和重复定位精度的检测，如果测量值超差，则拆下进给伺服电动机（设定为旋转轴），对伺服电动机定位精度和重复定位精度检测，判别是否是电气方面和系统参数因素引起的精度下降。电气和系统参数方面正常后，检修进给传动机械方面故障。如果进给系统精度正常，则检查机床辅助装置控制方面因素。

6.8 系统电源单元的工作原理及常见故障分析

在维修过程中，如能完整地掌握系统电源单元的电路工作原理与性能，对数控机床的维修，特别是解决系统、伺服驱动故障有很大的帮助。本节以 FANUC-OC/OD 系统为例，分析电源单元的工作原理、常见故障产生的原因及诊断方法。

FANUC-OC/OD 系统中，比较多地采用输入单元与电源集成一体的电源控制模块 AI，其输入单元的控制线路与电源电路均安装在同一模块中，主要由电源单元的输入电路和输出电路组成。

1. 电源单元输入电路工作原理

电源单元 AI 输入电路包括输入的主电路、输入的控制电路及电压监控和调整电路等，如图 6-35 所示。

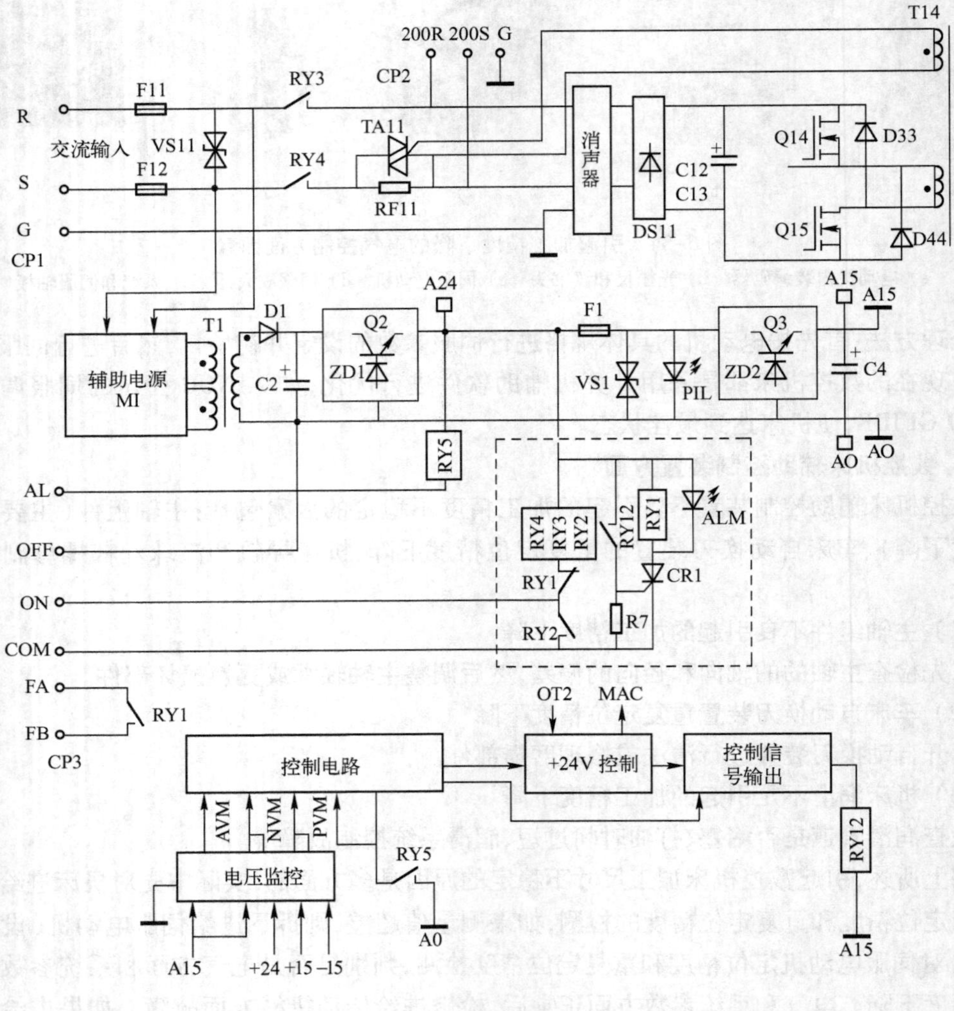

图 6-35　电源单元(AI)的输入电路

（1）输入的主电路

图 6-35 中，熔断器 F11、F12 用于实现电源单元的输入侧短路保护，压敏电阻 VS11 是用来防止输入的浪涌电压，继电器触点 RY3、RY4 用来控制交流 200 V 输入，电阻 RF11（水泥电阻）用来限制电源起动时电容的充电电流。电源单元起动后，通过双向晶闸管 TA11 短接掉电阻 RF11。DS11 为输入的整流块，C12、C13 为滤波电容，Q14、Q15 为开关调整管（场效应管），二极管 D33、D34 用来保护两个场效应管 Q14、Q15。

外部电源（AC 200 V/50 Hz）由输入端子 CP1 输入，经过电源单元内部的整流和滤波电路后得到直流电压（约 300 V），再经过开关调整管变成脉宽可调整的方波（+V/−V）输入到开关变压器 T14 的输入侧。

当电源单元起动后(即继电器触点 RY3、RY4 闭合后),电源单元输出端子 CP2 输出 AC 200V 的交流电源。

(2) 输入的控制电路

控制电路的电源电压是由电源单元内部辅助开关电源 MI 经半波整流电路(二极管 D1)、滤波电路(电容 C2)、稳压电路(调整管 Q2、稳压管 ZD1)输出的直流电压 DC 24V。当电源单元辅助控制电路正常时,电源单元指示灯(绿色发光二极管 PIL)亮。

如果电源单元的控制端子 CP3 的 OFF-COM 端子接电源的停止按钮(常闭点),ON－COM 端子接电源的起动按钮(常开点),当按下电源的起动按钮(机床面板为 NC 准备开关)后,继电器 RY2、RY3 和 RY4 线圈获电动作,RY3、RY4 的常开触点接通电源的主电路,RY2 的常开点闭合完成电源起动的自锁控制。当按下电源的停止按钮(机床面板的 NC 停开关)后,切断继电器 RY2、RY3、RY4 的控制电路,电源的主电路停止工作。

当电源内部检测出故障时,通过电压监控电路使故障输出继电器 RY12 获电动作。RY12 的常开点闭合,晶闸管 CR1 触发导通,继电器 RY1 获电动作,RY1 的常闭点断开,切断继电器 RY2、RY3、RY4 的控制电路,电源的主电路停止工作,同时电源单元的故障指示灯(红色发光二极管 ALM)亮。

电源单元的控制端子 FA-FB 为电源内部报警输出信号端子,一般用于控制电源单元的输入接触器线圈(AI 电源单元可以不用)。控制端子 AL-COM 为电源单元的外部故障输入信号端子,当 AL-COM 接通后,电源单元内部继电器 RY5 获电动作,RY5 的常开点闭合,通过内部控制电路使继电器 RY12 动作,切断继电器 RY2、RY3、RY4 控制电路,电源主电路停止工作。

(3) 电压监控和调整电路

电压监控和调整电路的控制电源电压是由电源单元内部辅助开关电源输出的 24 V 直流电压经熔断器 F1、稳压电路(Q3、ZD2)、滤波电路(C4)输出的直流电压 15 V。

电压监控电路是用来监控电源单元输出电压 +24 V、+5 V、+15 V 和 －15 V,当电源单元输出电压波动时,通过电压监控电路控制调整电路,从而控制调整管 Q14、Q15 的脉宽调制信号(PWM)来稳定电源单元的输出电压。如果电源单元的输出侧出现短路故障时,电压监控电路发出故障控制信号使继电器 RY12 动作,切断继电器 RY2、RY3、RY4 控制电路,电源停止工作并发出报警信息。

2. 电源单元输出工作原理

电源单元的输出电路包括 +24 V、+24E、+15 V、－15 V 和 +5 V 直流电压输出电路,+24 V是提供系统显示装置(单色显示器 CRT)的直流电源,+24E 是提供系统 PMC 输入信号控制的电源及系统内部的控制电源。+15 V、－15 V 是提供系统伺服控制的电源。+5 V 是提供系统 CPU 和检测装置(如电动机编码器)的控制电源。具体控制电路如图 6-36 所示。

图 6-36 中,DS12、DS13 和 DS14 为电力二极管,完成高频整流输出。晶闸管 CR13、CR14、CR12 和 CR11 实现电源单元输出的高电压、短路电流的保护控制。熔断器 F13 实现 +24 V 输出侧短路保护(如 CRT 电路短路),F14 实现 +24E 输出侧短路保护(如机床侧控制电路短路)。

3. 电源单元常见故障及诊断

(1) 电源单元无法接通的故障诊断

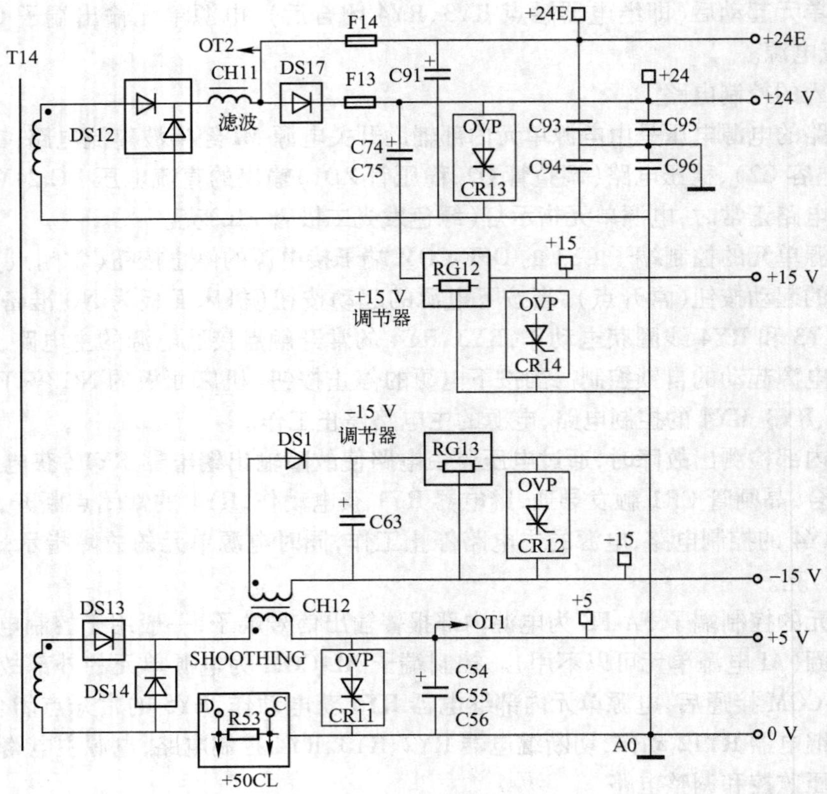

图 6-36 电源单元(AI)的输出电路

图 6-37 为 SSCK—20 数控车床的电源单元的连接图，当按下 NC 准备按钮 SB2 时，CRT 无任何显示且 CRT 的灯丝不亮，测量 CRT 的 CP15 无 24 V 输出，则说明电源单元没工作，即系统电源无法接通。

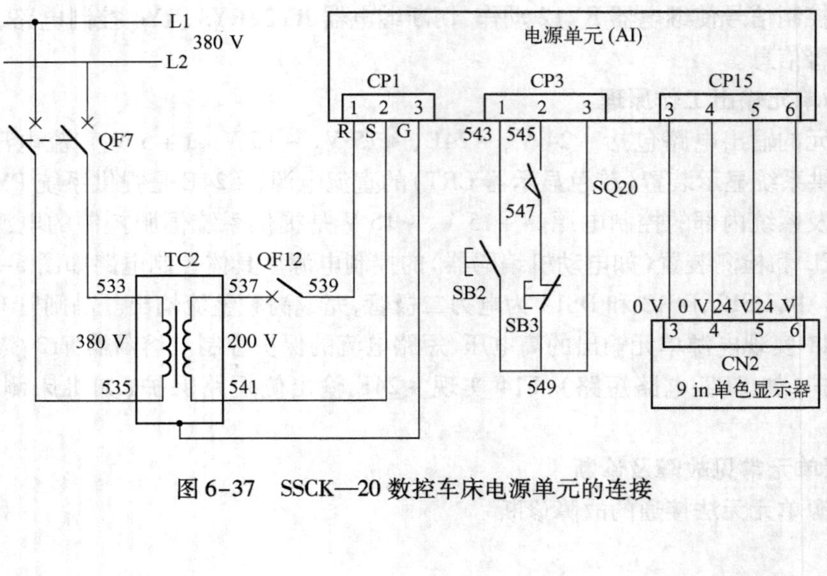

图 6-37 SSCK—20 数控车床电源单元的连接

当电源状态指示灯 LED(绿色 PIL)不亮时,故障原因可能是外部 AC 输入电路(CP1 输入端)故障、熔断器 F11、F12 故障或辅助电路熔断器 F1 故障。

当电源单元状态指示灯 LED 亮时(此时 ALM 故障状态指示灯不亮),故障原因可能是 CP3 外部连接开关 SB2、SB3、SQ20 及接线故障,也可能是内部电路 RY2、RY3、RY4 继电器控制电路故障。

当电源单元指示灯和故障状态指示灯都亮时,如果机床断电再送电故障解除,则故障原因为电源单元受到外界的干扰导致。如果不能解除故障,则原因可能是电源单元输出的 +5 V、±15 V、+24 V 直流电压异常或内部电路故障。

【例 6-6】 SSCK—20 数控车床系统电源无法接通,数控系统采用 FANUC-OTD,故障现象为按下 NC 准备开关按钮 SB2 时,CRT 无任何显示。

CRT 无任何显示有两种原因,一种是 CRT 电路本身(包括外部 24 V 电源)故障,另一种是系统没有起动工作。当打开 CRT 电箱时,发现 CRT 的灯丝不亮,可以判定故障原因在 CRT 电路本身及外部 24 V 电源。拔下 CRT 的 CN2 来自电源单元 24 V 电源接头,测量无 24 V 电压,说明电源单元出现故障。打开机床电箱后,发现电源单元状态指示灯(绿色)亮而故障状态指示灯(红色)不亮,说明外部 AC 输入电源正常,故障原因可能在 CP3 外部电路或电源单元内部电路。首先检查外部电路 SB3、SQ20(机床电箱门开关)及接线是否正常(测量 545 ~ 547 电路通),然后按下 SB2 测量 543 ~ 547 电路不通,说明 SB2 及接线有故障。最后检查发现 SB2 按钮的一根导线开焊,重新焊好故障点,机床正常工作。

【例 6-7】 SSCK—20 数控车床系统电源无法接通,故障现象是系统显示装置 CRT 不亮,电源单元工作状态指示灯和故障状态指示灯都亮。

电源单元故障指示灯亮,说明电源单元内部电压监控电路检测出 +24 V、±15 V 和 +5 V 电路有故障。拔下电源单元的 CP15 插头,系统上电,系统故障现象不变,从而排除了系统显示装置电路侧存在的短路故障;当拔下伺服电动机编码器,系统上电后,电源单元故障状态指示灯不良,系统 CRT 有显示(X 轴、Z 轴通信错误报警 319、329),说明故障是由于电动机内装编码器的 +5 V 电路短路引起的故障。仔细检查后,发现是 Z 轴电动机内装编码器的 +5 V 电源线脱落导致的短路,焊好 +5 V 电源线,系统恢复了正常工作。

(2)电源单元熔断器熔断故障的诊断

1)熔断器 F11、F12 熔断故障诊断

熔断器 F11、F12 是用来实现电源单元输入侧电路短路保护的。当 F11、F12 熔断时,CRT 不亮,电源单元状态指示灯 PIL 和故障状态指示灯 ALM 不亮。产生故障原因可能是:

① 浪涌吸收器 VS11 故障。

② 整流块 DS11 击穿短路或电容 C12、C13 严重漏电。

③ 开关管 Q14、Q15 击穿短路或保护二极管 D33、D34 开路。

④ 辅助电路短路(如开关管 Q1 击穿短路)。

F11、F12 的规格为 A60L-0001-0194(7.5A)。

2)熔断器 F13 熔断故障诊断

熔断器 F13 用来实现电源单元 +24 V 的输出侧短路保护。当 F13 熔断时,CRT 不亮(CRT 灯丝也不亮),电源单元状态指示灯 PIL 和故障状态指示灯 ALM 都亮。产生故障原因可能是:

① CRT 单元可能发生短路或与之相连的 +24 V 电源电缆线发生短路。从电源单元上拔下 CP15 的插头，系统重新上电，如果电源单元的报警灯（红色指示灯 ALM）不亮，且 CP15 端子有 +24 V 输出，则故障在系统显示装置 CRT 侧。

② 电源单元内部电路发生短路。从电源单元上拔下 CP15 的插头，系统重新上电，如果电源单元的报警灯（红色指示灯 ALM）还亮，说明故障在电源单元的内部，如二极管 DS17 击穿短路或电容 C74、C75 严重漏电等。

F13 的规格为 A60L-0001-0075（3.2A）。

3）熔断器 F14 熔断故障诊断

熔断器 F14 用来实现系统内部（各印制电路板单元）、电源单元内部 +24E 电路及机床侧信号控制输入电路短路保护的。当 F14 熔断时，CRT 上将显示系统“950”报警号，电源单元状态指示灯 PIL 亮（故障状态指示灯 ALM 不亮），系统主板故障指示灯 L2 亮。产生故障原因可能是：

① 系统内部 +24E 电路短路（包括电源单元内部电路）。

② 机床侧 +24E 接线对地短路。

可以通过拔开系统 I/O 板的所有电缆接头后，测量系统 +24E 对地电阻，当测量的电阻为 0 时，则故障在系统内部 +24E 短路（需要更换相应的印制电路板）。如果测量的电阻为 100 Ω 左右时，则故障在机床侧接线短路（详细检查机床侧所有的 +24E 接线）。

F14 的规格为 A60L-0001-0046（5A）。

4）熔断器 F1 熔断故障诊断

熔断器 F1 是实现电源单元内部控制模块及辅助调整电源电路短路保护的。当 F1 熔断时，CRT 不亮，电源单元状态指示灯 PIL 和故障状态指示灯 ALM 均不亮。产生故障原因可能是：

① 电源单元调整电源电路短路，如 Q3 击穿、ZD2 击穿、C4 漏电或浪涌吸收器故障。

② 电源单元内部控制模块短路。

F1 的规格为 A60L-0001-0172（0.3A）。

6.9 数控机床验收和精度检测

随着数控机床的广泛应用与普及，机床的验收工作越来越受到重视。验收工作是数控机床交付使用前的重要环节，主要目的是为了判别机床是否符合其技术指标，判别机床能否按照预定的目标精密地加工零件。

6.9.1 数控机床验收流程和精度检测项目

1. 数控机床验收的流程

数控机床验收流程分两部分，一是预验收，二是最终验收。

（1）数控机床预验收

预验收是在机床生产厂家进行的，如果预验收通过，则意味着用户同意该机床厂家向用户发运，所以机床预验收是很重要的环节。预验收的目的是为了检查、验证机床能否满足用户采购技术合同的各项性能指标的要求。其主要工作包括：

1）检验机床主要零部件是否按合同要求制造或选型。

2）检验机床系统的配置及驱动装置是否达到合同要求。

3）检验机床几何精度、位置精度及工作精度是否满足技术合同的要求。

4）检查机床各动作（如加工中心的换刀动作、数控车床的主轴换挡动作等）是否正确及其安全可靠性。

5）对机床验收中出现的问题可向生产厂家提出，以便及时改进。

6）对试件进行加工，检查是否达到加工精度要求。

7）做好预验收记录，包括精度检验及要求改进之处，并由生产厂家签字。

（2）数控机床的最终验收

最终验收是在数控机床的采购方进行的，最终验收工作主要根据机床出厂合格证上规定的验收标准及用户实际能提供的检测手段，测定机床合格证上各项指标。检测结果作为该机床的原始资料存入技术档案中，作为今后维修时的技术指标依据。

1）机床外观质量检验

检验机床各部位的外观质量是否符合要求，如机床外观表面有无明显碰撞划痕、机床防护罩是否平整及电箱密封是否良好等。

2）机床所带的附件和工具的检验

检验技术合同所签订的机床所带的附件和工具是否齐全，机床应保证基本性能的附件和工具，安装调整的附件和拆、装用的特殊工具应配齐，并随机供应。扩大机床使用性能的特殊附件，应根据用户要求按协议供应。

3）随机床所带资料的验收

随机床所带的资料一般包括三方面，一是数控系统操作说明书、维修说明书及参数说明书等；二是机床厂家的机床机械说明书、机床电气说明书；三是机床附件如变频器、换刀装置及交换工作台等说明书。

4）数控机床的安装与连接

数控机床的安装工作是指机床运到用户后，安装到工作场地直至能正常工作的这一阶段所做的工作。对于小型的数控机床，这项工作比较简单，对于大中型数控机床，用户需进行组装和重新调试，工作就比较复杂，一般与机床厂家人员配合完成。

数控机床连接主要是机床供电电源的连接，按机床厂家说明书的要求进行电源相序确定、电压等级和要求的选择及设备的可靠接地；机床的液压、气动、冷却和润滑系统的连接，并检查是否有漏油、漏水、漏气现象，冷却液不得混入液压系统和润滑系统。

5）机床的空运转检验

空运转试验是在无负荷状态下运转机床，检验各机构的运转状态、温度变化、功率消耗、操纵机构动作的灵活性、平稳性、可靠性及安全性。试验时机床的主运动机构应从最低速度起依次运转，每级速度的运转时间不得少于2 min。用交换齿轮、传动带变速和无级变速的机床，可作低、中、高速运转，在最高速度时应运转足够的时间（不得少于1 h），使主轴轴承（或滑枕）达到稳定温度。进给机构应作依次变换进给量（或进给速度）的空运转试验，对于正常生产的产品，检验时可仅作低、中、高进给量（或进给速度）试验。有快速移动的机构，还应作快速移动的试验。

6）机床的负荷试验

机床负荷试验是检验机床在负荷状态下运转时的工作性能及可靠性，即加工能力、承载能力及其运转状态（指速度的变化、机床的振动、噪声、润滑、密封等）。

7）机床的精度检验

虽然在机床预验收中对机床精度进行检查，但由于机床运输及安装过程中也会引起机床精度的变化，所以最终验收还要对机床的各项精度进行检测，包括机床的几何精度、位置精度及工作精度的检查。

8）数控机床综合性能的检验

综合性能主要包括主轴系统性能、进给系统性能、自动换刀系统、电气装置、安全装置、润滑装置、气液装置及各附属装置等性能和可靠性的检验。

9）机床数据和文件的备份

通过前面几项的验收及机床调整后，对机床的数据及相关文件进行备份，以便于今后的维修。

2. 数控机床精度的检测项目

数控机床精度验收的内容主要包括：几何精度、定位精度和切削精度。

(1) 数控机床的几何精度验收

数控机床的几何精度综合反映了机床的各关键零部件及组装后的几何形状误差。机床几何精度的检测必须在机床的精调后一次完成，不允许调整一项检测一项，因为在几何精度中有些项目是相互联系、相互影响的。

数控机床几何精度检测的主要内容包括：直线运动的直线度、平行度、垂直度；回转运动的轴向窜动及径向跳动；主轴与工作台的位置精度等。

数控机床几何精度检测主要用的工具：精密水平仪、精密方箱、直角尺、平尺、百分表、千分表、高精度验棒等。

(2) 数控机床定位精度的验收

数控机床定位精度是机床各坐标轴在数控装置控制下达到的运动位置精度。机床的定位精度取决于数控系统和机械传动误差的大小，根据实测的定位精度数值，可以判断出该机床加工零件所能达到的精度。

数控机床定位精度检测的主要内容包括：直线运动的定位精度及重复定位精度、回转运动的定位精度及重复定位精度、直线运动反向误差（失动量）、回转运动反向误差（失动量）和原点复归精度。

数控机床定位精度检测主要用的工具：金属纹线尺、测量显微镜和激光干涉仪等。实际机床常采用双频激光干涉仪为准。用户可以用量块和千分表完成简单的定位精度的验收。

(3) 数控机床切削精度的验收

数控机床的切削精度也称工作精度，是机床的一种动态精度。切削精度的验收是在切削加工条件下对机床几何精度和定位精度的一项综合考核。

数控机床切削精度的验收可以分为单项切削精度的验收和加工一个标准的综合性试件切削精度的验收两类。对数控车床而言，单项切削精度涉及外圆车削、端面车削和螺纹车削。综合试件涉及典型的轴类和盘类两种工件的加工。对数控铣床和加工中心而言，单项切削精度涉及孔加工精度、平面加工精度、直线加工精度、斜线加工精度、圆弧加工精度等。综合试件涉及多种几何体组成的切削精度的检测，一般试件的的第一层是一个正方形，第二层是一个圆，第三层是在一个正方形的四个角钻四个孔，第四层是小角度和小斜率面。

数控机床切削精度检测主要用的工具：数控三坐标测量仪。

6.9.2 数控机床几何精度检验标准和方法

为了控制数控机床的制造质量，保证工件达到所需的加工精度和表面粗糙度，国家对各类数控机床制订了精度标准，标准中规定了检验的项目、检验方法和允许的误差。

1. 卧式数控车床几何精度检测标准

（1）床身导轨的直线度和平行度

1）检验工具

精密水平仪、专用的支架和专用桥板。

2）检测方法

床身导轨在垂直平面内的直线度检测方法如图 6-38 中的 a 所示。将水平仪纵向放置在桥板（或溜板）上，等距离移动桥板（或溜板），每次移动距离小于或等于 500 mm。在导轨的两端和中间至少三个位置上进行检验，误差以水平仪读数的最大代数差值计。

床身导轨的平行度检测方法如图 6-38 中的 b 所示。将水平仪横向放置在桥板（或溜板）上，等距离移动桥板或溜板进行检验，误差以水平仪读数的最大代数差值计。

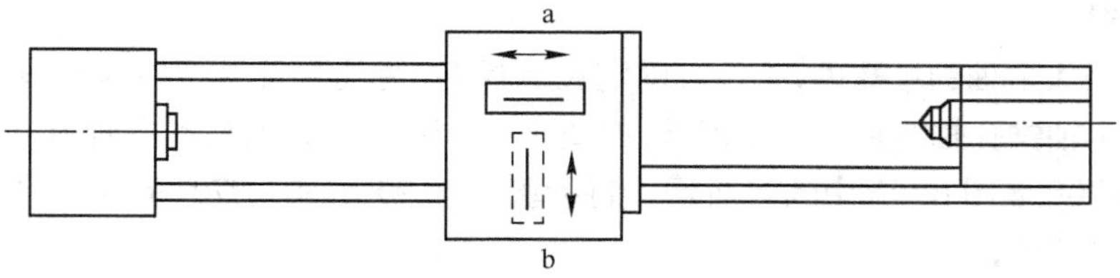

图 6-38 水平导轨的直线度和平行度误差的测量

3）允许的误差

斜导轨床身 1000 mm 不超过 0.03 mm；水平导轨床身 1000 mm 不超过 0.04 mm。

（2）溜板移动在主轴平面内的直线度（适用于有尾座的机床）

1）检验工具

检验棒和千分表。

2）检测方法

如图 6-39 所示，将检验棒支承在两顶尖间，千分表固定在溜板上，使其测头触及检验棒表面，等距离移动溜板进行检验。每次移动距离小于或等于 250 mm，将指示器的读数依次排列，画出误差曲线，并将检验棒转 180°重复上述检验。误差以曲线相对两端点连线的最大坐标值计。

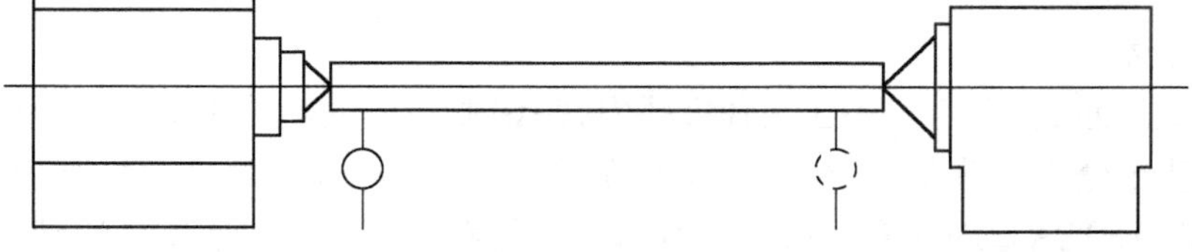

图 6-39 溜板移动在主轴平面内的直线度误差的测量

3）允许的误差：测量长度在 500 mm 内时，不超过 0. 015 mm；测量长度在 1000 mm 时，不超过 0. 02 mm。

（3）主轴端部的跳动

1）检验工具

检验棒和千分表。

2）检测方法

主轴端部跳动包括主轴的轴向窜动和主轴轴间支承面的径向跳动。如图 6-40 所示，主轴的轴向窜动测量是将千分表的测头触及固定在主轴端部的检验棒中心孔内的钢球上，如图 6-40 中的 a 所示；主轴轴间支承面的轴向跳动测量是将千分表的测头触及主轴轴肩靠近边缘处，如图 6-40 中的 b 所示，旋转主轴检验。

3）允许的误差：测量长度在 500 mm 内时，不超过 0. 015 mm；测量长度在 1000 mm 时，不超过 0. 02 mm。

（4）主轴锥孔轴线的径向跳动

1）检验工具

检验棒和千分表。

2）检测方法

将检验棒插入主轴的锥孔内，千分表固定在溜板上，使其测头触及检验棒表面，旋转主轴进行检验。检测主轴锥孔轴线近端跳动误差，如图 6-41 中的 a 所示，检测主轴锥孔轴线远端（L = 300 mm）跳动误差，如图 6-41 中的 b 所示。将检验棒转 90°、180°、270°重复上述检验，误差以四次测量结果的平均值计。

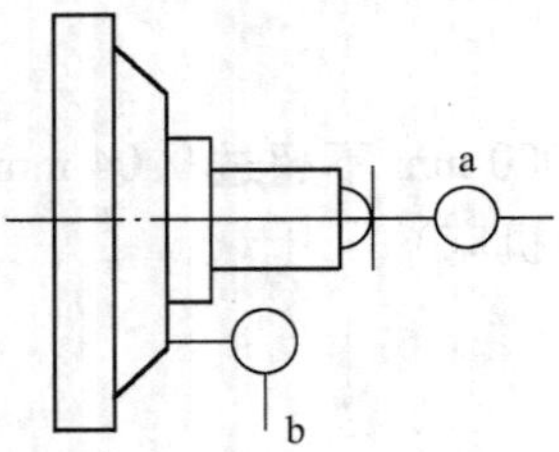

图 6-40　主轴端部跳动误差的测量

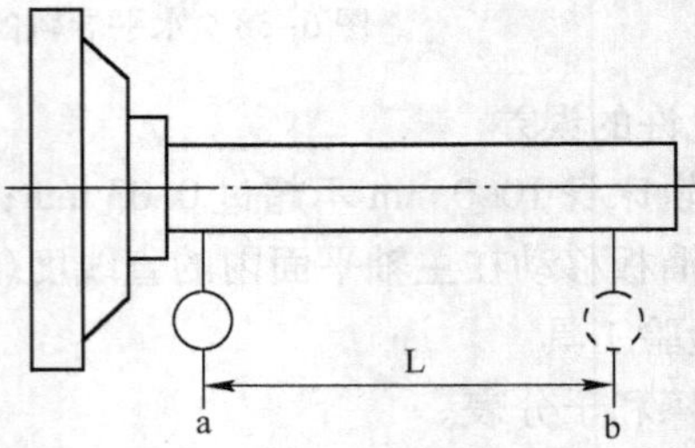

图 6-41　主轴锥孔轴线的向跳动误差的测量

3）允许的误差：主轴锥孔轴线近端径向跳动误差不超过 0. 01 mm；主轴锥孔远端径向跳动误差不超过 0. 02 mm。

（5）刀架 X 轴方向移动对主轴轴线的垂直度

1）检验工具

平盘和千分表。

2）检测方法

如图 6-42 所示，将平盘安装在主轴锥孔内，并调整到与主轴轴线垂直。千分表安装在刀架或溜板上，使千分表侧头触及平盘被测表面，沿 X 轴方向移动刀架，记录千分表的最大读数；将平盘旋转 180°后重新测量一次，取两次读数的算数平均值作为刀架 X 轴方向移动对主轴轴线的垂直度误差。

3）允许的误差：测量长度在 100 mm 内时，不超过 0.01 mm。

（6）刀架 Z 轴方向移动与主轴轴线的平行度

1）检验工具

检验棒和千分表。

2）检测方法

如图 6-43 所示，将检验棒插入主轴的锥孔内，千分表固定在刀架或溜板上，使其测头触及检验棒表面，移动 Z 轴进行检验，图 6-43 中的 a 为主平面，图 6-43 中轴 b 为次平面。主轴旋转 180°后重新测量一次，取两次读数的算数平均值作为刀架 Z 轴方向移动对主轴轴线的平行度误差。

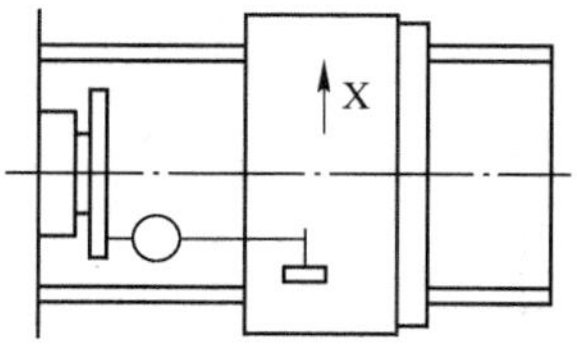

图 6-42　刀架 X 轴方向移动与主轴轴线的垂直度误差测量

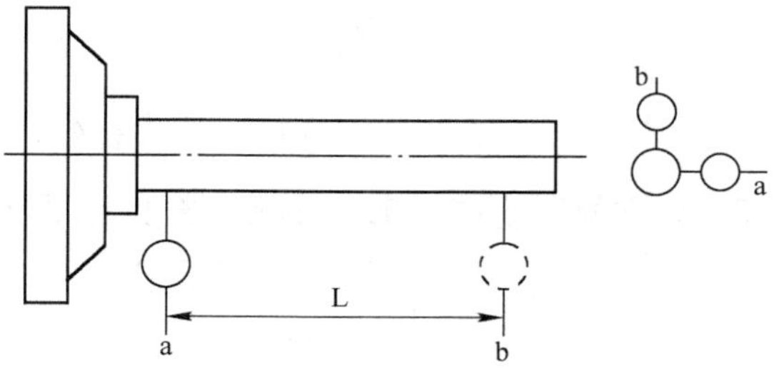

图 6-43　刀架 Z 轴方向移动与主轴轴线的平行度误差测量

3）允许的误差：测量长度在 300 mm 内时，不超过 0.015 mm。

2. 数控铣床和加工中心的几何精度检测标准

用精密的水平仪将机床调平后，就可以对机床的几何精度进行检测。数控铣床和加工中心的几何精度检测项目主要包括工作台的平面度、直线轴移动的直线度、直线轴运动之间的垂直度、主轴旋转的轴向窜动和径向跳动等。

（1）工作台面的平面度检测

1）检验工具

精密的水平仪。

2）检测方法

工作台位于行程的中间位置，如图 6-44 所示，在工作台面上选择由 O、A、C 三点所组成的平面为基准面，并使两条直线 OA 和 OC 相互垂直且分别平行与工作台的轮廓边。将水平仪放在工作台面上，采用两点连锁法，分别沿 OX 和 OY 方向移动，测量台面轮廓 OA 和 OC 上的各点，然后使水平仪沿 OY 方向移动一个距离（d1），分别测量 OX 方向各点（每一点间距为 d2），测量整个工作台面轮廓上的各点，通过作图或计算，求出个测量点相对基准平面的偏差，其最大与最小偏差的代数差就是平面度误差。

3）允许的误差：在 300 mm 测量长度上，误差值不超过 0.016 mm。

（2）X 轴轴线运动的直线度

1）检验工具

平尺和千分表。

2）检测方法

工作台位于行程的中间位置，平尺放在工作台面上。固定千分表，使其测头触及平尺的检验面。调整平尺,千分表读数在测量长度的两端相等。按测量长度，移动 X 轴进行检验。

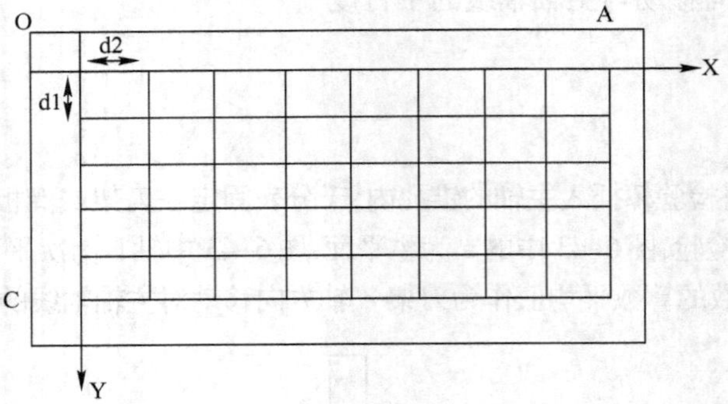

图 6-44　工作台面的平面度误差测量

3）允许的误差:在 300 mm 测量长度上,误差值不超过 0. 015 mm。

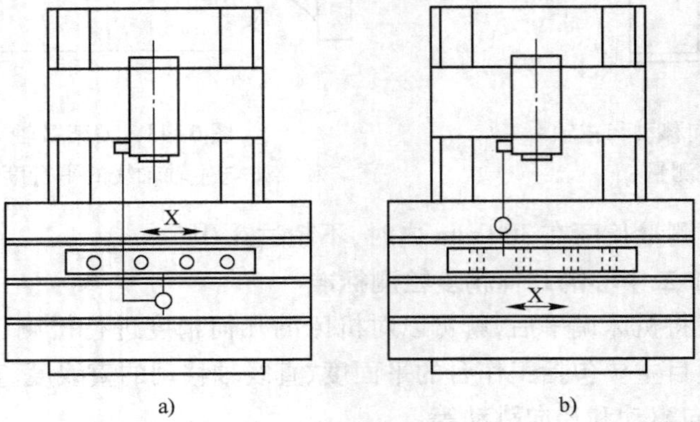

图 6-45　X 轴轴线的直线度测量

a）在 Z－X 垂直平面内　b）在 X－Y 水平平面内

（3）Y 轴轴线运动的直线度

1）检验工具

平尺和千分表。

2）检测方法

工作台位于行程的中间位置,平尺放在工作台面上。固定千分表，使其测头触及平尺的检验面。调整平尺,使千分表读数在测量长度的两端相等。按测量长度，移动 Y 轴进行检验，如图 6-46 所示。

3）允许的误差:在 300 mm 测量长度上,不超过 0. 015 mm。

（4）Z 轴轴线运动的直线度

1）检验工具

角尺和千分表。

2）检测方法

工作台位于行程的中间位置,角尺放在工作台面上。固定千分表，使其测头触及角尺的检验面。调整角尺，使千分表读数在测量长度的两端相等。按测量长度，移动 Z 轴进行检验,如图 6-47 所示。

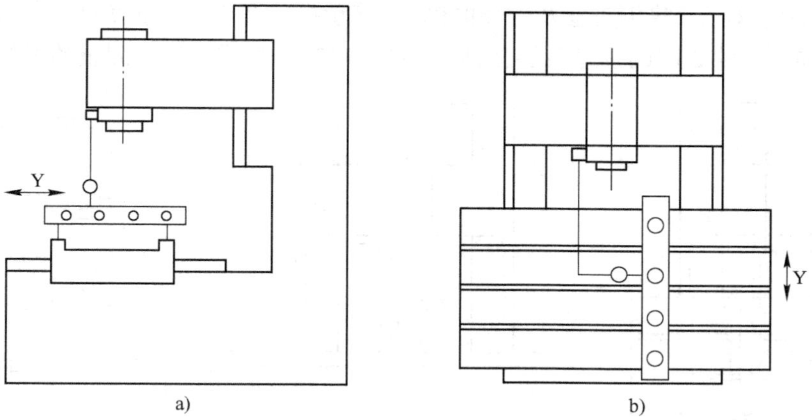

图 6-46　Y 轴轴线的直线度测量

a）在 Y－Z 垂直平面内　b）在 X－Y 水平平面内

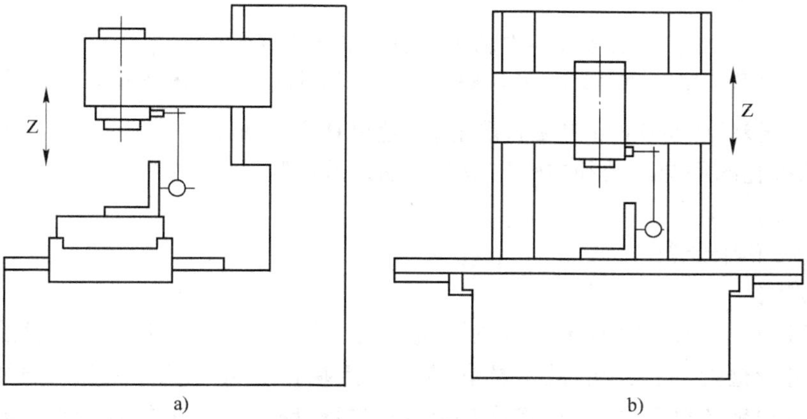

图 6-47　Z 轴轴线的直线度测量

a）在平行于 X 轴轴线的 Z－X 垂直平面内　b）在平行于 Y 轴轴线的 Z－Y 垂直平面内

3）允许的误差:在 300 mm 测量长度上,不超过 0. 015 mm;

（5）各轴轴线运动之间的垂直度检查

检测的项目包括 Y 轴和 X 轴的垂直度检测、Z 轴和 X 轴的垂直度检测和 Z 轴和 Y 轴的垂直度检测。

1）检验工具

大理石方尺和千分表。

2）检测方法

图 6-48a 为 Y 轴和 X 轴的垂直度检测方法,把方尺水平安放在工作台面上,将千分表固定在主轴上,首先调整 X 轴方向基准面,然后将侧头触及方尺的 Y 轴的侧面,移动机床 Y 轴,千分表的最大误差则为 Y 轴轴线与 X 轴轴线运动之间的垂直度误差。

图 6-48b 为 Z 轴和 X 轴的垂直度检测方法,把方尺平行与 X 轴方向安放在工作台面上,将千分表固定在主轴上,将侧头触及方尺的侧面,移动机床 Z 轴,千分表的最大误差则为 Z 轴轴线与 X 轴轴线运动之间的垂直度误差,取 X 轴方向的 3 个不同位置测量的平均值。

图 6-48c 为 Z 轴和 Y 轴的垂直度检测方法，把方尺平行与 Y 轴方向安放在工作台面上，将千分表固定在主轴上，将侧头触及方尺的侧面，移动机床 Z 轴，千分表的最大误差则为 Z 轴轴线与 Y 轴轴线运动之间的垂直度误差，取 Y 轴方向的 3 个不同位置测量的平均值。

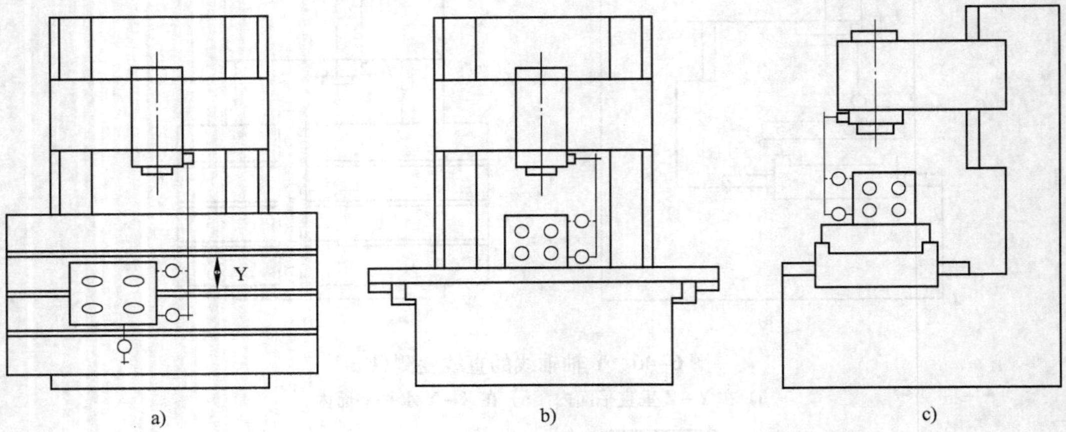

图 6-48 各轴轴线运动之间的垂直度检测
a）Y 轴和 X 轴的垂直度检测 b）Z 轴和 X 轴的垂直度检测 c）Z 轴和 Y 轴的垂直度检测

3）允许的误差：在 500 mm 测量长度上，不超过 0.016 mm。

（6）主轴锥孔的径向跳动和主轴的轴向窜动误差检验

1）检验工具

主轴检验棒和千分表。

2）检测方法

将检验棒插在主轴锥孔中，千分表安装机床的工作台上，千分表的测头触及检验棒的表面，旋转主轴进行检验，记录表的最大误差，在主轴近端和远端（L 为 300 mm）分别测量。拔出检验棒，相对主轴旋转 90°、180°、270°后重新插入主轴锥孔，在每个位置分别检测。取 4 次检测的平均值为主轴的锥孔的径向跳动误差，如图 6-49 所示。

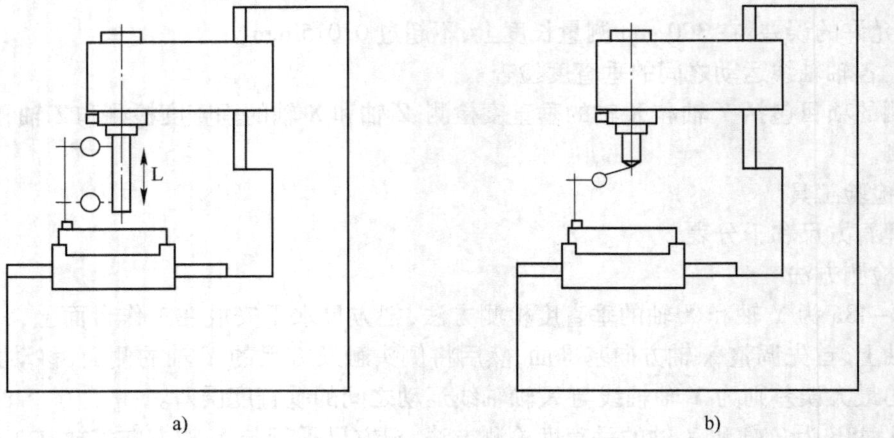

图 6-49 径向跳动和轴向窜动检测
a）主轴锥孔的径向跳动检测 b）主轴轴向窜动检测（简单方法）

主轴的轴向窜动误差通过专用的检验棒测量,实际中也可以采用图 6-49b 所示的方法进行简单检测。在检验棒的端部放置钢球,通过杠杆表(千分表)的测头触及钢球,旋转主轴进行测量,千分表的最大误差则为主轴的轴向窜动误差。

3）允许的误差

主轴锥孔的径向跳动误差,近端误差不超过 0.01 mm,远端误差不超过 0.02 mm;主轴的轴向窜动误差不超过 0.02 mm。

6.10 习题

1. 绝对编码器数控机床首次开机为什么可以不需要返回参考点操作？实际如何设定和调整无挡块机床参考点的位置？系统为 FANUC-Oi 系统。

2. 某立式数控铣床采用 FANUC-OiC 系统,设计该机床返回参考点的 PMC 控制梯形图。要求可以实现手动返回参考点操作的同时还具有自动返回参考点操作(通过机床自动返回参考点按钮开关控制),在自动返回参考点中,首先进行 Z 轴控制,当 Z 轴返回参考点后,X 轴、Y 轴同时返回参考点控制。

3. 数控车床采用意大利电动刀塔,当执行自动换刀时,出现电动机过热报警,分析产生故障的可能原因及如何进行诊断。

4. 数控车床采用意大利电动刀塔,当执行自动换刀时,出现分度运行不停,一直到超时报警。分析产生故障的可能原因及如何进行检修。

5. 加工中心自动换刀装置有哪几种形式及其特点？

6. 叙述加工中心带机械手换刀控制过程。

7. 加工中心换刀过程中,出现乱刀现象的原因及处理办法。

8. 某数控铣床加工中,直线定位精度能满足要求,但加工圆时出现尺寸超差,分析故障产生的原因及实际中如何处理。

9. 某数控机床采用 FANUC-Oi 系统,当机床高速时,机床出现强烈的振动,分析故障产生的原因及处理方法。

10. 导致电源单元(FANUC-OC/OD 系统的 AI)故障指示灯亮的原因可能有哪些？如何进行判别？

11. 数控机床主轴精度检测项目有哪些？如何进行验收？

12. 更换整套进给丝杠后,如何进行调整才能恢复机床的精度？

附　录

附录 A　FANUC-Oi 系统和 FANUC-OC/OD 系统常用的信号表

符　号	信号名称	地址(FS-Oi 系统)	地址(FS-O 系统)
*DEC1-*DEC4	返回参考点用减速信号	X9.0 X9.1	X16.5 X17.5
		X9.2 X9.3	X18.5 X19.5
*ESP	系统紧急停止信号	X8.4	X21.4
*ESP		G8.4	G121.4
*ESPA	紧急停止信号(串行主轴)	G71.1	G230.1
*FLWU	跟踪信号	G7.5	G104.5
*IT	全轴互锁信号	G8.0	G117.0
*IT1 - *IT4	各轴互锁信号	G130	G128
*SP	自动运行暂停信号	G8.5	G121.5
*SSTP	主轴停止信号	G29.6	G120.6
+J1 ~ +J4	进给轴和方向选择信号	G100.0,G100.1	G116.2,G117.2
		G100.2,G100.3	G118.2,G119.2
-J1 ~ -J4	进给轴和方向选择信号	G102.0,G102.1	G116.3,G117.3
		G102.2,G102.3	G118.3,G119.3
*JV0 ~ *JV15	手动进给速度倍率信号	G11	G121.0 - G121.3
*FV0 ~ *FV7	进给速度倍率	G12	G121.0 - G121.3
AFL	辅助功能锁住信号	G5.6	G130.7
AL	CNC 报警中信号	F1.0 F149.0	
ALMA	报警信号(串行主轴)	F45.0	F281.0
ALMB		F49.0	F285.0
BAL	电池报警信号	F1.2 F149.2	
BDT1	程序段的跳过	G44.0	G116.0
DEN	分配结束信号	F1.3 F149.3	
DM00	M 译码信号	F9.7	F154.7
DM01		F9.6	F154.6
DM02		F9.5	F154.5
DM30		F9.4	F154.4
DNCI	DNC 运行选择信号	G43.5	G127.5
DRN	空运行信号	G46.7	G118.7

（续）

符　　号	信号名称	地 址(FS-0i 系统)	地址(FS-0 系统)
DRNE	空运行信号(PMC 轴控制)	G150.7	G147.7
ERS	外部复位信号	G8.7	G121.7
FIN	辅助功能结束信号	G4.3	G120.3
HS1A ~ HS1D	手轮进给轴选择信号	G18.0,G18.1 G18.2,G18.3	G116.7,G117.7 G118.7,G119.7
KEY1 ~ KEY4	存储器保护信号	G046.3 ~ G46.6	G122.3
M00 ~ M31	辅助功能代码信号	F10 ~ F13	F151,F157
MA	CNC 准备就绪信号	F1.7	F149.7
MD1,MD2,MD4	方式选择信号	G43.0 ~ G43.2	G122.0 ~ G112.2
MF	M 代码辅助功能选通信号	F7.0	F150.0
MFIN	M 代码辅助功能结束信号	G5.0	G115.0
MH	手轮进给选择检测信号	F3.1	无
MLK	全轴机床锁住信号	G44.1	G117.1
MLK1 ~ MLK4	各轴机床锁住信号	G108	G142
MP1,MP2	手轮进给移动量选择信号(增量进给信号)	G19.4,G19.5	G117.0,G118.0 G120.0,G120.1
MREF	选择手动返回参考点确认信号	F4.5	无
MRMT	选择 DNC 运转确认信号	F3.4	无
OP	自动运行中信号	F0.7	F148.7
OVC	倍率取消信号	G6.4	G126.4
ORCMA	串行主轴定向指令信号	G70.6	G229.6
R01O ~ R12O	S12 位代码信号	F36.0 ~ F37.3	F172.0 ~ F173.3
RGTAP	刚性攻螺纹信号	G61.0	G123.1
ROV1,ROV2	快速进给倍率信号	G14.0,G14.1	G116.7,G117.7
RST	复位中的信号	F1.1	F149.1
RT	手动快速进给选择信号	G19.7	G121.6
SA	伺服准备结束信号	F0.6	F148.6
SAR	主轴速度到达检测信号	G29.4	G120.4
SARA	速度到达信号(串行主轴)	F45.3	F281.3
SBK	单程序段信号	G46.1	G116.1
SF	主轴功能选通信号	F7.2	F150.2
SFIN	主轴功能结束信号	G5.2	G115.2
SOR	主轴定向信号	G29.5	G120.5
SOV0 ~ SOV7	主轴倍率信号	G30	G103.2 ~ G103.5
SPL	进给暂停状态信号	F0.4	F148.4
SRN	程序再起动信号	G6.0	G103.0

（续）

符　号	信号名称	地 址(FS-Oi系统)	地址(FS-O系统)
SRNM	程序再起动中信号	F2.4	F188.4
SSTA	速度零信号(串行主轴)	F45.1	F281.1
SRVA	串行主轴正转信号	G70.4	G229.4
SFRA	串行主轴反转信号	G70.5	G229.5
ST	自动运行起动信号	G7.2	G120.2
STL	自动运行起动中信号	F0.5	F148.5
TF	刀具功能选通信号	F7.3	F150.3
TFIN	刀具功能结束信号	G5.3	G115.3
THRD	螺纹切削中信号	F2.3	F188.3
TL01 ~ TL128	刀具组号选择信号	G47.0 - G47.7	G139.0 - G139.6
ZP1 ~ ZP4	返回参考点(第一参考点)结束信号	F94.0,F94.1 F94.2,F94.3	F148.0,F148.1 F148.2,F148.3
ZRN	手动返回参考点选择信号	G43.7	G120.7

附录 B　FANUC-OC/OD 系统参数

表 B-1　SETTING 参数

参 数 号	符　号	意　　义	T系列	M系列
0000	PWE	参数写入保护功能	0	0
0000	TVON	代码垂直校验是否有效	0	0
0000	ISO	数据输出代码选择:EIA/ISO	0	0
0000	INCH	输入单位选择:公制/英制	0	0
0000	I/O	RS-232C 接口选择:系统 M5/M74 接口	0	0
0000	SEQ	自动插入程序段号	0	0
550	SEQINC	自动插入程序段号的间隔	0	0

表 B-2　RS232C 口参数

参 数 号	符　号	意　　义	T系列	M系列
2/0	STP2	通道 0 停止位选择:1 位/2 位	0	0
552	BRATE0	通道 0 波特率:10(4800)、11(9600)	0	0
12/0	STP2	通道 1 停止位选择:1 位/2 位	0	0
553	BRATE1	通道 1 波特率:10(4800)、11(9600)	0	0
50/0	STP2	通道 2 停止位选择:1 位/2 位	0	0
250	BRATE2	通道 2 波特率:10(4800)、11(9600)	0	0
51/0	STP2	通道 3 停止位选择:1 位/2 位	0	0
251	BRATE3	通道 3 波特率:10(4800)、11(9600)	0	0
55/3	RS42	远程缓冲器使用选择: RS232/RS422	0	0

表 B-3　伺服控制轴参数

参 数 号	符　　号	意　　义	T 系列	M 系列
1/0	PCW	机床采用公制/英制丝杠选择	0	0
3/0、1、2	ZM	X、Y、Z 轴返回参考点方向选择	0	0
30/0、4	ADW	指定 3、4 轴旋转轴的名称：B/C	0	
32/2、3	LIN	3、4 轴指定：回转轴/直线轴	0	
500～503	INPX,Y,Z,4	到位宽度设定	0	0
504～507	SERRX,Y,Z,4	X、Y、Z、4 轴运动时误差极限值的设定	0	0
508～511	GRDSX,Y,Z,4	X、Y、Z、4 轴栅格偏移量	0	0
512～515	LPGIN	X、Y、Z、4 轴位置伺服增益	0	0
517	LPGIN	位置伺服增益（各轴增益）	0	0
518～521	RPDFX,Y,Z,4	快速进给倍率为 100% 时，G00 速度设定	0	0
522～525	LINTX,Y,Z,4	X、Y、Z、4 轴直线加/减速时间常数	0	
526	THRDT	G92 时间常数	0	
528	THDFL	G92X 轴的最低速度	0	0
527	FEDMX	进给速度上限值的设定	0	0
529	FEEDT	F 的时间常数	0	0
530	FEDFL	指数函数加减速时间常数	0	0
533	RPDFL	手动快速移动倍率的最低值	0	0
534	ZRNFL	所有轴返回参考点的低速设定	0	0
535～538	BKLX,Y,Z,4	反向间隙补偿量的设定	0	0
593～596	STPEX,Y,Z,4	伺服轴停止时的位置误差极限值设定	0	0
393/5		快速倍率为零时机床移动选择	0	0

表 B-4　坐标系参数

参 数 号	符　　号	意　　义	T 系列	M 系列
10/7	APRS	回零点后自动设定工件坐标系	0	0
2/1	PPD	自动设坐标系相对坐标值清零	0	
24/6	CLCL	手动设坐标系相对坐标值清零		0
28/5	EX10D	坐标系外部偏移时刀偏量的值（x10）		0
708～711		自动设定工件坐标系的坐标值	0	0
735～738		第二参考点	0	0
780～783		第三参考点	0	0
784～787		第四参考点	0	0

表 B-5　行程限位

参 数 号	符　　号	意　　义	T 系列	M 系列
8/6	OTZN	Z 轴行程限位检查		0
15/4	LM2	第二行程限位		0

（续）

参数号	符号	意义	T系列	M系列
24/4	INOUT	第三行程限位		0
57/5	HOT3	硬件超程－LMX～＋LMZ有效		0
65/3	PSOT	回零点前是否检查行程限位	0	0
700～703		各轴正向行程	0	0
704～707		各轴反向行程	0	0
15/2	COTZ	硬超程－LMX～＋LMZ有效	0	
20/4	LM2	第二行程限位	0	
24/4	INOUT	第三行程限位	0	
743～746		第二行程正向限位		0
747～750		第二行程反向限位		0
804～806		第三行程正向限位		0
807～809		第三行程反向限位		0
770～777		第二行程正向限位	0	
774～777		第二行程反向限位	0	
747～750		第三行程正向限位	0	
751～754		第三行程反向限位	0	
760～763		第四行程正向限位	0	
764～765		第四行程反向限位	0	

表B-6 进给与伺服电动机参数

参数号	符号	意义	T系列	M系列
1/6	RDRN	空运行时，快速移动指令是否有效	0	0
8/5	ROVE	快速倍率信号ROV2(G117/7)有效		0
49/6	NPRV	不用位置编码器实现主轴每转进给	0	0
20/5	NCIPS	是否进行到位检查	0	0
4～7		参考计数器容量	0	0
4～7		检测倍率	0	0
21/0.1.2.3	APC	绝对位置编码器	0	0
35/7	ACMR	任意CMR	0	0
37/0.1.2.3	SPTP	用分离型编码器	0	0
100～103		指令倍率CMR	0	0

表B-7 DI/DO参数

参数号	符号	意义	T系列	M系列
8/7	EILK	Z轴/各轴互锁	0	0
9/0.1.2.3	TFIN	FIN信号时间	0	0
9/4.5.6.7	TMF	M,S,T读信号时间	0	0
12/1	ZILK	Z轴/所有轴互锁		0
31/5	ADDCF	GR1,GR2地址	0	
252		复位信号扩展时间	0	0

表 B-8 显示和编辑

参数号	符号	意义	T 系列	M 系列
1/1	PROD	相对坐标显示是否包括刀补量	0	0
2/1	PPD	自动设坐标系相对坐标清零	0	0
15/1	NWCH	刀具磨损补偿显示	0	0
18/5	PROAD	绝对坐标系显示是否包括刀补量		0
23/3	CHI	汉语显示	0	0
28/2	DACTF	显示实际速度	0	0
29/0.1	DSP	第 3、4 轴位置显示	0	
35/3	NDSP	第 4 轴位置显示		0
38/3	FLKY	用全键盘	0	0
48/7	SFFDSP	显示软按键	0	0
60/1	DADRDP	诊断画面上显示地址符号	0	0
60/2	LDDSPG	显示梯形图	0	0
60/5		显示操作监控画面	0	0
64/0	SETREL	自动设坐标系时相对坐标清零	0	0
77/2		加工轨迹波形显示/伺服波形显示	0	0
389/0	SRVSET	显示伺服设定画面	0	0
389/1	WKNMDI	显示主轴设定画面(串行主轴)	0	0

表 B-9 编程参数

参数号	符号	意义	T 系列	M 系列
10/4	PRG9	O9000 ~ O9999 号程序保护	0	0
15/7	CPRD	小数点编程中,省略小数点的单位	0	0
28/4	EXTS	外部程序号检索	0	0
29/5	MABS	MDI 操作 B 中,绝对/增量指令取决于 G90/G91 还是参数设定		0
389/2	PRG8	O8000 ~ O8999 号程序保护	0	0
394/6	WKZRST	自动设工件坐标系时设为 G54		0
30/7	G91	系统通电绝对/增量坐标:G90/G91		0

表 B-10 螺距误差补偿

参数号	符号	意义	T 系列	M 系列
11/0.1	PML	螺补倍率	0	0
712 ~ 715		螺补间隔		0
756 ~ 759		螺补间隔	0	
1000,2000 3000,4000		补偿基准点	0	0
1001 ~ 1128 2001 ~ 2128 3001 ~ 3128 4001 ~ 4128		补偿值	0	0

表 B-11　刀具补偿

参 数 号	符 号	意 义	T 系列	M 系列
1/3	TOC	复位时清除刀长补偿矢量	0	0
1/4	ORC	刀具补偿值(半径/直径输入)	0	
8/6	NOFC	刀补量计数器输入	0	
10/5	DOFSI	刀偏量直接输入	0	
13/1	GMOFS	几何补偿号(由刀补号或刀号)	0	
13/2	GMOFS	加几何补偿值(运动/变坐标)	0	
14/0	T2D	T 代码位数	0	
14/1	GMCL	复位时是否清几何补偿值	0	
14/5	WIGA	刀补量的限制	0	
15/4	MORB	直接输入刀补测量值的按钮	0	
24/6	QNI	刀补测量 B 时补偿号的选择	0	
75/3	WNPT	刀尖补偿号的指定(在几何还是在磨损中)	0	
122		刀补测量 B 时的补偿号	0	
728		最大的刀具磨损补偿增量值	0	
729		最大的刀具磨损补偿值	0	
78/0	NOINOG	用 MDI 键输入磨损补偿量	0	0
78/1	NOINOG	用 MDI 键输入几何补偿量	0	0
78/2	NOINMV	用 MDI 键输入宏程序变量	0	0
78/3	NOINMZ	用 MDI 键输入工件坐标偏移量	0	0
393/2	MKNMDI	在自动方式的停止时,用 MDI 键输入工件坐标偏移量	0	0

表 B-12　主轴参数

参 数 号	符 号	意 义	T 系列	M 系列
13/5	ORCM	定向时,S 模拟输出的极性	0	0
13/6.7	TCW,CWM	S 模拟 M03、M04 的方向	0	0
14/2		主轴转速显示	0	0
24/2	SCTO	是否检查 SAR(G120/4)	0	0
49/0	EVSF	SF 的输出	0	0
71/0	ISRLPC	串行主轴时编码器信号的接法	0	0
71/4	SRL2SP	用 1 或 2 个串行主轴	0	0
71/7	FSRSP	是否用串行主轴	0	0
108		主轴换挡(#3/5:GST = 1)或主轴定向(SOR:G120/5) = 1 速度	0	0
110		检查 SAR(G120/4)的延时时间	0	
516		模拟主轴的增益	0	
539		模拟主轴电动机的偏移量补偿电压	0	
551		主轴恒线速度切削(G96)的最高转速	0	

（续）

参数号	符号	意义	T 系列	M 系列
556		主轴最高的转速	0	
540～543		各挡主轴的最高转速	0	
3/5	GST	用 SOR(G120/5)定向/换挡		0
14/0	SCTA	加工启动时检查 SAR 信号换挡时输出 SF		0
20/7	SFOUT	主轴换挡时输出 SF		0
29/4	FSOB	恒线速度切削(G96)时输出 SF		0
35/6	LGCM	各挡最高速的参数号		0
539,541,555		各挡的主轴最高转速		0
542		主轴最高转速		0
543		主轴最低转速		0
585,586		主轴换挡速度(B 型)		0
577		模拟主轴电动机的偏移补偿电压		0
6519/7		主轴电动机初始化	0	0
6633		主轴电动机代码	0	0
6501/2	POSC2	用位置编码器	0	0
6501/5－7	CAXISI－3	用高分辨率编码器	0	0
6503/0	PCMGSL	定向方法(编码器/磁传感器)	0	0
6501/1	PCCNCT	内装传感器	0	0
6501/4.6.7		位置编码器信号	0	0
6504/1	HRPC	高分辨率编码器	0	0
24/0	IGNPMC	用 PMC	0	0
71/6	DPCRAM	显示 PMC 操作菜单	0	0
123		图形显示的绘图坐标系	0	

附录 C　FANUC-0i/0i Mate 系统参数

表 C-1　SETTING 参数

参数号	符号	意义	T 系列	M 系列
0/0	TVC	代码垂直检验	0	0
0/1	ISO	数据输出时,EIA/ISO 代码的选择	0	0
0/2	INI	输入单位是公制/英制的选择	0	0
0/5	SEQ	编写程序时自动加入程序的段号	0	0
3216		自动加程序段号时程序段号的间隔	0	0

表 C-2　RS232C 接口参数

参数号	符号	意义	T 系列	M 系列
20		系统 I/O 通道(接口板): 0、1:主 CPU 板 JD5A(JD36A-16i/18i) 2:主 CPU 板 JD5B(JD36B-16i/18i) 3:远程缓冲 JD5C 或选择板 1 的 JD6A (RS-422) 4:Memory Card DNC 加工(16i/18i) 5:Data Server 10:DNC1/DNC2 接口	0	0
100/3	NCR	程序段结束的输出码	0	0
100/5	ND3	DNC 运行时:一段一段地读/连续地读直到缓冲器满	0	0

表 C-3　I/O 通道(I/O=0 时)的参数

参数号	符号	意义	T 系列	M 系列
101/0	SB2	停止位数的选择:1 位/2 位	0	0
101/3	ASII	数据输入代码:EIA 和 ISO 自动转换/ASCII	0	0
101/7	NFD	数据输出时数据后的同步孔的输出	0	0
102	I/O CHANNEL	输入输出设备号: 0:普通 RS-232 口设备(使用 DC1 ~ DC4 代码) 3:Handy File(3″软盘驱动器)	0	0
103	BAUDRATE	波特率: 10:4800 11:9600 12:19200	0	0

表 C-4　进给伺服控制参数

参数号	符号	意义	T 系列	M 系列
1001/0	INM	直线轴公制/英制丝杠的选择	0	0
1002/2	SFD	是否使用参考点偏移功能		0
1002/3	AZR	未回参考点是否报警(#90 号)		0
1006/0,1	ROT,ROS	设定回转轴和回转方式	0	0
1006/3	DLA	指定直径/半径值编程	0	
1006/5	ZMI	回参考点方向	0	0
1007/3	RAA	回转轴的转向(与 1008/1:RAB 合用)	0	0
1008/0	ROA	回转轴的循环功能	0	0
1008/1	RAB	绝对回转指令时,是否近距回转	0	0
1008/2	RBL	相对回转指令时是否规算	0	0
1260		回转轴一转的回转量	0	0
1010		CNC 的控制轴数(不包括 PMC 轴)	0	0
1020		各轴的编程轴名	0	0
1022		基本坐标系的指定	0	0

（续）

参 数 号	符 号	意 义	T 系列	M 系列
1023		各轴的伺服轴号	0	0
1401/1	LRP	G00 运动方式（直线/非直线）	0	0
1401/4	RFO	G00 倍率为 0 时停/不停	0	0
1402/0	NPC	无 1024 编码器的每转进给	0	0
1402/4	JRV	JOG 的每转进给	0	
1410		空运行速度	0	0
1420		快速移动（G00）速度	0	0
1421		快速移动倍率的低速（F0）	0	0
1422		最高进给速度允许值（所有轴一样）	0	0
1424		手动快速移动速度	0	0
1425		回参考点的慢速 FL	0	0
1430		各轴最高进给速度（分别）	0	0
1431		G08 进给最高速度	0	0
1432		G08 各轴最高进给速度（分别）	0	0
1620		快速移动 G00 时直线加减速时间常数	0	0
1622		切削进给时指数加减速时间常数	0	0
1624		JOG 方式的指数加减速时间常数	0	0
1626		螺纹切削时的加减速时间常数	0	0
1815/1	OPT	用分离型编码器	0	0
1815/5	APC	用绝对位置编码器	0	0
1816/4,5,6	DM1—3	检测倍乘比 DMR	0	0
1820		指令倍乘比 CMR	0	0
1819/0	FUP	位置跟踪功能生效	0	0
1825		位置环伺服增益	0	0
1826		到位宽度	0	0
1828		运动时的允许位置误差	0	0
1829		停止时的允许位置误差	0	0
1850		各轴参考点的栅格偏移量	0	0
1851		各轴反向间隙补偿量	0	0
1852		各轴快速移动时的反向间隙补偿量	0	0
1800/4	RBK	进给/快移时反向间补量分开控制选择	0	0

表 C-5 坐标系参数

参 数 号	符 号	意 义	T 系列	M 系列
1201/0	ZPR	手动回零点后自动设定工件坐标系	0	0
1250		自动设定工件坐标系的坐标值	0	0
1201/2	ZCL	手动回零点后是否取消局部坐标系	0	0
1202/3	RLC	复位时是否取消局部坐标系	0	0
1202	G52	G52 是否考虑刀补		0

（续）

参数号	符号	意义	T系列	M系列
1240		第一参考点的坐标系	0	0
1241		第二参考点的坐标系	0	0
1242		第三参考点的坐标系	0	0
1243		第四参考点的坐标系	0	0

表 C-6　行程限位参数

参数号	符号	意义	T系列	M系列
1300/0	OUT	第二行程限位的禁止区(内/外)	0	0
1320		第一行程限位的正向值	0	0
1321		第一行程限位的反向值	0	0
1322		第一行程限位的正向值	0	0
1323		第二行程限位的反向值	0	0
1324		第三行程限位的正向值	0	0
1325		第三行程限位的反向值	0	0

表 C-7　DI/DO 参数

参数号	符号	意义	T系列	M系列
3003/0	ITL	互锁信号的生效	0	0
3003/2	ITX	各轴互锁信号的生效	0	0
3003/3	DIT	各轴各方向互锁信号的生效	0	0
3004/5	OTH	超程限位信号的检测	0	0
3010		MF,SF,TF,BF 滞后的时间	0	0
3011		FIN 宽度	0	0
3017		RST 信号的输出时间	0	0
3030		M 代码位数	0	0
3031		S 代码位数	0	0
3032		T 代码位数	0	0
3033		B 代码位数	0	0

表 C-8　显示和编辑

参数号	符号	意义	T系列	M系列
3102/3	CHI	汉语显示	0	0
3104/3	PPD	自动设坐标系时相对坐标系清零	0	0
3104/4	DRL	相对位置显示是否包括刀长补偿量	0	0
3104/5	DRC	相对位置显示是否包括刀径补偿量	0	0
3104/6	DRC	绝对位置显示是否包括刀长补偿量	0	0
3104/7	DAC	绝对位置显示是否包括刀径补偿量	0	0
3105/0	DPF	显示实际进给速度	0	0

（续）

参 数 号	符 号	意 义	T 系列	M 系列
3105/2	DPS	显示实际主轴速度和 T 代码(必须有螺纹功能),且与#3106/5 冲突	0	0
3106/4	OPH	显示操作履历	0	0
3106/5	SOV	显示主轴倍率值(与#3105/2 冲突)		
3106/7	OHS	操作履历采样	0	0
3107/4	SOR	程序目录按程序号显示	0	0
3107/5	DMN	显示 G 代码显示	0	0
3109/1	DWT	几何/磨损补偿显示 G/W	0	0
3111/0	SVS	显示伺服设定画面	0	0
3111/1	SPS	显示主轴调整画面	0	0
3111/5	OPM	显示操作监控画面	0	0
3111/6	OPS	操作监控画面显示主轴和电动机的速度	0	0
3111/7	NPA	报警时转刀报警画面	0	0
3112/0	SGD	波形诊断显示生效(程序图样显示无效)	0	0
3112/5	OPH	操作履历记录生效	0	0
3122		操作履历画面上的时间间隔	0	0
3203/7	MCL	MDI 方式编辑的程序是否能保留	0	0
3290/0	WOF	用 MDI 键输入刀偏量(磨损)	0	0
3290/1	GOF	用 MDI 键输入刀偏量(形状)	0	0
3290/2	MCV	用 MDI 键输入宏程序变量	0	0
3290/3	WZO	用 MDI 键输入工件零点偏移量	0	0
3290/4	IWZ	用 MDI 键输入工件零点偏移量(自动方式)	0	
3209/4	MCM	用 MDI 键输入宏程序变量(MDI 方式)	0	0
3290/7	KEY	程序和数据的保护键	0	0
3291/0	WPT	磨损量的输入用 KEY1		0

表 C-9　编程参数

参 数 号	符 号	意 义	T 系列	M 系列
3202/0	NE8	O8000～8999 程序的保护	0	0
3202/4	NE9	O9000～9999 程序的保护	0	0
3401/0	DPI	小数点的含义	0	0
3401/4	MAB	MDI 方式 G90/G91 的切换		0
3401/5	ABS	MDI 方式用改参数切换 G90/G91		0

表 C-10　螺距误差补偿

参 数 号	符 号	意 义	T 系列	M 系列
3620		各轴参考点的补偿号	0	0

（续）

参数号	符号	意义	T系列	M系列
3621		负方向的最小补偿点号	0	0
3622		正方向的最大补偿点号	0	0
3623		螺补量比率	0	0
3624		螺补间隔	0	0

表 C-11 刀具补偿

参数号	符号	意义	T系列	M系列
3190/1	DWT	G,W 分开	0	0
3290/0	WOF	MDI 设磨损值	0	0
3290/1	GOF	MDI 设几何值	0	0
5001/0	TCL	刀长补偿 A,B,C		0
5001/1	TLB	刀长补偿轴		0
5001/2	OFH	补偿号地址 D,H		0
5001/5	TPH	G45 ~ G48 的补偿号地址 D,H		0
5002/0	LD1	刀补值为刀号的哪位数	0	
5002/1	LGN	几何补偿的补偿号 9 用刀号/磨损号）	0	
5002/5	LGC	几何补偿的删除（HO）	0	
5002/7	WNP	刀尖半径补偿号的指定	0	
5003/6	LVC/LVK	复位时删除刀偏量	0	0
5003/7	TGC	复位时删除几何补偿量（#5003/6 = 1）	0	
5004/1	ORC	刀偏值半径/直径指定	0	
5005/2	PRC	直接输入刀补值用 PRC 信号	0	
5006/0	OIM	公/英制单位转换时自动转换刀补值	0	0
5013		最大的磨损补偿值	0	
5014		最大的磨损补偿增量值	0	

表 C-12 主轴参数

参数号	符号	意义	T系列	M系列
3701/1	ISI	使用串行主轴/模拟量主轴控制的选择	0	0
3701/4	SS2	是否使用第二串行主轴的选择	0	0
3705/0	ESF	S 和 SF 的输出	0	0
3705/1	GST	SOR 信号用于换挡/定向		0
3705/2	SGB	换挡方法 A,B		0
3705/4	EVS	S 和 SF 的输出	0	
3706/4	GTT	主轴速度挡数（T/M 型）		0
3706/6,7	GWM/TCW	M03/M04 的极性	0	0

（续）

参数号	符号	意义	T系列	M系列
1023		各轴的伺服轴号	0	0
1401/1	LRP	G00运动方式（直线/非直线）	0	0
1401/4	RFO	G00倍率为0时停/不停	0	0
1402/0	NPC	无1024编码器的每转进给	0	0
1402/4	JRV	JOG的每转进给	0	
1410		空运行速度	0	0
1420		快速移动（G00）速度	0	0
1421		快速移动倍率的低速（F0）	0	0
1422		最高进给速度允许值（所有轴一样）	0	0
1424		手动快速移动速度	0	0
1425		回参考点的慢速FL	0	0
1430		各轴最高进给速度（分别）	0	0
1431		G08进给最高速度	0	0
1432		G08各轴最高进给速度（分别）	0	0
1620		快速移动G00时直线加减速时间常数	0	0
1622		切削进给时指数加减速时间常数	0	0
1624		JOG方式的指数加减速时间常数	0	0
1626		螺纹切削时的加减速时间常数	0	0
1815/1	OPT	用分离型编码器	0	0
1815/5	APC	用绝对位置编码器	0	0
1816/4,5,6	DM1—3	检测倍乘比DMR	0	0
1820		指令倍乘比CMR	0	0
1819/0	FUP	位置跟踪功能生效	0	0
1825		位置环伺服增益	0	0
1826		到位宽度	0	0
1828		运动时的允许位置误差	0	0
1829		停止时的允许位置误差	0	0
1850		各轴参考点的栅格偏移量	0	0
1851		各轴反向间隙补偿量	0	0
1852		各轴快速移动时的反向间隙补偿量	0	0
1800/4	RBK	进给/快移时反向间补量分开控制选择	0	0

表C-5　坐标系参数

参数号	符号	意义	T系列	M系列
1201/0	ZPR	手动回零点后自动设定工件坐标系	0	0
1250		自动设定工件坐标系的坐标值	0	0
1201/2	ZCL	手动回零点后是否取消局部坐标系	0	0
1202/3	RLC	复位时是否取消局部坐标系	0	0
1202	G52	G52是否考虑刀补		0

（续）

参数号	符号	意义	T系列	M系列
1240		第一参考点的坐标系	0	0
1241		第二参考点的坐标系	0	0
1242		第三参考点的坐标系	0	0
1243		第四参考点的坐标系	0	0

表 C-6　行程限位参数

参数号	符号	意义	T系列	M系列
1300/0	OUT	第二行程限位的禁止区(内/外)	0	0
1320		第一行程限位的正向值	0	0
1321		第一行程限位的反向值	0	0
1322		第一行程限位的正向值	0	0
1323		第二行程限位的反向值	0	0
1324		第三行程限位的正向值	0	0
1325		第三行程限位的反向值	0	0

表 C-7　DI/DO 参数

参数号	符号	意义	T系列	M系列
3003/0	ITL	互锁信号的生效	0	0
3003/2	ITX	各轴互锁信号的生效	0	0
3003/3	DIT	各轴各方向互锁信号的生效	0	0
3004/5	OTH	超程限位信号的检测	0	0
3010		MF,SF,TF,BF 滞后的时间	0	0
3011		FIN 宽度	0	0
3017		RST 信号的输出时间	0	0
3030		M 代码位数	0	0
3031		S 代码位数	0	0
3032		T 代码位数	0	0
3033		B 代码位数	0	0

表 C-8　显示和编辑

参数号	符号	意义	T系列	M系列
3102/3	CHI	汉语显示	0	0
3104/3	PPD	自动设坐标系时相对坐标系清零	0	0
3104/4	DRL	相对位置显示是否包括刀长补偿量	0	0
3104/5	DRC	相对位置显示是否包括刀径补偿量	0	0
3104/6	DRC	绝对位置显示是否包括刀长补偿量	0	0
3104/7	DAC	绝对位置显示是否包括刀径补偿量	0	0
3105/0	DPF	显示实际进给速度	0	0

（续）

参 数 号	符 号	意 义	T 系列	M 系列
3708/0	SAR	检查主轴速度到达信号	0	0
3708/1	SAT	螺纹切削开始检查 SAR	0	
3730		主轴模拟输出的增益调整	0	0
3731		主轴模拟输出时电压偏移的补偿	0	0
3732		定向/换挡的主轴速度	0	0
3735		主轴电动机的允许最低速度		0
3736		轴电动机的允许最低速度		0
3740		检查 SAR 的延时时间	0	0
3741		第一挡主轴最高速度	0	0
3742		第二挡主轴最高速度	0	0
3743		第三挡主轴最高速度	0	0
3744		第四挡主轴最高速度	0	
3751		第一至第二挡的切换速度		0
3752		第二至第三挡的切换速度		0
3771		G96 的最低主轴速度	0	0
3772		最高主轴速度	0	0
4019/7		主轴电动机初始化	0	0
4133		主轴电动机代码	0	0

参 考 文 献

[1] 王爱玲. 数控机床结构及应用[M]. 北京:机械工业出版社,2005.

[2] 劳动和社会保障部教材办公室. 数控机床操作工(高级)[M]. 北京:中国劳动社会保障出版社,2004.